战略性新兴领域“十四五”高等教育系列教材

智能传感器技术

主　编　潘孟春
副主编　胡佳飞　邱晓天
参　编　杜青法　张　琦　李裴森
　　　　任　远　刘丽辉

机械工业出版社

本书系统地论述了传感器技术基础理论、传感器原理及智能化技术和面向机器人感知的智能传感器应用技术。本书分 3 部分，共 17 章。第 1 部分共 3 章，介绍传感器技术基础理论，包括传感器与智能传感器的基本概念、特性、应用以及发展，传感器的功能材料、基础效应及制造工艺。第 2 部分共 9 章，介绍半导体传感器、光电传感器、压电传感器、磁电传感器、MEMS 传感器、纳米传感器、量子传感器的原理、特性及应用，并简要介绍智能传感器信号处理技术以及无线传感器网络。第 3 部分共 5 章，介绍如何利用传感器实现机器人感知，包括机器人状态、视觉、听觉、触觉与接近觉、嗅觉与味觉感知。

本书可作普通高校自动化、电气、机器人、仪器、机械、物联网等专业本科生的教材，也可供从事智能传感器技术相关领域应用和设计开发的研究人员、工程技术人员参考。

本书配有电子课件、习题答案等教学资源，欢迎选用本书作教材的教师，登录 www.cmpedu.com 注册后下载。

图书在版编目（CIP）数据

智能传感器技术 / 潘孟春主编 . -- 北京 ： 机械工业出版社，2024. 12. --（战略性新兴领域“十四五”高等教育系列教材）. -- ISBN 978-7-111-77665-9

Ⅰ. TP212.6

中国国家版本馆 CIP 数据核字第 2024EP5980 号

机械工业出版社（北京市百万庄大街 22 号　邮政编码 100037）

策划编辑：吉　玲　　责任编辑：吉　玲　赵晓峰

责任校对：曹若菲　张昕妍　　封面设计：张　静

责任印制：张　博

固安县铭成印刷有限公司印刷

2024 年 12 月第 1 版第 1 次印刷

184mm × 260mm · 21.25 印张 · 510 千字

标准书号：ISBN 978-7-111-77665-9

定价：78.00 元

电话服务　　网络服务

客服电话：010-88361066　机　工　官　网：www.cmpbook.com

010-88379833　机　工　官　博：weibo.com/cmp1952

010-68326294　金　书　网：www.golden-book.com

　机工教育服务网：www.cmpedu.com

序

FOREWORD

人工智能和机器人等新一代信息技术正在推动着多个行业的变革和创新，促进了多个学科的交叉融合，已成为国际竞争的新焦点。《中国制造2025》《“十四五”机器人产业发展规划》《新一代人工智能发展规划》等国家重大发展战略规划都强调人工智能与机器人两者需深度结合，需加快发展机器人技术与智能系统，推动机器人产业的不断转型和升级。开展人工智能与机器人的教材建设及推动相关人才培养符合国家重大需求，具有重要的理论意义和应用价值。

为全面贯彻党的二十大精神，深入贯彻落实习近平总书记关于教育的重要论述，深化新工科建设，加强高等学校战略性新兴领域卓越工程师培养，根据《普通高等学校教材管理办法》（教材〔2019〕3号）有关要求，经教育部决定组织开展战略性新兴领域“十四五”高等教育教材体系建设工作。

湖南大学、浙江大学、国防科技大学、北京理工大学、机械工业出版社组建的团队成功获批建设“十四五”战略性新兴领域——新一代信息技术（人工智能与机器人）系列教材。针对战略性新兴领域高等教育教材整体规划性不强、部分内容陈旧、更新迭代速度慢等问题，团队以核心教材建设牵引带动核心课程、实践项目、高水平教学团队建设工作，建成核心教材、知识图谱等优质教学资源库。本系列教材聚焦人工智能与机器人领域，凝练出反映机器人基本机构、原理、方法的核心课程体系，建设具有高阶性、创新性、挑战性的《人工智能之模式识别》《机器学习》《机器人导论》《机器人建模与控制》《机器人环境感知》等20种专业前沿技术核心教材，同步进行人工智能、计算机视觉与模式识别、机器人环境感知与控制、无人自主系统等系列核心课程和高水平教学团队的建设。依托机器人视觉感知与控制技术国家工程研究中心、工业控制技术国家重点实验室、工业自动化国家工程研究中心、工业智能与系统优化国家级前沿科学中心等国家级科技创新平台，设计开发具有综合型、创新型的工业机器人虚拟仿真实验项目，着力培养服务国家新一代信息技术人工智能重大战略的经世致用领军人才。

这套系列教材体现以下几个特点：

（1）教材体系交叉融合多学科的发展和技术前沿，涵盖人工智能、机器人、自动化、智能制造等领域，包括环境感知、机器学习、规划与决策、协同控制等内容。教材内容紧跟人工智能与机器人领域最新技术发展，结合知识图谱和融媒体新形态，建成知识单元711个、知识点1803个，关系数量2625个，确保了教材内容的全面性、时效性和准确性。

（2）教材内容注重丰富的实验案例与设计示例，每种核心教材配套建设了不少于5节的核心范例课，不少于10项的重点校内实验和校外综合实践项目，提供了虚拟仿真和实操项目相结合的虚实融合实验场景，强调加强和培养学生的动手实践能力和专业知识综合应用能力。

（3）系列教材建设团队由院士领衔，多位资深专家和教育部教指委成员参与策划组织工作，多位杰青、优青等国家级人才和中青年骨干承担了具体的教材编写工作，具有较高的编写质量，同时还编制了新兴领域核心课程知识体系白皮书，为开展新兴领域核心课程教学及教材编写提供了有效参考。

期望本系列教材的出版对加快推进自主知识体系、学科专业体系、教材教学体系建设具有积极的意义，有效促进我国人工智能与机器人技术的人才培养质量，加快推动人工智能技术应用于智能制造、智慧能源等领域，提高产品的自动化、数字化、网络化和智能化水平，从而多方位提升中国新一代信息技术的核心竞争力。

中国工程院院士

王耀南

2024年12月

前 言

PREFACE

王大珩先生曾论断："传感器是工业的基石、性能的关键和发展的瓶颈。"这一论断在当今智能化浪潮中愈发彰显其前瞻性。随着全球科技创新进入密集活跃期，智能传感器作为物联网、人工智能、智能制造等战略性新兴产业的核心基石，其重要性已从技术底层跃升为国家战略竞争的高地。继《智能传感器产业三年行动指南（2017—2019年）》后，我国进一步将智能传感器纳入"十四五"规划重点领域，并出台《物联网新型基础设施建设三年行动计划（2021—2023年）》，明确提出要提升高端传感器关键技术水平。尤其随着人形机器人、工业自动化需求激增，如2025年全球机器人市场规模预计突破800亿美元，智能传感器作为机器人核心部件，其市场空间也加速扩张。然而，智能传感器产业链长、技术壁垒高的问题依然严峻。培养兼具相关知识与实践能力的专业人才，成为推动产业升级的关键。

传统的传感器教材侧重于原理和应用，对传感器本身相关的材料、结构、工艺以及新技术强调不够，制约了学生对智能传感器的深刻理解，不利于学生系统设计和科学思维的培养，教材建设越来越迫切。

本教材立足国家战略需求与技术前沿，从传感器常用功能材料、基础效应和制造工艺，到传感器的材料、结构组成、工作原理和特性以及智能化技术，再到智能传感器与机器人感知，系统地阐述智能传感器内部材料、结构、原理、特性及在机器人中的应用方法，使学生能够更加深刻了解智能传感器，不仅知其然，更知其所以然。同时，紧跟传感器技术发展趋势，发挥编写团队在智能传感技术领域的科研优势，打造了纳米传感器、量子传感器、感存算一体化等最新前沿内容，有利于学生开阔视野、激发科技创新动力。

本教材分3部分，共17章。第1部分共3章，主要介绍传感器技术基础理论。其中，第1章为绪论，介绍传感器和智能传感器的基本概念、特性及发展趋势，以及智能传感器与机器人感知的内在关系；第2章介绍传感器的功能材料；第3章介绍传感器的制造工艺。第2部分共9章，在传感器功能材料、敏感效应、制造工艺的基础上，主要介绍传感器原理及智能化技术。其中，第4章介绍半导体传感器，包括半导体压力传感器、温度传感器和气敏传感器；第5章介绍光电传感器，包括图像传感器、红外传感器和光纤传感器；第6章介绍压电传感器，包括压电力学量和压电声学量传感器；第7章介绍磁电传感器，包括磁阻传感器、电涡流传感器以及磁通门传感器；第8章介绍MEMS传感器，包括MEMS传声器、MEMS加速度计和MEMS陀螺仪；第9章介绍纳米传感器，包括纳米生物传感器、纳米化学传感器和纳米物理传感器；第 10 章介绍量子传感器，包括自旋量子传感器和超导量子传感器；第 11 章介绍智能传感器信号处理技术，包括传感器非线性校正、自校准、量程自适应及多传感器数据融合；第 12 章介绍无线传感器网络，包括无线传感器网络概述、体系结构、同步、定位和应用。第 3 部分共 5 章，主要介绍如何利用传感器实现机器人感知。其中，第 13 章介绍机器人状态感知；第 14 章介绍机器人视觉感知；第 15 章介绍机器人听觉感知；第 16 章介绍机器人触觉与接近觉感知；第 17 章介绍机器人嗅觉与味觉感知。

本教材可以作为高等院校相关专业本科生的教材，同时也可供从事智能传感器技术相关领域应用和设计开发的研究人员、工程技术人员参考。

智能传感器是正在飞速发展的新兴领域，交叉学科多、应用领域广，由于时间、精力及编者水平有限，书中难免存在不妥之处，恳请广大读者批评指正。

编　者

目录

CONTENTS

第 1 部分

传感器技术基础

第 1 章　绪论

人们为了从外界获取信息，必须借助于感觉器官，传感器就是人类五官的延伸，是我们获取客观世界各种信息的必要手段。传感器的存在与发展，让机器有了视觉、听觉和触觉等感官，能让机器变得活起来。本章主要介绍传感器和智能传感器的相关基本概念、智能传感器与机器人感知的内在联系以及传感器技术发展趋势。

1.1　传感器概述

1-1　传感器定义、组成及分类

1.1.1　传感器定义、组成及分类

1. 定义

传感器类比于人类的眼睛、耳朵、鼻子等感知器官，可以感受图像、声音、气味等信息。在工程科学技术领域中，传感器的作用就相当于人体五官，广义上将它定义为一种能把特定的（物理、化学、生物等）信息按一定的规律转换成某种可用信号输出的器件和装置。根据国家标准《传感器通用术语》（GB/T 7665—2005），将传感器定义为："能感受被测量并按照一定的规律转换成可用输出信号的器件或装置，通常由敏感元件和转换元件组成"。

在大多数应用环境中，也有将传感器狭义定义为能把外界非电量信息转换成电信号输出的器件。值得注意的是，该定义中特别强调了用电信号作为输出量，这是因为电信号便于传输和处理，大多数传感器是将物理量等信息转换成电信号输出。

2. 组成

由上述定义可知传感器大多输出为电信号，一般由敏感元件、转换元件、信号调节与转换电路和辅助电源四部分组成，如图 1-1 所示。

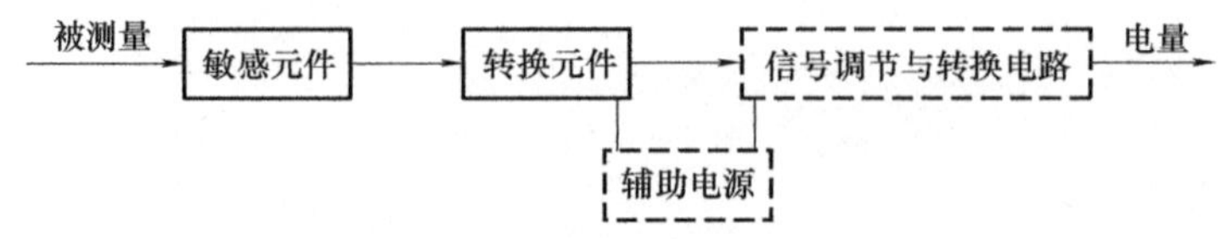

图 1-1　传感器结构原理图

1）敏感元件直接感受被测量，并输出与被测量有确定关系的物理量信号。

2）转换元件将敏感元件输出的物理量信号转换为电信号。

3）信号调节与转换电路负责对转换元件输出的电信号进行放大调制。

4）辅助电源主要作用是给转换元件和信号调节与转换电路供电。

在非电量转化成电量的过程中，并非所有的非电量参数都能一次直接转换成电量，往往是先转换成一种易于变成电量的非电量（如位移、应变等），然后再通过适当的方法变换成电量。因此，把能够完成预变换的器件称为敏感元件，而转换元件则是能将感觉到的被测非电量参数转换为电量的器件，如应变计、压电晶体、热电偶等。转换元件是传感器的核心部分，是利用各种物理、化学、生物效应等原理制成的。应该指出的是，并非所有传感器都包括敏感元件与转换元件，有些传感器不需要起预变换作用的敏感元件，如热敏电阻、光电器件等。

3. 分类

根据传感器的基本效应属性、工作原理、被测量、应用范围等不同，存在多种分类方式。

（1）按照基本效应属性分类　按照感知被测量（外界信息）所利用基本效应的科学属性，可将传感器分成物理传感器、化学传感器和生物传感器三大类。

物理传感器是利用某些元件的物理性质以及某些功能材料的特殊物理性能，诸如压电效应，磁致伸缩现象，离子、热电、光电、磁电等效应，把被测物理量转化成便于处理的能量形式信号的传感器。被测信号的微小变化被转换成电信号，其中起导电作用的是电子，相对后续开发难度较小。

化学传感器主要利用敏感材料与物质间的电化学反应原理，把无机和有机化学成分、浓度等转换为电信号的传感器，如气体传感器、湿度传感器和离子传感器，其中起导电作用的是离子。离子的种类很多，故化学传感器变化极多，较为复杂，后续开发难度较大。

生物传感器是利用生物活性物质，如分子、细胞甚至某些生物机体组织等对某些物质特性的选择能力所构成的传感器，如葡萄糖和微电极结合形成的酶传感器、微生物传感器、组织传感器和免疫传感器等。生物传感器的研究历史较短，但发展非常迅速，随着半导体技术、微电子技术和生物技术的发展，它的性能将进一步完善，多功能、集成化和智能化的生物传感器将成为现实，前景十分广阔。

（2）按照工作原理分类　按照传感器对信号转换作用的原理，可分为电阻式传感器、电感式传感器、电容式传感器、压电式传感器、磁电式传感器、光电式传感器、热电式传感器等。按照工作原理分类，有利于理解传感器的基本工作原理。

（3）按照被测量分类　传感器按被测量分类，可分为位移传感器、压力传感器、位置传感器、液面传感器、能耗传感器、速度传感器、温度传感器、振动传感器、湿敏传感器、磁敏传感器、气敏传感器、真空度传感器等。按被测量分类的方法体现了传感器的功能和用途，有利于用户有针对性地选择传感器。在许多情况下，往往将按照工作原理分类和按照被测量分类两种方法综合使用，如应变式压力传感器、压电式加速度传感器、光电码盘式转速传感器等。

（4）按照应用范围分类　根据传感器的应用范围不同，通常分为工业用传感器、民用传感器、科研用传感器、医用传感器、军用传感器等。按具体使用场合，还可分为汽车用传感器、舰船用传感器、航空航天用传感器等。如果根据使用目的不同，还可分为计测用传感器、监测用传感器、检查用传感器、控制用传感器、分析用传感器等。

1.1.2 传感器基本特性

传感器的输入和输出之间的关系是传感器的基本特性，也是传感器内部参数作用关系的外部特性表现。传感器测量的物理量基本上有两种形式：静态（稳态或准静态）和动态（周期变化或瞬态）。前者的信号不随时间变化（或变化比较缓慢），后者的信号则随时间变化而变化。传感器要尽量准确地反映输入物理量的状态，因此传感器所表现出的输入和输出特性也就有所不同，存在静态特性和动态特性。

1. 静态特性

静态特性表示传感器在被测输入量各个值处于稳定状态时的输入－输出关系，其评价指标主要有测量范围、量程、分辨力、灵敏度、线性度、迟滞、重复性、漂移、死区等。

（1）测量范围　传感器的测量范围又称为工作区间，是指在传感器正常工作并维持其性能的条件下，能够感测出最大被测量和最小被测量之间的区间。每个传感器都有一定的测量范围，超过该范围进行测量时，会带来很大的测量误差，甚至造成传感器损坏。在实际应用时，所选择传感器的测量范围应大于实际的测量范围，以保证测量的准确性。

（2）量程　传感器所能感测出最大被测量和最小被测量分别又称为传感器测量范围的上限值和下限值。传感器测量范围上、下限值之间的代数差为传感器的量程。测量范围表示的是一个区间，量程表示的是这个区间的长度，二者的概念要区分开。

（3）分辨力　在整个测量范围内，都能产生可观测的输出量变化的最小输入量变化，称为该传感器的分辨力。要注意分辨力和分辨率是两个不同的概念：分辨力表示对输入量的分辨能力或本领，为有量纲的量值；而分辨率则表示输入量缓慢变化时所观测到的输出量的最大阶跃变化，用满量程的百分比表示，为无量纲量。此外，注意不能把 A/D 转换器的最小单位当作分辨力。

（4）灵敏度　灵敏度是指传感器在稳定工作时的输出量变化（Δy）与输入量变化（Δx）的比值。对于线性传感器，其灵敏度就是输入－输出特性曲线的斜率，即 $S=\Delta y/\Delta x=(y-y_0)/x$，为一常数，如图 1-2a 所示；而非线性传感器的灵敏度为一变量，用 $S=\mathrm{d}y/\mathrm{d}x$ 表示，如图 1-2b 所示。

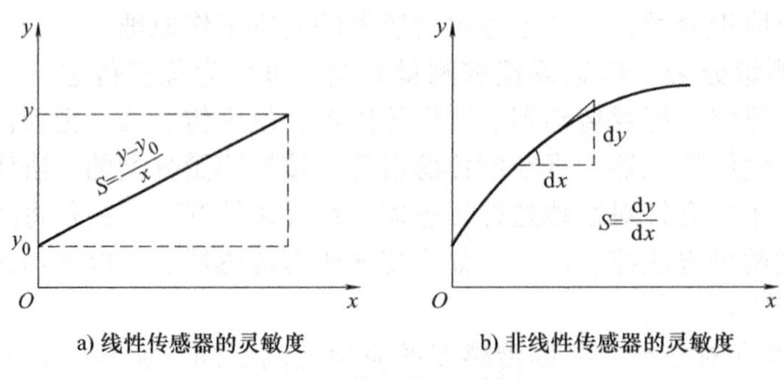

a) 线性传感器的灵敏度　　b) 非线性传感器的灵敏度

图 1-2　传感器的灵敏度

（5）线性度　实际应用的传感器中，绝大多数在原理上是具有线性特性的，但实际输出时也都会存在或多或少的非线性误差。所谓线性度是指传感器的输入－输出特性曲线相对于参比直线的最大偏差，用满量程输出的百分比来表示，即

$$e_{\rm L}=\pm\Delta L_{\max}/y_{\rm FS}\times100\% \tag{1-1}$$

式中，$\Delta L_{\max}$ 为输入－输出特性曲线与参比直线的最大偏差；$y_{\rm FS}$ 为满量程输出值。

使用不同的参比直线得到的线性度会有些差别。常用的参比直线有以下几种：

1）理论直线：以传感器的理论特性直线作为参比直线，如图 1-3a 所示。

2）最小二乘拟合直线：应用直线回归分析方法，按最小二乘原理获得的直线作为参比直线。

3）过零旋转拟合直线：参比直线与特性曲线坐标原点重合，旋转参比直线另一端至最大正偏差与最大负偏差绝对值相等的位置，如图 1-3b 所示。

4）端点连线拟合直线：将特性曲线首尾用直线相连，该连线即为参比直线，如图 1-3c 所示。

5）端点连线平移拟合直线：将特性曲线两端点用直线连接后再往使最大误差绝对值减小的方向平移，直至出现最大正、负误差绝对值相等的位置，如图 1-3d 所示。

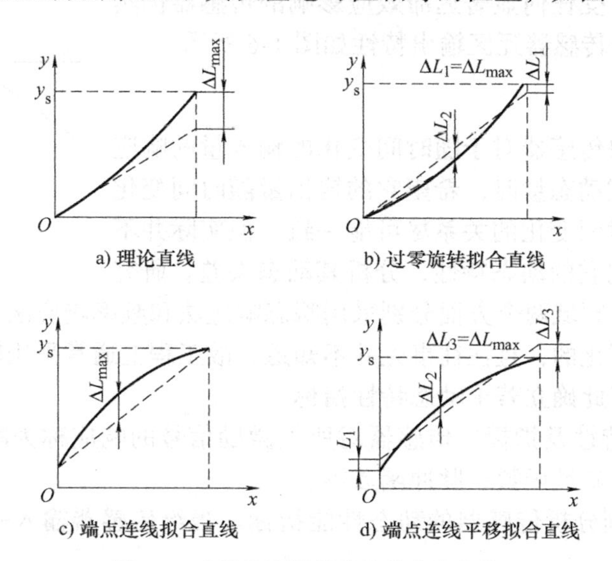

图 1-3　求线性度误差的几种参比直线

（6）迟滞　迟滞特性用于表示传感器正向和反向行程的输入－输出特性曲线不重合的程度，如图 1-4 所示。通常，用相对误差方式表示迟滞误差，即以满量程的百分数表示：

$$r_{\rm H}=\Delta H_{\max}/y_{\rm FS}\times100\% \tag{1-2}$$

式中，$\Delta H_{\max}$ 为正、反行程输出的最大差值；$y_{\rm FS}$ 为满量程输出值。

（7）重复性　在一段短的时间间隔内，在相同的工作条件下，输入量从同一方向做满量程变化，多次趋近并到达同一校准点时所测量的一组输出量之间的分散程度称为传感器的重复性，如图 1-5 所示。所谓“相同的工作条件”是指相同的测量程序、相同的观测者，在相同的环境下使用相同的传感器，在相同的地点于短期内的重复测量。

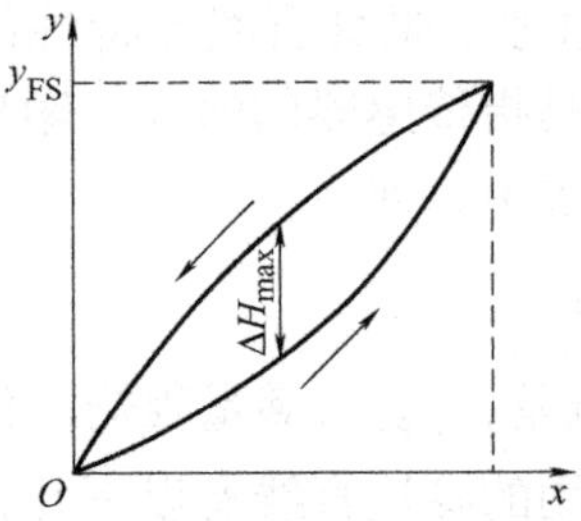

图 1-4　传感器的迟滞

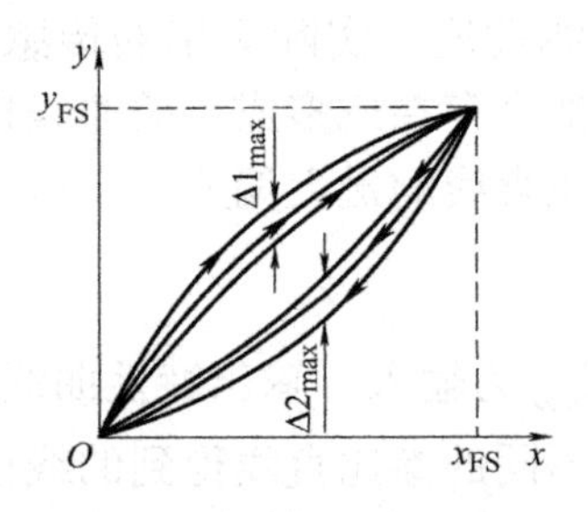

图 1-5　传感器的重复性

（8）漂移　漂移是指在一定时间间隔内，传感器输出中与被测量无关的不希望有的变化量，包括零点输出漂移和满量程输出漂移。零点输出漂移和满量程输出漂移又可分为时间漂移（时漂）和温度漂移（温漂）。时漂是指在规定的时间内零点输出或满量程输出仅随时间的变化；温漂是指由环境温度变化所引起的零点输出变化或满量程输出变化，又称为热零点偏移和热满量程输出偏移。

（9）死区　在不同输入值范围内输出值没有变化，这个范围就是传感器的死区。任何展示出迟滞的传感器均会显示死区，此外一些没有受任何显著迟滞效应影响的传感器仍然表现出死区。典型的传感器死区输出特性如图 1-6 所示。

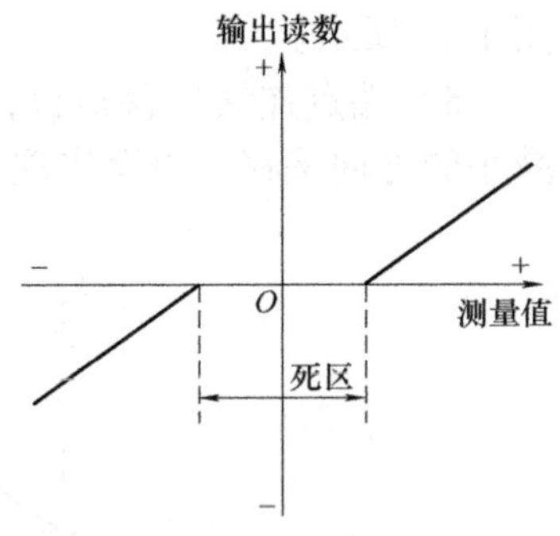

图 1-6　传感器的死区输出特性

2. 动态特性

动态特性是反映传感器对于随时间变化的输入量的响应特性。用传感器测试动态量时，希望它的输出量随时间变化的关系与输入量随时间变化的关系尽可能一致，但实际并不尽然，因此需要研究它的动态特性，分析其动态误差。研究动态特性可从时域和频域两个方面分别采用瞬态响应法和频率响应法来分析。由于实际测试时输入量是千变万化的，且往往事先并不知道，故工程上通常采用输入标准信号函数的方法进行分析，并据此确立若干动态特性指标。

（1）瞬态响应特性及指标　传感器对所加激励信号的响应称为瞬态响应。常用的激励信号有阶跃函数、斜坡函数、脉冲函数等。

以阶跃函数为例分析传感器的动态性能指标。当给传感器输入一个单位阶跃函数信号，则

$$u(t)=\begin{cases}0, & t<0\\ 1, & t\geqslant 0\end{cases} \tag{1-3}$$

相应的输出信号称为阶跃响应。对于一个典型的具有二阶系统特性的传感器，其阶跃响应特性曲线如图 1-7 所示。

衡量阶跃响应的指标主要有：

1）时间常数 τ：传感器输出值上升至稳态值 y_c 的 63.2% 所需的时间。

2）上升时间 T_r：传感器输出值由稳态值的 10% 上升到 90% 所需的时间。

3）响应时间 T_s：传感器输出值上升达到稳态值允许误差范围 ±Δ%（常用 ±2%）内时

所经历的时间。

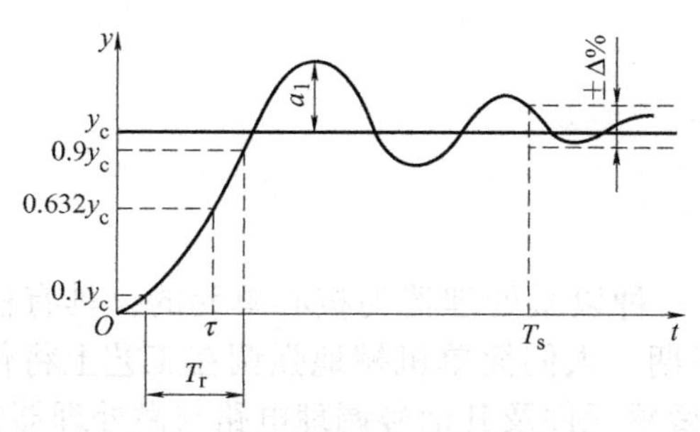

图 1-7　阶跃响应特性曲线

4）超调量 a_1：响应特性曲线第一次超过稳态值的峰高，即 $a_1 = y_{max} - y_c$，或用相对值 $\left[(y_{max} - y_c)/y_c\right] \times 100\%$ 表示。

5）稳态误差 e_{ss}：指无限长时间后传感器的稳态输出值与目标值之间偏差 δ_{ss} 的相对值，$e_{ss} = \left(\delta_{ss}/y_c\right) \times 100\%$。

（2）频率响应特性及指标　将各种频率不同而幅值相等的正弦信号输入传感器，其输出正弦信号的幅值、相位与频率之间的关系分别称为幅频特性和相频特性，两者合称为频率响应特性（简称频响特性）。研究传感器的频响特性，通常是先建立传感器的数学模型，通过拉普拉斯变换找出传递函数的表达式，再根据输入条件得到相应的频率特性。大部分传感器可以简化为单自由度一阶或者二阶系统，其频率响应函数可分别简化为

$$H(\mathrm{j}\omega) = \frac{1}{\tau(\mathrm{j}\omega) + 1} \tag{1-4}$$

$$H(\mathrm{j}\omega) = \frac{1}{1 - \left(\dfrac{\omega}{\omega_n}\right)^2 + 2\mathrm{j}\varepsilon\dfrac{\omega}{\omega_n}} \tag{1-5}$$

式中，ω_n 为固有频率，只由传感器自身性质决定，与被测量无关。

由于传感器的相频特性与幅频特性之间存在一定的内在关系，通常以幅频特性表征传感器的频响特性。图 1-8 是典型的对数幅频特性曲线。通常将 0dB 视为理想的输出信号幅值，幅值偏离 ± 3dB 以内的输出信号所对应的频率范围为工作频带 ω_B，对应有上限截止频率 ω_H、下限截止频率 ω_L。

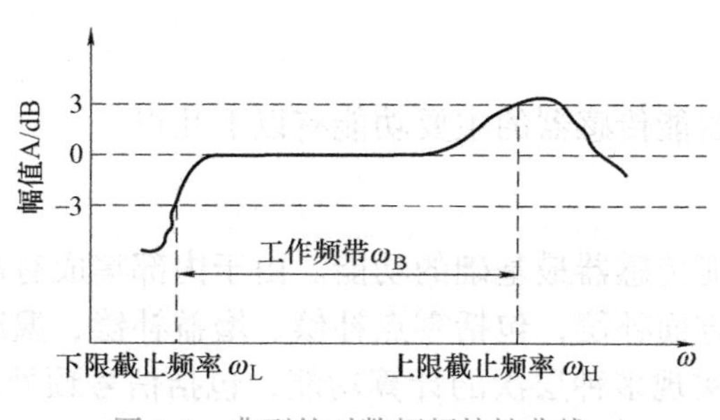

图 1-8　典型的对数幅频特性曲线

1.2 智能传感器概述

1.2.1 智能传感器定义与组成

1. 定义

所谓智能传感器就是一种以微处理器为核心单元的，具有检测、判断和信息处理等功能的传感器（系统）。早期，人们简单机械地强调在工艺上将传感器与微处理器两者紧密结合，认为“传感器的敏感元件及其信号调理电路与微处理器集成在一块芯片上就是智能传感器”。目前来看，智能传感器已经逐步发展为一种集敏感芯片、微处理器、通信芯片、软件算法于一体的智能信息系统。

2. 基本组成

实际上，智能传感器是一个典型的以微处理器为核心的计算机检测系统，一般由如图 1-9 所示的几个部分构成。智能传感器包括传感器智能化和集成式智能传感器两种主要形式。前者是采用微处理器或微型计算机系统来扩展和提高传统传感器的功能，传感器与微处理器可为两个分立的功能单元，传感器的输出信号经放大、转换后由接口送入微处理器进行处理。后者是借助于半导体技术将传感器部分与信号放大调理电路、接口电路和微处理器等制作在同一块芯片上，即形成具有大规模集成电路的集成式智能传感器。集成式智能传感器具有多功能、一体化、集成度高、体积小、适宜大批量生产、使用方便等优点，它是传感器发展的必然趋势。智能传感器不仅能够有效实现自动的校零、标定、校正、补偿等功能，而且还可对测量数据进行预处理、存储、计算以及智能分析。

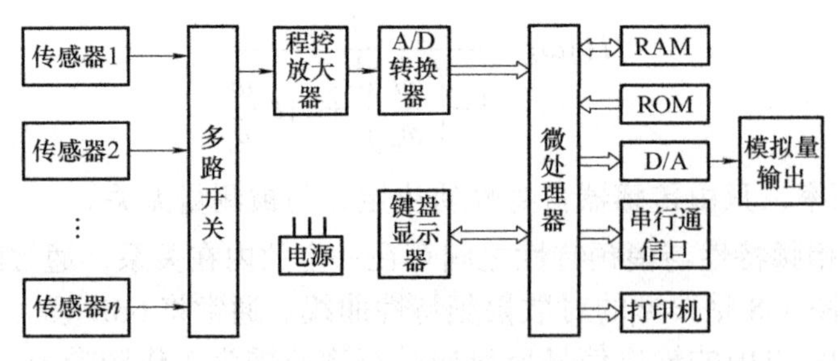

图 1-9 智能传感器的构成

1.2.2 智能传感器功能

相比传统传感器，智能传感器的主要功能有以下几点。

1. 自补偿和计算

自补偿和计算是智能传感器最基础的功能。由于内部集成有嵌入式微处理器，因此可实现对传感器性能的多方面补偿，包括零点补偿、增益补偿、温度漂移补偿等。

智能传感器还可以实现多种层次的计算功能，包括信号预处理（如模拟与数字滤波）、信号转换（如 A/D 转换、V/F 转换）、逻辑控制（如产生系统所需的各种激发脉冲信号，甚至采用数字合成方式输出稳定的激励信号）、数据压缩（如特征数据提取）、数据决策（如模式识别、数据分类）等。随着嵌入式微处理器系统功能的不断强化，许多复杂的算法，如模糊算法、基因算法、神经网络算法等，都在智能传感器中大量应用。

2. 自诊断、自校准

智能传感器是通过监测内部信号作为异常的依据来完成自诊断的。在自诊断过程中，一个经常出现的困难是区分正常测量的偏差和传感器异常。一些智能传感器为克服这一难题通过存储大量的围绕一组点的测量值，然后计算被测量的最小和最大期望值，基于此来判断传感器是否出现异常。

自校准在某些情况下是较为简单的，输出为电信号的传感器能够使用一个已知的参考电平来实现自校准。常用自校准方法有两种：使用查表方法和插值校准技术。其中，查表方法需要大容量的存储器来存储精确的点位，且在校准的过程中必须从传感器收集大量的数据。插值校准技术是基于少量的校准点利用特定插值方法计算出任何测量所需的校正量。

3. 非线性校正

在实际传感器中，被测量和传感器输出之间往往存在非线性误差。若将已知的非线性特性表达式程序化，并预先置入智能传感器的微处理器中。通过一些算法处理（通过查表、曲线拟合，甚至用人工神经网络等非线性算法）能够在一定程度上将输出量转变为线性形式，从而校正传感器的非线性误差。

4. 复合敏感功能

有的智能传感器能够同时测量多种物理、化学或者生物量，具有复合敏感功能，能够多维度反映物质变化的信息。例如，光强、波长、相位和偏振度等参数可反映光的传播特性；压力、温度、热量、浓度、pH 值等分别反映物质的力、热、化学特性。

5. 显示报警功能

智能传感器的微机通过接口数码管或其他显示器结合起来，可选择点显示或定时循环显示各种量值及相关参数，也可以打印输出，并通过与给定值比较来实现报警。

6. 通信功能

智能传感器一般具有对外通信功能，采用模块化、标准化设计电气接口、传输协议、网络通信协议等，可实现传感器即插即用和分布式、网络化、可重配置的传感器系统。

1.2.3　感存算一体化

感存算一体化本质是通过将部分存储和计算功能转移至传感端或传感单元内，从根本上减小由传感、存储、计算等单元物理隔离所引起的能耗和时延问题，是目前智能传感器研究的最前沿方向。

1. 感存算一体化概念

感存算一体化的主要内涵包括：“感”指的是感受或响应被测量的过程；“算”是指

一种可控/可调/可访问的物理过程，是输入有效信息增加的过程；“存”是指器件状态的短时或长时保持性。广义的感存算一体化是指在一个系统中，实现感、存、算功能的融合，而狭义的感存算一体化则指在同一个器件中实现感、存、算的功能。

感存算一体化的主要特征和优势：

1）显著提升传感边缘端的智能化水平和系统整体的运算效率。

2）从根本上解决传统智能传感系统中传感端、存储端及处理端存在的接口瓶颈问题，可有效避免大量数据搬移所产生的能耗和时间延迟问题。

3）在模拟域利用物理硬件自身特性及相应物理规律直接实现感、存、算的功能，具有运算速度快、功耗低的显著优势。

4）通过数据分级处理、存储及高并行度计算，有效增加系统可靠性、鲁棒性与响应速度。

2. 感存算一体化架构发展及分类

感存算一体化起源于存算一体，结合传感端的智能化发展需求，逐步发展出感存一体、感算一体及感存算一体。目前，国内外研究者们已经在感存算体系及技术实现方案方面进行了大量探索。按照具体实现方式，可将感存算一体化分为感+存算一体、感存+算一体、感算+存一体及器件级感存算一体四大类，如图1-10所示。箭头表示数据流向，通常传感单元向着处理单元及记忆单元为单向流动，而记忆单元与处理单元之间数据可以双向流动。

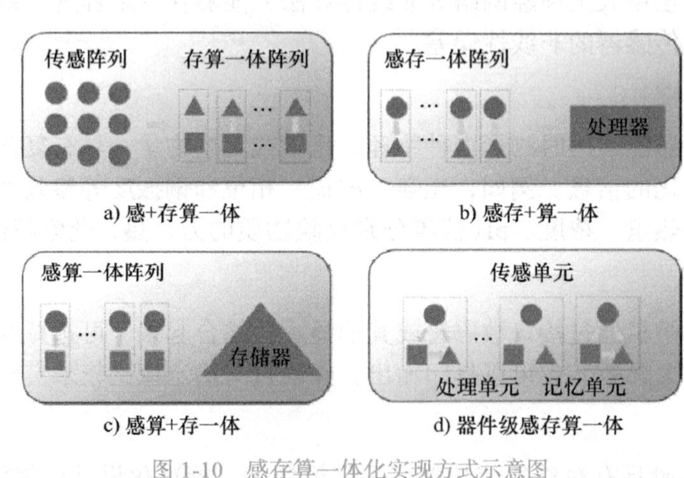

a) 感+存算一体　b) 感存+算一体　c) 感算+存一体　d) 器件级感存算一体

图1-10　感存算一体化实现方式示意图

感+存算一体是利用外加传感器和存算一体单元实现感存算一体，其关键是存算一体单元。存算一体可分为近存计算和存内计算两大类，其中，近存计算仍需要把数据从内存中读取出来，然后再在临近区域进行计算，最终计算的结果需要再存储到内存之中。而存内计算是利用存储器具有的计算能力，在数据存储原位端进行计算。目前，研究者们已经基于静态随机存储器、动态随机存储器等传统存储介质，及铁电随机存储器、磁阻存储器、电阻开关随机存储器及相变存储器等新型非易失性存储器介质开展了存算一体研究。

感存+算一体是利用外加处理器和感存一体单元实现感存算一体，其关键是感存一体单元。感存一体概念起源于生物的感觉记忆过程，实现感存一体的关键是构建具有短时或长时记忆的传感单元。按实现方式不同，感存一体也可分为两大类：串联型感存一体和状态切换型感存一体。串联型感存一体通常将传统的传感单元与记忆单元串联。图 1-11a 所示为以阻变传感单元与电阻型开关存储器串联构成的分压电路，其中，V 为两者串联总电压，通常设置为恒定值。传感单元在外界物理信号刺激下发生阻值变化时，引起传感单元两端电压 V_1 变化，通过分压原理，记忆单元两端电压也会发生改变（$V_2=V-V_1$），进而调控电阻式记忆器件的状态，以此实现对外界物理信号的敏感及记忆功能。状态切换型感存一体单元则直接利用器件在外界物理场调控下的易失 / 非易失记忆特性在实现传感的同时进行存储，但是需要分时复用实现传感和记忆功能的切换，如图 1-11b 所示，具体为：在传感阶段，当外界刺激信号（设为 x）变化时，可直接引起器件特性，如阻值 $R(x)$ 变化；在记忆阶段，当刺激信号撤去后，器件特性与其历史状态相关，能保持一定时间的记忆。

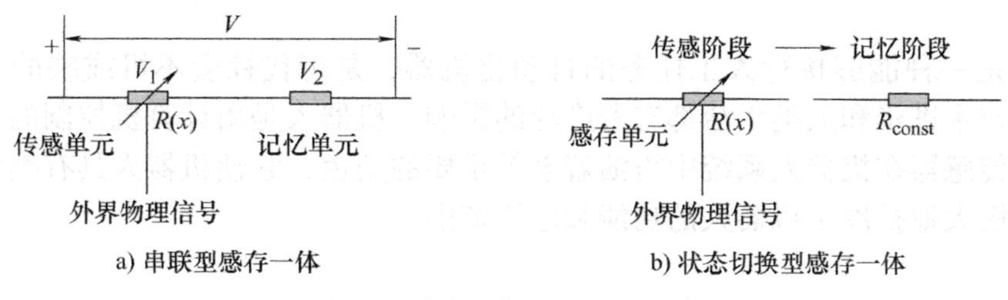

图 1-11　感存一体的基本实现原理

感算 + 存一体是利用外加存储器和感算一体单元实现感存算一体，其关键是感算一体单元。感算一体的理论概念同样受启发于生物感知神经元，与感存一体相类似，其本质是利用感知量对器件特性的调控，结合器件固有的响应特性及其他物理机理实现敏感与计算的融合。该理念在不同层次上又有不同的内涵，在系统层面和物理器件层面分别被称为近传感计算和内传感计算。在近传感计算中，传感单元与前端处理单元之间仍是物理隔离的，如图 1-12a 所示，而内传感计算则直接在传感单元内进行原位的运算操作，如图 1-12b 所示。

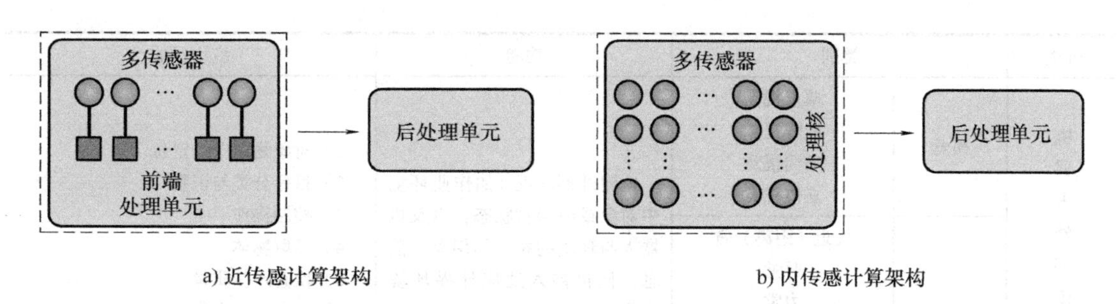

图 1-12　感算一体架构示意图

器件级感存算一体指的是在同一个器件上实现感存算一体，由于“感”要求器件状态随着外界物理场的变化而变化，而“存”又要求器件状态保持不变，两者往往需要通过串联或者状态切换来实现。此外，“算”还需要读取“存”的状态，通常以串联型感存单元为核心，结合存算一体单元的状态切换控制，实现器件级感存算一体，如图 1-13 所示。

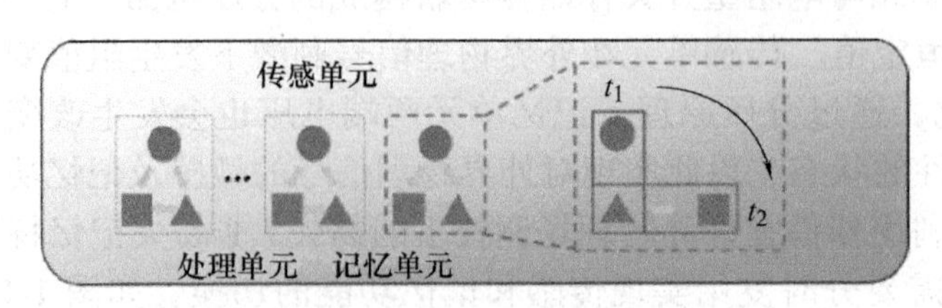

图 1-13　器件级感存算一体实现方式示意图

1.3　智能传感器与机器人感知

机器人是一种能够执行人工任务的自动化机器，是现代社会不可或缺的一部分，对经济发展、技术进步和人类生活都有着广泛的影响。机器人是由计算机控制的复杂机器系统，其中，传感器在机器人系统中扮演着至关重要的角色，它使机器人具有类似于人类的感知能力，极大地扩展了机器人的功能和应用范围。

1. 智能传感器使机器人具有感知能力

人的感觉可分为外部感觉和内部感觉，前者包括视觉、听觉、嗅觉、味觉和触觉，后者包括本体感觉和脏腑感觉。其中，本体感觉包括力、位置、运动和振动感觉等，脏腑感觉包括化学、压力、温度和渗透压感觉等。类似地，通过安装多种传感器，机器人也可以实现类似于人的感知能力。

通常情况下，可以将机器人采用的传感器分为内部传感器和外部传感器两大类，见表 1-1。其中，内部传感器用于检测机器人自身的运动、位置、姿态等状态信息，使机器人具有自我感知能力。外部传感器用于检测外部环境状况，使机器人具备视觉、听觉、接近觉、触觉、力觉等感知能力，从而与环境进行交互。

表 1-1　机器人智能传感器的分类、功能和应用目的

分类	类别		功能	应用目的
机器人外部传感器	视觉	单点视觉 线阵视觉 平面视觉 立体视觉	检测外部状况（如作业环境中对象或障碍物状态，以及机器人与环境的相互作用等）信息，使机器人适应外界环境变化	1）对象物定向、定位 2）目标分类与识别 3）控制操作 4）抓取物体 5）检查产品质量 6）适应环境变化 7）修改程序
	非视觉	接近（距离）觉 听觉 力觉 触觉 滑觉 压觉		

（续）

分类	类别	功能	应用目的
机 器 人 内 部 传 感 器	位置 速度 加速度 力 温度 平衡 姿态（倾斜）角 异常	检测机器人自身状态，如自身的运动、位置和姿态等信息	控制机器人按规定的位置、轨迹、速度、加速度和受力大小进行工作

（1）机器人自身状态感知　通过集成接近传感器、位置编码器和惯性测量传感器等机器人内部传感器，机器人能够获取其自身组件的状态信息，从而控制机器人按规定的位置、轨迹、速度等进行工作。比如，通过编码器和惯性测量传感器，机器人可以实时监测其关节角度和身体姿态并进而进行调整，如图 1-14 所示；利用温度传感器，机器人可以感知内部环境的温度变化，确保在安全范围内运行；利用速度、加速度传感器，机器人可以获取关节的转速、移动速度等，对于精确操控和交互非常重要。总之，传感器赋予了机器人自身状态感知能力，使机器人能够感知其自身的状态变化，是实现机器人自主操作、安全可控的基础。

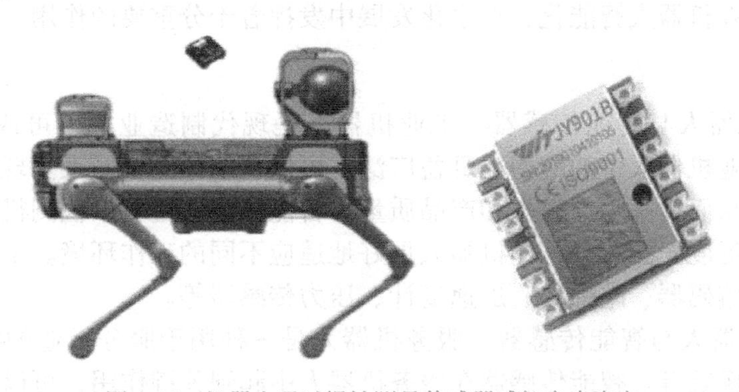

图 1-14　机器人通过惯性测量传感器感知自身姿态

（2）机器人外部环境感知　智能传感器是机器人感知外部环境的"感官"，为机器人赋予机器人视觉、听觉、触觉、味觉等能力，从而理解和响应周围世界，提高自主性和智能性。比如采用光学图像传感器，通过图像数据处理、图像理解等，机器人可以实现视觉感知。图 1-15 中，机器人头、胸及腰部都布置了视觉传感器，其中胸部采用四目立体视觉，头部和腰部则采用红绿蓝深度相机（RGBD）。利用这些传感器，机器人能够在环境中进行导航、外部动作理解、颜色识别等，在人机交互、自主分拣、导航定位等应用中发挥重要作用。与视觉不同，触觉则是让机器人与环境直接接触获取信息，从而实现抓取、操纵、交互等。机器人触觉感知通常利用电容式、压电式等压力、力矩传感器获取力的变化，再通过更高层的算法实现触觉反馈，进而推断物体本身的纹理、形状、硬度、温度，甚至可以检测摩擦力以调整灵巧手的抓握稳定性，如图 1-16 所示的机械手触觉反馈系统。

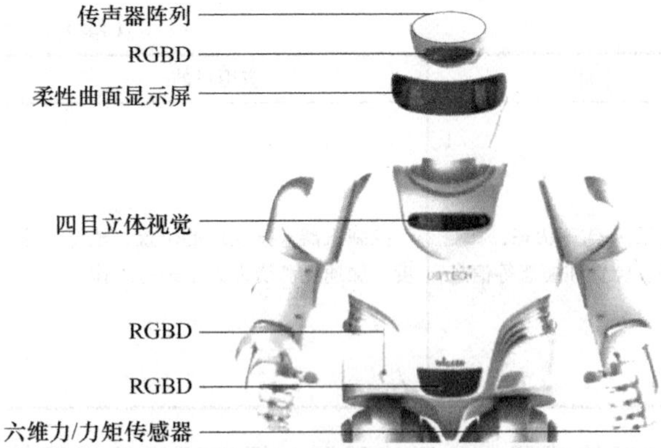

图 1-15 机器人常用外部传感器

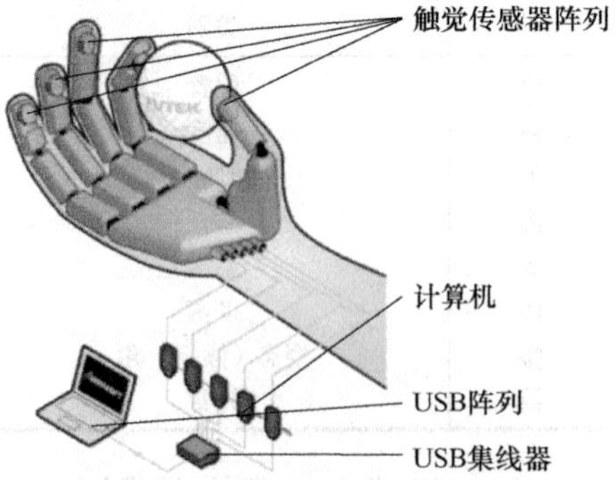

图 1-16 机械手触觉反馈系统

除了视觉、触觉，利用智能传感器还可以使机器人具备听觉、接近觉、味觉、嗅觉等感知能力。比如利用传声器阵列可以使机器人“听到”声音，进行语音识别、声音定位，实现听觉感知；利用超声波传感器、红外传感器等可以帮助机器人检测周围障碍物，避免碰撞，实现接近觉感知；利用气体传感器和化学传感器使机器人能够检测特定气体或液体，实现嗅觉及味觉感知。

可见，智能传感器极大地扩展了机器人的感知能力，是机器人外部环境感知中不可或缺的组成部分，在机器人智能化、自主化发展中发挥着十分重要的作用。

2. 智能传感器使机器人具有强大的服务功能

（1）工业机器人与智能传感器　工业机器人是现代制造业中不可或缺的重要工具，智能传感器在工业机器人中的应用也日益广泛，可以帮助工业机器人实现精确的位置、速度和力等控制，从而提高生产效率和产品质量。智能传感器还可以检测机器人周围的环境变化，如温度、湿度、压力等，让机器人更好地适应不同的工作环境。工业机器人常用的传感器包括光电编码器、陀螺仪、加速度计、压力传感器等。

（2）服务机器人与智能传感器　服务机器人是一种用于服务行业的机器人，如应用于餐厅、酒店、医院等。智能传感器在服务机器人中起到关键作用，可以帮助机器人实现自主导航、物体识别、语音识别等功能，还可以检测人体的生理参数，如体温、血压、心率等，从而为医疗服务提供重要的数据支持。服务机器人常用的传感器包括激光雷达、深度相机、传声器、温度传感器等。

（3）军用机器人与智能传感器　军用机器人是一种用于军事领域的机器人，如无人机、无人驾驶坦克等。智能传感器在军用机器人中起到至关重要的作用，可以帮助机器人实现精确的目标识别、导航定位和武器控制等功能。智能传感器还可以检测战场环境的变化，如烟雾、噪声等，从而为军事行动提供重要的情报信息支持。

1.4 传感器技术发展趋势

随着人工智能、物联网、大数据等技术的深度融合与快速发展，传感器在机器人领域的应用正经历着深刻的变革与飞跃，呈现如下发展趋势。

1. 新原理和新材料

传感器的工作原理往往是基于特定的物理现象、化学反应和生物效应，所以发现新现象与新效应是发展传感器技术、研制新型传感器的重要理论基础。例如，抗体和抗原在电极表面相遇复合会引起电极电位的变化，利用该现象可研制出免疫传感器；利用约瑟夫森效应可制成超精密的传感器，不仅能测量磁，还能对电压、微波等进行超精密测量。

新型敏感材料是研制新型传感器的重要物质基础。例如，利用高分子聚合物随环境相对湿度大小成比例吸附和释放水分子的原理，制成等离子聚合物聚苯乙烯薄膜湿度传感器。

2. 集成化与微型化

随着微电子技术和微机械加工技术的发展，传感器正朝着更小尺寸、更高精度和更高集成度的方向发展，以适应机器人系统的紧凑设计需求。这种趋势使得传感器能够更容易地嵌入机器人内部，提高系统的整体性能和可靠性。MEMS（微电子机械系统）传感器在机器人领域的应用日益广泛。MEMS 传感器是利用半导体制造工艺和材料，将传感器、执行器、机械机构、信号处理和控制电路等集成于一体的微型器件或系统，具有体积小、质量轻、成本相对较低且适合批量化生产的优点。

3. 智能化与自适应

传感器正逐渐从简单的数据采集向智能数据处理和自适应控制转变。通过人工智能技术，传感器能够实现数据的实时处理和智能分析，提高自主性和鲁棒性。智能传感器可以集成多种传感器，并通过智能算法进行数据融合和处理，以实现更加全面、准确的环境感知。这种智能化的传感器能够根据环境变化自动调整参数，提高机器人的适应性和灵活性。

4. 多功能与多模态

为满足复杂环境下的感知需求，传感器正向多功能和多模态方向发展。多模态传感器能够同时提供多种类型的感知信息，如视觉、触觉、力觉等，以实现更全面的环境感知。在机器人领域，多模态传感器融合技术已成为研究热点。通过融合多种传感器数据，机器人能够更准确地理解环境信息，提高决策的准确性和可靠性。例如，在自动驾驶汽车中，融合视觉传感器、激光雷达、毫米波雷达等多种传感器数据，可以实现更精确的环境感知和避障。

5. 无线化与网络化

无线传感器网络技术的发展使传感器能够实现远程数据传输和网络化协同工作，大幅提高了机器人系统的灵活性和扩展性，使其能够在更广范围内进行感知和交互。在工业自动化领域，无线传感器网络被广泛应用于生产线监测、设备状态监控等方面。通过无线传输数据，工厂可以实现对生产过程的实时监控和远程管理，提高生产效率和安全性。

思考题与习题

1-1 传感器的定义是什么？主要由哪些部分组成？

1-2 传感器的静态特性和动态特性是什么？常用的有哪些性能指标？

1-3 传感器的分辨力和分辨率各自内涵是什么？

1-4 假设有一个温度传感器，其输出与温度关系为线性关系。已知在温度为 0℃时，传感器的输出为0mV；温度为100℃时，传感器输出为60mV。请计算该传感器的灵敏度，以及温度 75℃时的输出电压。

1-5 智能传感器的定义是什么？简述智能传感器与传统传感器在结构组成上的差别。

1-6 智能传感器的主要功能有哪些？

1-7 感存算一体化的主要特征和优势有哪些？

1-8 机器人外部传感器主要有哪些？选择其中一种举出应用实例。

第 2 章　传感器功能材料

传感器功能材料在很大程度上决定了传感器的工作原理和性能指标，是发展传感器技术的关键基础。本章将重点介绍传感器领域常用的应变材料、压电材料、光电材料、磁电材料、纳米材料以及超导等其他功能材料。

2.1　应变材料

金属、半导体等多种材料受到外力作用后都会产生一定程度的应变，进而导致其导电能力改变。利用这些材料制成应变传感器可广泛应用于各种结构或部件的应变测量。

2-1　电阻应变效应

2.1.1　电阻应变效应

电阻应变效应一般是指材料（金属）在受到外力作用时产生的形变导致其电阻变化的现象。应变会影响金属材料内部电子的运动和金属晶格的结构，进而改变了电阻值。一般来说，应变导致电阻的变化与应变的大小成正比。

对于金属丝而言，其电阻可定义为

$$R = \rho \frac{l}{A} \tag{2-1}$$

式中，R 为金属丝电阻（Ω）；ρ 为金属丝电阻率（Ω•m）；l 为金属丝长度（m）；A 为金属丝截面积（m^2）。

取一段金属丝，如图 2-1 所示，当其受拉伸长 dl 时，横截面将相应减小 dA，电阻率则因金属晶格发生变形等因素而引起变化 $d\rho$，从而引起电阻 R 变化为 dR，即

$$dR = \frac{l}{A}d\rho + \frac{\rho}{A}dl - \frac{\rho l}{A^2}dA \tag{2-2}$$

$$\frac{dR}{R} = \frac{dl}{l} - \frac{dA}{A} + \frac{d\rho}{\rho} \tag{2-3}$$

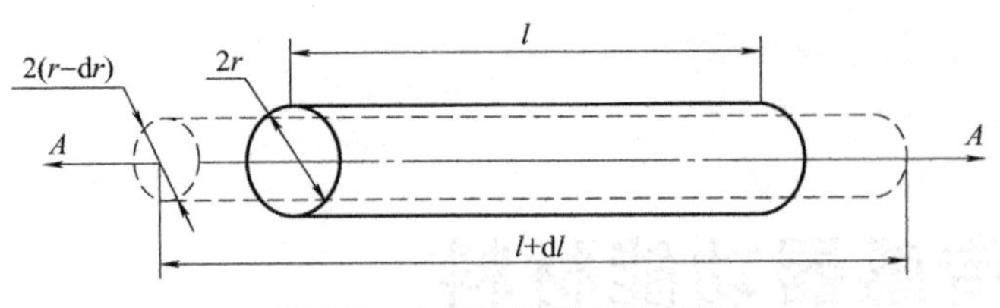

图 2-1　金属丝的形变示意图

由于金属丝在轴向受拉或受压时，其纵向应变与横向应变的关系为

$$\frac{\frac{\mathrm{d}r}{r}}{\frac{\mathrm{d}l}{l}}=-\mu \tag{2-4}$$

式中，r为金属丝材料的半径；μ为金属丝材料的泊松系数；$\mathrm{d}l/l$为金属丝材料的应变，记作ε。考虑金属丝截面积为圆形，则有

$$\frac{\mathrm{d}A}{A}=2\frac{\mathrm{d}r}{r} \tag{2-5}$$

将式（2-4）和式（2-5）代入式（2-3）得

$$\frac{\mathrm{d}R}{R}=\left(1+2\mu+\frac{\mathrm{d}\rho}{\rho}/\varepsilon\right)\varepsilon \tag{2-6}$$

令$K_\mathrm{S}=\left(1+2\mu+\frac{\mathrm{d}\rho}{\rho}/\varepsilon\right)$，则有

$$\frac{\mathrm{d}R}{R}=K_\mathrm{S}\varepsilon \tag{2-7}$$

K_S称为金属丝的灵敏系数，表示金属丝产生单位变形时，电阻的相对变化量。由式（2-6）和式（2-7）看出，金属丝的灵敏系数K_S受两个因素影响，第一项（$1+2\mu$）是由于金属丝受拉伸后，材料的几何尺寸发生变化而引起的；第二项是由于材料发生变形时，其自由电子的活动能力和数量发生变化，导致材料电阻率ρ发生变化。对于金属材料而言，第一项远远大于第二项，即$K_\mathrm{S}\approx1+2\mu$。实验表明，在金属电阻丝拉伸比例极限内，电阻相对变化$\mathrm{d}R/R$与轴向应变ε成正比，因而K_S为一常数，故式（2-7）可进一步表示为

$$\frac{\Delta R}{R}=K_\mathrm{S}\varepsilon \tag{2-8}$$

金属电阻应变片是由金属材料制成的薄片，通常呈矩形形状，可被用来测量物体的应变。当金属电阻应变片受到外力或物体应变时，薄片产生形变，其长度和宽度发生变化，进而导致电阻变化。

常用金属应变材料有：铜镍合金、镍铬合金、镍铬铁合金、铁铬铝合金、铂及铂合金等。以金属材料为敏感栅的电阻应变片的灵敏系数K_S大都

在 2.0 ～ 4.0。常用金属材料的物理性能见表 2-1，表中的电阻温度系数为 20℃以下，温度每升高 1℃时材料的电阻变化率。

表 2-1　应变片常用金属材料的物理性能

材料类别	牌号或名称	成分		灵敏系数 K_s	电阻率 $\Omega\cdot mm^2/m$	电阻温度系数 $\times10^{-6}/℃$
		元素	百分比			
铜镍合金	康铜	Cu Ni	55 45	1.9 ～ 2.1	0.45 ～ 0.52	± 20
铁镍铬合金	—	Fe Ni Cr Mo	55.5 36 8 0.5	3.6	0.84	300
镍铬合金	—	Ni Cr	80 20	2.1 ～ 2.3	1.0 ～ 1.1	110 ～ 130
	6J22（卡玛）	Ni Cr Al Fe	74 20 3 3	2.4 ～ 2.6	1.24 ～ 1.42	± 20
	6J23	Ni Cr Al Cu	75 20 3 2	2.4 ～ 2.6	1.24 ～ 1.42	± 20
铁铬铝合金	—	Fe Cr Al	70 25 5	2.8	1.3 ～ 1.5	30 ～ 40
贵金属及合金	铂	Pt	100	4 ～ 6	0.09 ～ 0.11	3900
	铂铱	Pt Ir	80 20	6.0	0.32	850
	铂钨	Pt W	92 8	3.5	0.68	227

2.1.2　压阻效应

压阻效应是指半导体材料受到应力作用时，由于应力引起能带的变化，使其电阻率发生变化的现象。根据式（2-6）可得

$$\frac{\Delta R}{R}=(1+2\mu)\varepsilon+\frac{\Delta\rho}{\rho} \tag{2-9}$$

对于半导体材料，式（2-9）中 $\Delta\rho/\rho$ 项相对于前两项很大，电阻的变化主要由其决定，故式（2-9）可近似写为

$$\frac{\Delta R}{R}\approx\frac{\Delta\rho}{\rho} \tag{2-10}$$

对于条形半导体材料，其电阻率相对变化 $\Delta\rho/\rho$ 与纵向所受应力 σ 之比为一常数，即

$$\frac{\Delta\rho}{\rho}=\pi\sigma=\pi E\varepsilon \tag{2-11}$$

式中，π为沿纵向的压阻系数（与该方向的晶向有关）；ε为应变；E为弹性模量。

典型的半导体压阻材料有结晶的硅和锗，掺入杂质后可形成P型和N型半导体。其压阻效应是因在外力作用下，原子点阵排列发生变化，导致载流子迁移率及浓度发生变化。半导体的压阻效应有以下优点：灵敏度与精度高；易于小型化和集成化；结构简单、工作可靠，在几十万次疲劳试验后，性能保持不变；动态特性好，其响应频率为$10^3\sim10^5$Hz。由于半导体（如单晶硅）是各向异性材料，其压阻系数不仅与掺杂浓度、温度和材料类型有关，而且还与晶向有关。表2-2为N型和P型硅体材料不同晶向压阻系数。

表2-2　N型和P型硅体材料不同晶向的压阻系数

掺杂类型	晶体学取向	$\pi_l\times10^{-11}\text{Pa}^{-1}$
N型	<100>	−102.2
N型	<110>	−31.2
N型	<111>	−7.53
P型	<100>	6.6
P型	<110>	71.8
P型	<111>	93.5

注：表中N型硅电阻率为11.7Ω·cm，P型硅电阻率为7.8Ω·cm。

硅材料压阻效应有着广泛的应用，许多传统力学传感器如压力传感器和加速传感器都可以利用硅的压阻效应设计制作。由于硅材料是现代集成电路和模拟电路的基础材料，因此压阻效应器件和CMOS电路很容易集成在一起。

半导体材料大多为脆性材料，尤其是硅材料，其弹性应变范围很小。研究表明硅纳米线具有优异的力学性能，自上而下制备的硅纳米线最大弹性应变可达4.5%，自下而上生长制备的硅纳米线甚至可达10%。因此，以硅纳米线为基础的各种微纳器件层出不穷，利用硅纳米线压阻效应制备的传感器不断涌现，例如利用硅纳米线压阻效应可以设计制作空气流量传感器，如图2-2所示。此外，还有在力学传感器、谐振器和柔性器件等方面的应用。

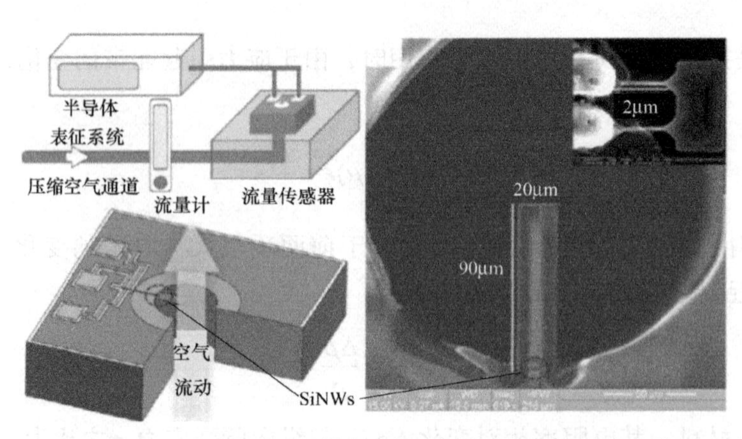

图2-2　以硅纳米线压阻效应为基础制作的空气流量传感器

2.2　压电材料

1880 年，人们在石英晶体中发现了压电效应，此后陆续在一系列的单晶、多晶陶瓷、有机高分子聚合材料中也都发现了相当强的压电效应。压电效应自发现以来，在电子、超声、通信等许多技术领域得到广泛应用。

2-4　压电效应

2-5　石英晶体压电效应演示

2.2.1　压电效应

某些电介质在沿一定方向上受到外力的作用而变形时，其内部会产生极化现象，同时在它的两个相对表面上出现正负相反的电荷。当外力去掉后，它又会恢复到不带电的状态，这种现象称为正压电效应。当作用力的方向改变时，电荷的极性也随之改变。相反，当在电介质的极化方向上施加电场，这些电介质也会发生变形，电场去掉后，电介质的变形随之消失，这种现象称为逆压电效应。具有这种压电效应的物质称为压电材料。压电材料的压电特性常用压电方程来描述：

$$q = d_{ij}\sigma \text{ 或 } Q = d_{ij}F \tag{2-12}$$

式中，q 为电荷的表面密度（C/cm^2）；σ 为单位面积上的作用力（N/cm^2）；d_{ij} 为压电常数（C/N）；F 为压电元件受到的作用力；Q 为表面电荷。

压电常数 d_{ij} 有两个下角标，其中第一个下角标 i 表示晶体的极化方向。当产生电荷的表面垂直于 x 轴（y 轴或 z 轴）时，记作 i =1（或 2、3）。第二个下角标 j =1（或 2，3，4，5，6），分别表示沿 x 轴、y 轴、z 轴方向的单向应力和在垂直于 x 轴、y 轴、z 轴的平面内作用的剪切力。单向应力的符号规定拉应力为正而压应力为负，剪切力的符号则用右螺旋定则确定。

压电材料在任意受力状态下所产生的表面电荷密度可由下列方程组决定：

$$\begin{cases} q_1 = d_{11}\sigma_1 + d_{12}\sigma_2 + d_{13}\sigma_3 + d_{14}\sigma_4 + d_{15}\sigma_5 + d_{16}\sigma_6 \\ q_2 = d_{21}\sigma_1 + d_{22}\sigma_2 + d_{23}\sigma_3 + d_{24}\sigma_4 + d_{25}\sigma_5 + d_{26}\sigma_6 \\ q_3 = d_{31}\sigma_1 + d_{32}\sigma_2 + d_{33}\sigma_3 + d_{34}\sigma_4 + d_{35}\sigma_5 + d_{36}\sigma_6 \end{cases} \tag{2-13}$$

式中，q_1、q_2、q_3 分别为垂直于 x 轴、y 轴和 z 轴的表面上的电荷密度；σ_1、σ_2、σ_3 分别为沿着 x 轴、y 轴和 z 轴的拉或压应力；σ_4、σ_5、σ_6 分别为垂直于 x 轴、y 轴、z 轴的平面内的剪切力。这样，压电材料的压电特性可用压电常数矩阵表示如下：

$$\boldsymbol{d}_{ij} = \begin{bmatrix} d_{11} & d_{12} & d_{13} & d_{14} & d_{15} & d_{16} \\ d_{21} & d_{22} & d_{23} & d_{24} & d_{25} & d_{26} \\ d_{31} & d_{32} & d_{33} & d_{34} & d_{35} & d_{36} \end{bmatrix} \tag{2-14}$$

2.2.2　压电晶体

常见的压电晶体有石英晶体、铌酸锂、钽酸锂、闪锌矿、方硼石、电气石等。其中，石英晶体是最常用的压电晶体之一。图 2-3 所示为天然结构的石英晶体，它是个六角形晶柱。在直角坐标系中，z 轴表示其纵向轴，称为光轴；x 轴平行于正六面体的棱面，称为电轴；y 轴垂直于正六面体棱面，称为机械轴。通常沿电轴（x 轴）方向的力作用下产生电荷的压电效应称为纵向压电效应，而把沿机械轴（y 轴）方向的力作用下产生电荷的压电效应称为横向压电效应。在光轴（z 轴）方向受力时则不产生压电效应。

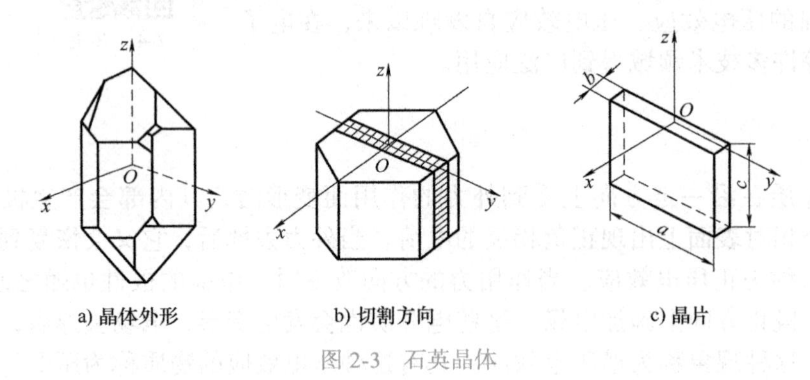

图 2-3　石英晶体

从晶体上沿轴线切下的薄片称为晶体切片，简称晶片，图 2-3c 所示即为石英晶片的示意图。当晶片在沿电轴方向受到外力 F_x 作用时，在与电轴垂直的平面上产生电荷 Q_x，其大小为

$$Q_x = d_{11}F_x \tag{2-15}$$

式中，d_{11} 为压电系数。

从式（2-15）可以看出，当晶体受到电轴方向外力作用时，晶面上产生的电荷 Q_x 与作用力 F_x 成正比，与晶片的几何尺寸无关。当 F_x 是压力时，电荷 Q_x 为负；当 F 是拉力时，电荷 Q_x 为正，如图 2-4a、b 所示。

如果在同一晶片上，作用力沿着机械轴（y 轴）方向，其电荷仍在与 x 轴垂直的平面上出现，而极性方向相反，如图 2-4c 和图 2-4d 所示。此时电荷量为

$$Q_y = d_{12}\frac{a}{b}F_y = -d_{11}\frac{a}{b}F_y \tag{2-16}$$

式中，a、b 分别为晶片的长度和厚度；d_{12} 为 y 轴方向受力时的压电系数。由于石英晶体轴对称，因此有 $d_{12} = -d_{11}$。

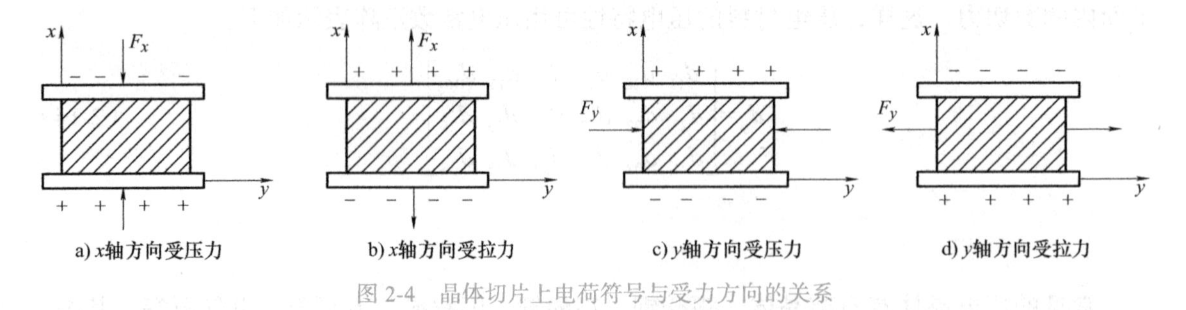

图 2-4　晶体切片上电荷符号与受力方向的关系

其他的压电晶体材料如铌酸锂、钽酸锂、闪锌矿、方硼石、电气石等，近年来也

受到广泛关注。铌酸锂是无色或略带淡黄绿色的透明晶体，熔点为 1240℃，密度为 4.70×10^3kg/m^3，莫氏硬度为 6。钽酸锂是稍呈淡绿色的透明晶体，熔点为 1650℃，密度为 7.45×10^3kg/m^3。图 2-5 是铌酸锂和钽酸锂压电晶体实物图。

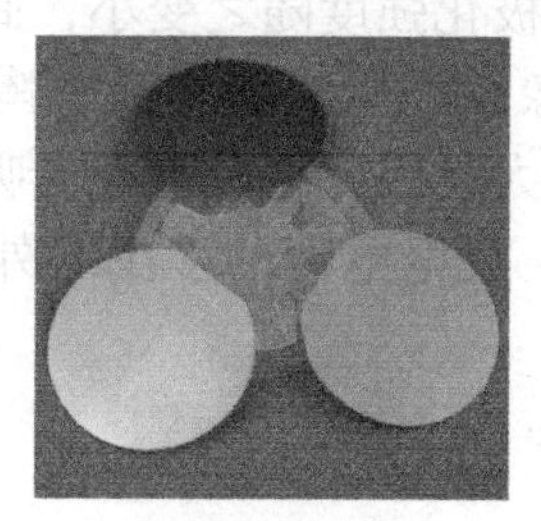
a) 铌酸锂压电晶体

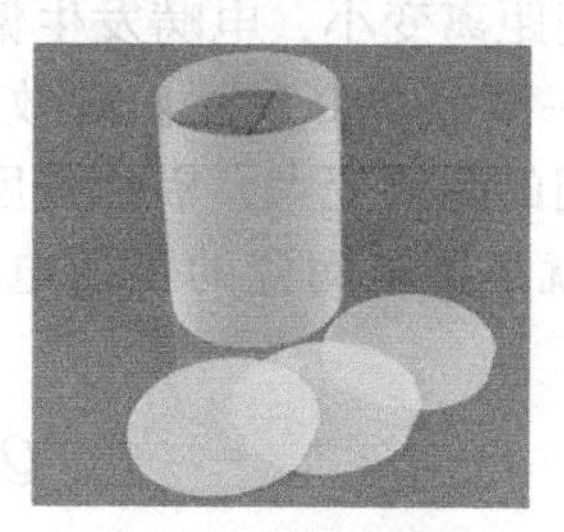
b) 钽酸锂压电晶体

图 2-5 压电晶体实物图

压电晶体的主要应用包括：①声表面波的滤波器，目前制备滤波器使用的材料主要有石英、钽酸锂、铌酸锂等。②振荡器，一种将直流电能转换为具有一定频率交流电能的能量转换装置，对应电路称为振荡电路。③热释电传感器，一般通过热对流、热传导及热辐射 3 种方式与外界发生热交换以检测热源目标，其工作原理是热释电材料表面受热产生温度变化，其电偶极矩发生变化，为保持材料表面呈中性，表面释放电荷。热释电传感器一般具有探测率高、工作频率宽、成本低、结构简单及响应速度快等优点。钽酸锂晶体因具有良好的热释电系数、居里点和介电常数，在热释电传感器中使用较多。

2.2.3 压电陶瓷

压电陶瓷是人工制造的多晶体，它的压电机理与石英晶体不同。压电陶瓷材料内的晶粒有许多自发极化的小区域（称为电畴），在极化处理前，各晶粒内电畴按任意方向排列，自发极化作用相互抵消，陶瓷内极化强度为零，如图 2-6a 所示。

a) 未极化的陶瓷

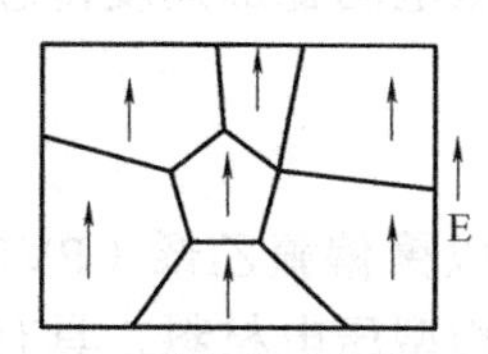

b) 正在极化的陶瓷

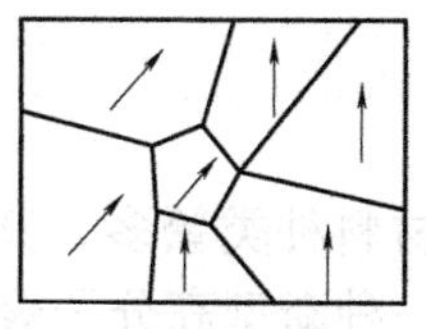
c) 极化后的陶瓷

图 2-6 压电陶瓷的极化

当压电陶瓷上施加外电场时，电畴自发极化方向转到与外加电场方向一致，如图 2-6b 所示。极化后的压电陶瓷具有一定极化强度，当外加电场撤销后，各电畴的自发极化在一定程度上按原外加电场方向取向，整体极化强度并不立即恢复到零，如图 2-6c 所示。这种极化强度称为剩余极化强度，此时压电陶瓷极化的两端就出现束缚电荷，一端为正电荷，另一端为负电荷，如图 2-7 所示。由于束缚电荷的作用，压电陶瓷的电极表面上很快吸附了一层来自外界的自由电荷。

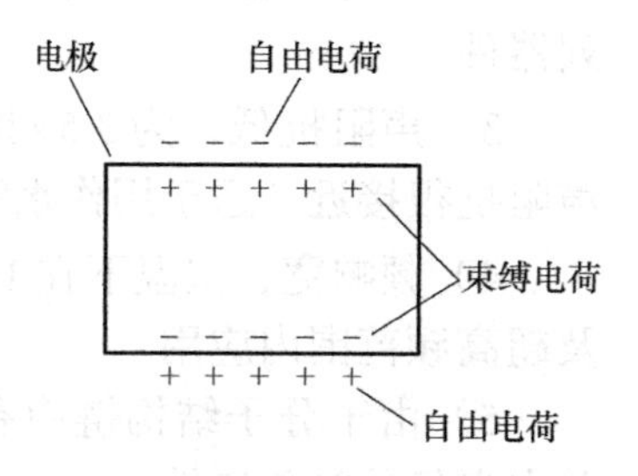

图 2-7 压电陶瓷中的束缚电荷与自由电荷示意图

这些自由电荷与束缚电荷符号相反而数值相等，起着屏蔽和抵消极化强度的作用，压电陶瓷整体对外不显现极性。

在压电陶瓷片上施加一个与极化方向平行的压力，陶瓷片将产生压缩变形，片内的正、负束缚电荷之间距离变小，电畴发生偏转，极化强度随之变小，此时原来吸附在电极上的自由电荷，有一部分被释放而出现放电现象；当压力撤销后，陶瓷片恢复原状，片内的正、负电荷之间的距离变大，极化强度也变大，因此电极上又会吸附一部分自由电荷出现充电现象。这就是压电陶瓷的正压电效应，放电电荷的多少与外力的大小成正比关系，即

$$Q = d_{33}F \tag{2-17}$$

式中，Q 为电荷量；d_{33} 为压电陶瓷的压电常数；F 为作用力。

代表性的压电陶瓷有钛酸钡压电陶瓷、锆钛酸铅系压电陶瓷、铌酸盐系压电陶瓷和铌镁酸铅压电陶瓷等。最早发现的压电陶瓷钛酸钡（$BaTiO_3$，BT）具有高介电性。锆钛酸铅（PZT）为钛酸铅（$PbTiO_3$）和锆酸铅（$PbZrO_3$）形成的固溶体，具有较强且稳定的压电性能，居里温度高，各向异性大，介电常数小。在锆钛酸铅中添加一种或两种其他微量元素（如铌、锑、锡、锰、钨等）可以获得不同性能的 PZT 材料。锆钛酸铅系压电陶瓷是目前压电式传感器中应用最为广泛的压电材料。

锆钛酸铅系压电陶瓷是含铅材料，具有一定的毒性，威胁人类健康和生态环境，因此发展无铅压电陶瓷材料成为热点方向。但目前无铅压电材料的压电性能偏低且不稳定，工艺复杂难以控制，极大限制了其在各类器件中的应用。典型的无铅压电体系有钛酸钡基（BT 基）、钛酸铋钠基（BNT 基）、铌酸钾钠基（KNN 基）无铅压电陶瓷和钛酸锶钡系、铌酸钡钠系无铅压电陶瓷，以及钛酸铋、钛酸铋钙、钛酸铋锶等。

压电陶瓷可以制成多种传感器，比如：压电陶瓷加速度传感器，具有体积小、结构简单、质量轻、使用寿命长等优点，在飞机、汽车、船舶、桥梁和建筑的振动和冲击测量中普遍使用，特别在航空宇航领域，压电陶瓷加速度传感器更具独特地位。

2.2.4 压电薄膜

压电薄膜材料种类繁多，其中以聚偏氟乙烯（PVDF）为代表，它是 20 世纪 70 年代在日本问世的一种新型高分子聚合物型压电材料，具有如下优点：

1）压电常数比石英高十多倍。

2）具有柔性，加工性能好，可制成不同厚度和形状的薄膜，适于做大面积的传感阵列器件。

3）声阻抗低，为 3.5×10^{-6} Pa·s/m，仅为 PZT 压电陶瓷的 1/10，与水或人体肌肉的声阻抗很接近，适于用作水听器和医用仪器的传感元件。

4）频响宽，室温下在 $10^{-5}\sim10^{9}$ Hz 范围内响应平坦，可在准静态、低频、高频、超声及超高频范围内应用。

5）由于分子结构链中有氟原子，因此 PVDF 化学稳定性和耐疲劳性高，吸湿性低，并有良好的热稳定性。

6）可耐受强电场作用（75V/μm）。

7）质量轻，密度为 PZT 压电陶瓷的 1/4，做成传感器对被测对象的机械负载小。

图 2-8 所示为利用 PVDF 制成的血压传感器。传感器内部敏感材料采用 PVDF 纤维膜，对称设置金属电极，外部为生物基呋喃聚酯（PEF）材料封装体。传感器制成片状结构，可以贴合人体皮肤表面，很好地与上腕部动脉沟吻合，使用起来十分方便。这种血压传感器具有结构简单、性能可靠、灵敏度高、抗干扰能力强、易于小型化的特点。

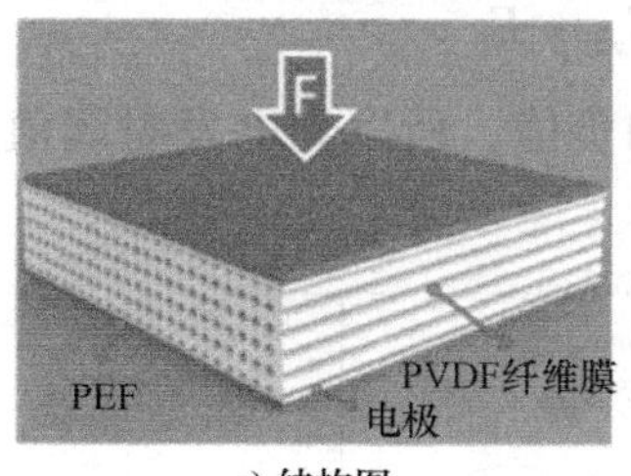

a) 结构图　　b) 实物图

图 2-8　利用 PVDF 制成的血压传感器

其他典型的压电薄膜材料还包括钛酸铋钠基铁电薄膜、硫化钼薄膜等。其中，硫化钼由于其优异的性能和独特的性质吸引了众多学者注意。层数为少数层奇数时，晶体不对称，具有压电性。当层数为少数层偶数时，中心对称性恢复，压电性消失，如图 2-9 所示，单层硫化钼薄膜为 D_{3h} 点群结构，一个 Mo 原子层位于两个完全相同的 S 原子层中间，组成六方晶格结构，每个三棱柱单元是反对称的，不具有反转对称性，因此具有压电性能。

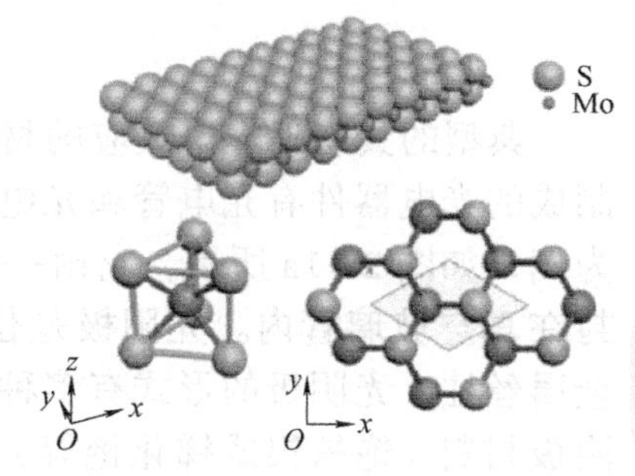

图 2-9　硫化钼晶体结构示意图

压电薄膜具有良好的压电性能和灵活性，在众多领域都有着广泛应用。压电薄膜可以制成多种传感器，用于测量压力、力、振动等物理量。在汽车工业、航空航天等领域中有着重要应用。此外，压电薄膜可作为精密位置调节器件或微型致动器，应用于精密仪器、光学系统、声波设备等领域。

2.3　光电材料

光照射到某些金属、半导体等材料上会引起材料的电性质发生变化，这类光变致电的现象被人们统称为光电效应，可分为外光电效应和内光电效应两类。

2.3.1　外光电效应

当物质中的电子吸收足够高的光子能量，电子将逸出物质材料表面成为真空中的自由电子，这种现象称为光电发射效应或称为外光电效应。外光电效应中光电能量转换的基本关系为

$$h\nu = \frac{1}{2}mv_0^2 + E_{\text{th}} \tag{2-18}$$

式（2-18）表明，具有$h\nu$能量的光子被电子吸收后，只要光子的能量大于物质材料的光电发射阈值E_{th}，则质量为m的电子初始动能$\frac{1}{2}mv_0^2$便大于0，就能够逸出物质材料表面。光电发射阈值E_{th}是建立在材料能带结构基础之上，对于金属，如图2-10所示的能级结构，光电发射阈值E_{th}等于真空能级E_{vac}与费米能级E_f之差，即

$$E_{th}=E_{vac}-E_f \tag{2-19}$$

式中，E_{vac}一般设为0；E_f为低于真空能级的负值，所以光电发射阈值E_{th}大于0。

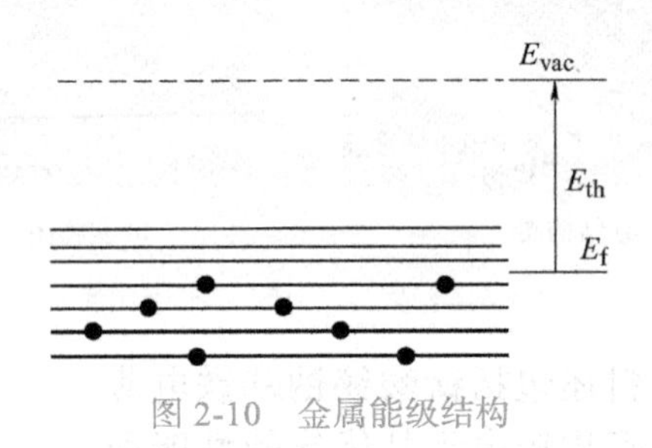

图2-10　金属能级结构

典型的具有外光电效应的材料包括铯氧银、锑化铯等。利用这些材料的外光电效应制成的光电器件有光电管和光电倍增管等，一般都是真空或充气的光电器件。以光电管为例，如图2-11a所示，它由一个阴极和一个阳极构成，分别叫光阴极和光阳极，并密封在真空玻璃管内。光阳极是位于光电管中心的环形金属丝，或是置于中心轴位置的金属丝柱；光阴极的形式有多种，可以在玻璃管内装入柱面形金属片，再将片内壁涂上阴极材料（铯氧银或锑化铯等）。当光照在光阴极上时，光阴极发射出光电子，被具有一定电位的光阳极所吸引，在光电管内形成空间电子流，叫光电流。光电流的大小与光强度成正比关系，如图2-11b所示，外电路电阻R_L上的电压正比于光电流，也正比于光强。

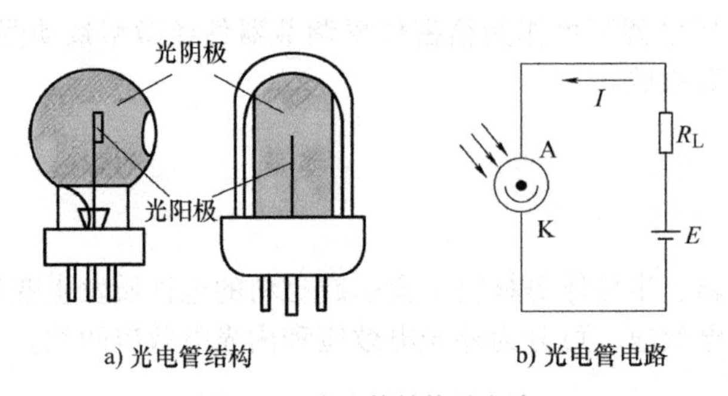

图2-11　光电管结构及电路

2.3.2　内光电效应

内光电效应是被光激发所产生的载流子（自由电子或空穴）仍在物质内部运动，使物质的电导率发生变化或产生光生电动势的现象，可分为光电导效应和光生伏特效应（光伏效应）。

1. 光电导效应

物体受光照射后，若其内部的原子释放出电子并不逸出物体表面，而仍留在内部，使物体的电导率发生变化的现象称为光电导效应。对于半导体材料，光电导的来源主要有带间载流子跃迁和杂质激发，因此有本征光电导和杂质光电导之分。

光通量为 $\Phi_{e,\lambda}$ 的单色光辐射入射到如图 2-12 所示的半导体上，波长 λ 的单色光辐射全部被吸收，则光敏层单位时间所吸收的光子数密度 $N_{e,\lambda}$ 应为

$$N_{e,\lambda}=\frac{\Phi_{e,\lambda}}{h\nu bdl} \tag{2-20}$$

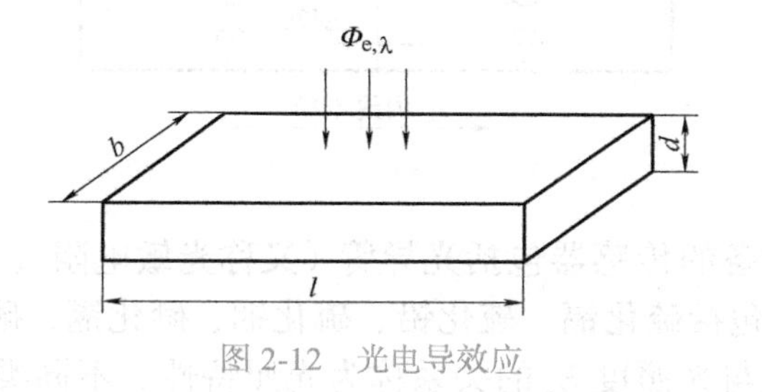

图 2-12　光电导效应

光敏层每秒产生的电子数密度，即光电子产生率 G_e 为

$$G_e=\eta N_{e,\lambda} \tag{2-21}$$

在热平衡状态下，半导体的热电子产生率 G_t 与热电子复合率 r_t 相平衡。电子总产生率应为光电子产生率 G_e 与热电子产生率 G_t 之和，即

$$G_e+G_t=\eta N_{e,\lambda}+r_t \tag{2-22}$$

导带中的电子与价带中的空穴的总复合率 R 应为

$$R=K_f(\Delta n+n_i)(\Delta p+p_i) \tag{2-23}$$

式中，K_f 为载流子的复合概率；Δn 为导带中的光生电子浓度；Δp 为导带中的光生空穴浓度。

热电子复合率与导带内热电子浓度 n_i 及价带内空穴浓度 p_i 的乘积成正比，即

$$r_t=K_f n_i p_i \tag{2-24}$$

在热平衡状态载流子的总产生率应与总复合率相等，即

$$\eta N_{e,\lambda}+K_f n_i p_i=K_f(\Delta n+n_i)(\Delta p+p_i) \tag{2-25}$$

在非平衡状态下，光生载流子浓度的时间变化率应等于载流子的总产生率与总复合率的差，即

$$\begin{aligned}\frac{\mathrm{d}\Delta n}{\mathrm{d}t}&=\eta N_{e,\lambda}+K_f n_i p_i-K_f(\Delta n+n_i)(\Delta p+p_i)\\&=\eta N_{e,\lambda}-K_f(\Delta n\Delta p+\Delta p n_i+\Delta n p_i)\end{aligned} \tag{2-26}$$

2. 光生伏特效应

光生伏特效应是基于半导体 PN 结的一种将光能转换成电能的效应。当入射光作用在半导体 PN 结上产生本征吸收时，价带中的光生空穴与导带中的光生电子在 PN 结内建电场的作用下分开并分别向如图 2-13 所示的方向运动，形成光伏电压或光生电流。

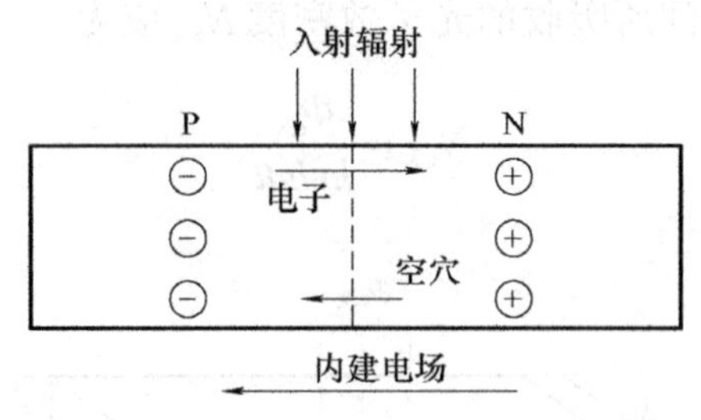

图 2-13　半导体 PN 结光生伏特效应示意图

利用内光电效应制备的传感器包括光导管（又称光敏电阻）、红外传感器等。典型的具有内光电效应的材料包括硫化镉、硫化铅、硫化铟、硒化镉、硒化铅等。以光敏电阻为例，光敏电阻的光电流与光照度 E_v 的关系称为光照特性。不同类型的光敏电阻，光照特性是不同的，但在大多数情况下，曲线形状似图 2-14a 所示的硫化镉光敏电阻光照特性，它是非线性的。光敏电阻对于不同波长的入射光，其灵敏度是不同的。图 2-14b 是硫化镉和硒化镉的光谱特性，它们在可见光或近红外区，其光谱响应峰很尖锐，对光照度变化有较高的灵敏度，因此选用光敏电阻时应当把元件和光源种类结合起来考虑，才能获得最佳结果。

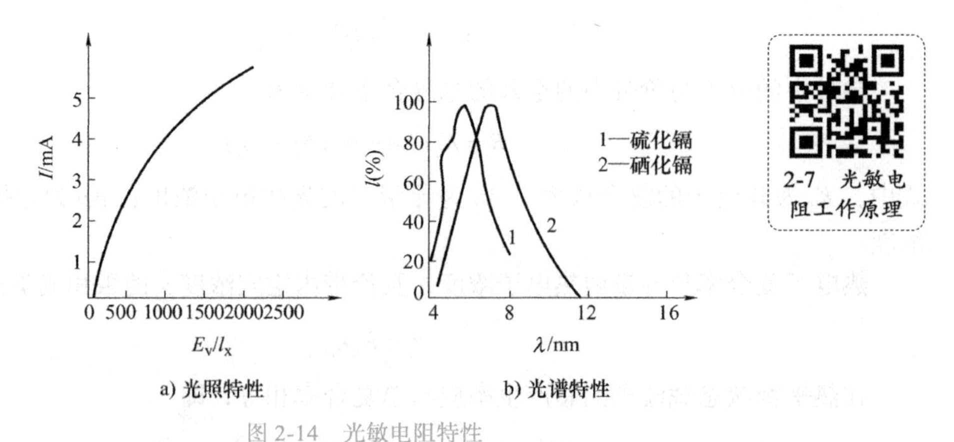

图 2-14　光敏电阻特性

2.4 磁电材料

磁电材料是一种能够实现磁电性能转换的多功能材料，利用磁电材料制成的传感器可以用来检测磁场、电流等变化，具有很高的灵敏度和广泛的应用范围。

2.4.1　霍尔效应

当电流垂直于外磁场方向通过导体或半导体薄片时，在其垂直于电流和磁场方向的两侧表面之间产生电势差的现象，称为霍尔效应。所产生的电势差称作霍尔电动势，如图 2-15 所示，它是由于运动载流子受到磁场作用力即洛伦兹力 F_L，在导体或半导体薄片两侧形成电子和正电荷积累所致。

2-8　霍尔效应

2-9　霍尔效应演示

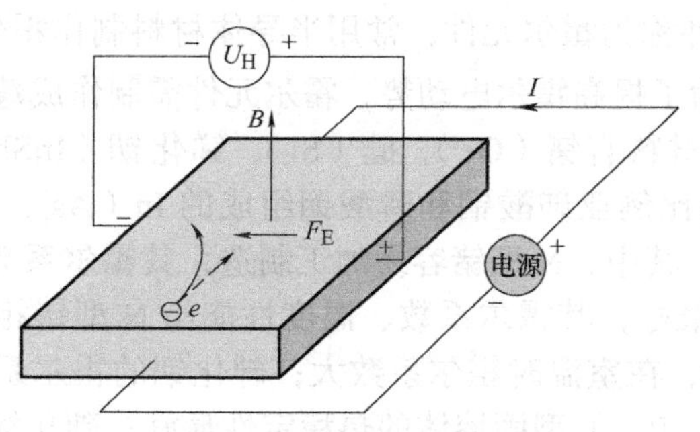

图 2-15　霍尔效应原理图

载流子（电子）受到的洛伦兹力可表示为：$F_L = -evB$，式中 e 为电子电荷量，$e = 1.602 \times 10^{-19}$C，$v$ 为电子平均运动速度，B 为磁感应强度。电子平均运动速度可表示为：$v = -I/(nebd)$，式中 I 为加在导体或半导体薄片左右两端的电流（称为控制电流），n 为电子浓度，即单位体积中的电子数，负号表示电子运动速度的方向与电流方向相反，b、d 分别为导体或半导体薄片宽度和厚度。

由于电子在左端面上积累而带负电，则右端面因缺少电子而带正电，在左右端面间形成电场，进而对电子产生电场力阻止其偏转，该电场力可表示为：$F_E = -eE_H = -eU_H/b$，式中 U_H 为霍尔电动势。当 $F_L = F_E$ 时，电子积累达到动态平衡，即

$$U_H = -\frac{IB}{ned} = R_H \frac{IB}{d} \tag{2-27}$$

式中，R_H 为霍尔系数，单位为 $m^3 \cdot C^{-1}$，由材料的物理性质所决定。令 $R_H = \pm r/(ne)$，其正负号由载流子导电类型决定，电子导电为负值，空穴导电为正值，r 与温度、能带结构等有关，若运动载流子的速度分布为费米分布，则 $r = 1$；若为波尔兹曼分布，则 $r = 3\pi/8$。

可将式（2-27）写成

$$U_H = k_H IB \tag{2-28}$$

式中

$$k_H = \frac{R_H}{d} \tag{2-29}$$

k_H 称为霍尔元件的灵敏度系数，它与材料的物理性质和几何尺寸有关，表示在单位激励电流和单位磁感应强度时产生霍尔电动势的大小。

如果磁场与薄片法线之间有 α 角，那么

$$U_{\mathrm{H}} = R_{\mathrm{H}} \frac{IB}{d} \cos\alpha \tag{2-30}$$

考虑到霍尔系数 R_{H} 与载流子的电阻率 ρ 和迁移率 μ 之间存在如下关系：

$$R_{\mathrm{H}} = \rho\mu \tag{2-31}$$

半导体材料具有很高的迁移率和电阻率，所以其霍尔系数远大于金属，具有显著的霍尔效应。具有霍尔效应的元件称为霍尔元件，常用半导体材料制作霍尔元件。霍尔电动势 U_{H} 与导体厚度 d 成反比，为了提高霍尔电动势，霍尔元件需制作成薄片。

最常用的霍尔元件材料有锗（Ge）、硅（Si）、锑化铟（InSb）、砷化铟（InAs）、砷化镓（GaAs）以及不同比例亚砷酸铟和磷酸铟组成的 In（As_y，P_{1-y}）型固熔体（y 表示百分比）等半导体材料。其中，N 型锗容易加工制造，其霍尔系数、温度性能和线性度都较好；N 型硅的线性度最好，其霍尔系数、温度性能与 N 型锗相同；锑化铟对温度最敏感（尤其在低温范围内），在室温时霍尔系数大；砷化铟的霍尔系数较小，温度系数也较小，线性度好；In（As_y，P_{1-y}）型固熔体的热稳定性最好；砷化镓的温度特性和输出特性好，但价格较贵。

2.4.2 磁电阻效应

某些材料在外磁场作用下其电阻发生变化的现象，称为磁电阻效应。可由磁电阻系数 MR 表征磁电阻效应的大小，定义为

$$\mathrm{MR} = \frac{R_{\mathrm{H}} - R_0}{R_0} \times 100\% = \frac{\rho_{\mathrm{H}} - \rho_0}{\rho_0} \times 100\% \tag{2-32}$$

式中，R_{H}（ρ_{H}）是磁场为 H 时的电阻（率），R_0（ρ_0）是磁场为零时的电阻（率）。根据磁电阻效应产生机理的不同，可分为各向异性磁电阻、巨磁电阻、隧道磁电阻以及巨磁阻抗等效应。

1. 各向异性磁电阻效应

1857 年，William Thomson 发现当电流方向和外加磁场方向平行时，铁的电阻随磁场增加而增大；当电流方向和外加磁场方向垂直时，铁的电阻随磁场的增加而减小。这一发现揭示了电阻与磁场方向及电流方向之间的相对角度存在依赖关系，即电阻率随磁化方向的变化而变化，如图 2-16 所示。α、β、γ 为在磁场与电流在不同平面上的夹角，这种现象被称为各向异性磁电阻。准确来说，各向异性磁电阻（Anisotropic Magneto Resistance，AMR）效应是指铁磁材料的电阻率随外加磁场和内部电流的相对取向变化而异的现象，它是铁磁金属中与技术磁化相关的效应，为评价这种现象的大小，其定义如下：

$$\mathrm{AMR} = \frac{R_{\perp} - R_{//}}{R_0} \times 100\% \tag{2-33}$$

式中，$R_{\perp}$、$R_{//}$、R_0 分别代表外加磁场方向与电流方向垂直、平行和无外加磁场下的电阻。现在普遍认为，各向异性磁电阻效应来自各向异性散射，而各向异性散射被认为主要来源于自旋–轨道耦合和低对称性的势散射中心，前者降低了电子波函数的对称性，使电

子的自旋与其轨道运动相关联。

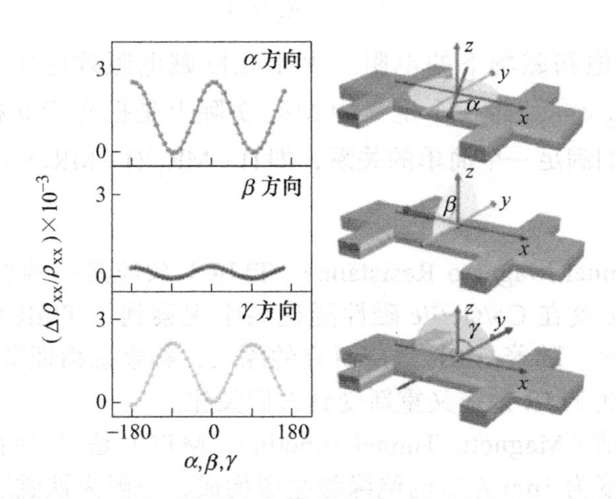

图 2-16　外加磁场方向与电流方向不同时的磁电阻变化

具有各向异性磁阻效应的材料主要有 Fe、Co、Ni、NiFe 合金和 NiCo 合金等，室温下，Fe、Co、Ni 金属的电阻变化率一般为 0.2% ～ 2%，而 NiFe、NiCo 合金可达到 4% ～ 7%，且由于这些合金都是软磁性的，其饱和磁场较小（几十奥斯特），具有很高的磁场灵敏度。例如，室温下一定厚度的坡莫合金（$Ni_{81}Fe_{19}$）在 H = 100Oe 时其电阻变化率为 2% ～ 3%，其最大磁场灵敏度为（0.2% ～ 0.3%）/ Oe。

2. 巨磁电阻效应

20 世纪 80 年代末期，法国巴黎大学 Fert 教授团队发现（Fe/Cr）多层膜的磁电阻效应比坡莫合金大一个数量级，并命名为巨磁电阻（Giant Magneto Resistance，GMR）效应。在随后几年中，人们不但在“铁磁金属 / 非磁金属”多层膜中发现了巨磁电阻效应，又在“铁磁金属 / 非磁金属”的颗粒膜中发现同样存在巨磁电阻效应。

巨磁电阻效应主要与磁性多层膜结构中的电子自旋相关散射效应相关。GMR 材料通常由交替的铁磁层和非磁性层组成，非磁性层常用的材料有铜或铬。当外部磁场作用于 GMR 材料时，会引起磁性层中电子自旋的重新排列，从而影响电子在材料中的散射行为，进而改变材料的电阻。具体来说，当电子自旋偏振的方向与第二个磁性层中的自旋方向相同时，电子在通过 GMR 材料时受到的散射减少，电阻降低；反之，当电子自旋偏振的方向与第二个磁性层中的自旋方向相反时，散射增强，电阻增加。这种特性使得以 GMR 材料为敏感核心的传感器能够高灵敏度地检测外磁场的变化。

巨磁电阻效应有三个特点：①饱和 GMR 值可达很大的数值；②多数情况下，GMR 常为负值，磁场使电阻降低；③饱和 GMR 值与磁场的方向无关，为各向同性。为了把负的磁电阻定义为一个正的物理量，对于巨磁电阻的比值引入下面的两种定义：

$$\mathrm{MR}_1=\frac{R(0)-R(H_{\mathrm{S}})}{R(0)}$$

或

$$\mathrm{MR}_2 = \frac{R(0) - R(H_\mathrm{S})}{R(H_\mathrm{S})} \tag{2-34}$$

式中，$R(H_\mathrm{S})$ 是某一饱和磁场下的电阻。由于在巨磁电阻效应中 $R(0) > R(H_\mathrm{S})$，因而 $0 < \mathrm{MR}_1 < 1$ 和 $0 < \mathrm{MR}_2 < \infty$，第二个定义中 MR_2 实际上是把介于 0 和 1 之间的 MR_1 放大到 0 和无穷之间。它们满足一个简单的关系，即 $(1-\mathrm{MR}_1)(1+\mathrm{MR}_2)=1$。

3. 隧道磁电阻效应

隧道磁电阻（Tunnel Magneto Resistance，TMR）效应是一种重要的磁电子学现象。早在 1975 年，Julliere 就在 Co/Ge/Fe 磁性隧道结中观察到了 TMR 效应，但这一发现当时并未引起重视。后来，随着 GMR 效应研究的深入，凝聚态物理学中产生了新的学科分支——磁电子学，自此 TMR 效应又重新受到人们关注。

典型的磁性隧道结（Magnetic Tunnel Junction，MTJ）是“三明治”结构，由上下两个铁磁电极和中间厚度为 1nm 左右的绝缘势垒层构成，一般为铁磁层 / 非磁绝缘层 / 铁磁层，铁磁层的磁化方向可在外磁场的控制下被独立的切换。当两铁磁层的磁化方向相同时，一个铁磁层中多数自旋子带的电子将进入另一铁磁层中多数自旋子带的空态，少数自旋子带的电子也将进入另一铁磁层中少数自旋子带的空态，总的隧穿电流较大，MTJ 宏观表现为电阻小。相反，当两铁磁层的磁化方向反平行时，多数自旋子带的电子将进入另一铁磁层中少数自旋子带的空态，而少数自旋子带的电子也将进入另一铁磁层中多数自旋子带的空态，隧穿电流较小，MTJ 宏观表现为电阻极大。因此，在外磁场作用下，MTJ 可在两种电阻状态中切换，即高阻态和低阻态。简而言之，一个铁磁层（通常又称为自由层）磁化方向在外磁场作用下进行旋转，改变了另一铁磁层（通常又称为钉扎层，其内部磁化方向不易受外磁场影响）与自由层之间磁化方向的相对取向，使 MTJ 的电阻随外磁场发生变化，如图 2-17 所示。

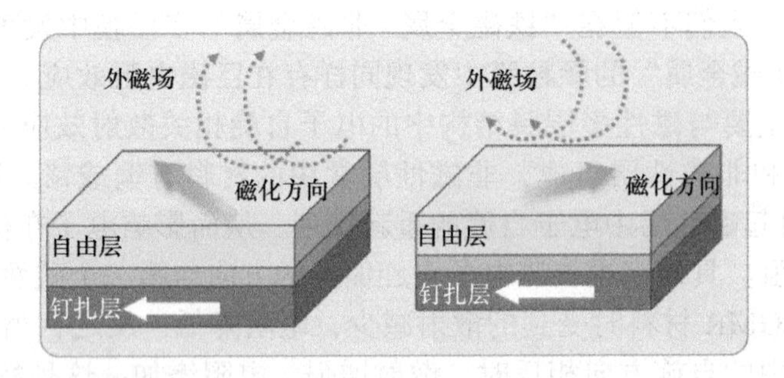

图 2-17　隧道磁电阻原理示意图

单晶 MgO 作为绝缘势垒层的磁性隧道结在室温下表现出高达 600% 的 TMR 值，显著高于非晶 AlO_x 势垒的磁隧道结。非共线反铁磁材料 $\mathrm{Mn_3Sn}$ 在动量空间具有非零的自旋极化，构建的 $\mathrm{Mn_3Sn}$/ 绝缘势垒 /$\mathrm{Mn_3Sn}$ 反铁磁隧道结展现出高达 300% 的 TMR 值。TMR 效应不仅存在于磁性隧道结中，在锰基氧化物之中也存在 TMR 效应。MTJ 的层间交换耦合微弱，饱和磁场很低，对外磁场的响应很灵敏，相比 GMR，MTJ 具有磁电阻变化率高、功耗小、室温磁电阻大等特点，应用前景十分广泛。

2.4.3　巨磁阻抗效应

巨磁阻抗（Giant Magneto-Impedance，GMI）效应是指某些磁性材料的交流阻抗随外磁场变化而显著改变的现象。早在 60 多年前，Harrison 等人就已经发现在外加轴向磁场的作用下，铁磁性细丝的感抗会发生变化，当时把这种物理现象称为磁感应效应。1992 年，日本名古屋大学的 K. Mohri 等人发现 CoFeSiB 非晶丝两端的感应电压随着外加直流磁场的增加而急剧下降，其阻抗变化率 $\Delta Z/Z_0$ 在数个 Oe 磁场作用下可达 50%，比金属多层膜 Fe/Cu 或 Co/Ag 在低温且高磁场强度下观察到的巨磁电阻效应高一个数量级。由于巨磁阻抗效应具有灵敏度高、反应快和稳定性好等特点，其在传感器技术和磁记录技术中具有巨大的应用潜能，特别是研制灵敏度高、稳定性好、低功耗、微型化的磁敏传感器。此后，人们在非晶薄膜、玻璃包裹非晶丝材料、纳米晶合金带材料中相继发现了巨磁阻抗效应。

巨磁阻抗效应的物理机制可归结为以下三个方面：

1）畴壁位移和磁化方向旋转。当磁性材料置于交变电流和外加磁场中时，其内部的磁畴结构会发生变化。畴壁位移（即磁畴边界的移动）和磁化方向旋转（即磁矩方向的改变）是这种变化的主要形式。而在无外加磁场或外加磁场较弱时，畴壁位移和磁化方向旋转相对容易，导致材料的电阻率较低。同时随着外加磁场的增强，畴壁位移和磁化方向旋转受到阻碍，材料的电阻率显著增加。

2）自旋相关散射。在磁性材料中，电子的自旋状态与材料的磁化方向密切相关。当电子通过材料时，其自旋状态会受到磁化方向的影响而发生散射。在外加磁场的作用下，材料的磁化方向发生变化，导致电子自旋相关散射的强度也随之变化。这种散射强度的变化进一步影响了材料的电阻率。

3）趋肤效应。趋肤效应是指当导体中有交流电通过时，导体内部的电流分布不均匀，电流主要集中在导体的表面层。在磁性材料中，趋肤效应会受到外加磁场的影响。同时外加磁场会改变材料的磁导率和电阻率，从而影响趋肤效应的强度和深度。这种变化进一步影响了材料的交流阻抗。

巨磁阻抗效应测试的原理如图 2-18 所示，通常用非晶磁性材料交流阻抗的变化率来表示巨磁阻抗效应的大小，定义阻抗变化率为

$$\frac{\Delta Z}{Z}(100\%)=\frac{Z(H_{ex})-Z(H_{max})}{Z(H_{max})}\times 100\% \tag{2-35}$$

$$\frac{\Delta Z}{Z}(100\%)=\frac{Z(H_{ex})-Z(H_{0})}{Z(H_{0})}\times 100\% \tag{2-36}$$

式中，$Z(H_{ex})$ 为任意外磁场下非晶磁性材料的阻抗值；$Z(H_{max})$ 是饱和外磁场下非晶磁性材料的阻抗值；$Z(H_0)$ 为外磁场为零时，非晶材料的阻抗值。两种定义式表达的物理意义一致。外磁场控制在饱和磁场强度以下，采用式（2-36）可以更直观地表现出巨磁阻抗变化率与外磁场大小的关系。

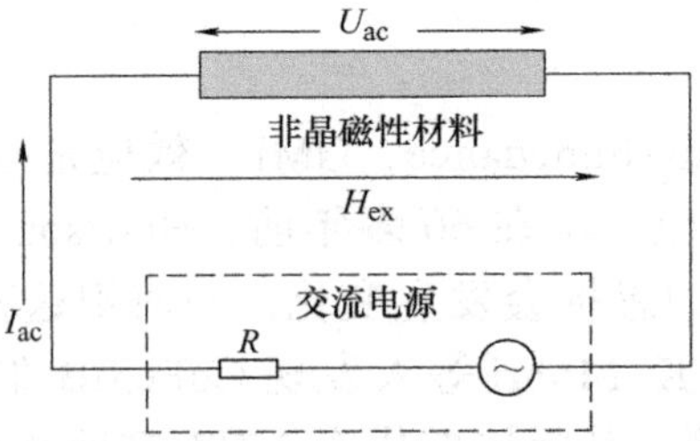

U_{ac}

非晶磁性材料

H_{ex}

交流电源

I_{ac}

R

图 2-18　GMI 效应测试原理

1997 年，K. Mohri 等人利用自激振荡电路驱动 FeCoSiB 非晶丝材料成功研制了具有灵敏度高（交流磁场：10^{-6}Oe；直流磁场：10^{-5}Oe）、响应速度快（约为 1MHz）、温度稳定性好（温度低于 70℃时，小于 0.05%FS）等特点的 GMI 磁传感器。此后，人们又相继利用非晶细丝或微丝、薄带、薄膜和复合结构丝等作为敏感材料设计和制作了多种 GMI 磁传感器、GMI 电流传感器和巨应力阻抗（Giant Stress–Impedance，GSI）压力传感器等。

2.5　纳米材料

纳米材料通常是指外部尺寸在至少一个维度上介于 1 ～ 100nm 的材料以及内部或表面具有纳米结构的材料，前者通常称为纳米级样品，后者称为纳米结构材料。纳米级样品按照具有纳米尺寸的维度数量分类，包括三个维度尺寸均为纳米级的纳米粒子，两个维度尺寸在纳米级的纳米线与纳米管，以及只有一个维度在纳米级的纳米片。纳米结构材料包括纳米复合材料、纳米多孔材料以及纳米晶体材料等。

纳米材料相比相应的块体材料通常体现出截然不同的力学、光学、电学与磁学性能，例如纳米晶陶瓷在高温下可体现出较好的塑性，纳米半导体具有多种非线性光学特性，纳米金属粉作为中间层可降低金属间扩散焊接的温度，纳米磁性粒子体现出超顺磁性，纳米金属粒子制成的催化剂具有更好的催化活性，纳米结构的金属氧化物薄膜作为气敏传感器具有更好的灵敏度。因此，纳米材料一经发明，就受到了广泛关注，在传感器、半导体、催化、生物工程等领域得到广泛应用。

纳米材料在至少一个维度上具有纳米尺寸，具有较高的表面原子数分数，较少的缺陷与较高的表面能，这也是纳米材料与相应的块体材料性能差异较大的原因，为了使读者能够更好地理解在纳米尺度下材料特性与宏观尺度下的差别，本节将从小尺寸效应、量子尺寸效应、表面效应三个方面展开介绍。

2.5.1　小尺寸效应

当颗粒的尺寸与光波波长、德布罗意波长以及超导态的相干长度或透射深度等物理特征尺寸相当或更小时，晶体周期性的边界条件将被破坏，非晶态纳米粒子的颗粒表面层附近的原子密度减少，导致声、光、电、磁、热、力学等特性呈现新变化的现象称为小尺寸效应，如图 2-19 所示。

1）特殊光学性质：当黄金被细分到小于光波波长的尺寸时，即失去了原有的金属光泽而呈黑色。事实上，所有的金属在超微颗粒状态都呈现黑色，尺寸越小，颜色越黑，比如银白色的铂（白金）变成铂黑，金属铬变成铬黑。利用这个特性可以制作光热、光电等转换材料，高效率地将太阳能转变为热能、电能。

2）特殊热学性质：固态物质体相的熔点是固定的，超细微化后却发现其熔点显著降低，当颗粒小于 10nm 时尤为显著。例如，银的常规熔点为 670°C，而超微银颗粒的熔点可低于 100°C。因此，超细银粉制成的导电浆料可以进行低温烧结，此时元件的基片不必采用耐高温的陶瓷材料，甚至可用塑料替代。

3）特殊电学、磁学性质：铜颗粒达到纳米尺寸就变得不能导电；通常绝缘的二氧化硅颗粒在 20nm 时却开始导电。此外，纳米材料呈现出超顺磁性，科学家发现鸽子、海豚、蝴蝶、蜜蜂以及生活在水中的趋磁细菌等生物体中都存在超微磁性颗粒，使这类生物能够依靠地磁场辨别方向。

4）特殊力学性质：陶瓷材料在通常情况下呈脆性，然而由纳米超微颗粒压制成的纳米陶瓷材料却具有良好的韧性。这是因为纳米材料具有大的界面，界面的原子排列是相当混乱的，在外力作用的条件下很容易迁移，表现出很好的韧性与一定的延展性。

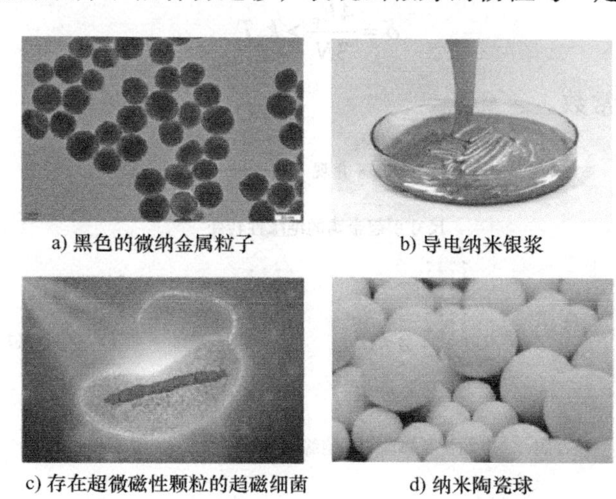

a) 黑色的微纳金属粒子　b) 导电纳米银浆

c) 存在超微磁性颗粒的趋磁细菌　d) 纳米陶瓷球

图 2-19　小尺寸效应实例图

2.5.2　量子尺寸效应

当材料尺寸（或某一方向的尺寸）减小到使能级结构的量子性变得重要时，连续的能带将分解为分立的能级，且能级间距大于某些特征能量（如热运动能量、塞曼能、超导能隙等），材料将表现出与大块样品不同的甚至是特有的性质，此即为量子尺寸效应。

早在 20 世纪 60 年代，Kubo 采用电子模型求得金属纳米晶粒的能级间距 δ 为

$$\delta = \frac{4E_F}{3N} \tag{2-37}$$

式中，E_F 为费米势能；N 为晶粒中的总导电电子数。能带理论表明，金属费米能级附近电子能级一般是连续的，这一点只有在高温或宏观尺寸情况下才成立。对于宏观物质包含无限个原子（即 $N \to \infty$），由式（2-37）可得能级间距 $\delta \to 0$，即对大粒子或宏观物体

能级间距几乎为零；而对纳米粒子，所包含原子数有限，N值很小，这就导致δ有一定的值，即能级间距发生分裂。当能级间距大于热能、磁能、静磁能、静电能、光子能量或超导态的凝聚能时，必须考虑量子尺寸效应。

以金属材料为例，金属的费米能级可用公式计算，即

$$E_{\mathrm{F}}=\frac{h^2}{2m}(3\pi^2 n)^{2/3} \tag{2-38}$$

式中，h为普朗克常量；m为电子质量；n为电子密度。从式（2-38）中可以看出，金属的费米能级与材料尺寸间并无联系，但随着材料尺寸的减小，导电电子的数量有所减少，在$T=0\mathrm{K}$时能够填充电子态的电子数量也有所减少。由于费米能级E_{F}为定值，且能量低于E_{F}的能级均被填满，只有能级间距大于或远大于热能时才能够产生能级分裂，从而出现量子尺寸效应，此时微粒组成的金属由导体变为绝缘体，如图2-20所示。此时满足公式：

$$\delta=\frac{4E_{\mathrm{F}}}{3N}>k_{\mathrm{B}}T \tag{2-39}$$

式中，k_{B}为玻尔兹曼常数。

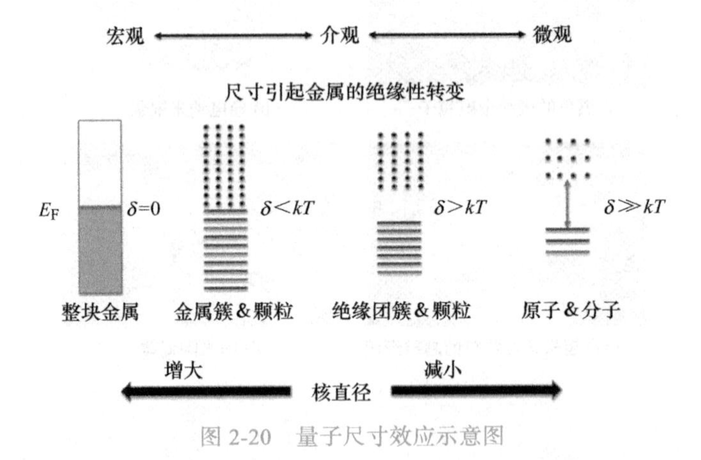

图2-20 量子尺寸效应示意图

如果假设微粒为球形，而且其粒径（直径）为d，金属中每单位体积内的电子数为n，则微粒中的总电子数N为

$$N=n\times\frac{4}{3}\pi\left(\frac{d}{2}\right)^3 \tag{2-40}$$

整理可得

$$\delta=\frac{4h^2(3\pi^2 n)^{\frac{2}{3}}}{\pi nmd^3}>k_{\mathrm{B}}T \tag{2-41}$$

即

$$d^3T < \frac{4h^2(3\pi^2 n)^{\frac{2}{3}}}{\pi nmk_B} \tag{2-42}$$

由式（2-42）可知，在温度 T 一定的条件下，金属颗粒的粒径越小，越易发生量子尺寸效应，即金属越容易由导体转变为绝缘体，温度越低，出现量子尺寸效应的尺寸越大，金属颗粒越容易由导体转变为绝缘体。

2.5.3　表面效应

球形颗粒的表面积与直径的二次方成正比，其体积与直径的三次方成正比，故其比表面积（表面积/体积）与直径成反比。随着颗粒直径的变小，比表面积将会显著地增加，颗粒表面原子数相对增多，使这些表面原子具有很高的活性且极不稳定，致使颗粒表现出不一样的特性。以球形颗粒为例，设 A 为颗粒的表面积，V 为颗粒的体积，F 为比表面积，则计算式为

$$A = 4\pi r^2 \tag{2-43}$$

$$V = \frac{4}{3}\pi r^3 \tag{2-44}$$

$$F = \frac{A}{V} = \frac{3}{r} \tag{2-45}$$

式中，r 为颗粒的半径。

随着颗粒直径的变小，比表面积将会显著增加。例如，粒径为 10nm 时，比表面积为 $90m^2/g$；粒径为 5nm 时，比表面积为 $180m^2/g$；粒径下降到 2nm 时，比表面积猛增到 $450m^2/g$。粒子直径减小到纳米级，不仅引起表面原子数的迅速增加，而且纳米粒子的表面积、表面能都会迅速增加。这主要是因为处于表面的原子数较多，表面原子的晶场环境和结合能与内部原子不同所引起的。表面原子周围缺少相邻的原子，有许多悬空键，具有不饱和性质，易与其他原子相结合而稳定下来，故具有很大的化学活性。这种表面原子的活性不但引起纳米粒子表面原子输运和构型变化，也引起表面电子自旋构象和电子能谱的变化。

与表面效应有关的一个典型例子就是水滴形成。在饱和或过饱和蒸汽中的水滴，如果它的半径足够大，那么周围的水蒸气就会逐渐凝聚到这个水滴上，水滴也就逐渐变大。若是水滴本来就很小，由于表面效应的影响，要想维持水滴的存在，外界就必须有很高的蒸汽压，在一般的蒸汽压条件下，水滴便不会增大，而会逐渐地蒸发掉。

2.6　其他功能材料

随着现代材料科学技术的快速发展，科学家们创造出了许多具有奇特物理、化学性质的人工材料，如超导材料、智能材料、超材料等。这些材料能够通过外部刺激实现功能的变化和响应，在能源、环保、生物医学等领域应用潜力巨大，同时也促进了系列新型传感器的诞生与发展。

2.6.1 超导材料

超导效应是指在某一温度以下，材料电阻突然消失为零的现象。超导体具有绝对的零电阻，超导是一种热力学二级相变，实际上超导体的电阻并不会在某个温度一瞬间突然降为零，而是存在一个超导转变过程。一般可定义，电阻开始下降的温度为 $T_{c,onset}$，电阻下降到一半的温度为 $T_{c,mid}$，电阻完全降为零的温度为 $T_{c,0}$，因此判断一个超导体的临界温度 T_c，需要特别注意其对应的定义，未必就是绝对零电阻态。除了温度之外，超导体的零电阻态也会被外磁场破坏，且超导体承载的电流密度亦存在上限。

超导体的完全抗磁性又称迈斯纳效应，由沃尔特·迈斯纳（Walther Meissner）和罗伯特·奥森菲尔德（Robert Ochsenfeld）于 1933 年发现。“抗磁性”指在外磁场下，磁力线无法完全穿过材料，内部实际磁场小于外磁场的现象，即磁化率为负值。“抗磁性”并不特指超导体，诸如热解石墨片、金刚石、水，以及铋、铅、铜等金属都具有一定的抗磁性，但它们的磁化率都很低。超导体具有“完全抗磁性”，外磁场强度低于临界值的情况下，磁力线无法进入超导体，内部磁感应强度严格等于零，即磁化率为最大值 -1，如图 2-21 所示，因此超导体会表现出对磁体的排斥作用。超导体出现完全抗磁性的本质是材料内部电子形成了宏观量子凝聚态，即导电电子可看成一个整体的超流态，对外磁场有完全的屏蔽效应。1935 年，伦敦兄弟（F. London 和 H. London）指出，超导体内部磁感应强度为零，对麦克斯韦方程组稍加修改就可得到描述超导体电磁特性的方程，后被称为伦敦方程。由伦敦方程可知，磁场进入超导体后指数衰减，其穿透深度称为伦敦穿透深度。在特定条件下（例如足够高温度、足够强磁场以及材料存在缺陷等），磁力线可以进入超导体内部，此时完全抗磁性被破坏，但零电阻态仍然可以保持。

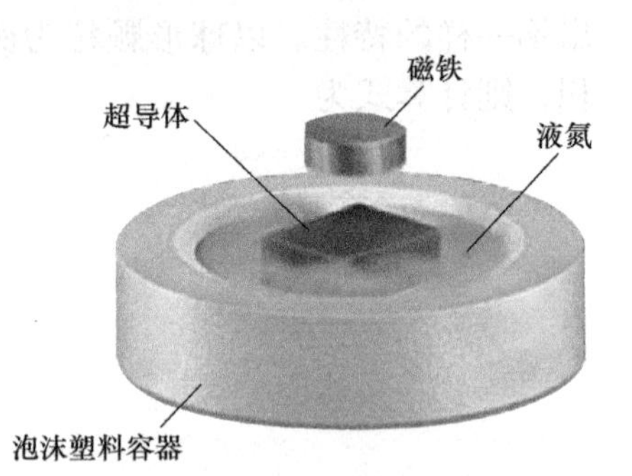

图 2-21 超导材料与迈斯纳效应

超导体因其特殊的物理性质，在能源电力、医疗健康、交通运输、基础科研、精密测量和量子计算等多方面都有重要用途。常用的超导材料包括以下几种。

1）Type-Ⅰ 超导材料：是指临界温度以下电阻为零的材料。最常见的是铅（Pb）和锡（Sn），临界温度分别约为 7.2K 和 3.7K。这些材料在磁场下具有完全抗磁性，对外加磁场非常敏感。

2）Type-Ⅱ 超导材料：是指临界温度以下电阻为零，但在外加磁场下会发生磁力线进入的材料。最常见的是银（Ag）和钇钡铜氧（YBCO），临界温度分别约为 4.2K 和 92K。这些材料的超导性能在较高的磁场下仍然保持较好。

3）铜氧化物超导材料：最为著名的是钇钡铜氧（YBCO）和铋锶镓铜氧（BSCCO）。这些材料的临界温度较高，能够达到约 90K 以上。

4）铁基超导材料：近年来发现的一类新型超导材料，最为著名的是铁基超导体 $LaFeAsO_{1-x}F_x$。这些材料的临界温度较高，能够达到约 55K 以上，具有良好的超导性能和机械强度。

5）镁二硼超导材料：一种具有较高临界温度的超导材料，临界温度约为 39K，具有良好的超导性能和相对较高的临界磁场。

除了上述材料，还有其他一些具有超导性能的材料，如银碲化镍（$Ag_{2-x}Ni_xTe_2$）、硒化物超导材料（FeSe、HgSe、PbSe 等）。

2.6.2　智能材料

目前，智能材料还没有统一的定义。大体来说，智能材料就是指具有感知环境（包括内环境和外环境）刺激，对之进行分析、处理、判断，并采取一定的措施进行适度响应的材料。具体来说，智能材料需具备以下内涵：

1）具有感知功能，能够检测并识别外界（或者内部）的刺激强度，如电、光、热、应力、应变、化学、核辐射等。

2）具有驱动功能，能够响应外界变化。

3）能够按照设定的方式选择和控制响应。

4）反应灵敏，及时和恰当。

5）当外部刺激消除后，能够迅速恢复到原始状态。

智能材料的构想来源于仿生学，它的目标就是想研制出一种材料，使它成为具有类似于生物各种功能的“活”的材料。智能材料在众多领域中呈现出广阔应用前景。在建筑方面，英国科学家已开发出了两种“自愈合”纤维。这两种纤维能分别感知混凝土中的裂纹和钢筋的腐蚀，并能自动黏合混凝土的裂纹或阻止钢筋的腐蚀。黏合裂纹的纤维是用玻璃丝和聚丙烯制成的多孔状中空纤维，将其掺入混凝土中后，在混凝土过度挠曲时，它会被撕裂，从而释放出一些化学物质，来充填和黏合混凝土中的裂缝。防腐蚀纤维则被包在钢筋周围。当钢筋周围的酸度达到一定值时，纤维的涂层就会溶解，从纤维中释放出能阻止混凝土中的钢筋被腐蚀的物质。在医疗方面，智能材料可用来制造无须电动机控制并有触觉响应的假肢。这些假肢可模仿人体肌肉的平滑运动，利用其可控的形状恢复作用力，灵巧地抓起易碎物体，如盛满水的纸杯等。药物自动投放系统也是智能材料一显身手的领地。日本推出了一种能根据血液中的葡萄糖浓度而扩张和收缩的聚合物。葡萄糖浓度低时，聚合物条带会缩成小球；葡萄糖浓度高时，小球会伸展成带。借助于这一特性，这种聚合物可制成人造胰细胞。将用这种聚合物包封的胰岛素小球，注入糖尿病患者的血液中，小球就可以模拟胰细胞工作。血液中的血糖浓度高时，小球释放出胰岛素，血糖浓度低时，胰岛素被密封。这样，病人血糖浓度就会始终保持在正常的水平上。军事方面，在航空航天器中使用植入能探测激光、核辐射等多种传感器的智能蒙皮材料，用于对敌方威胁进行监视和预警。智能材料还能降低军用系统噪声。美国军方发明出一种可涂在潜艇上的智能材料，它可使潜艇噪声降低 60dB。

2.6.3　超材料

1. 电磁超材料

1996 年，英国 Pendry 等人首次提出了一种崭新的理念：自然界中存在的常规材料是由原子与分子规则组合构成的，因而自然界中常规材料的本构参数也可看作由这些规则组合产生的。进而，他们提出可通过周期结构来模拟材料的微小单元，以实现传统材料所没有的电磁特性，并通过周期性排列的金属线实验，使金属丝产生负电常数，从而验证了该理论的正确性。3 年后，他们又发现了具有负磁导率的材料，将金属开口谐振环周期性排列，当谐振环工作在谐振频率上时，谐振环的磁导率为负值。至此，人们相信有电磁超材料的存在，且由于电磁超材料所具有的奇异特性，越来越多的专家学者投入到这种新材料研究之中。

刚接触电磁超材料时，许多专家学者认为只有左手材料（Left Handed Material，LHM）这样的双负介质才是真正意义上的电磁超材料，但是随着对电磁超材料研究的深入，人们已经意识到这样的理解是片面的。如今，电磁超材料“家族”不仅包括了最初引起人们震惊和引领人们认识到电磁超材料的左手材料，还包括缺陷地面结构（Defected Ground Structure，DGS）、频率选择表面（Frequency Selective Surface，FSS）、光子带隙（Photonic Band Gap，PBG）、电磁带（Electromagnetic Band Gap，EBG）和复合左 / 右手传输线（Composite Right/Left Handed Transmission Line，CRLHTL）等众多材料。

2. 声学超材料

声学超材料的研究源于局域共振声子晶体。香港科技大学于 2000 年提出了局域共振声子晶体：利用软橡胶材料包裹高密度芯体构成局域共振单元。在弹性介质中周期性排列局域共振单元构成人工周期结构，在亚波长频段利用弹性波的局域共振效应成功实现了低频弹性波带隙，为低频小尺寸的减振降噪开辟了新的途径。在局域共振声子晶体的等效介质研究中，局域共振单元使复合介质的动态等效质量密度发生了很大变化，在谐振频率附近产生了负的质量密度，进而实现了低频的弹性波带隙。近些年，科学家们研究出了一种由软硅橡胶散射体埋入水中构成的固 / 液复合周期结构，发现这种复合介质在一定频率范围内的等效质量密度和等效体积模量同时为负值，即表现出所谓的“双负”声学参数特性，参照电磁超材料，他们提出了声学超材料的概念。

值得注意的是，声学超材料给人最为直观的印象是具有负的质量密度、负的弹性模量及局域共振低频带隙、超常吸收等特殊物理效应，但其更为深远的意义在于极大地提高了人们操控弹性波的能力。通过单元结构设计，可以比较自由地实现材料参数，如弹性模量、质量密度为正值、负值及零的材料参数，从而可以实现波在特定范围的局域、反射、折射，甚至任意弯曲传播。该概念代表的是一种崭新的复合材料或结构设计理念，在认识和利用当前材料的基础上，按照自己的意志设计、制备新型材料。

3. 力学超材料

力学超材料是超材料研究领域的新兴分支，主要是通过三维空间中，特定的人工微结构设计得到均匀材料所不具备的超常规的力学性能。新奇的力学超常特性不仅受限于构成人工微结构的功能材料组分，而且还强烈依赖于微结构人工原子 / 基元和几何结构排布形式。也就是说，力学超材料是一种具有超常力学性能的人工设计微结构，其单元特征尺寸范围在十几纳米到几百微米，整体结构尺寸为厘米级或更多。

事实上，力学超材料的最大优势就是在于解耦了材料的力学属性与微纳几何结构之间的依存关系，也就是说可以通过调整不同的几何结构，来实现所需要的超常材料属性。例如超轻质高强、高刚度和高强度、负泊松比、负刚度和负热膨胀系数。

力学超材料种类繁多，最具代表性的力学超材料通常与模量和泊松比等弹性常数有关。为此，可对其进行不同的分类，包括负泊松比拉胀材料、负压缩性材料、负热膨胀材料、模式转换可调刚度材料、低密度超强仿晶格材料、折纸 / 剪纸超表面材料等。但目前绝大部分材料仍在进一步的探索研究中。

思考题与习题

2-1　常见的应变电阻效应有哪些？

2-2　常见的压电材料有哪些？请举例说明其压电效应产生的原理。

2-3　什么是外光电效应？它与内光电效应有什么不同？

2-4　请结合内光电效应原理，分析硫化镉与硒化镉光敏电阻特性曲线不同的原因。

2-5　请简述隧穿磁阻效应原理及 TMR 的计算公式。

2-6　简述电磁超材料、声学超材料与力学超材料间的联系。

2-7　事实上，多晶硅既存在压电效应，又存在压阻效应，请问你还了解哪些材料同时具有多种物理化学效应？

2-8　选取一种效应及相关材料，查阅资料分析说明可用于制备哪些传感器？

第3章　传感器制造工艺

传感器技术的发展不仅与新效应、新材料相关，而且与加工制造工艺紧密相关，集成电路CMOS和微机械加工MEMS等加工制造技术对传感器性能起到至关重要的作用，加速了传感器不断朝着小型化、集成化乃至智能化方向发展。本章主要介绍传感器的薄膜工艺、光刻工艺、刻蚀工艺、键合工艺等基础制造工艺，以及CMOS、MEMS、3D封装等典型制造工艺体系。

3.1　传感器基础制造工艺

3.1.1　薄膜工艺

在一定基底上，用各种沉积工艺将材料沉积到基底表面，其厚度一般从纳米级到几个微米，这种加工技术统称为薄膜加工技术。薄膜的制备方法除了旋转涂敷外，以气相沉积方法为主，分为物理气相沉积和化学气相沉积，其中物理气相沉积只发生物理过程，而化学气相沉积包含了化学反应过程。在传感器制造中，往往需要将各种功能材料制成薄膜，如半导体多晶硅薄膜、压电薄膜、磁性敏感薄膜及各类导电金属膜等。这些传感薄膜的制备工艺与集成电路制造中常用的方法基本相同，下面介绍常见的几种薄膜生长工艺。

1. 旋转涂敷

某些薄膜材料可溶解在特定的挥发性溶剂中形成溶液。旋转涂敷就是将此类溶液灌注到快速旋转的目标基片上，随着基片旋转，溶液蔓延，挥发性溶剂蒸发，最终在基片上留下一定厚度的均匀薄膜材料层。这种方法最常见于平面光刻工艺中，用于在基片表面制备光刻胶薄膜，此外，也常用于制备化学传感器的敏感膜。

2. 蒸镀（蒸发）

真空蒸镀又称真空蒸发，是在真空腔室内利用加热方法将待蒸发（源）材料加热到一定温度后，材料的分子或原子获得足够热能离开源材料，并以原子或分子蒸气形式沉积到目标基底上，冷凝后形成薄膜的过程。蒸发所要求的环境真空度至少要在10^{-2}Pa以下，只有在此条件下，被蒸发的材料分子（原子）才不会因为受气体分子的碰撞甚至相互发生反应而影响蒸发效果。蒸发的速率较慢，其速率一般可以通过调节加热温度和背景真空进行控制。通常按加热方式不同，将蒸镀分为热蒸发、电子束蒸镀等形式。

常规的热蒸发一般在高真空镀膜机内，通过电阻丝或蒸舟直接对材料进行加热的镀膜方法，其结构较为简单，图 3-1 为真空热蒸镀原理示意图。在真空腔室内，有一个用高熔点材料（如钨、钼等）制成的加热器，内装有待蒸发的材料。蒸发成膜的具体过程可以分为四步。首先是利用真空泵把真空腔室内的气压抽至 10^{-2}Pa 以下，获得较好背景真空；然后对加热器通以大电流，使蒸发材料熔化，当温度达到蒸发温度（1000 ～ 2000℃之间）时，材料表面的原子或分子通过蒸发方式离开材料表面；蒸发原子或分子不经碰撞到达目标基片，由于基底温度较低，蒸发原子可以在基底表面凝结成膜。这种方法相对来说比较简单，加工成本也比较低廉，适合如铝、铜、银、金等低熔点金属薄膜的制备。其主要缺点则是用于高熔点金属时会有难度，且存在加热器材料污染薄膜等问题。

电子束蒸发与蒸镀最大的区别是加热方式。与热蒸镀相比，电子束蒸镀是采用电子枪发射的高能电子束经偏转后轰击坩埚内的蒸发材料，使蒸发材料融化并蒸发，图 3-2 为真空电子束蒸镀原理示意图。由于高能电子束的加热温度可以达到 3000℃以上，同时，坩埚外壁一般都有循环冷却水进行冷却，以确保坩埚温度相对较低，因此，电子束蒸发可以蒸发高熔点材料，且能大幅度减少坩埚材料对薄膜的污染。作为常用的物理沉积方式，电子束蒸发可用来快速生长不同厚度的金属与氧化物薄膜，广泛应用在物理、化学、材料、电子等学科领域。

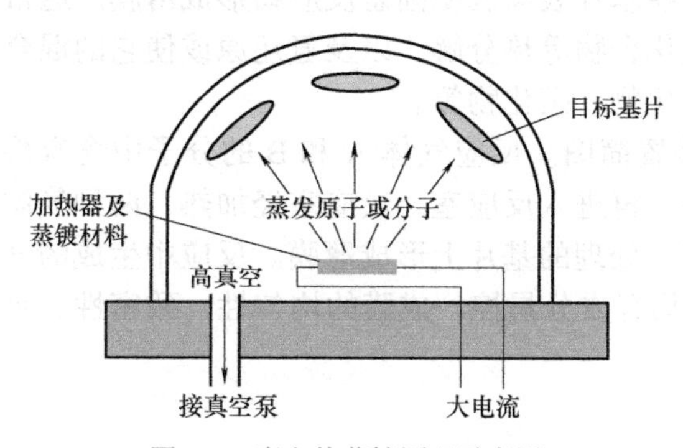

图 3-1　真空热蒸镀原理示意图

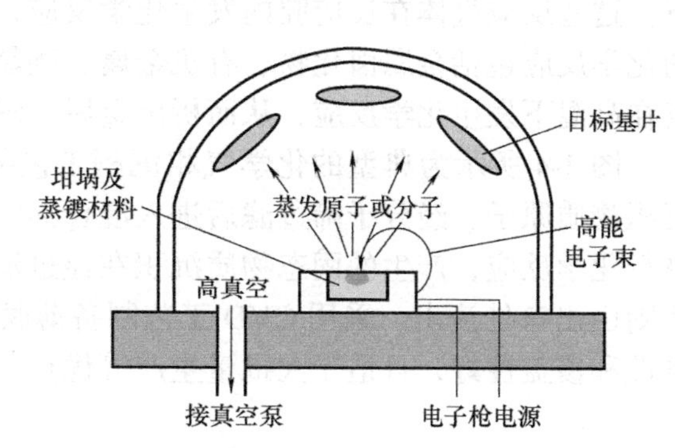

图 3-2　真空电子束蒸镀原理示意图

3. 溅射

溅射是一种利用惰性气体离子（通常是 Ar^+）高速撞击靶材形成材料原子团实现镀膜的物理过程。溅射方式有直流溅射、射频溅射、磁控溅射和反应溅射等，其中以磁控溅射应用最为广泛。

磁控溅射的本质是一种二极溅射，即把溅射需要的靶材作为阴极，把放置在靶材对面的基片作为阳极，在阴极背面放置一块强磁铁（约为 1000Oe），如图 3-3 所示。具体的镀膜过程如下：先用真空泵给腔体抽真空，得到镀膜所需要的背景真空，然后向腔体充入惰性气体（Ar）作为等离子载体。镀膜时，电子在高压电场的作用下加速运动，飞往阳极，并在其运动行程中与惰性气体发生碰撞，使得 Ar 原子电离形成 Ar^+ 离子和一个新的电子（二次电子），形成等离子体；由于 Ar^+ 离子带正电，在电场的作用下加速运动，形成高能 Ar^+ 离子束轰击靶材表面；受 Ar^+ 离子的高能轰击，靶材中的原子或者分子飞离表面，并在基片上沉积形成所需要的薄膜。而二次电子则在电场和近环形磁性的作用下，在阴极附近做反复的轮摆线轨迹运动，这种设计，使得电子的运动行程很长，从而可以不断与 Ar

原子相互碰撞，并电离出大量的 Ar^+ 和二次电子；此外，这种设计除了增加了电子的运动行程外，还可以把电子束缚在阴极附近的等离子区内，进一步提高了电子与惰性气体的碰撞概率，以及能更加高效地利用电子的能量，从而可以提高薄膜的沉积速率。与其他沉积技术相比，磁控溅射具有均匀性好、重复性高、不会产生明显的热效应等优势，广泛应用于光学传感器、磁阻传感器等敏感材料制备。但是其缺点也较为明显：靶材利用率低并且成分不易控制。

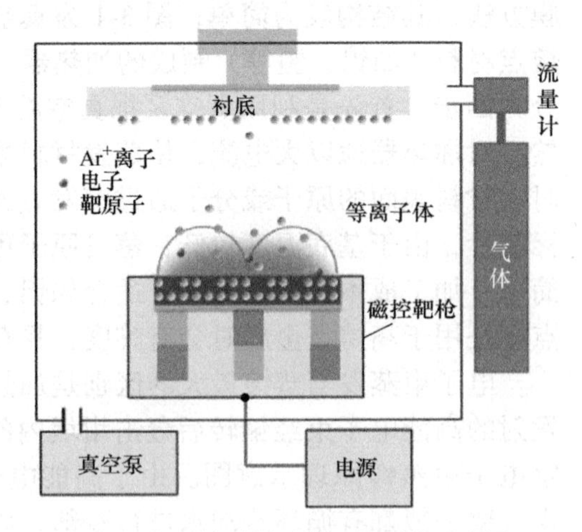

图 3-3　磁控溅射及其工作原理示意图

4. 化学气相沉积

化学气相沉积（Chemical Vapor Deposition，CVD）是指通过表面吸附和化学反应沉积材料的镀膜方式。该过程通常有化学反应参与，其反应前驱物一般是气体，包括构成薄膜元素的气态反应物、液态反应剂蒸气、固态反应物加热升华及反应所需要的其他气体。在一定温度作用下，这些反应气体在反应腔内发生化学反应，在基片表面沉积固态反应物形成薄膜。通常的化学反应包括金属卤化物、有机金属、碳氢化合物等热分解，以及氢还原或使它的混合气在高温下发生化学反应，从而析出金属、氧化物、碳化物等。

图 3-4 所示为典型的化学气相沉积工艺装置简图。反应气体 A 和 B 的分子中含有待沉积物质原子，经分子筛过滤后进入混合器中，再进入反应室，反应室经加热，两种气体进行化学反应，产生的固态物质沉积在经过清洁处理的基片上形成薄膜。反应中生成的气体则由出口处流出。采用 CVD 工艺制备薄膜具有成分易控，成膜的均匀性、致密性、重复性和覆盖性好，且适于大批量生产等优点。

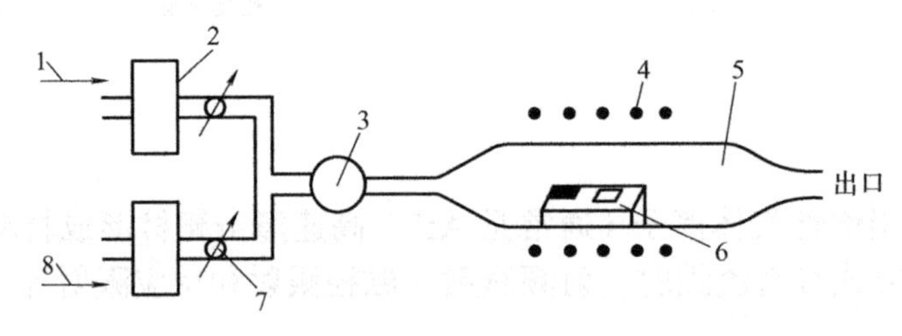

图 3-4　化学气相沉积（CVD）工艺装置简图

1—反应气体 A 入口　2—分子筛　3—混合器　4—加热器　5—反应室　6—基片　7—阀门　8—反应气体 B 入口

化学气相沉积通常分为常压化学气相沉积（Atmosphere Pressure CVD，APCVD）、低压化学气相沉积（Low Pressure CVD，LPCVD）和等离子体增强化学气相沉积（Plasma Enhanced CVD，PECVD）。常压化学气相沉积工艺已比较成熟，但成膜厚度的均匀性不够理想。为了改善成膜厚度分布的均匀性，发展了 LPCVD，其成膜工艺装置与图 3-4 类同，只是在反应室内保持在低压强下（10 ～ 10^3Pa）。通过压强的降低减少载体气体溶度，致使反应气体向基底表面的扩散能进行得更均匀些。此外，为进一步降低反应温度，发展了 PECVD，如图 3-5 所示。在反应过程中，为了产生等离子体，需要加上直流或射频高电压，并通入一定量的气体于反应室内，如氧气等，使之辉光放电，反应室内的气体被电离而等离子化。PECVD 利用等离子体活性来促进化学气相沉积的反应过程，其优点是沉积速度快，温度比普通 CVD 低。

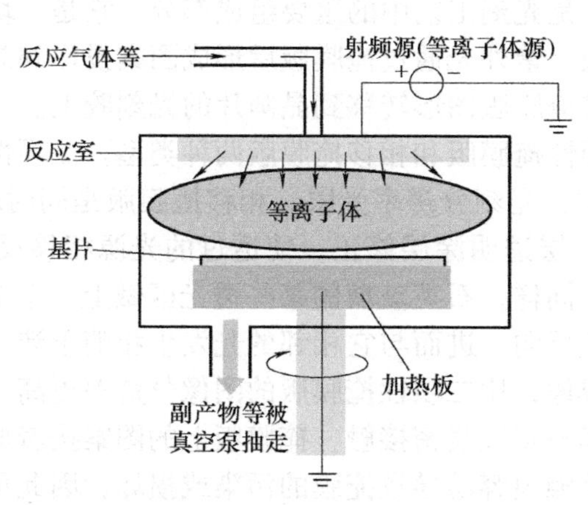

图 3-5　等离子体增强化学气相沉积（PECVD）原理示意图

3.1.2　光刻工艺

光刻技术是实现传感器微型化和图形化的关键工艺。它使得传感器特征尺寸可以缩小到微米甚至纳米级别，极大提高了传感性能并减少了传感芯片面积。传感器制造中的光刻技术与集成电路 IC 的制造相同，它指使用一种光敏感的聚合物——光刻胶，利用曝光区域和非曝光区域在显影液中的溶解度不同显影后于基底上形成设计图像的过程。根据采用的光源不同，光刻工艺主要包括紫外光刻和电子束光刻两种。下面就紫外光刻中涉及的光刻胶、光刻系统及光刻流程对光刻工艺进行简单介绍。

1. 光刻胶

光刻中使用的光敏聚合物通常称为光刻胶。光刻胶中都含有一种对光敏感的化合物，称为光敏剂，光敏剂一般为有机物，当一定波长的光辐射时，光敏剂会发生化学反应。例如广泛使用的近紫外光敏剂叠氮萘醌（Diazonaphthoquinone，DNQ），在紫外光的辐射下，会吸收一个光子和一个水分子，释放出氮气，产生羧酸，在水和碱基制备的显影液中呈现高溶解性，而未被紫外光辐射区域，其溶解度很小，在显影后保留。

根据光刻胶极性可以将光刻胶分为正性光刻胶和负性光刻胶两种，简称正胶和负胶。正胶中被紫外光照射的部分发生化学反应，使之更容易溶解到显影液中，而被保护区域则不容易被显影液溶解，例如 DNQ。负胶则相反，光敏剂被紫外光辐射的部分发生了交联反应，在显影液中变为不可溶解，即未曝光部分被溶解掉而曝光部分不溶解。光刻胶使用中要重点关注灵敏度和分辨率两个参数。灵敏度是指发生上述化学变化所需要的光能量，光刻胶的灵敏度越高，曝光过程越快，因此对一个给定曝光强度所需的曝光时间将缩短。分辨率则决定光刻胶上再现图像的最小特征尺寸。相比而言，正胶光刻比负胶光刻具有更高对比度和分辨率。

2. 光刻系统

光刻系统的原理结构如图 3-6 所示，其主要包括光源、光阑、快门、掩膜版及需要旋涂有光刻胶的晶圆片组成。顶上的光源通过光阑形成均匀光束，快门用于控制曝光的时间；掩膜版又称光刻版，是光刻工艺中的重要组成部分，它是一块包含着设计有透光区域和不透光区域图像的平板。紫外光通过掩膜版后形成图案投影到晶圆片表面上，被其上的光刻胶吸收，从而实现将掩膜版图形转移到晶圆片的光刻胶上。

掩膜版主要分为二项性掩膜版和相移掩膜版两种类型。二项性掩膜版只使用光线强度来成像，而不使用其相位，光刻分辨率受限。相移掩膜版是同时利用光强和相位来成像，通常在普通铬膜上附加一层透明涂层修正，使透过的光源相移反转 180°，与旁边透过的非相移光进行相消干涉；同样，石英玻璃的某些透光区做上一个能实现相移 180° 的涂层，使通过这一涂层的光发生反向，进而与它相邻的光发生相消干涉。相比而言，相移掩膜版同时采用光强和相位来成像，比二项性掩膜版的图像分辨率更高。

接触式曝光是将掩膜与基底紧密接触，掩膜版上的图案按着原比例投影到基底上。因接触式曝光和基底直接接触很容易导致掩膜的污染或损坏，因此可以改成留有大概几十微米的间隙，这种曝光称为接触式曝光，如图 3-7 所示。

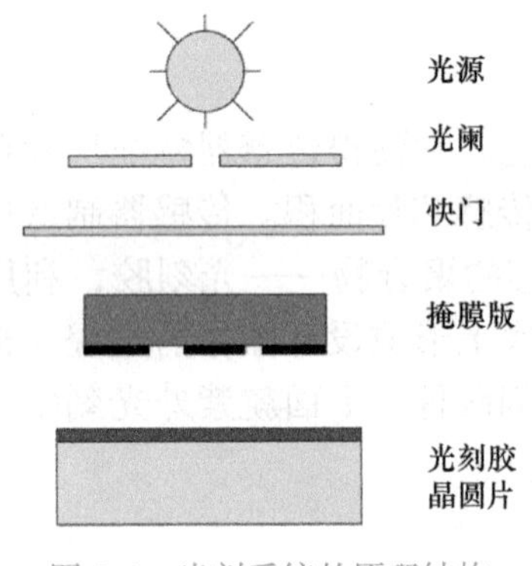

图 3-6　光刻系统的原理结构

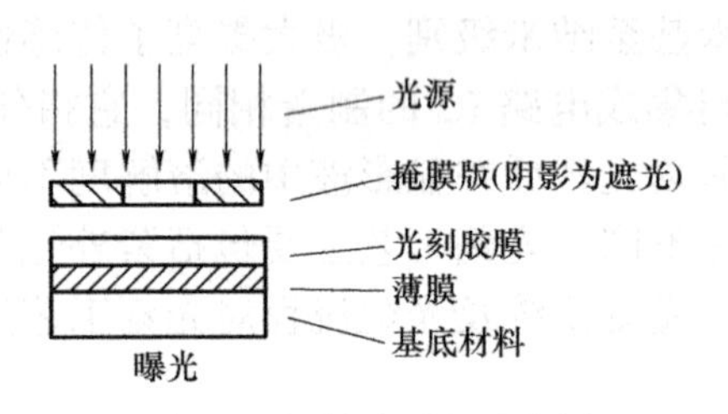

图 3-7　接触式曝光示意图

随着技术的发展，光刻系统从一开始的接触式曝光发展到如今的步进 – 扫描式曝光。步进 – 扫描式光刻机与接触式或接近式光刻机不同，步进 – 扫描式光刻机会使用缩图透镜如图 3-8 所示，将掩膜上的图案光刻到光刻胶上，这样就避免了与光刻胶接触导致的掩膜损伤的风险。而且，光刻胶表面与掩膜上的图案相比缩放了 4 倍、5 倍或 10 倍。步进 – 扫描式光刻机中，光源并不是一次将全部的图案投身到基底上，而是以方块进行曝光。现代光刻机中，掩膜扫描的速度高达 2.4m/s，高速的扫描时间可以缩短曝光时间，提高光刻效率。

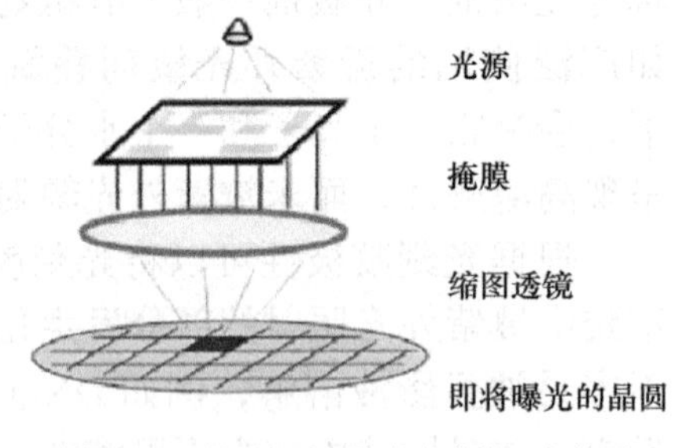

图 3-8　步进 – 扫描式光刻机示意图

3. 光刻工艺流程

典型的紫外光刻一般工艺流程如图 3-9 所示，可分为七个流程：表面处理、涂胶、前烘、对准套刻和曝光、显影、图形检查和坚膜。

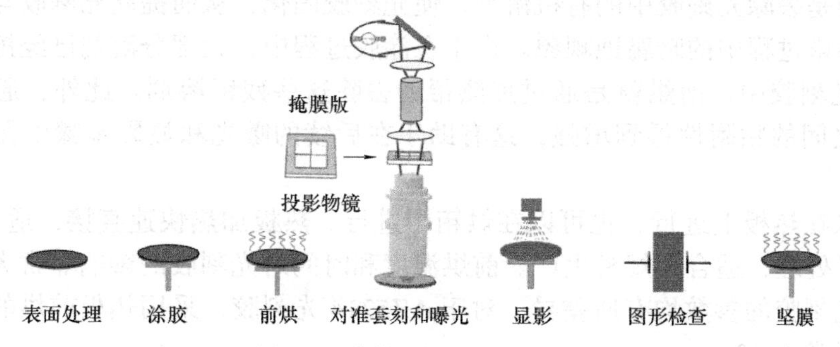

图 3-9　紫外光刻一般工艺流程

（1）表面处理　在传感器制作过程中，许多基底表面是亲水疏油的，例如硅和某些金属基底，在显影后由于光刻胶在倾倒时发生位移，从而呈现为工艺图形歪曲或者移位的现象，称为倒胶现象。为了解决倒胶问题，通常会对基底进行脱水烘焙，将样片放置在热板上进行热处理，温度选择在 140 ～ 200℃，这样做的目的是将样片表面的水分子蒸发，从而增大样片和光刻胶的黏附程度。

其次，在标准工艺中可以对基底进行 HMDS（六甲基二硅氮甲烷）旋涂。如图 3-10 所示，将 HMDS 用旋涂或蒸发方式涂到硅片表面后，通过加温可反应生成以硅氧烷为主的化合物。硅氧烷实际上是一种表面活性剂，可把硅片表面由亲水变为疏水，且硅氧烷的疏水基可很好地与光刻胶结合，起到耦合的作用，从而在显影过程中，增强光刻胶与基底的黏附力，有效地抑制倒胶现象。

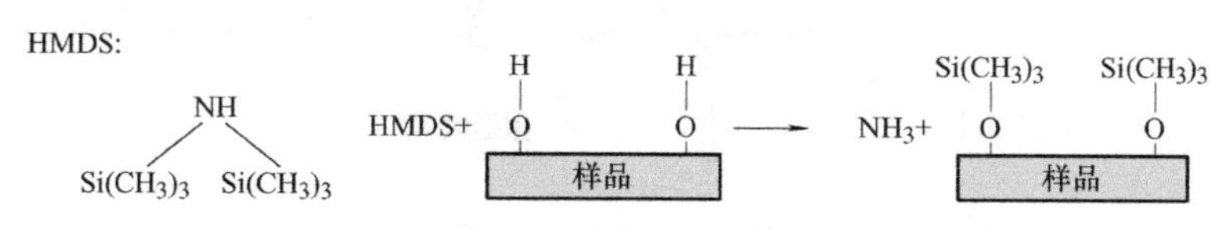

图 3-10　HMDS 作用原理

（2）涂胶　通常采用旋涂的方法在基底上形成厚度均匀的光刻胶。如图 3-11 所示，旋涂光刻胶主要分为四个步骤。第一步将光刻胶溶液均匀缓慢地滴在基底上，注意在这个过程不要引入气泡；第二步则采用较低的转速，利用离心力将光刻胶逐渐成膜并完整覆盖整个晶圆；第三步加速转速，利用高速转动形成的强大离心力将多余光刻胶甩出基底；第四步，以确定的较高转速保持一段时间，光刻胶受离心力作用下形成厚度较为均匀薄膜。通常光刻胶的厚度在 100nm ～ 1μm，其厚度主要由光刻胶特性及旋涂最高转速所决定。对于大尺寸晶圆和具有不平坦图形表面 MEMS 器件，雾化喷涂光刻胶则是另一种常见的光刻胶形成工艺。

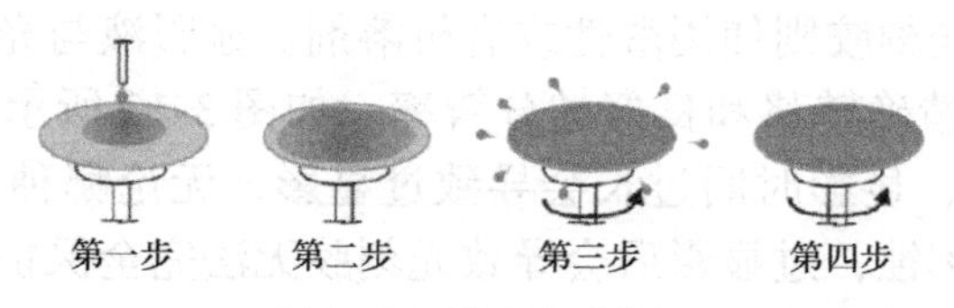

图 3-11　旋涂法示意图

（3）前烘　前烘是光刻工艺中的一个重要步骤，发生在光刻胶涂覆和曝光之间。前烘的主要目的是去除光刻胶中的有机溶剂，使光刻胶固化，从而提高光刻胶与基底的黏附性，并减少显影过程中的暗腐蚀现象。由于在涂胶过程中，大部分溶剂已经挥发，但仍有部分残留在光刻胶中，前烘就是通过加热帮助去除这些残留溶剂。此外，通过前烘，光刻胶与基底之间的粘附性得到增强，这有助于在后续的曝光和显影步骤中保持图案的完整性。

前烘可以在热板上进行，也可以在烘箱中进行。热板加热快速直接，适合单片处理；烘箱可以批量处理，适合大规模生产。前烘温度和时间对光刻胶的影响非常大，不同前烘方式、不同光刻胶的参数均有所差异。对于 AZ5214 光刻胶，采用热板前烘的温度通常为 90℃，时间通常为 60s。

（4）对准套刻和曝光　在半导体制造领域，光刻对准技术是一项至关重要的工艺环节。该技术确保了在多次光刻过程中，掩膜版上的图案与基底上的预设图案能够实现精确的对齐。这一过程对于诸如磁隧道结传感器等高精度器件的制造尤为关键，通常需要经过 4 ～ 5 轮的光刻工序方可完成。在实际的光刻对准操作中，通常会采用十字标记作为对准参考。例如，在图 3-12 中，浅灰色图案代表首次光刻所形成的图案，而深灰色图案则代表第二次光刻的图案。在操作过程中，必须将第二次光刻的深灰色十字精确地对准至第一次光刻形成的浅灰色十字框内，以实现对准。一般而言，至少需要在相距一定距离上对准二个或以上的标记，以确保整个晶圆对准的准确性。

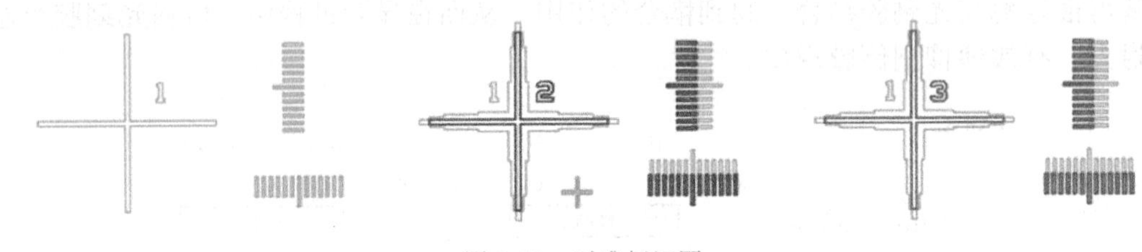

图 3-12　对准标记图

在进行曝光之前，必须根据特定光刻胶的特性，设定合适的曝光参数，包括曝光时间和曝光功率。为了获得最佳的光刻效果，通常会在正式生产前进行参数摸索，以确定最优的工艺条件。此外，某些类型的光刻胶在曝光后需要进行后烘处理，这一步骤的目的是使曝光区域的溶解特性达到适当的水平。例如，AZ5510 型光刻胶在曝光后需经过 110℃、持续 110s 的后烘处理。

（5）显影　显影操作发生在光刻胶曝光之后。显影过程的目的是去除曝光后的光刻胶层中未被固化或部分固化的区域，从而在基底上形成与掩膜版图案相对应的精确图形。根据所使用的光刻胶类型（正性或负性光刻胶），选择合适的显影液。正性光刻胶通常使用碱性显影液，而负性光刻胶则使用酸性或有机溶剂。显影液与光刻胶接触的时间需要精确控制，以确保图案的精确转移和良好的分辨率，如图 3-13 所示，显影时间过短会导致显影不足和不完全显影，显影时间过长会导致过显影，无论哪种情况都会影响后续的工艺。例如光刻完后进行刻蚀，过显影后会导致光刻胶无法完全保护下方的基底区域。显影完成后，一定要使用去离子水洗去显影液避免过显影。

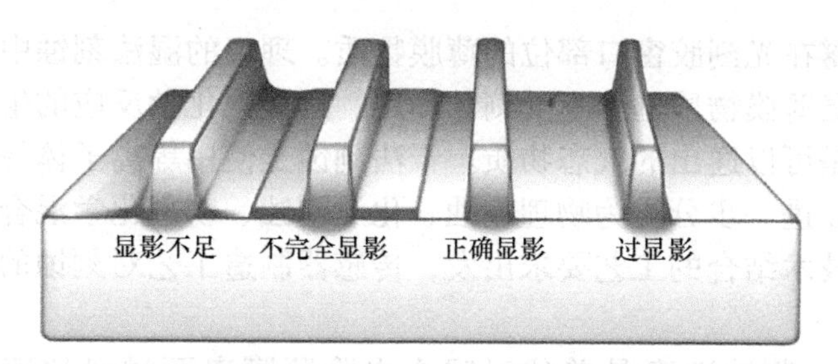

图 3-13　显影时间对显影效果的影响

（6）图形检查　在光刻工艺中，图形检查（也称为图形检测或图形缺陷检测）是一个至关重要的步骤，用于确保光刻过程中生成的图案符合设计规范，没有缺陷或偏差。图形检查可以在整个光刻流程的不同阶段进行，最为主要的图形检测是曝光显影后检查。显影后，利用显微镜可以检查光刻胶上的图案是否与掩膜版一致，是否有曝光不足或过度等情况。利用光刻工艺可返工特性，确保光刻工艺的质量。

（7）坚膜　坚膜通常指的是在光刻胶曝光和显影之后进行的一个高温烘烤过程，这个过程也被称为硬烤或后烘烤（Post-Exposure Bake，PEB）。坚膜的主要目的是进一步固化光刻胶，减少光刻中存在的针孔现象，提高其热稳定性和抗刻蚀能力，为后续刻蚀等工艺步骤做好准备。

3.1.3　刻蚀工艺

传感器图形化的另一个关键工艺是刻蚀，通过刻蚀工艺可以将光刻胶形成的图像化转移到晶圆上，实现传感功能材料、介质材料和电极材料的图形化。

1. 刻蚀基本参数

刻蚀是指通过物理或化学方法，有选择性地去除表面薄膜的物质，以形成某些微细结构的过程。在传感器微纳加工工艺中，刻蚀工艺一般在光刻过程之后，即在光刻胶上开出了窗口后进行。经过光刻后，预留的光刻胶成为图形化的掩膜，在刻蚀过程中，可去掉光刻形成窗口内的薄膜物质。光刻与刻蚀结合制备微细图形化结构的原理如图 3-14 所示。

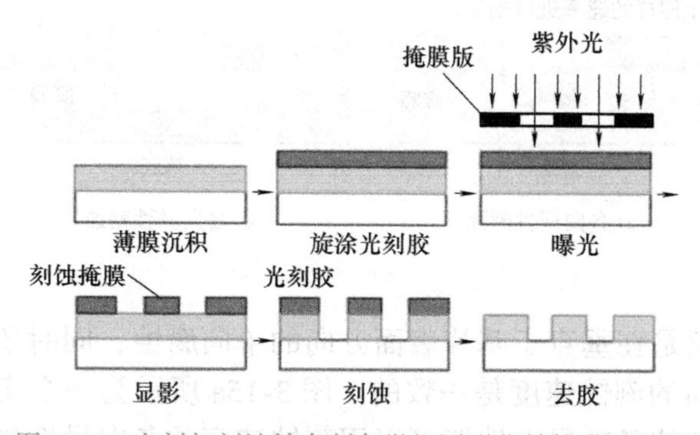

图 3-14　光刻与刻蚀结合制备微细图形化结构的原理图

刻蚀工艺从类型上可以分为湿法刻蚀和干法刻蚀。湿法刻蚀是使用化学溶液的腐蚀和溶解作用来去除暴露在光刻胶窗口部位的薄膜物质。理想的湿法刻蚀中，光刻胶和被其覆盖的基底或其他下层薄膜物质基本不受刻蚀作用。过程中化学反应的生成物也应当溶解在液体里被带走，或是可以逸出的气态物质。干法刻蚀是使用等离子体等方法进行选择性腐蚀。干法刻蚀还可以进一步分类为物理刻蚀、化学刻蚀、物理化学混合刻蚀。

从刻蚀与光刻技术结合的工艺要求出发，传感器制造工艺对刻蚀的技术要求包括以下五个方面。

（1）刻蚀速率　刻蚀速率是单位时间内去除薄膜表面材料的速度，通常用Å/min表示。刻蚀速率由工艺和设备变量决定，如被刻蚀材料的类型和结构、使用的刻蚀气体和工艺参数等。

（2）刻蚀选择性　刻蚀要求去掉光刻胶开孔部位下面的薄膜材料，但尽可能不腐蚀掉未开口部位和光刻胶下面覆盖的基底部分。对暴露于光刻胶掩膜窗口内的薄膜物质的刻蚀速度与对光刻胶的刻蚀速度的比值称为刻蚀的选择比。对于两种物质1和2，其刻蚀的选择性可简单定义为对两种物质刻蚀速度的比值，即

$$S = r_1/r_2 \tag{3-1}$$

式中，S是刻蚀的选择比；r_1和r_2是物质1和物质2的刻蚀速率。如果物质1为需要刻蚀的基底或者薄膜结构，物质2为希望不被刻蚀的掩膜或被刻蚀薄膜下的基底材料，就可以说被刻蚀的材料1相对于材料2具有超过S的选择性。理想的刻蚀工艺希望由尽量大的相对于掩膜的选择性，要求S远大于1，通常要达到25～50的范围。

（3）刻蚀均匀性　光刻胶窗口所在部位下面的薄膜要有同样刻蚀速率和刻蚀深度，均匀性在很大程度上决定微纳加工图形的质量。刻蚀的均匀性可以用刻蚀速率的百分比来度量，即

$$\text{刻蚀速率均匀度（\%）} = \frac{\text{最大刻蚀速率} - \text{最小刻蚀速率}}{\text{最大刻蚀速率} + \text{最小刻蚀速率}} \times 100\% \tag{3-2}$$

（4）刻蚀各向异性　理想的刻蚀过程应该是单方向、垂直向下的纵向刻蚀，即各向异性的，如图3-15b所示。各向异性刻蚀大部分是通过干法等离子体刻蚀来实现的。

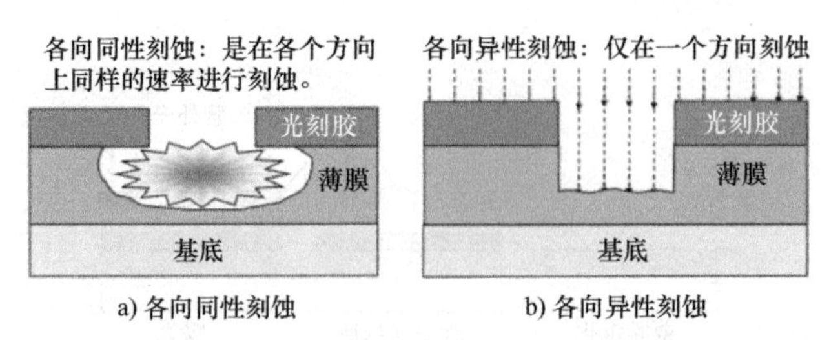

图3-15　各向同性和各向异性的刻蚀

实际中，刻蚀不仅是在垂直于基片表面方向的单向腐蚀，同时还有横向的腐蚀。各向同性刻蚀在纵向和横向的刻蚀速度是一致的。图3-15a所示为一个实际的化学溶液腐蚀产生的结构示意图。刻蚀的各向异性性能可以用刻蚀速度的各向异性指数A来表征：

$$A = 1 - \frac{R_\text{L}}{R_\text{H}} \tag{3-3}$$

式中，R_L 和 R_H 分别代表横向和纵向的刻蚀速率。一般来说，刻蚀的各向同性是一个不利的因素。一般的光刻工艺中，理想的无偏差刻蚀要求单纯的纵向腐蚀，即各向异性系数 $A=1$。而 $A=0$ 意味着各向同性刻蚀。

（5）分辨率和横纵比　刻蚀过程中的分辨率是由刻蚀的均匀性、选择性和各向异性等因素共同限制的，它决定了通过刻蚀过程能够形成的微细结构的最小特征尺寸。横纵比是通过刻蚀工艺能够形成的沟槽型微细结构的最大深度 / 宽度比值，显然上述的横向刻蚀限制了横纵比。横纵比同样受限于刻蚀进程的均匀性、选择性和各向异性等因素。

2. 离子束刻蚀

在传感器制造工艺中，大部分采用的是干法刻蚀，主要原因是：湿法刻蚀难以实现垂直向下的各向异性刻蚀。此外，湿法刻蚀的副产物非常容易污染传感器的敏感体表面。

离子束刻蚀（Ion Beam Etching，IBE）也称为离子铣，是传感器制造工艺中常用的一种干法刻蚀方法。离子束刻蚀利用聚焦成束的高能离子束轰击工件发生的离子溅射现象进行刻蚀。在这一过程中，被刻蚀的薄膜样品并不是沉浸在等离子体中，而是处于高真空环境中。离子束刻蚀并没有刻蚀物的化学反应参与，而是使用了惰性气体，如氩气。因此，这是一个完全的物理刻蚀过程。

离子束刻蚀的主要过程是：将氩气充入离子源放电室并使其电离形成等离子体，然后由栅极将离子呈束状引出并加速，具有一定能量的离子束进入工作室，射向固体表面轰击固体表面原子，使材料原子发生溅射，达到刻蚀目的。离子束刻蚀的物理过程如图 3-16 所示。薄膜表面有图形化的掩膜，最后裸露的部分就会被刻蚀掉，而掩膜部分则被保留，形成所需要的图形。

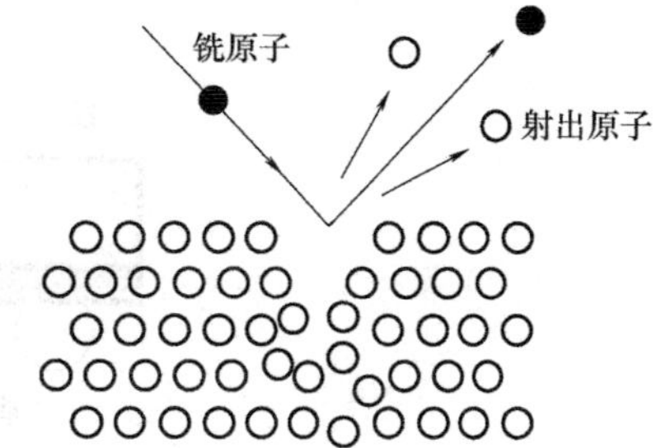

图 3-16　离子束刻蚀的物理过程

3. RIE 刻蚀

反应性离子刻蚀（Reaction Ion Etching，RIE）是制作传感器图像化的蚀刻工艺之一。在除去不需要的功能薄膜或保护膜时，利用反应性气体的离子束，切断保护膜物质的化学键，使之产生低分子物质，挥发或游离出表面，这样的方法称为反应性离子刻蚀。

反应性离子刻蚀主要利用氟基气体，以及氧气、氩气等组合，通过辉光放电，使得反应腔室气体产生等离子体，其主要包括分裂形成具有化学活性的活性自由基，电离形成更多的电子和离子。RIE 刻蚀原理如图 3-17 所示，辉光放电过程中，产生的活性自由基到达薄膜表面进行化学反应，产生的挥发性物质随废气排出，而带电离子则对薄膜进行物理轰击，二者相互促进刻蚀，以得到良好的形貌。在 RIE 过程中，既有辉光放电条件下活性气体粒子与固态表面的化学反应过程，也有这些能量很大的粒子轰击溅射表面的物理过程。后一过程有助于清除表面吸附物，并引起固体表面晶格损伤，在表面几个原子层内形成激活点，这些活性点便于游离基的化学反应，增加腐蚀速率。同时，这种轰击腐蚀作用有助于提高刻蚀侧墙的垂直性。

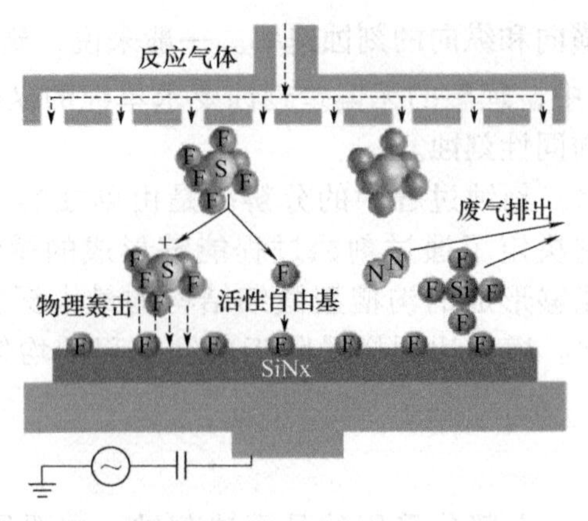

图 3-17 RIE 刻蚀原理示意图

3.1.4 键合工艺

键合工艺是微纳器件和集成电路制造技术中封装的关键工序之一。键合技术是指通过化学和物理作用将两种晶圆或两个芯片形成电连接，以及将晶圆紧密结合在一起的工艺，主要包括引线键合和芯片键合，其中芯片键合又包括倒装键合和阳极键合如图 3-18 所示。

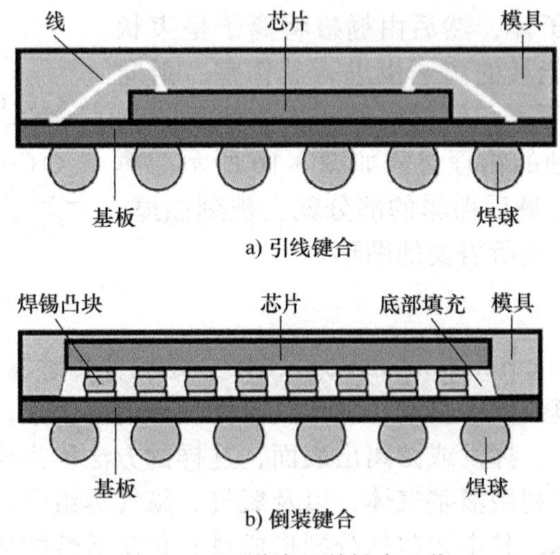

图 3-18 两种常见的键合工艺

1. 引线键合

用铜线、金线或铝线等引线将芯片焊盘和框架引脚之间连接的工艺称为引线键合工艺，目的是为了让芯片中的输入 / 输出端口与引脚相连接，以便与应用器件连通。传统的引线键合技术具有工艺成熟、可靠性高、通用性强且成本低廉的优点。近年来随着自动化的发展，引线键合发展上也有了很大进步，因而引线键合技术仍然占有较大的比重。引线键合主要分为球形键合和楔形键合两种形式。球形键合使用毛细管劈刀，通过烧球和压球形成焊点；楔形键合使用楔形劈刀，无须烧球，形成单方向焊接。线弧形状对封装器件的电性和可靠性影响大，由劈刀运行轨迹决定。

2. 芯片键合

（1）倒装键合　倒装键合是一种将芯片翻转使有源面向下，再通过焊料凸点将其电连接至基板的互连和组装技术，“倒装”主要是相对传统引线键合芯片有源面朝上而言的。倒装芯片技术是一种高级的表面安装技术，是电子封装业向着低成本、高可靠性和高生产率方向发展过程中的一大技术进步。

倒装芯片封装的基本结构一般可以分为 IC 芯片、芯片上的凸点金属化层（Under Bump Metallization，UBM）、凸点、键合材料、基板金属化层、基板以及分布在芯片和基板之间的底部填充层。其中键合材料可以是当凸点为高温焊料时采用的低熔点焊料、导电胶，也可以是凸点本身充当键合材料，也就是不存在单独的键合材料层。

（2）阳极键合　阳极键合也是无中间层的直接键合方法，但键合材料一般只限于硅玻璃。如图 3-19 所示，在电压和温度作用下，玻璃内部发生 Na^+ 离子迁移，在临近硅玻璃界面处形成富含 O^{2-} 的耗尽层。O^{2-} 耗尽层在硅片中感应出正电荷，二者之间形成静电键合力；同时界面处发生化学反应，形成牢固的 Si–O–Si 化学键，静电键合力和化学键两种机制共同作用，使硅玻璃牢固键合一体。

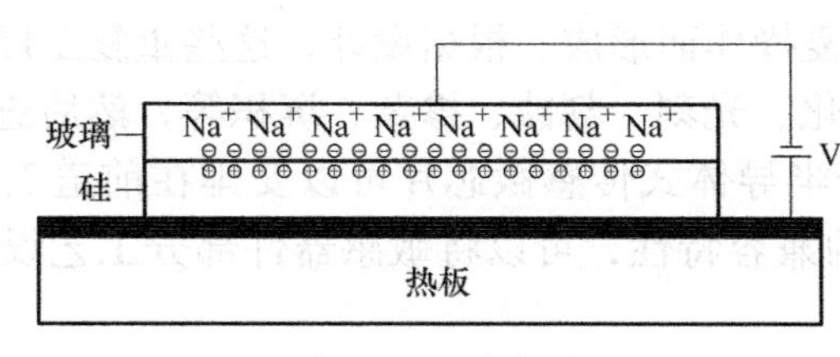

图 3-19　阳极键合

在阳极键合的过程中，合适的键合工艺是实现键合的关键因素。在键合过程中，为了增加键合强度，一般会增加键合温度或者键合压力。当键合温度增加时，加速钠离子的扩散，导致扩散层的宽度更宽，键合强度也随之增加。当键合压力增加时，硅片和玻璃之间的静电结合力会随着两级的电压增大而越来越大，界面间的结合会越来越紧密。然而在 MEMS 制造过程中，过高的温度不仅会对元器件造成损害，甚至导致其失效，还会因为硅和玻璃两种材料的热匹配系数不同导致键合后产生较高残余应力，影响器件的抗疲劳性能。而高电压则会影响器件的电极或电路。另一方面，过低的键合温度和键合电压则会影响键合质量，甚至不能达到键合效果。影响阳极键合质量的主要工艺参数除了键合电压外，还有键合温度、键合方法以及键合环境等。阳极键合工艺简单、键合强度高、残余应力低、气密性良好，是目前真空封装的一种主要解决方案，可满足多种微 / 纳型传感器件的键合需求。

3.2　传感器典型制造工艺体系

传感器制造涉及功能材料复杂、工艺兼容及集成封装需求多样。不同的传感器常常根据前面的基本工艺结合设计形成不同的工艺体系。在市场上，常用的传感器工艺体系可以分为 CMOS 工艺和 MEMS 工艺两大类。

3.2.1 CMOS 工艺

CMOS（Complementary Metal-Oxide-Semiconductor）集成工艺是半导体制造领域中应用最为广泛的工艺之一，广泛应用于传感器制造。CMOS 集成工艺是一种半导体器件的制造方法，旨在同时实现 N 型金属氧化物半导体（NMOS）和 P 型金属氧化物半导体（PMOS）晶体管的制造。CMOS 技术使用了 N 型和 P 型晶体管的互补特性，通过将它们结合在一个芯片中，实现高效低功耗的电路设计。在传感器制造中，CMOS 集成工艺通常用于制造传感器芯片及相关信号处理电路。通过精确控制各种工艺参数，如温度、压力、气体流量等，可以在硅片上形成复杂的电路结构，从而实现各种传感器与电子器件的连接功能。

1. CMOS 工艺流程

复杂的 CMOS 传感微芯片通常由功能敏感结构和由细金属线连接的不同数量的晶体管构成，这个制造过程非常复杂和精确。CMOS 传感微芯片的基础材料是硅，通常与 CMOS 的 IC 集成工艺流程相一致，如图 3-20 中整个微芯片的制造过程包括三个主要步骤：①晶圆生产；②生产线的前道工艺；③生产线的后道工艺。其中，晶体管电路芯片主要在前道工序中经过数百次重复操作而形成。根据设计，这些重复工序步骤则由前面叙述的基础制造工艺构成，包括氧化、光刻、刻蚀、掺杂、沉积等，然后进行引线键合与封装。由于传感器的多样性，对于半导体式传感微芯片可以安排在前道工艺中，考虑到部分敏感材料和 CMOS 工艺制备的兼容特性，可以将敏感器件部分工艺设计在后道工艺中，例如 TMR 磁传感器。

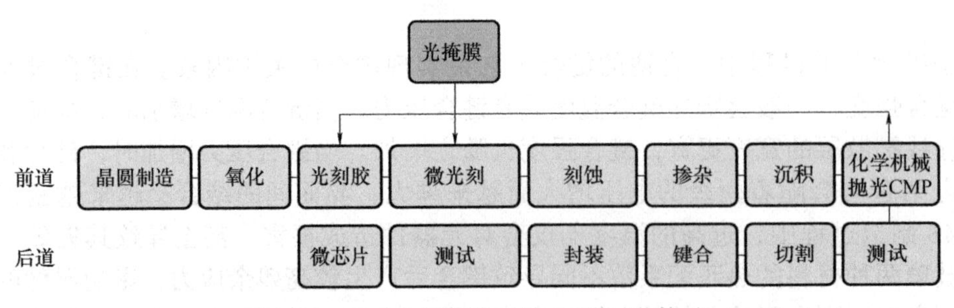

图 3-20　CMOS 的前道工艺、后道工艺体系

2. 基于 CMOS 后道工艺 TMR 磁传感芯片工艺案例

在制备完成晶体管后，TMR 磁传感芯片制备通常设计在后道工序中，通过通孔技术进行连接。传感器的前道工艺采用 CMOS 工艺，后道工艺核心是磁隧道结器件制备，采用从顶到底工艺对磁隧道结器件进行制备。首先，在原有的 CMOS 工艺体系中，经过平坦化后利用磁控溅射等物理气相沉积设备将底电极和完整的磁隧道结多层膜沉积在基底上；其次，完成磁隧道结多层膜的制备后，采用微纳米加工工艺实现纳米尺度柱形磁隧道结器件的制备，其关键是实现磁性膜堆下方的底电极和上方的顶电极分别连接并形成电隔离，具体制备工艺包括底电极制备、纳米结区制备、绝缘层沉积、过孔制备及顶电极制备

等 11 个步骤，工艺流程如图 3-21 所示。

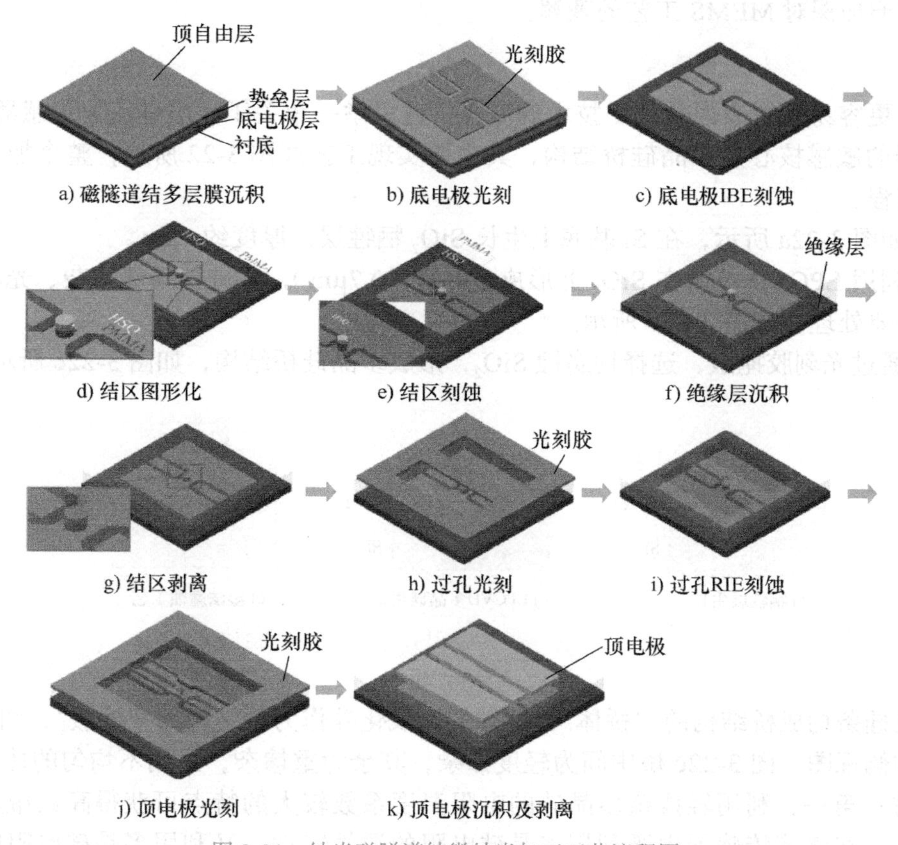

a) 磁隧道结多层膜沉积　b) 底电极光刻　c) 底电极IBE刻蚀

d) 结区图形化　e) 结区刻蚀　f) 绝缘层沉积

g) 结区剥离　h) 过孔光刻　i) 过孔RIE刻蚀

j) 顶电极光刻　k) 顶电极沉积及剥离

图 3-21　纳米磁隧道结微纳米加工工艺流程图

3.2.2　MEMS 工艺

MEMS 的制造技术是随着集成电路（IC）制造技术的进步而逐步发展起来的。与集成电路主要涉及平面晶体管和金属互连不同，MEMS 技术涵盖了众多复杂的三维结构以及可移动的结构。近几年来，MEMS 快速发展，并不断应用于各种传感器领域，例如手机中的指纹传感器、人脸识别和陀螺仪等。

由于 MEMS 器件的多样性，目前还没有单一的制造方法能够适用于所有类型的 MEMS 传感器。因此，在实际制造中，在材料选择、设计创新、工艺流程、封装技术、产品测试以及可靠性保证等方面，不同的 MEMS 传感器制造工艺面临不同的挑战。

MEMS 制造技术可以分为表面微机械加工技术和体微机械加工技术。表面微机械加工技术是在硅晶圆表面利用半导体制程技术（如光刻技术、掺杂技术、蚀刻技术、薄膜成长等）制作机械元件的技术。由于其与 CMOS 工艺兼容较好，许多现成的 CMOS 工艺可以直接或稍加修改应用于表面微机械加工技术，但是元件厚度较薄，因此只能承受较小的机械力量，只适合应用于制造轻薄、可动的 MEMS 元件，如微镜、加速度计等。体微机械加工技术是一种自上而下的制造技术，通过在硅片上进行刻蚀来制造三维 MEMS 元件。这是一种减法工艺，使用湿法各向异性腐蚀或干法刻蚀技术来去除材料，适用于制造需要较大深度和复杂形状的 MEMS 器件。本节介绍传统中 MEMS 表面机械和体微机械的制造工艺，以便加深对 MEMS 工艺的理解。

1. 表面微机械加工技术

为了更容易理解表面微加工技术的流程，这里举一个关于压阻硅流速传感器的例子。该传感器的敏感核心是多晶硅桥结构，其主要实现工艺如图 3-22 所示，整个加工分为如下三个流程。

1）如图 3-22a 所示，在 Si 基底上生长 SiO_2 牺牲层，厚度约 1μm。

2）利用 LPCVD 技术在 SiO_2 上形成多晶硅（0.7μm），并进行局部掺杂、光刻、高温退火等必要处理，如图 3-22b 所示。

3）通过光刻胶掩蔽，选择性腐蚀 SiO_2，形成多晶硅桥结构，如图 3-22c 所示。

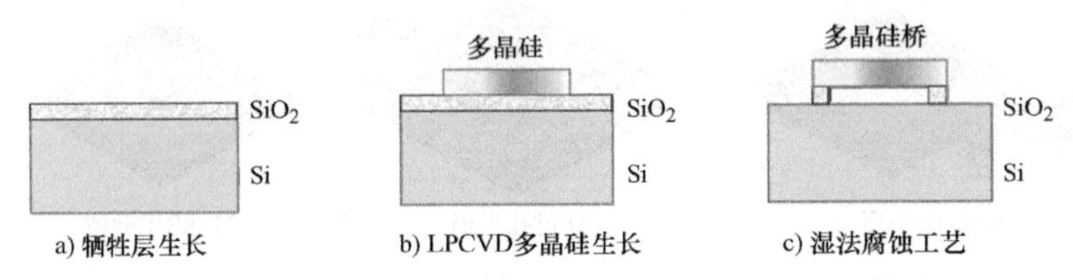

图 3-22　流速传感器敏感结构表面微机械加工流程

多晶硅条构成桥结构的“桥体”，两端的二氧化硅作为桥结构的“桥墩”，图 3-22c 为这种结构侧视图。图 3-22c 桥中间为轻度掺杂，其余为重掺杂，采用不均匀的掺杂是基于如下考虑：第一，利用轻掺杂多晶硅的电阻温度系数较大的特点可获得高灵敏度的传感器；第二，在流速传感器中既利用多晶硅电阻的温敏特性，又利用多晶硅电阻的加热特性，这种结构在加热状态下温升将主要集中在中间轻掺杂的高阻区域，这样可降低通过“桥墩”向基底的热损失。

从这个例子可以看出，表面微机械加工技术主要依赖于薄膜工艺，如化学气相沉积（CVD）、物理气相沉积（PVD）等，结合 SiO_2 辐射和释放技术，来形成微机械结构所需的薄膜材料。虽然表面微机械加工技术通常只能制造较薄的膜层，但通过特殊的工艺，如牺牲层技术，也可以形成具有较高深宽比的微结构。

2. MEMES 体微机械加工

体微机械加工的核心是体硅加工技术，最常用的技术是各向异性刻蚀和深硅刻蚀技术。体微机械加工常用于加工微机械压力传感器背腔和微机械加速度传感器的悬臂梁 – 质量块等结构。为了更容易理解体硅工技术的流程，这里举一个关于压阻式加速度传感器加工流程的例子，如图 3-23 所示。第一步准备好一块单晶硅片；第二步沉积 SiO_2 大约 2μm，这里可以将 SiO_2 替换成 Si_3N_4 效果会更好，因为 Si_3N_4 的抗反应离子刻蚀能力更强；第三步和第四步为光刻及注入硼离子，硼掺杂的压敏电阻构成了传感器的探测元件；第五步沉积 SiO_2 并刻蚀划片槽；第六步沉积多晶硅作为键合电流导体层；第七步和第八步为制作导电 Al 引线。最后一步采用 KOH 各向异性刻蚀方式，从两个面进行体硅刻蚀，形成贯穿微腔结构。在这一步需要严格控制刻蚀速率和时间。

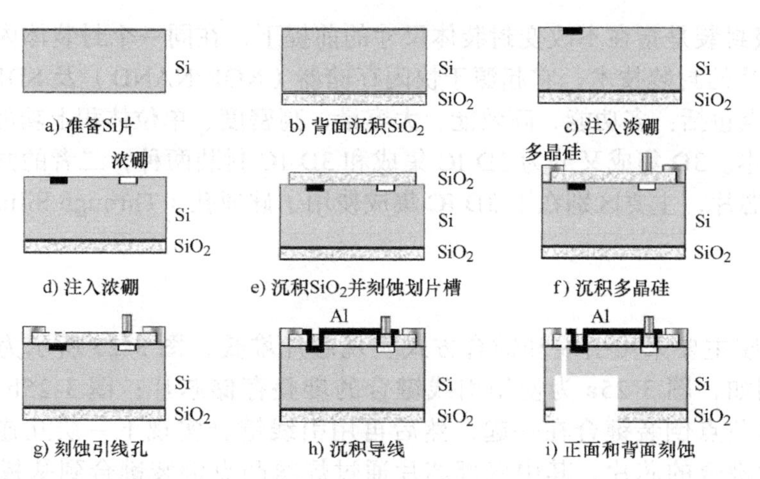

图 3-23　压阻式加速度传感器体微机械加工流程

从这个例子可以看出，体微机械加工技术相比于表面微机械加工技术能够制造出复杂的三维微机械结构，这些结构具有较大的纵向尺寸，但是体微机械加工技术在与集成电路集成方面可能面临更多挑战。

3.2.3　3D 封装工艺

封装和组装是用来将小尺寸的集成电路（Integrated Circuit，IC）芯片和传感器连接到互连基板上构成微系统的基本过程。随着传感器件性能不断提高、应用功能不断增加，组装技术也需要不断创新。先进封装技术有很多，2D 封装、系统级封装以及 3D 封装等，图 3-24 是各种先进封装技术的性能和密度对应图。

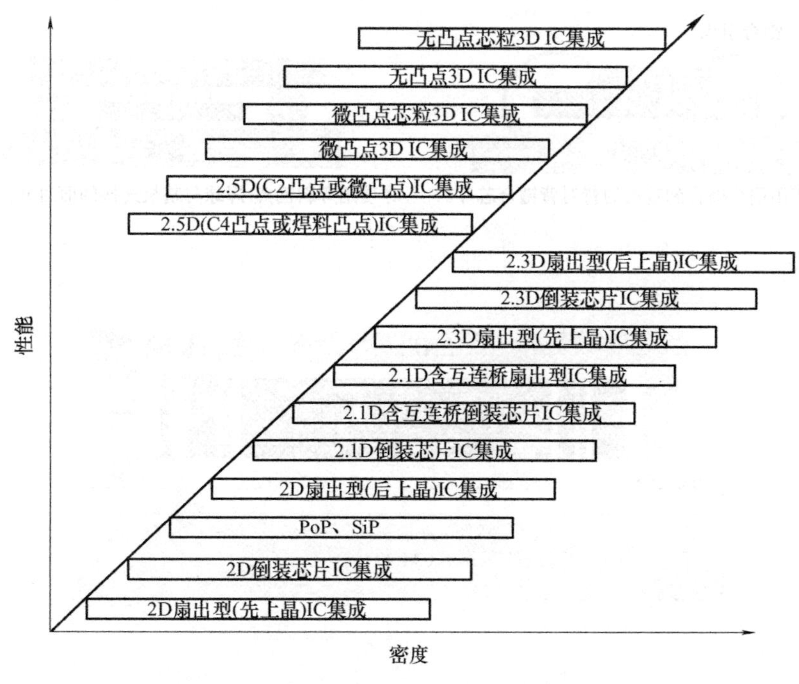

图 3-24　各种先进封装技术的性能和密度对应图

3D 晶圆级封装是指在不改变封装体尺寸的前提下，在同一个封装体内于垂直方向叠放两个以上芯片的封装技术，它起源于快闪存储器（NOR/NAND）及 SDRAM 的叠层封装。其主要特点包括：多功能、高效能、大容量、高密度、单位体积上功能及应用成倍提升，以及低成本。3D 集成又分为 3D IC 集成和 3D IC 封装两种，二者的共同特点都是在垂直方向堆叠芯片，主要区别在于 3D IC 集成使用了硅通孔（Through Silicon Via，TSV）技术。

1. 3D IC 封装

3D IC 封装主要采用引线和键合方式实现芯片堆叠，图 3-25 所示为典型的 3D IC 封装形式。例如，图 3-25a 为使用引线键合的堆叠存储芯片；图 3-25b 为两个芯片面对面通过焊料凸点倒装键合在一起，然后再用引线键合实现下一层互连；图 3-25c 则是两个背对背键合的芯片，其中底部芯片通过焊料凸点倒装键合到基板上，顶部芯片通过引线键合连接到基板上；图 3-25d 的两个芯片面对面通过焊料凸点连接的倒装芯片，顶部芯片再通过焊球连接到基板上。图 3-26 为典型的 MEMS 器件的 3D 封装工艺示意图，MEMS 和 CMOS 通过通孔和倒装焊技术将 MEMS 器件与 ASIC 器件进行封装。

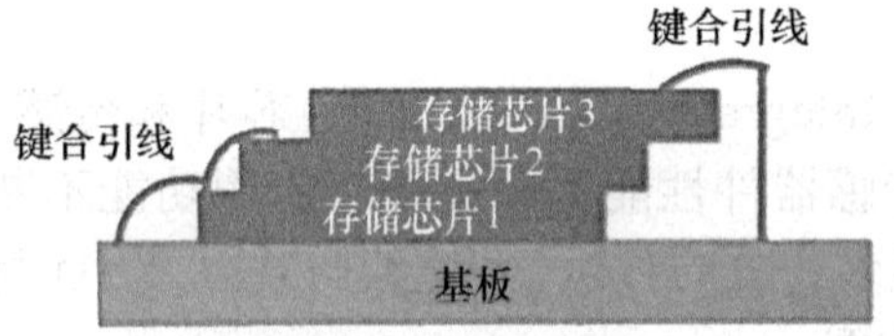

a) 使用引线键合的堆叠存储芯片

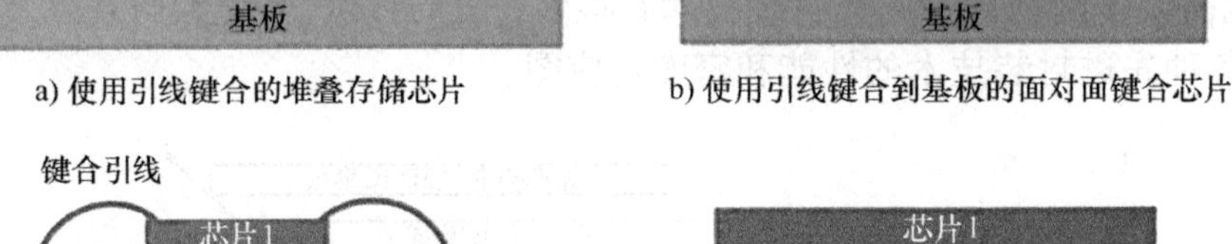

b) 使用引线键合到基板的面对面键合芯片

c) 使用引线键合到基板的背对背键合芯片

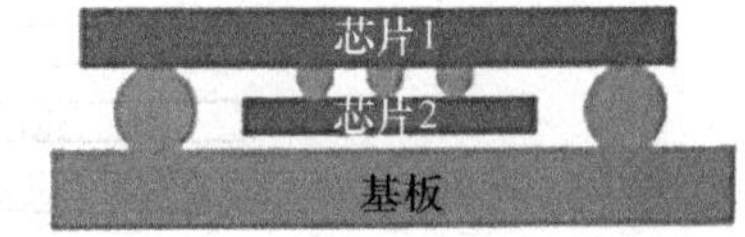

d) 使用焊料凸点/焊球与基板连接的面对面键合芯片

图 3-25　3D IC 封装

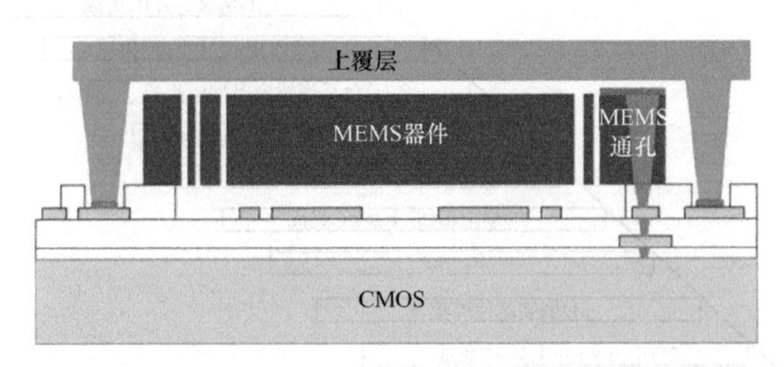

图 3-26　3D 封装 MEMS 系统

2. 3D IC 集成

目前的微纳技术由于面临着经济和技术的种种限制，为通过硅通孔技术的 3D IC 集成提供机会，并成为传统微缩技术的替代方案，以提高元器件的密度和性能。目前有三种 3D IC 集成堆叠方法：芯片上芯片（Chip-On-Chip，COC）、晶圆上芯片（Chip-On-Wafer，COW）和晶圆上晶圆（Wafer-On-Wafer，WOW）。COC 基于芯片级工艺通常应用于三维集成早期阶段的器件堆叠；COW 广泛应用于尺寸不同的功能器件的堆叠；WOW 是完整晶圆级的工艺，要比其他堆叠方法具有更高的产量，但是在采用这种方法之前要考虑良率因素。根据成本、初始良率及元器件类型等许多因素来选择合适的堆叠方法。

TSV 工艺是 3D IC 集成的特点。有三种制造 TSV 的方法：通孔优先（Via First）、通孔中道（Via Middle）、通孔最后（Via Last）。为了理解整个集成工艺，以 3D IC 中广泛应用的通孔中道即晶体之后 TSV 的形成工艺为例进行叙述，如图 3-27 所示。

在形成 TSV 和元器件层（见图 3-27a）之后，进行边缘修整工艺（见图 3-27b）以避免崩边。刀片切割是边缘修整的方法之一。将晶圆暂时粘贴到基底支撑基板上（见图 3-27c），为了避免 Cu 污染，晶圆减薄至接近 TSV 区域（见图 3-27d）。剩余的晶圆则通过等离子体或湿法工艺去除。接下来是背面工艺，这一工艺之后是制备钝化层及实现表面的平坦化（见图 3-27f ～ h）。减薄的晶圆粘贴到框架之后将基底支撑基板从晶圆上剥离（见图 3-27i ～ j）。最后，使用刀片或激光进行晶圆切割（见图 3-27k）。采用硅通孔技术，实现的芯片堆叠可以有效减少芯片垂直尺度，为 3D IC 多芯片垂直封装提供了更多可能。

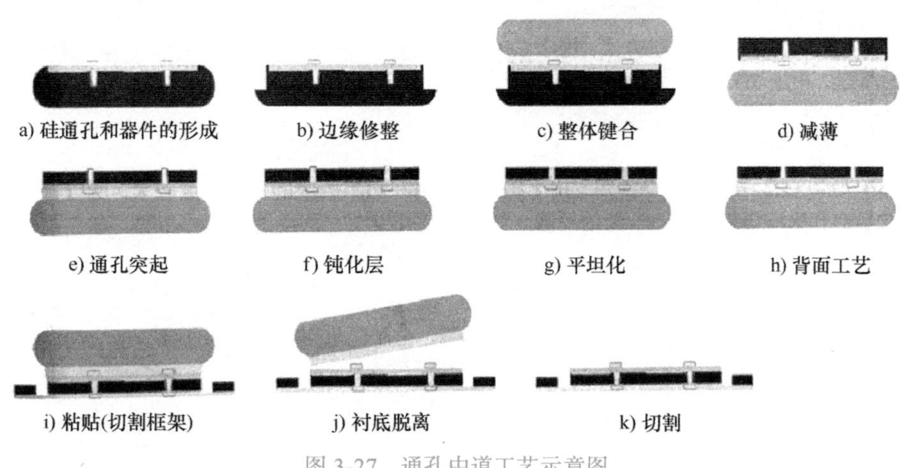

图 3-27　通孔中道工艺示意图

思考题与习题

3-1　用于制造微结构传感器的常用加工工艺有哪些？

3-2　蒸发、溅射、化学气相沉积三种薄膜生长工艺的主要区别有哪些？

3-3　光刻技术的主要工艺过程是什么？如何理解光刻技术对微结构传感器加工制造的重要意义？

3-4　刻蚀主要有哪几种类型？刻蚀中需要注意的哪些参数？

3-5　请为图 3-28 所示的 AMR 敏感芯片设计一个可行的工艺流程。

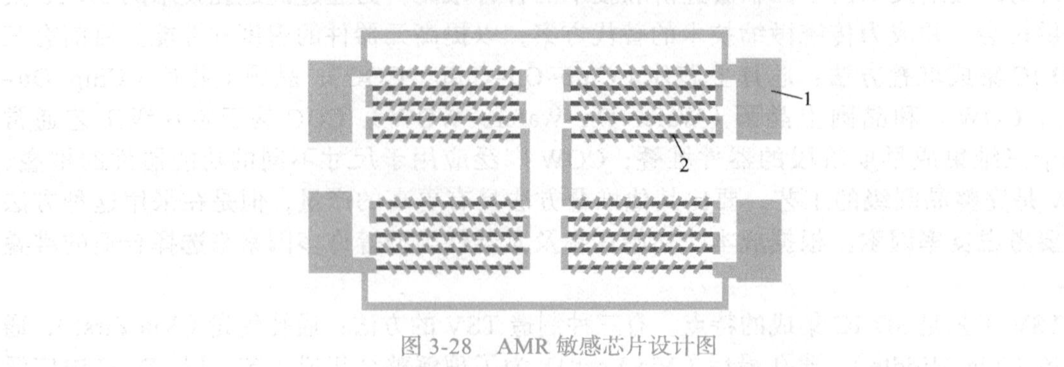

图 3-28　AMR 敏感芯片设计图

1—导电电极及材料　2—AMR 敏感材料层

| 第 2 部分 |

传感器原理及智能化技术

第 4 章　半导体传感器

半导体传感器是指利用半导体材料的各种物理、化学和生物学特性制成的传感器。它能够实现电、光、温度、声、位移、压力等物理量之间的相互转换，并且易于实现集成化、多功能化，所以被广泛应用于各领域自动化检测系统中。半导体传感器的分类方式有很多，但按照待测信号的性质可分为物理敏感型、化学敏感型和生物敏感型三大类。物理敏感型半导体传感器是对力、热、光、磁等物理量敏感，化学敏感型半导体传感器是由对气体、湿度、离子等敏感，生物敏感型半导体传感器利用生物分子与某类特定物质的生物学效应，如酶的生化反应等，获得对化学反应消耗物或生成物的检测，可间接识别该类特定物质。本章主要介绍常用的半导体压力传感器、半导体温度传感器和半导体气敏传感器的结构组成、工作原理以及典型应用等内容。

4.1　半导体压力传感器

半导体压力传感器是由半导体材料构成，能够感受压力信号，并将压力信号转换成电信号的器件或装置。主要可分为两类，一类是根据半导体 PN 结在应力作用下电特性发生变化的原理制成的各种压敏二极管或晶体管；另一类是根据半导体压阻效应构成的压阻式压力传感器。前者性能很不稳定，因此未能得到很大的发展，后者为半导体压力传感器的主要类型。本节主要介绍压阻式压力传感器。

早期压阻式压力传感器大多是将半导体应变片粘贴在 N 型单晶硅材料做成的弹性元件上来进行压力测量。20 世纪 60 年代，随着半导体集成电路技术的发展，在弹性元件上利用集成电路工艺制作成扩散电阻，制作出扩散型压阻式压力传感器。扩散电阻在弹性元件上组成测量电桥，当其受压力作用产生变形时，各扩散电阻阻值发生变化，电桥产生相应的不平衡输出。

压阻式压力传感器工作频率高、动态响应好，工作频率可达 1.5MHz；体积小、耗电少；灵敏度高、精度好，可测量到 0.1% 的精确度；测量范围宽，易于微型化和集成化。但压阻式传感器温度特性较差，并且工艺较复杂。现在出现的智能压阻式压力传感器，利用微处理器对非线性和温度进行补偿，利用大规模集成电路技术，将传感器与计算机集成在同一个硅片上，兼有信号检测、处理、记忆等功能，从而大大提高传感器的稳定性和测量准确度。目前常用的压阻式压力传感器主要包括扩散硅压阻式压力传感器和厚膜陶瓷压力传感器。

4.1.1　扩散硅压阻式压力传感器

图 4-1a 所示为扩散硅压阻式压力传感器的结构示意图，其核心部分是一个周边固支的弹性膜片，膜片上利用扩散工艺设置有四个阻值相等的电阻，如图 4-1c 所示，用导线将其构成平衡电桥。硅膜片的四周用圆环（硅环）固定，如图 4-1b 所示硅膜片的两边有两个压力腔，一个是与被测系统相连接的高压腔，另一个是低压腔，一般与大气相通。

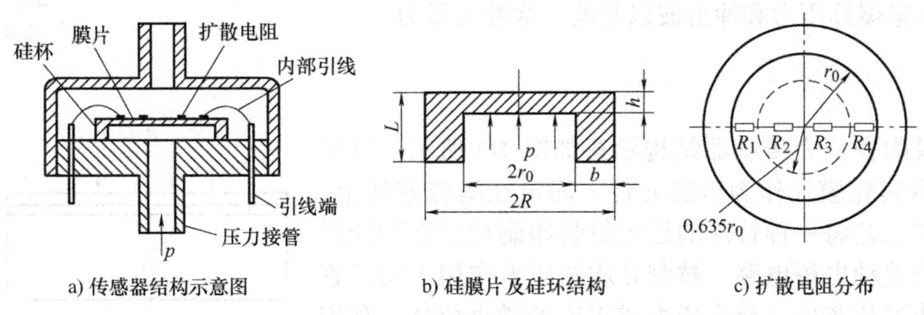

图 4-1　扩散硅压阻式压力传感器

当硅膜片两边存在压力差时，硅膜片产生变形，一部分压缩一部分拉伸，硅膜片上各点产生应力。四个电阻在应力作用下，阻值发生变化，电桥失去平衡，输出相应的电压。该电压与硅膜片两边的压力差成正比。这样，测得不平衡电桥的输出电压，就可以得到硅膜片受到的压力差的大小。

受均匀压力 p 的圆形硅膜片上各点的径向应力 σ_r 和切向应力 σ_t 为

$$\begin{cases}\sigma_r=\dfrac{3p}{8h^2}[(1+\mu)r_0^2-(3+\mu)r^2]\\\sigma_t=\dfrac{3p}{8h^2}[(1+\mu)r_0^2-(1+3\mu)r^2]\end{cases}\tag{4-1}$$

式中，r_0 是硅膜片的有效半径；r 是计算点半径；h 是厚度；μ 是硅的泊松比，μ=0.35。

根据式（4-1）做出膜片各点应力 σ_r、σ_t 与 r/r_0 之间的关系，如图 4-2 所示。当 $r=0.635r_0$ 时，$\sigma_r=0$，仅有切向应力；$r<0.635r_0$ 时，$\sigma_r>0$，为拉应力；$r>0.635r_0$ 时，$\sigma_r<0$，为压应力。当 $r=0.812r_0$ 时，$\sigma_t=0$，仅有 σ_r 存在，且 $\sigma_r<0$。为了保证膜片上应变和应力之间的线性关系，应使膜片处于小挠度变形范围内。设计时，应将扩散电阻配置在应力最大的位置上，以获得高灵敏度，同时应将四个电阻组成差动电桥作为测量电路。

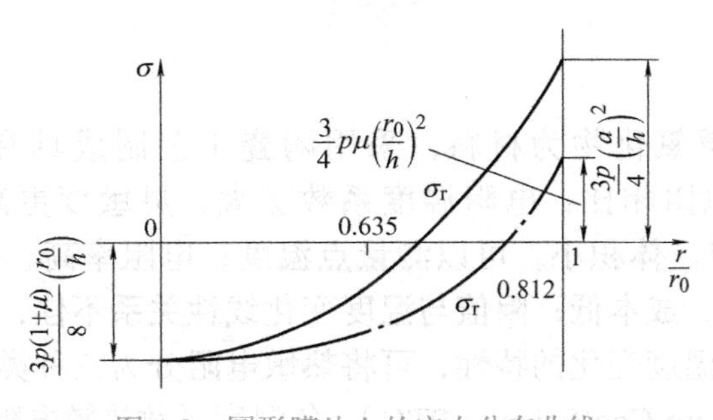

图 4-2　圆形膜片上的应力分布曲线

扩散硅压阻式压力传感器的主要优点是体积小，结构比较简单，动态响应好，灵敏度高，能测出十几帕的微压，长期稳定性好，滞后和蠕变小，频率响应高，便于生产，成本低。因此，它是一种目前比较理想的、发展较为迅速的压力传感器，广泛应用于流体压力、差压、液位测量。比如，在航空工业中，其测量机翼气流压力分布，发动机进气口处的动压畸变；在生物医学上可以将微型化压阻式压力传感器植入体内，测量血管、颅内、眼球压力等参数；兵器工业中，可测量爆炸压力和冲击波以及枪、炮腔内压力。

4-1　炮口冲击波压力场测试

4.1.2　厚膜陶瓷压力传感器

厚膜陶瓷压力传感器结构示意如图 4-3 所示。可采用氧化铝陶瓷膜片作为敏感元件，固定在陶瓷基体上，利用厚膜工艺将一种特殊的压阻材料印刷烧结在陶瓷膜片上组成差动电桥电路。被测介质的压力作用于陶瓷膜片上，使膜片产生与介质压力成正比的微小位移，利用厚膜电阻的压阻效应，陶瓷膜片上的压敏电阻发生变化，经测量电路检测这一变化后，转换成对应的标准电信号（4 ～ 20mA）输出。

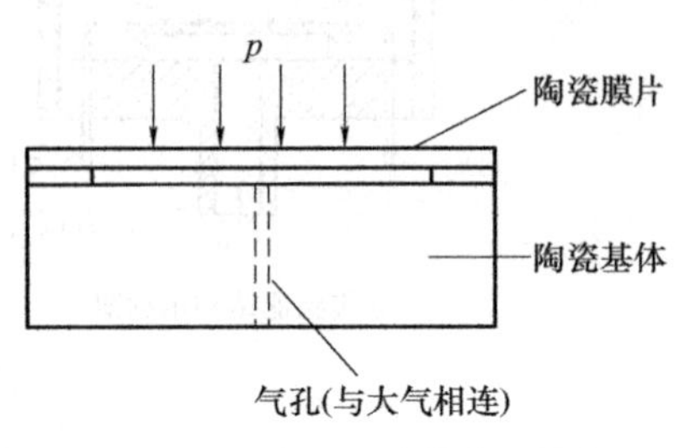

图 4-3　厚膜陶瓷压力传感器结构示意图

厚膜陶瓷压力传感器采用的厚膜电阻由激光补偿修正，内置微处理器按预定程序自动测试，并保证了其零位、满度和温度特性；采用的特种陶瓷膜片，具有高弹性、耐腐蚀、抗冲击、抗振动、热膨胀微小的优异特性，不需填充油，受温度影响小。因此，厚膜陶瓷压力传感器具有精度高、耐腐蚀、耐高温、易安装等优点，广泛应用于航空、医疗、汽车、工业等领域。它在航空领域可用于发动机的气缸压力检测、驾驶舱的压力检测以及飞行器的高度检测等；在汽车领域可用于发动机的气缸压力检测、轮胎气压检测、制动系统的压力检测等。

4.2　半导体温度传感器

由半导体理论可知，在一定的电流模式下，半导体材料的许多性能参数，如电阻率、PN 结的反向漏电流和正向电压等，都与温度有着密切的关系。根据这一关系，可以利用半导体材料某些性能参数的温度特性，制成半导体温度传感器，实现对温度的检测、控制和补偿。常用的半导体温度传感器主要包括热敏电阻和 PN 结型集成温度传感器。

4.2.1　热敏电阻

热敏电阻是以金属氧化物为材料，采用陶瓷工艺制成具有半导体特性的陶瓷电阻器件。它与金属热电阻相比：电阻温度系数更大、灵敏度更高，比一般金属电阻大 10 ～ 100 倍；结构简单、体积小，可以测量点温度；电阻率高、热惯性小，适宜动态测量；易于维护，寿命长，成本低；阻值与温度变化线性关系不佳，稳定性和互换性较差。

按照半导体电阻随温度变化的特性，可将热敏电阻分为三种类型，即正温度系数热敏电阻（Positive Temperature Coefficient，PTC）、负温度系数热敏电阻（Negative Temperature

Coefficient，NTC）、临界温度系数热敏电阻（Critical Temperature Resistors，CTR）。它们的温度特性如图 4-4 所示。

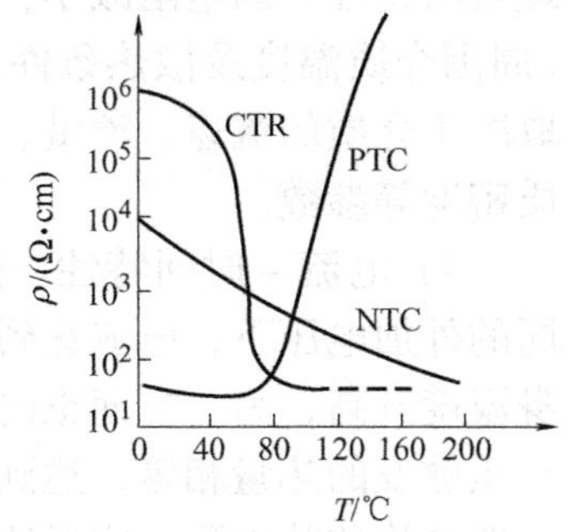

图 4-4　热敏电阻的温度特性

1. NTC 热敏电阻

NTC 热敏电阻材料多为 Fe、Ni、Co、Mn 等过渡金属氧化物。由图 4-4 可知，NTC 热敏电阻具有随温度升高电阻值减小的负温度系数特性，特别适用于 −100～300℃之间测温，在点温度、表面温度、温度场等测量中得到广泛的应用，同时也常应用在自动控制及电子线路的热补偿线路中。

（1）结构及特点　NTC 热敏电阻的结构形式有珠状、圆片状、方片状、棒状等，如图 4-5 所示。不同形状的热敏电阻的特点见表 4-1。

图 4-5　NTC 热敏电阻的结构形式

表 4-1　不同形状热敏电阻的特点

结构形式	工作温度	特点
珠状	200℃以上	体积小、响应快、精度高
圆片状	150℃以下温度补偿	适用对响应时间要求不高的场合
方片状	200℃以下	一致性、互换性好
棒状	高温	稳定性好、可靠性高

（2）主要特性

1）温度特性。NTC 热敏电阻的温度特性，可用如下经验公式表示

$$R_T = Ae^{B/T} \tag{4-2}$$

式中，R_T 是温度为 T 时电阻值；A 是与热敏电阻材料、几何尺寸有关的常数；B 是热敏电阻常数；T 是热敏电阻的绝对温度。

若已知温度为 T_1 和 T_2 时电阻为 R_1 和 R_2，则可通过公式求出两个常数，即

$$B = \frac{T_1T_2}{T_2 - T_1}\ln\frac{R_1}{R_2} \tag{4-3}$$

$$A = R_1e^{-B/T_1} \tag{4-4}$$

2）伏安特性。在稳态情况下，通过热敏电阻的电流 I 与其两端之间的电压 U 的关系称为热敏电阻的伏安特性，如图 4-6 所示。由图可见，流过热敏电阻的电流很小时，不足以使之加热。电阻值只决定于环境温度，伏安特性是直线，遵循欧姆定律，主要用来测温。

当电流增大到一定值时，流过热敏电阻的电流使之加热，热敏电阻本身温度升高，出现负阻特性。因电阻减小，使电流增大，端电压反而下降。其所能升高的温度与环境条件（周围介质温度及散热条件）有关。当电流和周围介质的温度一定时，热敏电阻的电阻值取决于介质的流速、流量、密度等散热条件。根据这个原理，可用它来测量流体速度和介质密度等参数。

3）电流－时间特性。热敏电阻的电流－时间特性如图 4-7 所示，表示热敏电阻在不同的外加电压下，电流达到稳定最大值所需的时间。热敏电阻受电流加热后，一方面使自身温度升高，另一方面也向周围介质散热，只有在单位时间内从电流得到的能量与向四周介质散发的热量相等，达到热平衡时，才能有相应的平衡温度，即有固定的电阻值。对于一般结构的热电阻，完成这个热平衡过程所需要的时间为 0.5 ～ 1s 之间。

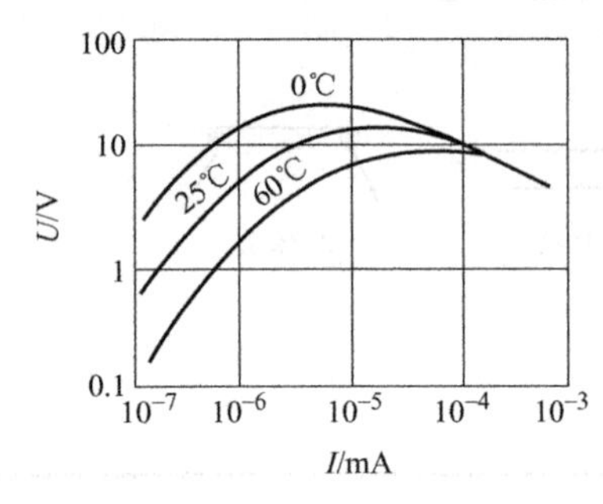

图 4-6　伏安特性

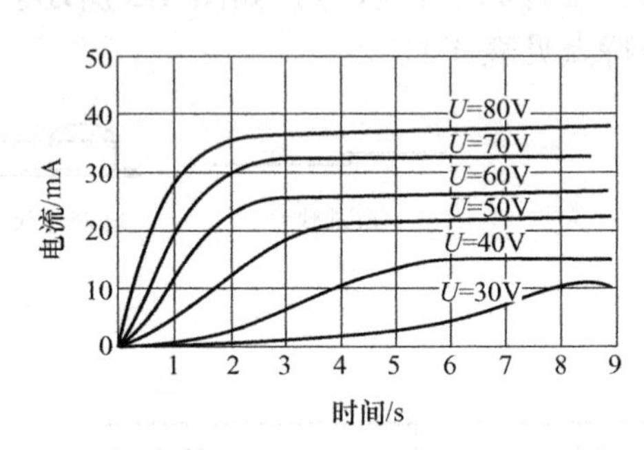

图 4-7　电流－时间特性

2. PTC 热敏电阻

PTC 热敏电阻主要采用 $BaTiO_3$ 系列的陶瓷材料，掺入微量稀土元素使之半导体化而制成，具有当温度超过某一数值时其电阻值快速增加的特性。它主要应用于各种电器设备的过热保护、发热源的定温控制，也可作为限流元件使用。

3. CTR 热敏电阻

CTR 热敏电阻采用以 VO_2 为代表的半导体材料，在某一温度附近上电阻值发生突变，在温度极小的变化范围内，其阻值下降 3 ～ 4 个数量级。该温度称为临界温度点，非常适用于温度开关或报警。

4. 典型应用

热敏电阻可以用于实现温度测量、温度补偿、过热保护及温度报警等功能。因此，目前广泛于军事、通信、航空、航天、医疗、自动化设施的温度计、控温仪等装置。

（1）温度测量　图 4-8 所示是一种 0 ～ 100℃的测温电路，可以直接与计算机 A/D 接口连接。图中 LED 为电源指示，A_1、A_2 为 LM358 运放，VS 为 1N154 稳压管，R_T 为 PTC 热敏电阻，25℃时阻值为 1kΩ。传感器的工作电流一般选择 1A 以下以避免电流产生的热影响测量精度，并要求电源电压稳定。VS 经 R_3、R_4、R_5 分压，调节 R_5 使电压跟随器 A_1 输出 2.5V 的工作电压。由 R_6、R_7、R_T 及 R_8 组成测量电桥，其输出接 A_2 差动放大器，经放大后输出，输出电压为 0 ～ 5V，其输出灵敏度为 50mV/℃，误差小于 ±2.5℃。

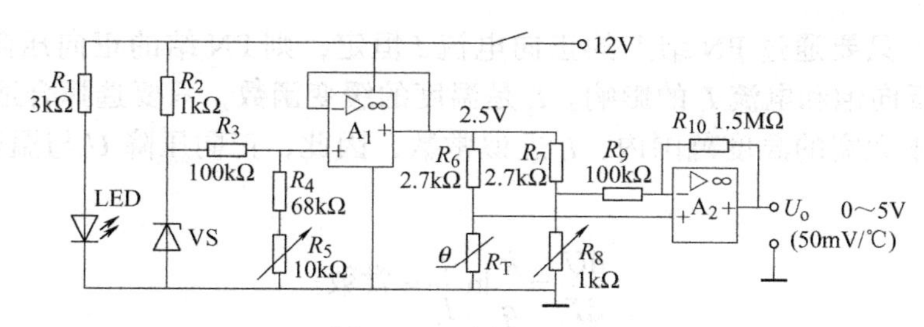

图 4-8　温度测量电路

（2）过热保护　在小电流场合，可将 PTC 热敏电阻直接与负载串接，防止过热损坏被保护器件。图 4-9 所示为电动机过热保护电路。电动机正常运行时温度较低，晶体管 VT 截止，继电器 K 不动作。当电动机过负荷工作时，电动机的温度迅速升高，热敏电阻 R_t 阻值迅速减小，小到一定值后，晶体管 VT 导通，继电器 K 吸合，实现对电动机的保护。

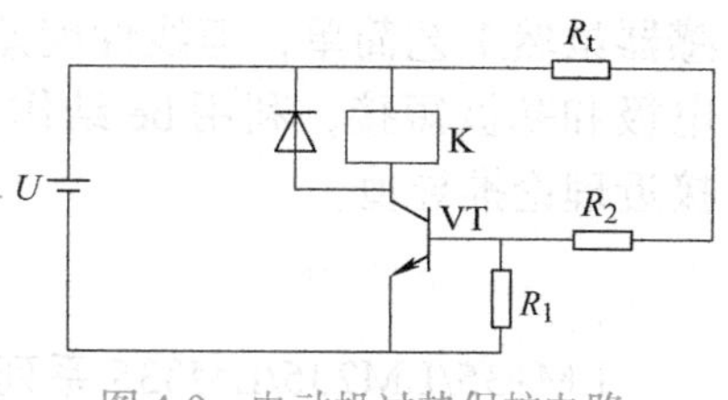

图 4-9　电动机过热保护电路

4.2.2　PN 结型集成温度传感器

PN 结型集成温度传感器是利用 PN 结的伏安特性与温度之间的关系研制成的一种固态传感器，是把作为感温器件的温敏晶体管及外围电路集成在同一单片上的集成化温度传感器。

PN 结型集成温度传感器的典型工作温度范围是 −50 ～ 150℃。目前大量生产和应用的 PN 结型集成温度传感器按输出量不同可分为电压型和电流型两大类，此外人们还开发出了频率输出型集成温度传感器。电压输出型的优点是直接输出电压，且输出阻抗低。电流输出型输出阻抗极高，可以实现远距离测温，不必考虑长馈线上信号的损失，也可用于多点温度测量系统中，而不必考虑导线、开关接触电阻带来的误差。频率输出型具有与电流输出型相似的优点。

1. 基本原理

PN 结的伏安特性可表示为

$$I = I_s(e^{\frac{qU}{kT}} - 1) \tag{4-5}$$

式中，I 是 PN 结正向电流；U 是 PN 结正向压降；I_s 是 PN 结反向饱和电流；q 是电子电荷量；T 是绝对温度；k 是波尔兹曼常数。

当 $e^{\frac{qU}{kT}} \gg 1$ 时，则式（4-5）可改写为

$$I = I_s e^{\frac{qU}{kT}} \tag{4-6}$$

则

$$U = \frac{kT}{q} \ln \frac{I}{I_s} \tag{4-7}$$

由此可见，只要通过 PN 结上的正向电流 I 恒定，则 PN 结的正向压降 U 与温度的线性关系只受反向饱和电流 I_s 的影响。I_s 是温度的缓变函数，只要选择合适的掺杂浓度，就可以认为在不太宽的温度范围内，I_s 近似常数，因此，正向压降 U 与温度 T 呈线性关系，即

$$\frac{\mathrm{d}U}{\mathrm{d}T}=\frac{k}{q}\ln\frac{I}{I_s}\approx 常数 \tag{4-8}$$

这就是 PN 结型集成温度传感器的基本工作原理。实际使用中利用二极管作为温度传感器虽然工艺简单，但线性度差，因而选用三极管作为温度传感器，把 NPN 晶体管的集电极和基极短接，利用 be 结作为感温器件。三极管的形式更接近理想 PN 结，即线性更接近理论推导值。

2. 电压输出型

LM135/LM235/LM335 系列 PN 结集成温度传感器是一种精密的、易标定的三端电压输出型集成温度传感器。当它作为两端器件工作时，相当于一个稳压二极管，其击穿电压正比于绝对温度。其灵敏度为 10mV/K，工作温度范围分别是 −55 ～ 150℃、−40 ～ 125℃、−10 ～ 100℃。图 4-10 为 LM135 系列两种典型封装图。这内部的基本部分是一个感温部分和一个运算放大器。外部一个端子接 U^+，一个接 U^-，第三个为调整端，供传感器作外部标定。

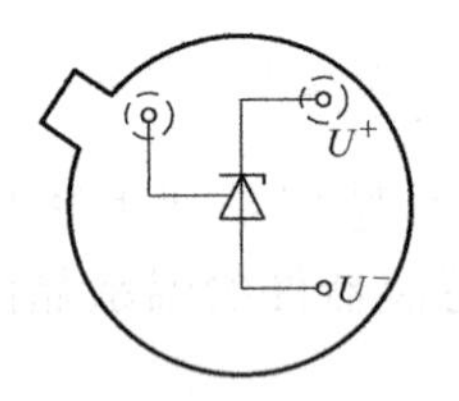

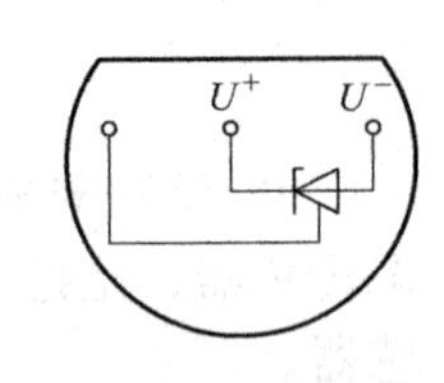

图 4-10　LM135 系列封装接线图

3. 电流输出型

电流输出型集成温度传感器的典型代表是 AD590 型温度传感器，这种传感器具有灵敏度高、体积小、反应快、测量精度高、稳定性好、校准方便、价格低廉、使用简单等优点。另外电流输出可通过一个外加电阻变为电压输出。

图 4-11 为 AD590 的伏安特性，U 为作用于 AD590 两端的电压，I 为电流，由图可见，在 4 ～ 30V 时，该器件为一个温控电流源，且电流值与 T_k 成正比，即 $I=K_T T_k$，其中 K_T 为标度因子，在器件制造时已作标定，每摄氏度 1μA，其标定精度因器件的档次而异。因此，AD590 在电路中以理想恒流源的电气符号出现。图 4-12 为其温度特性，它在 −55 ～ 150℃温域中有较好线性度，若略去非线性项，其电流随温度 T_c 变化有关系式：

$$I=K_T T_c+273.2 \tag{4-9}$$

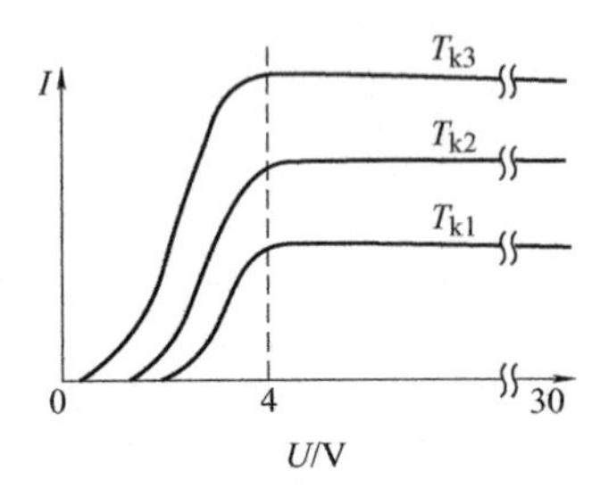

图 4-11　AD590 伏安特性

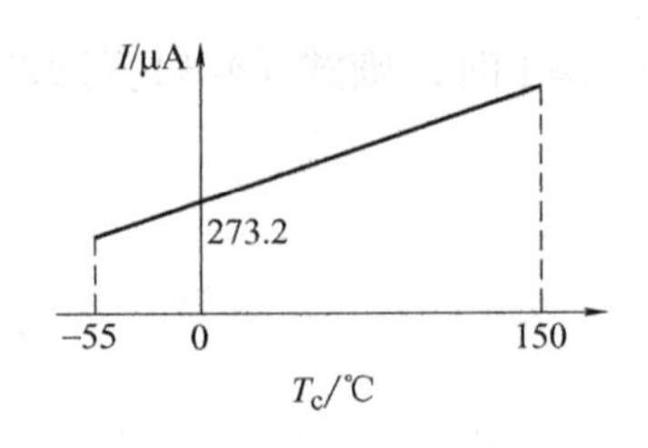

图 4-12　AD590 温度特性

4. 典型应用

（1）基本温度检测　如图 4-13a 所示，把 LM135 电压输出型集成温度传感器作为一个两端器件与一个电阻串联，加上适当的电压，就可以得到灵敏度为 10mV/K、直接正比于绝对温度的电压输出。如图 4-13b 所示，将 AD590 电流输出型集成温度传感器与一个 1kΩ 电阻串联，就可以通过电阻把传感器的电流输出转换为正比于绝对温度的电压输出，其灵敏度为 1mV/K。

（2）数字式温度计　图 4-14 所示为一个由 AD590、ICL7106、液晶显示器等组成的数字式温度计。其中 ICL7106 是集成芯片，它集成了模 / 数转换器、时钟发生器、参考电源、BCD- 七段译码器和显示驱动电路。当 AD590 上接入一个高于 4V 的电压后，其输出电流将正比于绝对温度。当环境温度大于 0℃时，显示正的温度数值；环境温度小于 0℃时，显示负的温度数值。测量系统的精度取决于 AD590 的精度。

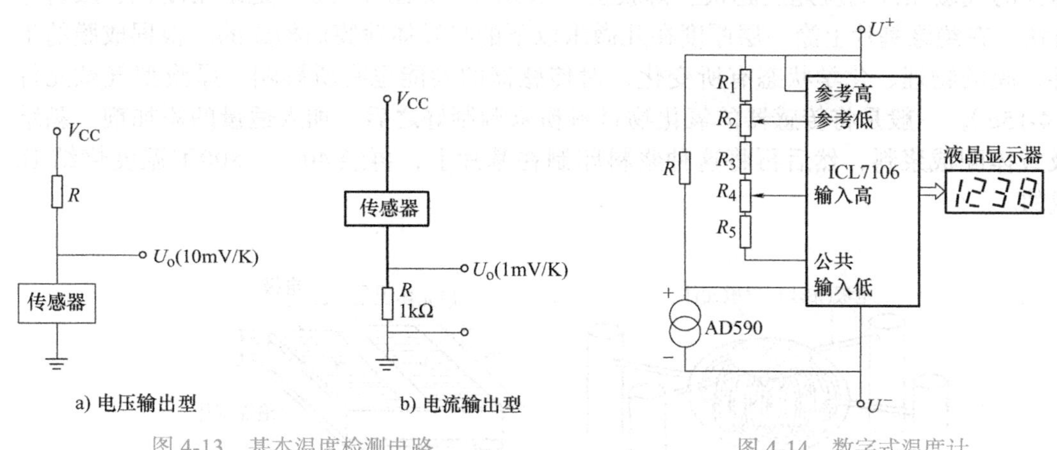

图 4-13　基本温度检测电路

图 4-14　数字式温度计

4.3　半导体气敏传感器

半导体气敏传感器是利用半导体气敏元件与待测气体接触时，电导率等物理量的变化来实现特定气体的成分或者浓度检测。半导体气敏材料的发展可以追溯到 1931 年，P.Braver 等发现 CuO 的电导率随水蒸气的吸附而改变。1962 年日本清山哲郎与田口尚义等对 ZnO、SnO_2 薄膜的开创性研究，使气敏材料和气敏传感器才真正发展起来。半导体气敏传感器能实时对各种气体进行检测及分析，并实现反馈控制，有效克服了气相色谱分析等方法带来的仪器体积庞大、价格昂贵、监测及控制不连续的缺点，适用于工业、农业、军事等各种场合。

半导体气敏传感器可分为电阻型和非电阻型两类。电阻型气敏传感器利用敏感材料接触气体时其电阻值的变化来检测气体的成分或浓度；非电阻型气敏传感器是利用其与被测气体接触后二极管的伏安特性或场效应晶体管的阈值电压等发生变化来测定气体的成分或浓度。目前，使用较为广泛的是电阻型半导体气敏传感器。

4.3.1 电阻型半导体气敏传感器

1. 结构组成与基本原理

构成电阻型气敏传感器的核心为气敏电阻，其材料主要包括 SnO_2 等金属氧化物半导体。取材和掺杂的不同决定了气敏电阻类型。为了提高气敏元件对某些气体成分的选择性和灵敏度，在合成材料时还可添加其他一些金属元素催化剂，如钯、铂、银等。

电阻型气敏传感器主要由气敏元件、加热器和外壳或封装体等部分组成。它按其制造工艺又分为三类：烧结型、薄膜型和厚膜型，它们的典型结构如图 4-15 所示。烧结型气敏元件（见图 4-15a）是在传感器的氧化物材料中添加激活剂以及黏结剂（Al_2O_3，SiO_2）混合成型后烧结而成的。因组分和烧结条件不同，所以传感器的性能各异。一般说来，空隙率越大的气敏元件响应速度越快。薄膜型气敏元件（见图 4-15b）是采用淀积、溅射等工艺方法，在绝缘基片上涂一层厚度在几微米以下的半导体薄膜而构成的。根据成膜的工艺条件，膜的物理、化学状态有所变化，对传感器的性能也有所影响。厚膜型气敏元件（见图 4-15c），一般是将传感器的氧化物材料粉末调制好之后，加入适量的添加剂、黏结剂以及载体配成浆料，然后再将这种浆料印制在基片上，再经 400 ～ 800℃温度烧结 1h 而制成的。

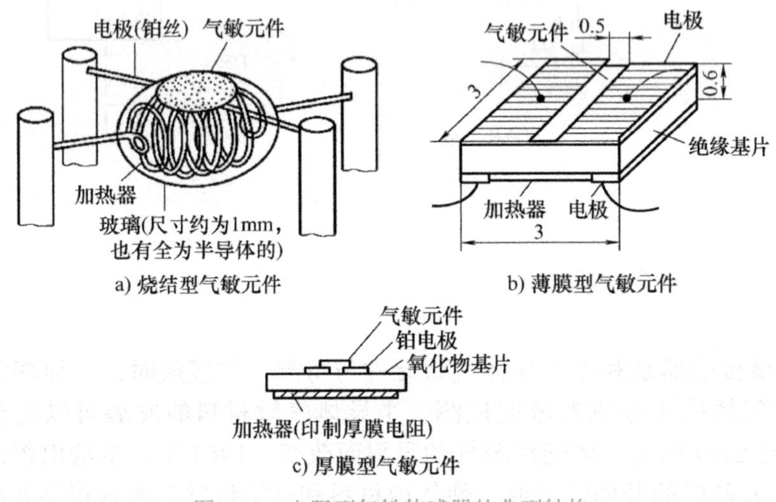

图 4-15 电阻型气敏传感器的典型结构

不论哪种气敏元件，均需采用电加热器。半导体气敏元件被加热到稳定状态下，被测气体接触元件表面时，首先是被吸附的分子在表面上自由扩散，一部分分子被蒸发掉，剩余部分产生热分解而固定在吸附位置。若元件材料的功函数比被吸附气体分子的电压亲和力小，则被吸附分子将从元件表面夺取电子而以负离子形式吸附。具有这种倾向的气体称为氧化型或电子接收型气体，如 O_2、NO_2 等。如果气敏元件的功函数大于被吸附分子的离解能，则被吸附分子将向元件释放出电子而以正离子吸附。具有这种倾向的气体称为还原型或电子供给型气体，如 H_2、CO、碳氢化合物、乙醇等。

半导体气敏元件有 N 型、P 型和混合型 3 种。由半导体表面态理论可知，当氧化型气体吸附到 N 型半导体（如 SnO_2、ZnO）上，或还原型气体吸附到 P 型半导体（如 MoO_2、CrO_3）上时，将使多数载流子（空穴）减少，电阻增大。相反，当还原型气体吸附到 N 型半导体上，或氧化型气体吸附到 P 型半导体上时，将使多数载流子（电子）增多，电阻下降。图 4-16 为气体接触到 N 型半导体吸附气体时器件阻值变化。图 4-17 为 SnO_2 气敏器件的灵敏度特性，它表示不同气体浓度下气敏元件的电阻值。根据浓度与电阻值的变化关系即可得知气体的浓度。

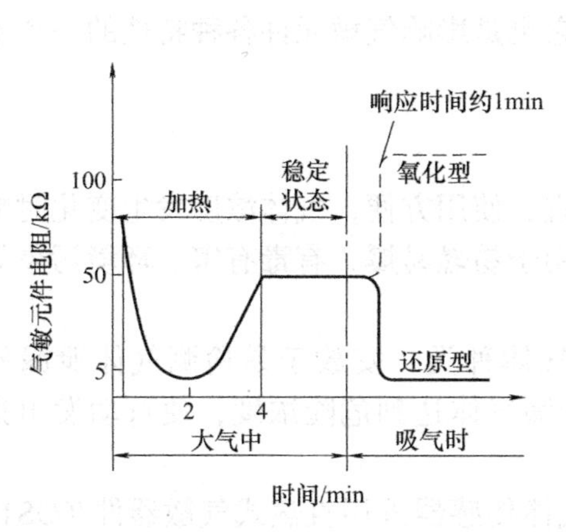

图 4-16　N 型半导体吸附气体时器件阻值变化

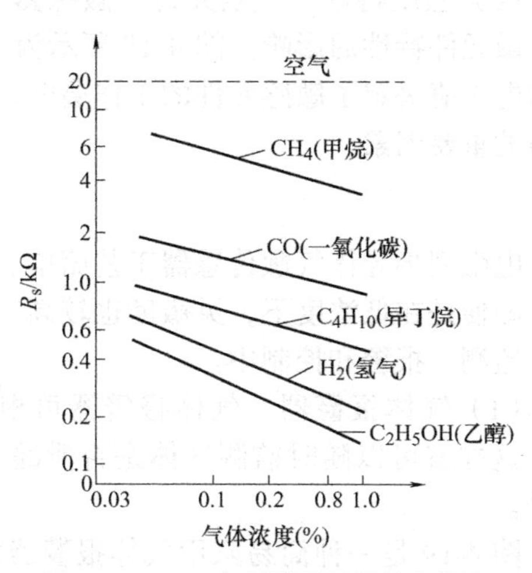

图 4-17　SnO_2 气敏器件的灵敏度特性

2. 主要特性

（1）气体选择性　气体选择性是指多种气体共存的条件下，半导体气敏传感器的气敏材料主要对某一种或一类气体敏感。气体选择性的好坏直接影响气体的检测和控制，改善气敏元件气体选择性的常用方法包括：①向气敏材料掺杂其他金属氧化物或其他掺加物；②控制气敏元件的烧结温度；③改善元件工作时的加热温度。

（2）灵敏度　气敏元件对被测气体敏感程度的特性称为气敏传感器的灵敏度。目前，一般用金属或金属氧化物材料的催化作用来提高传感器的灵敏度。最有代表性的催化剂有 Pd、Pt 等。此外，Cr 能促进乙醇分解；Mo、W 等能促进 H_2、CO、N_2、O_2 的吸附与反应速度；MgO、PbO、CdO 等掺加物也能加速被测气体的吸附或解吸的反应速度。

（3）初始稳定时间　气敏元件内部的加热丝，一方面用来烧灼元件表面油垢或污物；另一方面可以起到加速被测气体的吸、脱作用。加热温度一般为 200 ～ 400℃。气敏传感器按设计规定的电压值使加热丝通电加热之后，敏感元件的电阻值首先是急剧下降，一般经 2 ～ 10min 过渡过程后达到稳定的电阻值输出状态，称这一状态为“初始稳定状态”。由开始通电到气敏元件阻值达到稳定所需时间，称为气敏元件的初期稳定时间。达到初始稳定状态以后的敏感元件才能用于气体检测。

（4）响应时间　气敏元件的响应时间是指在工作温度下，气敏元件对被测气体的响应速度。定义为在一定的温度下，从气敏元件与规定浓度的被测气体接触时开始，气敏元件电参量达到稳态值的 63%（或 90%）所需时间，称为气敏元件在此浓度下被测气体中的响应时间。

（5）恢复时间　气敏元件的恢复时间表示在工作温度下，气敏元件对被测气体的脱附速度，又称脱附时间，定义为从气敏元件脱离被测气体开始，气敏元件电参量达到稳态值的 63%（或 90%）所需时间。它与敏感元件的材料及结构有关，也与大气环境条件有关。

（6）温度特性　气敏元件一般裸露于大气中，因此设计与使用时必须注意环境因素对气敏元件特性的影响。图 4-18 所示为 SnO_2 气敏元件的温度特性。另外，气敏元件加热丝的电压值决定了敏感元件的工作温度，因此，它也是影响气敏元件各种特性的一个不可忽略的重要因素。

3. 典型应用

电阻型半导体气敏传感器工艺简单、价格便宜、使用方便，气体浓度发生变化时响应快，即使是在低浓度下，灵敏度也较高，广泛应用于易燃易爆、有毒有害、环境污染等气体的监测、报警和控制中。

（1）气体报警器　气体报警器可根据使用气体种类，安放于易检测气体泄漏的地方，这样就可以随时监测气体是否泄漏，一旦泄漏气体达到危险浓度，便自动发出报警信号。

图 4-19 是一种简易家用气体报警器电路，气体传感器采用直热式气敏器件 TGS109。当室内可燃气体增加时，由于气敏器件接触到可燃性气体时电阻降低，这样流经测试回路的电流增加，可直接驱动蜂鸣器报警。设计报警器时，如何确定开始报警的浓度非常重要。一般情况下，对于丙烷、丁烷、甲烷等气体，都选定在其爆炸下限的 1/10。

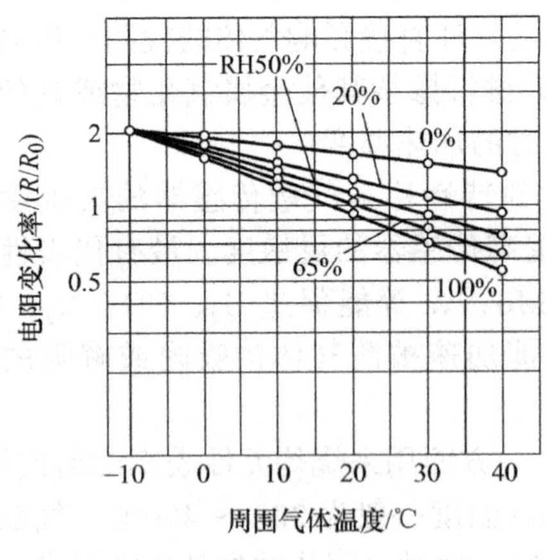

图 4-18　SnO_2 气敏元件的温度特性

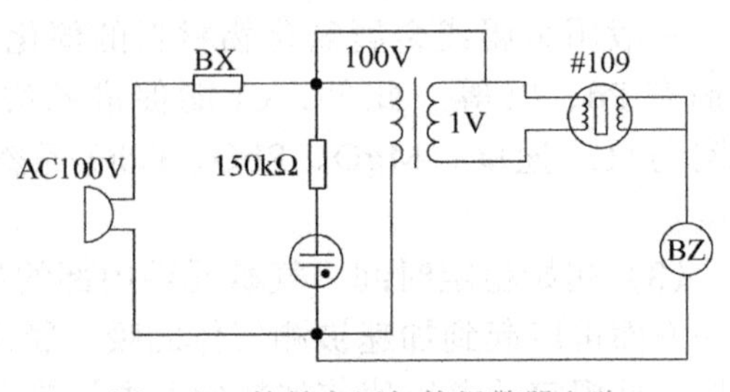

图 4-19　简易家用气体报警器电路

（2）空气净化换气扇　基于 SnO_2 气敏器件的空气净化换气扇电路原理如图 4-20 所示。当室内空气污浊时，烟雾或其他污染气体使气敏元件阻值下降，晶体管 VT 导通，继电器 K 动作，接通风扇电源，实现电扇自动启动，排放污浊气体，换进新鲜空气。当室内污染气体浓度下降到希望的数值时，气敏元件电值上升，VT 截止，继电器断开，风扇电源被切断而停止工作。

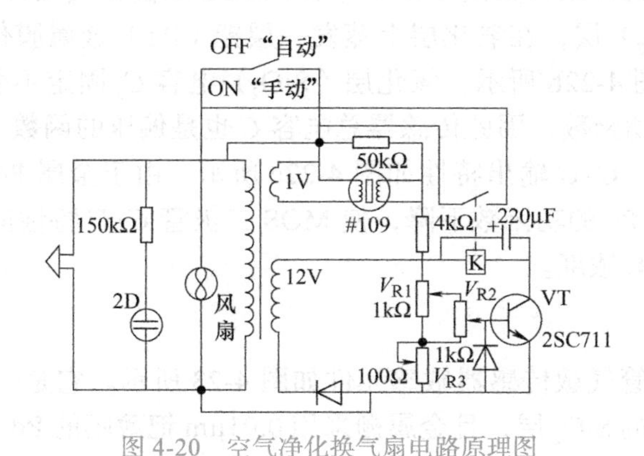

图 4-20　空气净化换气扇电路原理图

4.3.2　非电阻型半导体气敏传感器

非电阻型半导体气敏传感器主要包括二极管气敏传感器、MOS 二极管气敏传感器、MOS 场效应晶体管气敏传感器等类型。本节简单介绍以上三种类型，其应用场景与电阻型半导体传感器类似。

1. 二极管气敏传感器

如果二极管的金属与半导体的界面吸附有气体，而这种气体又对半导体的禁带宽度或金属的功函数有影响的话，则其整流特性就会变化。在掺杂铟的硫化镉上，薄薄地蒸发一层钯膜的钯－硫化镉二极管气体传感器，可以用来检测 H_2。钯－氧化钛、钯－氧化锌、铂－氧化钛等二极管气体敏感元件也可应用于 H_2 检测。例如，H_2 对钯－氧化钛二极管整流特性的影响如图 4-21 所示。在 H_2 浓度急剧增高的同时，正向偏置条件下的电流也急剧地增大。所以，在一定的偏压下，通过测量电流值就能知道 H_2 的浓度。电流值之所以增大，是因为吸附在钯表面的氧气由于 H_2 浓度的增高而解吸，从而使肖特基势垒层降低的缘故。

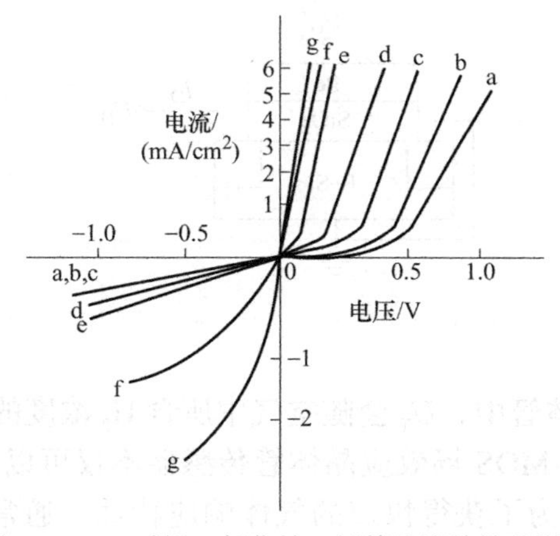

图 4-21　H_2 对钯－氧化钛二极管整流特性的影响

20℃时，空气中 H_2 的浓度（ppm）为：a—0；b—14；c—140；d—1400；e—7150；f—10000；g—15000。1ppm=10^{-6}。

2. MOS 二极管气敏传感器

MOS 二极管气敏元件结构如图 4-22a 所示。MOS 二极管气敏传感器是在 P 型硅上集成一层二氧化硅（SiO_2）层，在氧化层上蒸发一层钯（Pd）金属膜作电极。MOS 二极管气敏元件等效电路如图 4-22b 所示，氧化层（SiO_2）电容 C_a 固定不变，而硅片与 SiO_2 层电容 C_s 是外加电压的功函数，因此传感器总电容 C 也是偏压的函数，MOS 二极管的等效电容 C 随偏压 U 变化，C–U 输出特性如图 4-22c 所示。由于金属 Pd 对 H_2 特别敏感，当 Pd 电极有 H_2 吸附时，Pd 的功函数下降，使 MOS 二极管 C–U 特性向左平移（由 a → b）。利用这一特性可测定 H_2 浓度。

3. MOS 场效应晶体管气敏传感器

MOS 场效应晶体管气敏传感器敏感元件如图 4-23 所示。它是一种比普通的 MOS 场效应晶体管薄 0.01μm 的 SiO_2 层，且金属栅采用 0.01μm 钯薄膜的 Pd–MOS 场效应晶体管。其漏极电流 I_D 由栅压控制。将栅极与漏极短路，在源极与漏极之间加电压，I_D 可由下式表示：

$$I_D = \beta(U_G - U_T)^2 \tag{4-10}$$

式中，U_T 是 I_D 流过时的最小临界电压值；β 是常数，U_G 是栅极电压。

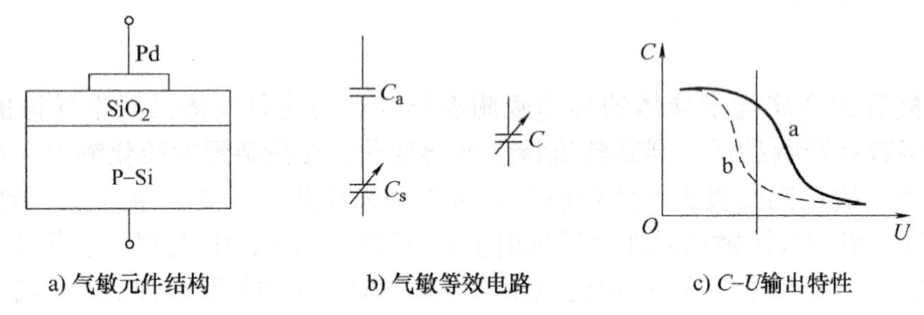

图 4-22 MOS 二极管气敏传感器

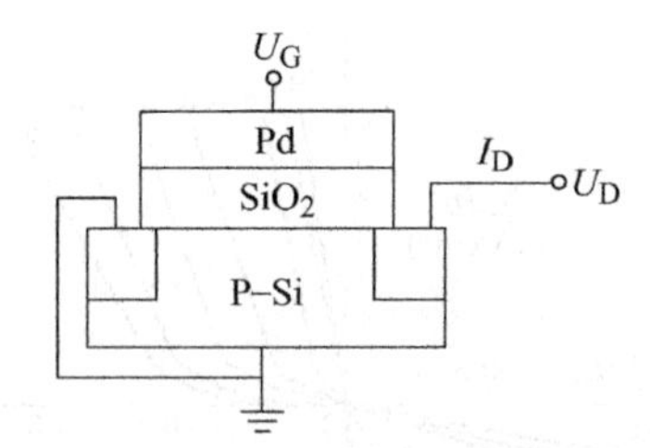

图 4-23 MOS 场效应晶体管气敏传感器敏感元件

在 Pd–MOS 场效应晶体管中，U_T 会随空气中所含 H_2 浓度的增高而降低，所以可以利用这一特性来检测 H_2。Pd–MOS 场效应晶体管传感器不仅可以检测 H_2，而且还能检测氨等容易分解出 H_2 的气体。为了获得快速的气体响应特性，通常使其工作在 120 ～ 150℃温度范围内。

思考题与习题

4-1　在用压阻式传感器测量压力时，如何消除由温度变化所产生的影响？

4-2　从输出电压灵敏度考虑，如何设计压阻式压力传感器电阻的位置，试举例说明。

4-3　半导体温度传感器主要用于哪些场合？请举出生活中的实例。

4-4　某 NTC 型热敏电阻在某环境温度下电阻值为 50kΩ，已知其冰点电阻为 500kΩ，B 值为 4000K，求该环境摄氏温度。

4-5　半导体气敏传感器有哪几种类型？为什么多数气敏传感器都附有加热器？

4-6　如何提高半导体气敏传感器的选择性？试举例说明。

4-7　查阅资料，半导体传感器还可以测量哪些物理量？

第5章　光电传感器

光电传感器是利用光电器件将光信号转换成电信号的装置，具有结构简单、响应速度快、高精度、高分辨率、高可靠性、抗电磁辐射干扰能力强、可实现非接触式测量等特点，在工程测量、工业自动化和机器人等领域得到了广泛应用。本章主要介绍图像传感器、红外传感器以及光纤传感器的结构组成、工作原理以及典型应用等内容。

5.1　图像传感器

图像传感器是利用光电器件的光 – 电转换功能，将其感光面上的光学图像转换为与其成相应比例关系的电信号的功能器件。它可以实现可见光、紫外光、X射线、近红外光等的探测，是现代获取视觉信息的一种基础器件。图像传感器分为真空管图像传感器（如电子束摄像管、像增强管与变相管等）和固态图像传感器。其中，真空管图像传感器正逐渐被固态图像传感器所替代。

固态图像传感器是一种高度集成的半导体光电传感器，在一个器件上可以完成光电信号转换、传输和处理。它具有体积小、质量轻、坚固耐用、抗冲击、耐振动以及抗电磁干扰能力强等许多优点，因此在航天、航海、医学、气象、电视、商业以及军事等领域得到了广泛应用。本节主要介绍固态传感器中应用最为普遍的CCD图像传感器和CMOS图像传感器。

5.1.1　CCD图像传感器

电荷耦合器件（CCD）是一种使用非常广泛的以电荷转移为核心的固态图像传感器，最初于1969年由美国贝尔实验室的W.S.Boyle和G.E.Smith发明。CCD具有光电转换、信息存储和延时等功能，而且体积小、质量轻、集成度高、功耗小、寿命长、可靠性高，广泛应用于数码摄影、天文学，尤其是光学遥测、光学与频谱望远镜和高速摄影等方面。

1. CCD的基本工作原理

CCD的突出特点是以电荷作为信号。构成CCD的基本单元是MOS电容器，如果一个MOS电容器就是一个光敏元，可以感应一个像素点，那么传递一幅图像就需要由多个MOS光敏元大规模集成的器件。CCD的基本功能就是电荷的产生、存储、转移和输出。

（1）CCD的MOS光敏元结构　MOS电容器的基本结构如图5-1a所示，一般是以P

型（或 N 型）硅作为衬底电极，上面覆盖一层厚度约为 120nm 的氧化物（SiO_2层），再在 SiO_2 表面依次淀积具有一定形状的金属电极，这样就构成了由金属（M）- 氧化物（O）- 半导体（S）三层组成的 MOS 电容。根据不同应用要求将 MOS 阵列加上输入、输出结构就构成了 CCD 器件。

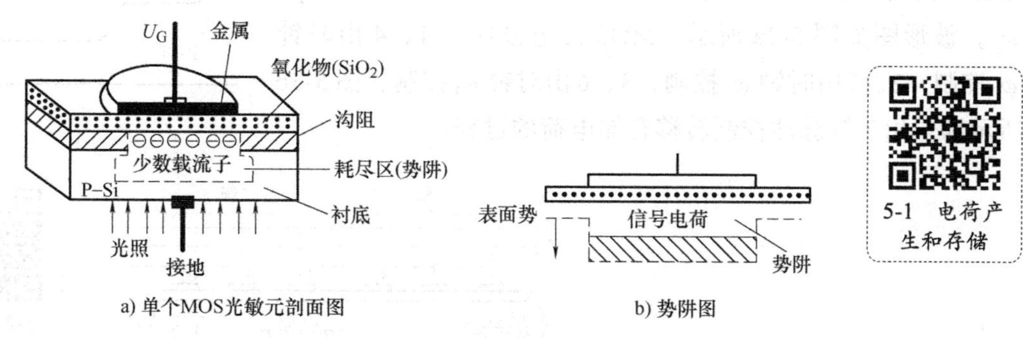

a) 单个MOS光敏元剖面图　　b) 势阱图

图 5-1　MOS 光敏元结构

（2）电荷产生和存储　MOS 电容器如所有电容一样，都能存储电荷。现以 P 型硅（P–Si）半导体为例来说明。当某一时刻给金属电极（栅极）施加一个正电压 U_G 时（衬底接地），在电场的作用下，Si–SiO_2 界面处的电势（称为表面势或界面势）发生相应的变化，靠近氧化层的 P 型硅中的多数载流子（空穴）受到排斥，半导体内的少数载流子（电子）被吸引到 P–Si 界面处来，从而在界面附近形成一个带负电荷的耗尽区，也称为表面势阱。对带负电的电子来说，耗尽区是个势能很低的区域。

如果此时有光照射在硅片上，在光子的作用下，半导体硅产生了电子 - 空穴对，由此产生的光生电子就被附近的势阱所吸引，势阱内所吸引的光生电子数量与入射到该势阱附近的光强成正比，存储了电荷的势阱被称为电荷包，而同时产生的空穴被电场排斥出耗尽区，图 5-1b 所示为已存储了电荷的势阱示意图。收集在势阱中电荷包的多少，反映了入射光信号的强弱，从而可以反映像的明暗程度，也就实现了光信号与电信号之间的转换。在一定条件下，所加电压 U_G 越大，耗尽层就越深。这时，Si 表面吸收少数载流子的表面势（半导体表面对于衬底的电势差）也就越大，这时的 MOS 电容器所能容纳的少数载流子电荷的量就越大。

通常在半导体硅片上有几百或几千个相互独立的 MOS 电容器，若在金属电极上施加一正电压，则在这半导体硅片上就形成几百个或几千个相互独立的势阱。如果照射在这些光敏元上的是一幅明暗起伏的图像，那么这些光敏元就感生出一幅与光照强度相对应的光生电荷图像。

（3）电荷转移　CCD 由一系列彼此非常靠近的 MOS 光敏元依次排列，其上制作许多互相绝缘的金属电极，相邻电极之间仅间隔极小的距离。从上面的讨论可知，外加在 MOS 电容器上的电压越高，产生势阱越深；外加电压一定，势阱深度随势阱中电荷量的增加而线性下降。利用这一特性，通过控制相邻 MOS 电容器栅极电压高低来调节势阱深浅，让 MOS 电容器间的排列足够紧密，使相邻 MOS 电容器的势阱相互沟通，即相互耦合，就可使信号电荷由势阱浅处流向势阱深处，实现信号电荷的转移，如图 5-2 所示。

此外，为保证信号电荷按确定方向和确定路线转移，在 MOS 光敏元阵列上所加的各路电压脉冲（即时钟脉冲），是严格满足相位要求的。下面以三相时钟脉冲控制方式为例说明电荷定向转移的过程。

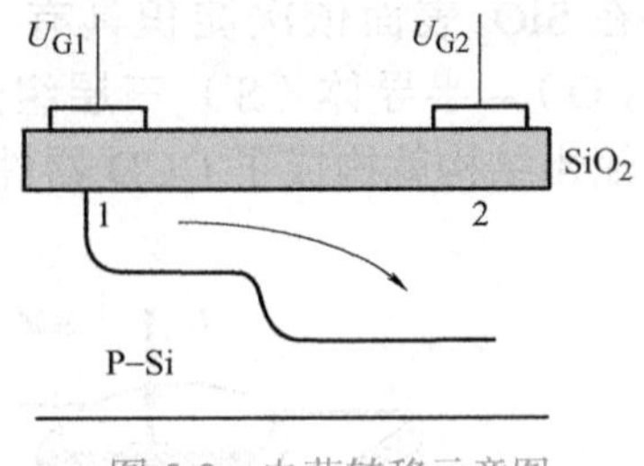

图 5-2　电荷转移示意图

把光敏元的电极每三个分成一组，依次在其上施加三个相位不同的时钟脉冲（又称控制脉冲或驱动脉冲）φ_1、φ_2、φ_3，波形图如图 5-3a 所示。MOS 元电极序号 1、4 由时钟 φ_1 控制，2、5 由时钟 φ_2 控制，3、6 由时钟 φ_3 控制，图 5-3b 所示为三相时钟脉冲控制转移存储电荷的过程。

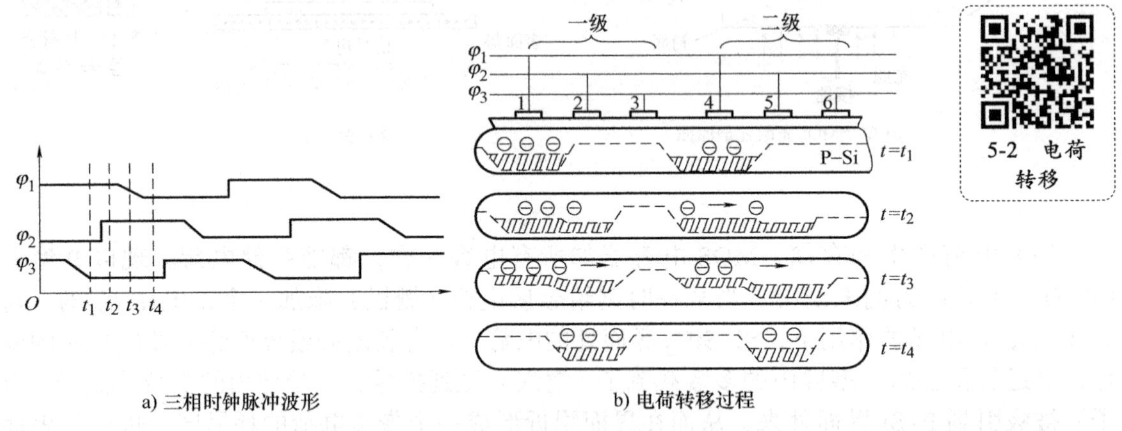

a) 三相时钟脉冲波形　　b) 电荷转移过程

图 5-3　三相时钟驱动电荷转移原理

$t=t_1$ 时，φ_1 处于高电平，φ_2、φ_3 处于低电平。因此，在电极 1、4 下面出现势阱，并且存储了电荷。

$t=t_2$ 时，φ_1 相处于高电平，但 φ_2 相电平也升至高电平，在电极 2、5 下面出现势阱。由于相邻电极之间的空隙小，电极 1、2 及电极 4、5 下面的势阱互相通连，形成大势阱。原来在电极 1、4 下的电荷向电极 2、5 下势阱方向转移。

$t=t_3$ 时，φ_1 电压下降，势阱相应变浅，而 φ_2 相仍处于高电平。更多的电荷转移到电极 2、5 下势阱内。

$t=t_4$ 时，只有 φ_2 相处于高电平，信号电荷全部转移到电极 2、5 下的势阱中。

依此下去，通过脉冲电压的变化，在半导体表面形成不同深度的势阱，使信号电荷按事先设计的方向从一端移位到另一端，直到输出。由于在传输过程中持续的光照会产生电荷，使信号电荷发生重叠，在显示器中出现模糊现象，因此在 CCD 器件中一般把感光区和传输区分开，且在时间上保证信号电荷从感光区到传输区的时间远小于感光时间。

（4）电荷输出

CCD 信号在输出端被读出的方法如图 5-4 所示。OG 为输出栅，它实际上是 CCD 阵列末端衬底上扩散形成一个输出二极管，当输出二极管加上反相偏压时，转移到终端的电荷在时钟脉冲作用下移向输出二极管，被二极管的 PN 结所收集，在负载 R_L 上形成脉冲电流 I_O。输出脉冲电流的大小与信号电荷的大小成正比，并通过负载电阻转换为信号电压 U_O 输出。

2. CCD 图像传感器分类及工作原理

CCD 图像传感器由感光部分和移位寄存器组成。感光部分利用 MOS 光敏元的光电转换功能将透射到光敏元上的光学图像转换成电信号“图像”，即将光强的空间分别转换为与光强成正比的、大小不等的电荷包的空间分布，然后利用移位寄存器的移位功能将光生电荷图像转移出来，从输出电路上检测到幅度与光生电荷成正比的电脉冲序列，从而将照射在 CCD 上的光学图像转换为电信号图像。

CCD 固态图像传感器从结构上可分为两类：一类是光敏元线阵排列的线阵型 CCD 固态图像传感器，主要用于产品外部尺寸非接触测量、产品表面质量评定、传真和光学文字识别等方面；另一类光敏元面阵排列的面阵型 CCD 固态图像传感器，主要用于摄影、摄像领域。

（1）线阵型 CCD 固态图像传感器　线阵型 CCD 可以直接获取线图像，但是如需获得面图像，必须采取扫描的方法来实现。线阵型 CCD 图像传感器由线阵光敏区、转移栅、移位寄存器、偏置电荷电路、输出栅和信号读出电路等组成，基本结构如图 5-5 所示，主要有单行结构和双行结构两种形式。

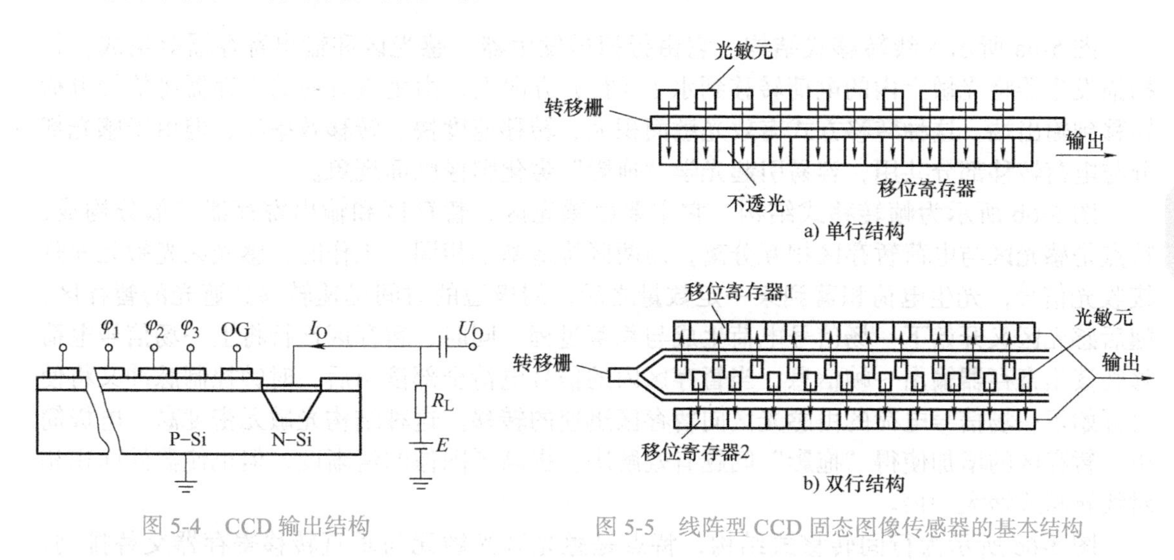

图 5-4　CCD 输出结构

图 5-5　线阵型 CCD 固态图像传感器的基本结构

单行结构式 CCD 固态图像传感器基本结构如图 5-5a 所示，由一列 MOS 光敏元和一列 CCD 移位寄存器构成，光敏元与移位寄存器之间有一个转移控制栅，用来控制光敏元势阱中的信号电荷向移位寄存器中转移。当入射光照射在光敏元阵列上，在光敏元梳状电极上施加高电压时，光敏元聚集光电荷，进行感光摄像，光敏元中所积累的光电荷与光照强度和光积分时间成正比。当转移栅开启时，各光敏元收集的信号电荷并行地转移到 CCD 移位寄存器的相应单元。当转移栅关闭时，MOS 光敏元阵列又开始下一行光电荷积累。同时，在移位寄存器上施加移到 CCD 移位寄存器内的上一行电荷由移位寄存器串行输出，如此重复上述过程。

目前，实用的线阵型 CCD 固态图像传感器多采用如图 5-5b 所示的双行结构。单、双数光敏元中的信号电荷分别转移到上、下方的移位寄存器中，然后在时钟脉冲的作用下向终端移动，在输出端交替合并输出，这样就形成了原来光敏信号电荷的顺序。这种结构虽然复杂，但电荷包转移效率高、分辨率高、损耗小。

（2）面阵型 CCD 固态图像传感器

面阵型 CCD 固态图像传感器的感光区呈二维矩阵排列，目前有三种典型结构形式：线转移（Line Transmission，LT）式、帧转移（Frame Transmission，FT）式和行间转移（Interline Transmission，IT）式，如图 5-6 所示。

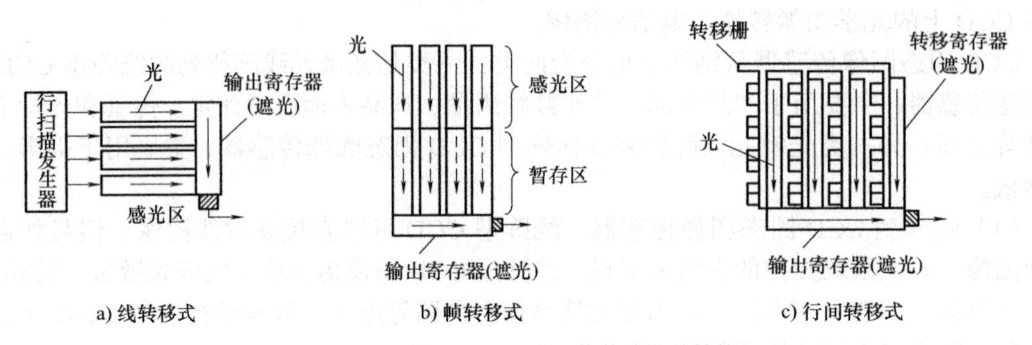

图 5-6 面阵型 CCD 固态图像传感器的结构

图 5-6a 所示为线转移式结构。它由行扫描发生器、感光区和输出寄存器等组成。行扫描发生器将光敏元内的电荷转移到水平（行）方向上，由垂直方向的寄存器将信号电荷转移到输出端。这种转移方式有效光敏面积大、转移速度快、转移效率高，但由于感光部分与电荷转移部分共用，容易引起光学“拖影”劣化图像画面现象。

图 5-6b 所示为帧转移式结构。它主要由感光区、暂存区和输出寄存器三部分构成，特点是感光区与电荷暂存区相互分离，但两区构造基本相同。工作时，感光区光敏元面阵接收光信号，光生电荷积蓄到某一定数量之后，用极短的时间迅速转移到遮光的暂存区，随后感光区又开始下一场信号电荷生成与积蓄过程。同时，暂存区逐行将上一场信号电荷移往读出寄存器输出一帧信息，当暂存区内的信号电荷全部读出后，时钟控制脉冲又将使之开始下一场信号电荷的由感光区向暂存区迅速的转移。这种结构光敏元密度高、电极简单，暂存区的增加使得“拖影”问题有效解决，提高了图像的清晰度，但也使器件面积相对线转移式增大一倍。

图 5-6c 所示为行间转移式结构，特点是感光区光敏元与垂直转移寄存器交替排列，使帧或场的转移过程合而为一。工作时，在光积分期间，光生电荷存储在感光区光敏元的势阱里。当光积分时间结束，转移栅的电位由低变高，信号电荷进入垂直转移寄存器中。随后，一次一行地移动到输出移位寄存器中，然后移位到输出器件输出。这种结构的感光单元面积减小，图像清晰，但单元设计复杂，是实际中用的较多的结构形式。

3. 典型应用

CCD 固态图像传感器的应用主要在以下几个方面：

1）计量检测仪器。包括工业生产产品的尺寸、位置、表面缺陷的非接触在线检测、距离测定等。

2）光学信息处理。包括光学文字识别、标记识别、图形识别、传真、摄像等。

3）生产过程自动化。包括自动工作机械、自动售货机、自动搬运机、监视装置等。

4）军事应用。包括导航、跟踪、侦察（带摄像机的无人驾驶飞机、卫星侦察）等。

例如，图 5-7 所示是线阵型 CCD 固态图像传感器测量物体尺寸的基本原理图。当所用光源含红外光时，可在透镜与传感器间加红外滤光片。当光源过强时，可再加一个滤光片。

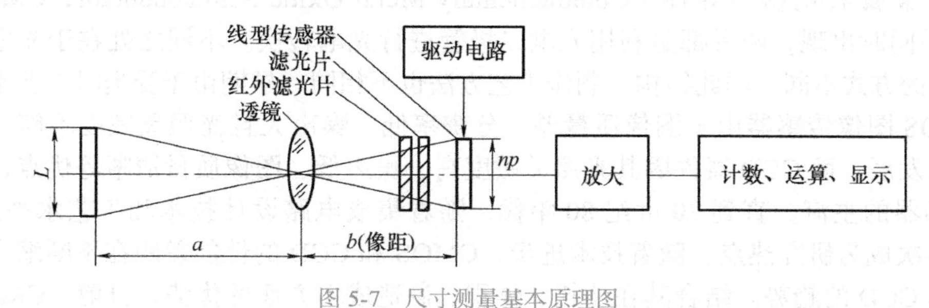

图 5-7　尺寸测量基本原理图

利用几何光学知识可以很容易推导出被测对象长度 L 与系统各参数之间的关系为

$$L=\frac{1}{M}np=\left(\frac{a}{f}-1\right)np \tag{5-1}$$

式中，f 是所用透镜的焦距；a 是物距；M 是倍率；n 是线型固态图像传感器的像素数；p 是像素间距。

若选定透镜（f 和视场 l_1 已知）并且已知物距为 a，那么，所需传感器的长度（被测参数在传感器中反映出的长度）l_2 为

$$l_2=\frac{f}{a-f}l_1 \tag{5-2}$$

测量精度取决于传感器的像素数与透镜视场的比值。为提高测量精度，应选用像素多的传感器，并且应尽量缩小视场。

图 5-8 是 CCD 图像传感器用于邮政编码识别系统的工作原理图。写有邮政编码的信封放在传送带上，传感器光敏元的排列方向与信封的运动方向相垂直，光学镜头将编码的数字聚焦在光敏元上。当信封运动时，传感器即以逐行扫描的方式将数字依次读出，读出的数字经过细化处理，与计算机中存储的数字特征点进行比较，识别出数字码，利用分类机构，最终把信件送入相应的分类箱中。类似的系统还可用于货币的识别和分类以及商品编码牌的识别。

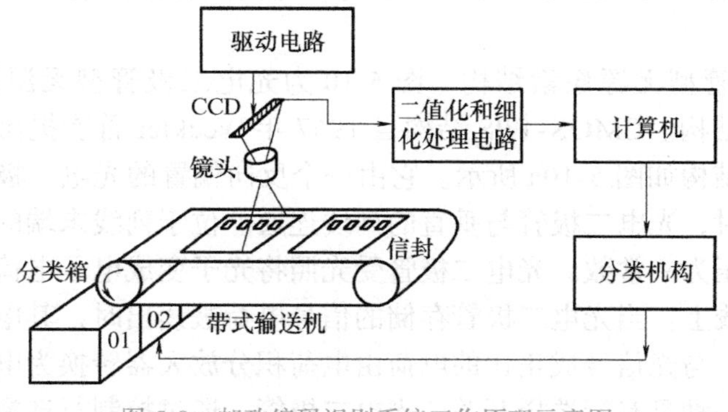

图 5-8　邮政编码识别系统工作原理示意图

5.1.2 CMOS 图像传感器

互补金属氧化物半导体（Complementary Metal Oxide Semiconductor，CMOS）和CCD几乎同时出现，两者都是利用光电二极管进行光电转换。不同之处在于光电转换后信息传送的方式不同，因此结构、制作工艺方法也不相同。早期由于受当时工艺水平的限制，CMOS图像传感器由于图像质量差、分辨率低、噪声大且光照灵敏度不够，没有得到重视和发展。而CCD器件因其光照灵敏度高、噪声低、图像质量清晰等优点，一直是图像传感器的主流。直到20世纪80年代，随着集成电路设计技术和工艺水平的提高，CMOS再次成为研究热点。随着技术进步，CMOS和CCD的性能差距在不断缩小，整体上有超越CCD的趋势。结合其在功耗、体积、制造成本方面的优势，目前，CMOS传感器已经广泛应用于消费类数码相机、计算机摄像头、智能手机、行车记录仪等多种产品，在高端应用领域也有很好的应用前景。

1. CMOS 图像传感器原理与结构

CMOS图像传感器的组成原理框图如图5-9所示，主要由像元阵列、行/列选择及放大电路、时序控制电路、模拟信号读出电路、A/D转换电路、数字信号处理电路和接口电路等组成。像元阵列按行和列方向排列成方阵，方阵中的每一个像元都有它在行或列方向上的地址，并可分别由两个方向的地址译码器进行选择；每一列像元都对应于一个列放大电路，列放大电路的输出信号由模拟信号读出电路输出至输出放大器，输出放大器的输出信号经A/D转换器进行A/D转换变成数字信号，再由接口电路输出。由于大规模集成电路的设计与制造技术已经进入亚微米阶段，CMOS图像传感器芯片可将图像传感部分、信号读出电路、信号处理电路和控制电路高度集成在一块芯片上，再加上镜头等其他配件就构成了一个完整的摄像系统。

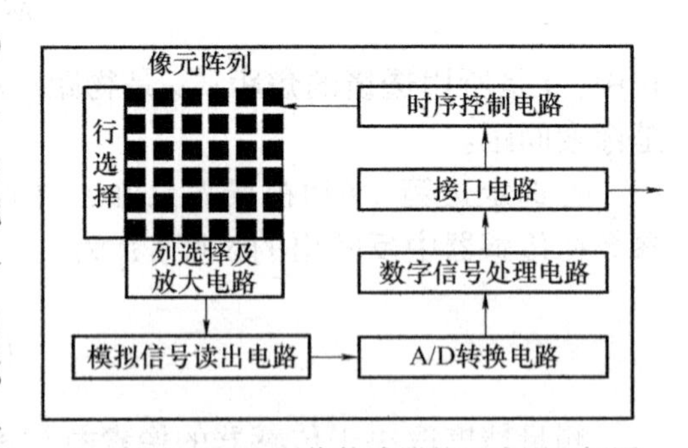

图5-9 CMOS图像传感器的组成原理框图

2. CMOS 图像传感器光敏元结构

CMOS图像传感器的光敏元结构有光电二极管型无源像素（CMOS-PPS）结构、光电二极管型有源像素（PD-CMOS-APS）结构和光栅型有源像素（PG-CMOS-APS）结构三种类型。

（1）光电二极管型无源像素结构　图5-10为光电二极管型无源图像传感器和有源图像传感器光敏元结构。CMOS-PPS结构自1967年Weckler首次提出以来，实质上一直没有很大变化，其结构如图5-10a所示。它由一个反向偏置的光电二极管和一个开关管构成。当开关管开启时，光电二极管与垂直的列线连通。位于列线末端的电荷积分放大器读出电路保持列线电压为一常数。光电二极管受光照将光子变成电子电荷，通过行选样开关将电荷读到列输出线上。当光电二极管存储的信号电荷被读出时，其电压被复位到列线电压水平。与此同时，与光信号成正比的电荷由电荷积分放大器转换为电荷输出。无源像素图像传感器仅仅是一种具有行选择开关的光电二极管，通过控制行选择开关把光电产生电荷信号传送到像元阵列外的放大器。无源像素本身不进行信号放大。其优点是能降低芯片的体积，可通过标准的 CMOS 集成工艺制造，易进行数字或模拟处理，便于集成。

在光电二极管型有源 CMOS 图像传感器中，则通过复位开关和行选择开关，将放大后的光生电荷读到感光阵列外部的信号放大电路。有源像素图像传感器的每个像素内部都包含一个有源单元，即包含由一个或多个晶体管组成的放大电路，在像素内部先进行电荷放大再被读出到外部电路。

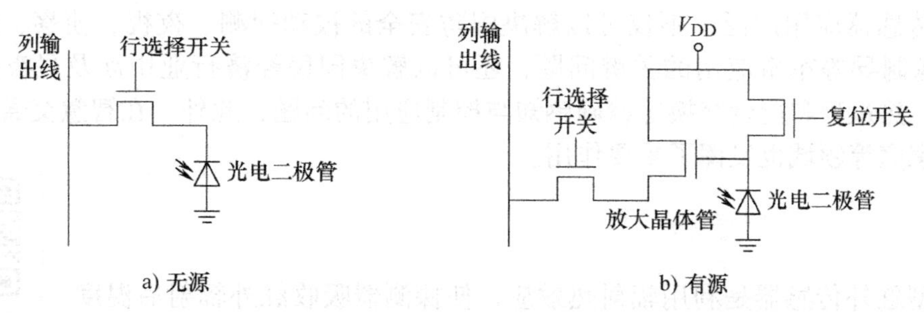

图 5-10　光电二极管型 CMOS 图像传感器光敏元结构

（2）光栅型有源像素结构　光栅型有源像素结构如图 5-11 所示。像素单元包括光电栅 PG、浮置扩散输出 FD、传输电栅 TX、复位晶体管 MR、作为源极跟随器的输入晶体管 MIN，以及行晶体管 MX，实际上，每个像素内部就是一个小小的表面沟道 CCD，每列单元共用一个读出电路，它包括第一源极跟随器的负载晶体管 MLN 及两个用于存储信号电平和复位电平的双采样和保持电路。这种对复位和信号电平同时采样的相关双采样电路 CDS 能抑制来自像元浮置节点的复位噪声。

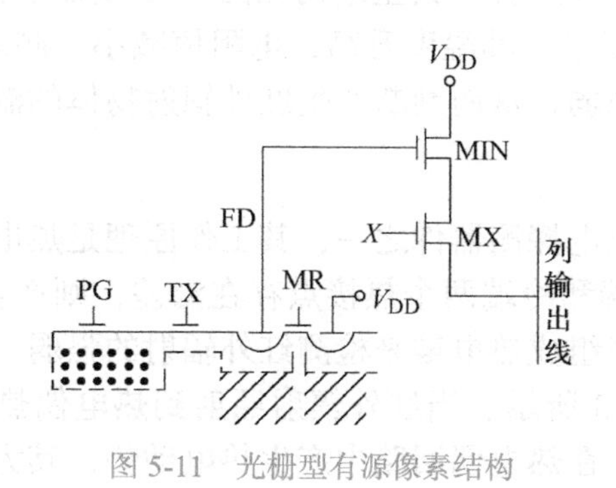

图 5-11　光栅型有源像素结构

5.2　红外传感器

红外辐射俗称红外线，是一种人眼看不见的光线，波长大致在 0.75 ～ 1000μm 的范围之内。任何物体，只要它的温度高于绝对零度，就有红外线向周围空间辐射。红外辐射的物理本质是热辐射，因此人们又将红外辐射称为热辐射或热射线。物体的温度越高，辐射出来的红外线越多，红外辐射的能量就越强。

红外传感器（也称为红外探测器）是能将红外辐射能转换成电能的光敏器件。红外传感器是红外探测系统的关键部件，它的性能好坏将直接影响系统性能的优劣。根据工作温度可分为低温（液体的 He、Ne、N 制冷）、中温（195 ～ 200K 的热电制冷）和室温的红外传感器；根据响应波长可分为近红外、中红外和远红外传感器；根据用途可分为单元型、多元阵列和成像传感器；根据探测机理可分为热敏型红外传感器和光子型红外传感器两类。

红外传感器应用广泛，不仅可以解决国防安全的被动探测、夜视、侦察、搜索、红外 / 热成像制导等军事应用的关键问题，还可以解决国民经济行业中涉及昼夜观察、遥感、测量、热过程和能量交换等精确感知与控制应用的问题，此外，在智慧交通、智慧城市、智慧家庭等领域也发挥了重要作用。

5.2.1 热敏型红外传感器

5-3 SFW 武器

热敏型红外传感器是利用辐射热效应，使探测器吸收红外辐射后温度升高，进而使传感器中某些物理性质随温度发生变化，这种变化与吸收的红外辐射能成一定的关系，从而可以确定传感器所吸收的红外辐射。热敏型红外传感器在整个红外波段可以有平坦的光谱响应，所以又叫作无选择性传感器，可以在常温下工作，使用方便，缺点在于时间常数较大，所以响应时间较长，动态特性较差。常见的实用化热敏型红外传感器主要包括：热敏电阻型、热电偶型、热释电型。

1. 热敏电阻型红外传感器

热敏电阻型红外传感器是利用固体材料的电阻率随温度变化的特性设计的。常见的热敏电阻有金属、合金和半导体三种。典型结构如图 5-12 所示。热敏电阻一般制成薄片状，当红外辐射照射在热敏电阻上，其温度升高，电阻值减小。测量热敏电阻值变化的大小，即可得知入射的红外辐射强弱，从而判断产生红外辐射物体的温度。

2. 热电偶型红外传感器

热电偶是最早出现的热电探测器件之一，其工作原理是热电效应。由两种不同的导体材料构成闭合回路，若热端和冷端两个热接点存在温差，则产生热电动势。实际应用中，往往将几个热电偶串联起来组成热电堆来检测红外辐射的强弱。热电偶和热电堆型红外传感器的原理性结构如图 5-13 所示。当红外辐射照射到热电偶热端时，该端温度升高，而冷端温度保持不变。此时，在热电偶回路中产生热电动势，其大小反映了热端吸收红外辐射的强弱。为了提高吸收系数，在热端装有涂黑的金箔。

3. 热释电型红外传感器

热释电型红外传感器在热敏型红外传感器中探测率最高，频率响应最宽。这种传感器根据热释电效应制成。当红外辐射照射到已经极化的铁电体薄片表面上时，引起薄片温度升高，使其极化强度降低，表面电荷减少，这相当于释放一部分电荷，所以叫作热释电型传感器。如果将负载电阻与铁电体薄片相连，则负载电阻上便产生一个电信号输出。输出信号的大小取决于薄片温度变化的快慢，从而反映出入射的红外辐射的强弱。但这种传感器对于恒定红外辐射没有电信号输出。所以，必须对红外辐射进行调制，使恒定的辐射变成交变辐射，使传感器温度不断变化，才能导致热释电产生，并输出交变的信号。

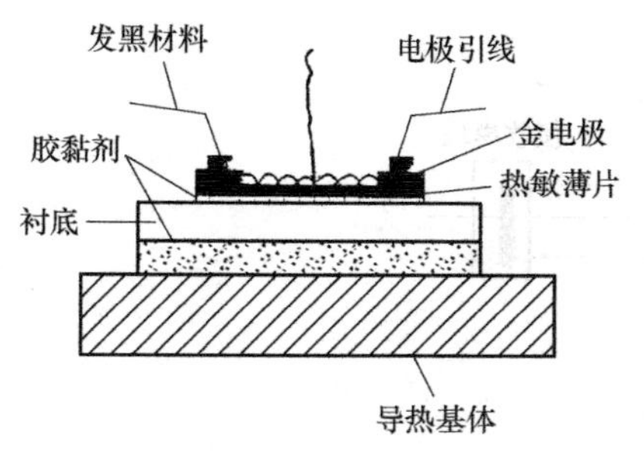

图 5-12　热敏电阻型红外传感器的结构

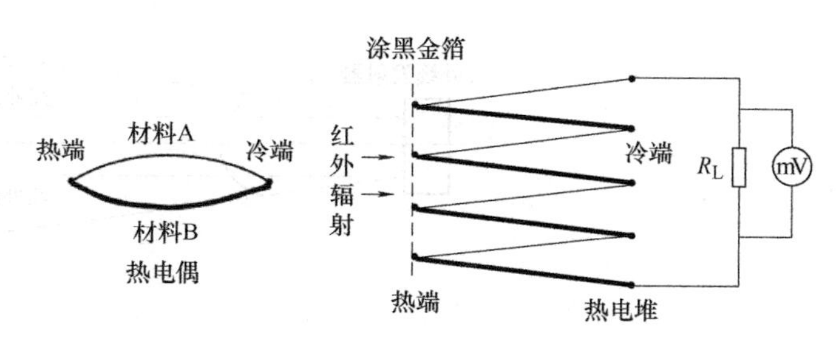

图 5-13　热电偶和热电堆型红外传感器原理性结构图

4. 典型应用

（1）红外测温　红外测温反应速度快、灵敏度好、准确度高、测温范围广，因此广泛应用在各种场合的温度测量。尤其，红外测温可以远距离和非接触测量，特别适合于高速运动物体、带电体、高压、高温物体的温度测量。

图 5-14 所示为目前常见的红外测温仪结构原理图。它的光学系统是一个固定焦距的透射系统，红外传感器一般采用热释电红外传感器。步进电动机带动调制盘对入射的红外辐射进行斩光，将恒定或缓变的红外辐射变换为交变辐射。被测目标的红外辐射通过透镜聚焦在红外传感器上，被红外传感器变换为电信号输出，经过计算得到目标温度。

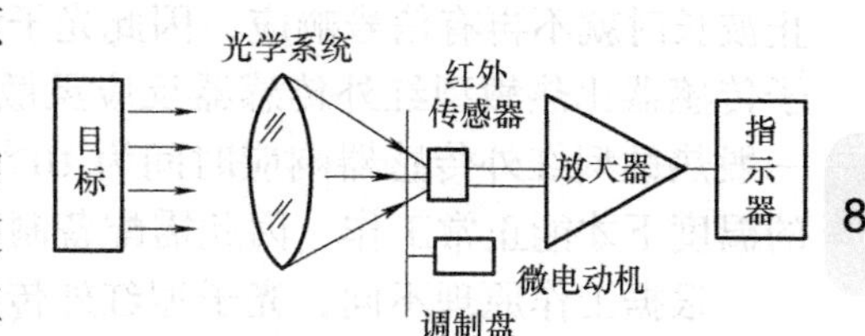

图 5-14　红外测温仪结构原理图

如果将物体发出的不可见红外能量转变为与物体表面热分布相应的热图像，这种设备则称为红外热像仪。热图像中不同颜色代表被测物体的不同温度。通过查看热图像，可以观察到被测目标的整体温度分布状况。

试件表面温度场分布可以反映工件的缺陷信息，进一步可以实现红外无损检测。其检测过程与被测物体的热扩散过程紧密相关。当热量加载在试件表面时，热流注入试件并在其内部扩散，如果工件内部有缺陷存在，热流被缺陷阻挡，经过一定时间就会在缺陷附近发生热量堆积，引起工件表面温度梯度的变化。用红外测温仪器扫描试件表面，测量试件表面的温度分布情况，检测到温度异常点时，就可以判断该位置表面或内部存在缺陷。

（2）红外感烟探测　红外感烟探测器是利用烟粒子吸收或散射红外光使红外光强度变化的原理而工作，常用于无遮挡大空间或有特殊要求的场所。这类探测器由发射和接收模块组成，成对使用，具有保护面积大、在相对湿度较高和强电场环境中反应速度快等优点。其工作过程是发射端的红外光发射器在脉冲电源激发下，发出波长 940nm 的脉冲红外光，该光束经过一定空间距离发射到接收模块的光敏元件上，如图 5-15 所示。光敏元件将光信号转成电信号，再经放大变为直流电平。该电平大小表征了红外辐射通量大小。

无烟时为正常状态，无报警信号输出；有烟时通道中的红外光被烟粒子遮挡而减弱，光电接收器的电信号减弱，当达到动作值（通常为正常值的70%）时，探测器动作，发出报警信号。

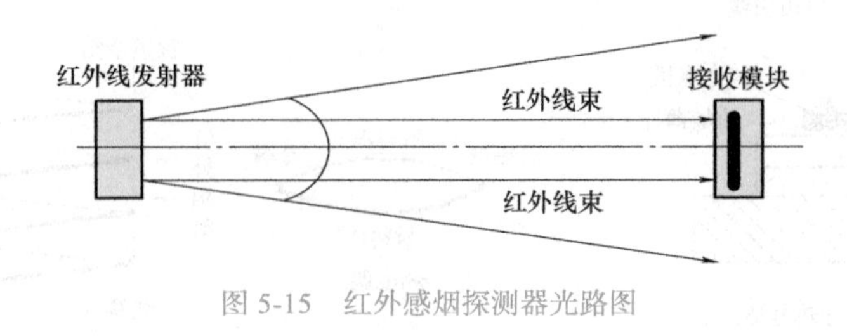

图 5-15　红外感烟探测器光路图

5.2.2　光子型红外传感器

光子型红外传感器是利用某些半导体材料在入射光的照射下，产生光电效应，使材料电学性质发生变化。通过测量电学性质的变化来获取红外辐射的强弱。光子型红外传感器输出的电信号与红外辐射的入射光子能量有关，即光子能量必须大于或等于传感器半导体材料的能带宽度才能激发光生载流子，一旦光子型红外传感器的响应达到某一波长，即截止波长时就不再有信号响应，因此光子型红外传感器对响应的红外辐射波长有选择性。光子传感器比热敏型红外传感器反应灵敏，响应时间更短，能达到 10^{-9}s 或更短的时间，而一般热敏型红外传感器响应时间为 10^{-3}s 或更长时间。但光子型红外传感器通常需在很低的温度下才能正常工作，因此需配备制冷器。

根据工作原理不同，光子型红外传感器又可分为光电导红外传感器（PC 器件）、光伏红外传感器（PU 器件）和光磁电红外传感器（PEM 器件）等类型。

1. 光电导红外传感器

光电导效应是指由于入射红外辐射引起半导体材料中自由载流子的平均数或迁移率的变化，从而导致电导率变化的效应。光电导红外传感器是利用半导体吸收红外辐射后引起电导率变化的光电导效应来探测红外辐射的器件。碲镉汞（HgCdTe）、硫化铅（PbS）、硒化铅（PbSe）、锑化铟（InSb）等材料都是制造光电导红外传感器的常用材料。使用光电导红外传感器时，通常需要制冷和加上一定的偏压，否则会使响应频率降低，噪声大，响应波段窄，以致使红外探测器损坏。

2. 光伏红外传感器

光伏红外传感器是利用半导体 PN 结在接收红外辐射后，其两端产生电压的光生伏特效应来探测红外辐射的器件。与光电导红外传感器相比，光伏红外传感器具有响应时间快的优点，再加上高阻抗、低功耗等特点，比较容易与 CCD 或 CMOS 读出电路输入级相耦合，因而光伏红外探测器阵列是大部分红外焦平面实现的基础。当前，最主要的光伏红外传感器有 HgCdTe 探测器、InSb 探测器、InGaAs 探测器。

3. 光磁电红外传感器

当红外线照射到某些半导体材料的表面上时，材料表面的电子和空穴向内部扩散，在扩散中若受强磁场的作用，电子与空穴则各偏向一边，因而产生开路电压，这种现象称为光磁电效应。利用此效应制成的红外传感器，称为光磁电红外传感器。这类红外传感器不需要制冷，响应波段可达 7μm 左右，时间常数小，响应速度快，不用加偏压，内阻极低，噪声小，有良好的稳定性和可靠性；但其灵敏度低，低噪声前置放大器制作困难，因而影响了使用。

4. 典型应用

（1）红外变像管成像　红外变像管是直接把物体红外图像变成可见图像的光电真空器件，主要由光电阴极、电子光学系统和荧光屏三部分组成，并安装在高真空的密封玻璃壳内，如图 5-16 所示。

当物体的红外辐射通过物镜照射到光电阴极上时，光电阴极表面蒸涂的半透明银氧铯红外敏感材料接收辐射后，便发射光电子。光电阴极表面发射的光电子密度分布，与表面的辐射照度大小成正比，也就是与物体发射的红外辐射成正比。光电阴极发射的光电子在电场作用下加速飞向荧光屏。荧光屏上的荧光物质，受到高速电子的轰击便发出可见光。可见光辉度与轰击的电子密度的大小成比例，即与物体红外辐射的分布成比例。这样，物体的红外图像便被转换成可见图像。人们通过观察荧光屏辉度明暗，便可知道物体各部位温度的高低。

（2）红外制导　随着科技的发展，精确制导武器已经成为世界各大军事强国武器装备的主要发展方向。精确制导武器通过使用高性能的光电传感器，对目标进行识别、成像跟踪，进而控制和引导武器准确命中目标。红外制导是常用的制导方式之一，具有分辨率高、抗干扰能力强，隐蔽性好、自主捕获目标、昼夜工作能力强等特点。目前在空空、空地、地空、反坦克导弹等领域均有广泛的应用。图 5-17 为美国“响尾蛇”空空导弹成像导引头和红外成像图。

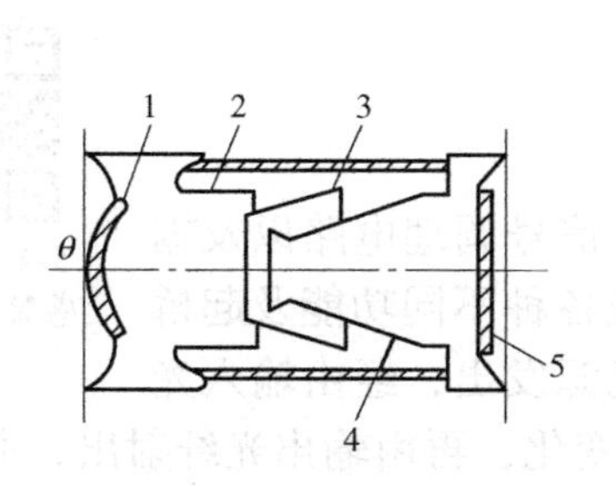

图 5-16　红外变像管示意图

1—光电阴极　2—引管　3—屏蔽环
4—聚焦加速电极　5—荧光屏

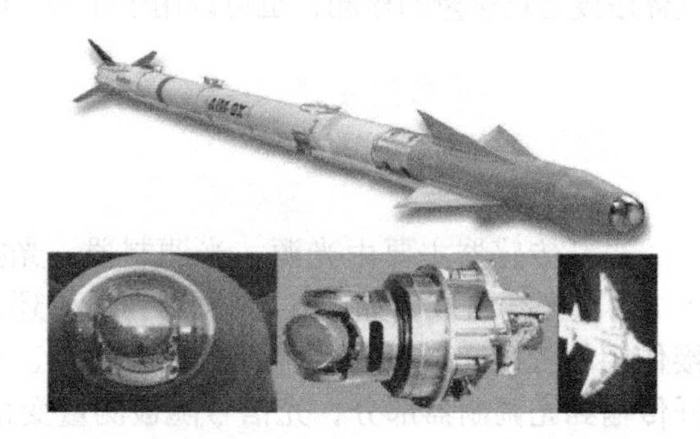

图 5-17　“响尾蛇”空空导弹成像导引头和红外成像图

红外制导是利用红外传感器捕获和跟踪目标自身热辐射的能量来实现寻的制导的技术，要包括红外点源制导和红外成像制导。

红外点源制导系统通常由光学系统、调制器、红外探测器、制冷器、伺服机构以及电子线路等组成。其工作过程为：光学系统接收目标红外辐射，经调制器处理成包括目标信息的光信号，由红外探测器将光信号转换成易处理的电信号，再经电子线路进行信号的滤波、放大、处理，检测出目标角位置信息，并将此信息送给伺服机构，使光轴向着目标方向运动，实现制导系统对目标的持续跟踪。

红外成像制导系统一般由红外摄像头、图像处理电路、图像识别电路、跟踪处理器和稳定系统等组成。红外摄像头接收前方视场范围内目标和背景红外辐射，利用各部分辐射强度的差别，获得能够反映目标和周围景物分布特征的二维图像信息，然后由图像处理电路进行预处理和图像增强，得到可见光图像以视频显示输出，同时将数字化后的图像送给图像识别电路，通过特征识别算法从背景信息和干扰中提取出目标图像，由跟踪处理器按照预定的匹配跟踪算法计算出光轴相对于目标的角偏差，最后通过稳定系统驱动红外镜头运动，消除相对误差实现目标跟踪。

5.3 光纤传感器

光纤是 20 世纪 70 年代发展起来的一种新兴的光电子技术材料，最早应用于光通信中。光纤即光导纤维，是一种利用全反射原理传输信息的细长纤维，由玻璃或塑料制成。在实际应用中人们发现，光纤受到外界环境因素的影响，如温度、压力、电场、磁场等环境条件变化时，将引起其传输的光波特征参量如光强、相位、频率、偏振态等发生变化。因此，如果能测量出光波特征参量的变化，就可以知道导致这些光波量变化的物理量的大小，于是出现了光纤传感技术和光纤传感器。

光纤传感器具有灵敏度高，质量轻，可传输信号的频带宽，电绝缘性能好，耐火、耐水性好，抗电磁干扰强等优点。在防爆要求较高和某些要在电磁场下应用的技术领域，可以实现点位式测量或分布式参数测量。利用光纤的传光特性和感光特性，可以实现位移、速度、加速度、压力、温度、流量、水声、电流、电压和磁场等多种物理量的测量；它还能应用于气体浓度等化学量的检测，也可以用于生物、医学等领域中，应用前景十分广阔。

5.3.1 光纤传感器基本原理

5-4 光纤传感器基本原理

1. 光纤传感器组成

光纤传感器主要由光源、光调制器、光探测器、信号调理电路以及输入 / 输出光纤组成，如图 5-18 所示，另外还包括实现各种不同功能及起桥接作用的各种光纤无源器件及光耦合器件。光线由光源发出，经由输入光纤传输到光调制器部分，光信号随被测量变化而发生变化，再由输出光纤射出，通过光探测器将光信号转换成电信号，并提取出其中所含的被测量信息，最后经过信号调理电路输出。

2. 光纤结构及传光原理

光纤是光导纤维的简称，形状一般为多层介质结构的同心圆柱体，包括纤芯、包层和保护层（涂敷层和护套）三部分，如图 5-19 所示。

纤芯和包层主要由不同掺杂的石英玻璃或塑料制作，纤芯的折射率 n_1 稍大于包层的折射率 n_2。纤芯位于光纤的中心部分，是光波的主要传输通道；包层一方面与纤芯一起构成光波导，另一方面保护纤芯壁不受污染或损坏；包层外面涂有一层硅酮或丙烯酸盐，保护光纤不受外力的损害，增加机械强度；光纤的最外层加了一层不同颜色的塑料护套，一方面起保护作用，另一方面以颜色区分各种光纤，同时也可以阻止纤芯光功率串入邻近光纤线路。光纤具有将光封闭在光纤里面进行传输的功能。

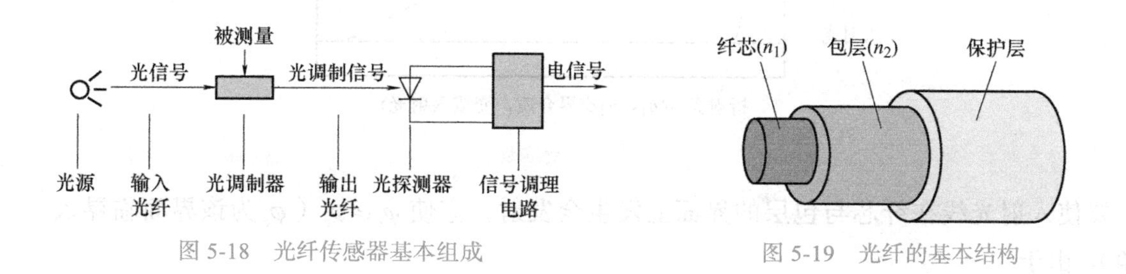

图 5-18 光纤传感器基本组成

图 5-19 光纤的基本结构

设纤芯的折射率为 n_1，包层的折射率为 n_2，满足 $n_1 > n_2$。当光线从空气（折射率为 n_0）射入光纤的一个端面，并与其轴线的夹角为 θ_0，如图 5-20a 所示。根据折射定律，在光纤内形成折射角 θ_1，然后以角 φ_1（$\varphi_1 = 90° - \theta_1$）入射到纤芯与包层的界面上。如果入射角 φ_1 大于临界角 φ_c，则入射的光线就在界面上产生全反射，并在光纤内部以同样的角度反复向前传播，直至从光纤的另一端射出。因光纤两端都处于同一媒质（空气）之中，所以出射角也是 θ_0。光纤即使弯曲，光也能沿着光纤传播，如图 5-20b 所示。使用中应注意，如果光纤过分弯曲，以致使光射至界面的入射角小于临界角，那么，大部分光将透过包层损失掉，从而不能在纤芯内部传播。

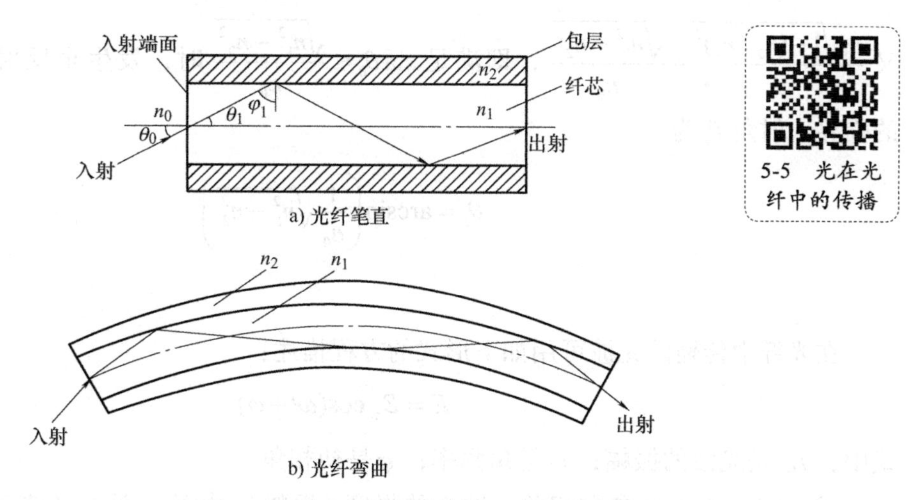

a) 光纤笔直

b) 光纤弯曲

图 5-20 光在光纤中的传播

从空气中射入到光纤的光线只有在光纤端面满足一定的入射角范围，才能在光纤内部产生全反射传输出去。产生全反射的最大入射角可通过折射定律及临界角定义求得。

如图 5-21 所示，设光线在 A 点入射到光纤，则

$$n_0 \sin\theta_0 = n_1 \sin\theta_1 = n_1 \cos\varphi_1 = n_1\sqrt{1-\sin^2\varphi_1} \tag{5-3}$$

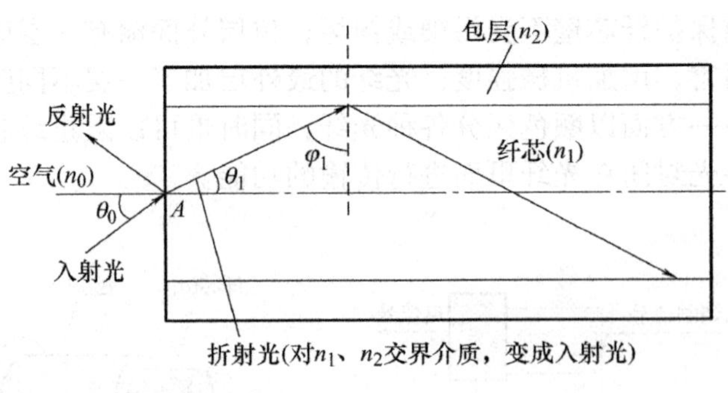

图 5-21　光纤传输原理

要使入射光线在纤芯与包层的界面上发生全发射，应使 $\varphi_1 \geqslant \varphi_c$（$\varphi_c$ 为该界面临界入射角）。由于

$$n_1 \sin\varphi_c = n_2 \sin 90° = n_2 \tag{5-4}$$

所以

$$\sin\varphi_c = \frac{n_2}{n_1} \tag{5-5}$$

由 $\varphi_1 \geqslant \varphi_c$ 可知 $\sin\varphi_1 \geqslant \frac{n_2}{n_1}$，根据式（5-5）可得

$$\sin\theta_0 = \frac{n_1\sqrt{1-\sin^2\varphi_1}}{n_0} \leqslant \frac{n_1\sqrt{1-(n_2/n_1)^2}}{n_0} \tag{5-6}$$

又 $\frac{n_1\sqrt{1-(n_2/n_1)^2}}{n_0} = \frac{\sqrt{n_1^2-n_2^2}}{n_0}$，即满足 $\sin\theta_0 \leqslant \frac{\sqrt{n_1^2-n_2^2}}{n_0}$ 时，发生全反射，则实现全反射的临界入射角 θ_c 为

$$\theta_c = \arcsin\left(\frac{1}{n_0}\sqrt{n_1^2-n_2^2}\right) \tag{5-7}$$

3. 光纤传感器测量原理

在光纤中传输的光波可用如下形式的方程描述：

$$E = E_m \cos(\omega t + \varphi) \tag{5-8}$$

式中，E_m 是光波的振幅；ω 是角频率；φ 是初相角。

式（5-8）与 5 个参数相关，即光的强度（振幅）、频率、波长（波速 / 频率）、相位和偏振态（振幅方向相关）。光源发出未被调制的空载波光信号进入到输入传输光纤，并经由输入传输光纤到达被测区域；光信号在被测区域受到外界待测参量影响（即被调制），上述光波参数发生变化；被调制的光信号经由输出传输光纤到达光探测器，被转变为电信号后送入分析系统进行数据处理，从而得到待测参量的准确信息（即被解调）。待测参量可以为物理、化学、生物等参量，目前光纤传感器可以测量的理化生参量达上百种。按被调制的光波参数不同，可分为强度、相位、偏振态、频率和波长 5 种调制类型的光纤传感器。

5.3.2　强度调制型光纤传感器

强度调制型光纤传感器是利用外界因素引起光纤中光的强度发生相应变化来探测外界物理量的装置或器件，它是最早进入实用化和商用化的光纤传感器。其原理如图 5-22 所示，恒定光源 S 发出的光波 I_{IN} 注入调制区，在外加信号 I_S 的作用下，输出光波的强度被 I_S 调制，载有外加信息的出射光 I_{OUT} 的包络线与 I_S 形状一样。光电探测器的输出电流 I_D（或电压）被同样的调制。

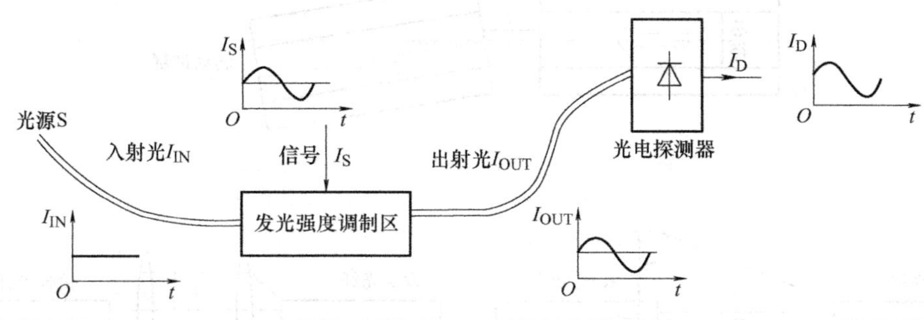

图 5-22　强度调制型光纤传感器的基本原理

1. 强度调制方式

强度调制方式很多，包括透射式强度调制、反射式强度调制以及光模式强度调制等。

（1）透射式强度调制　透射式强度调制是通过改变发送光纤与接收光纤的间距、位置、角度等或在发送光纤与接收光纤的耦合端面之间插入遮光屏，以实现对发送光纤与接收光纤之间的光强度耦合效率的调制。透射式强度调制方式主要包括直接透射式强度调制和遮光屏式强度调制。

1）直接透射式强度调制。图 5-23 所示为典型直接透射式强度调制方式，通常发送光纤不动，接收光纤可以做横向位移、纵向位移或转动，以实现对发送光纤与接收光纤之间光强度耦合效率的调制。通过检测光探测器所接收的光强度，从而实现对位移（或角位移）、压力、振动、温度等物理量的测量。但是，由于发送光纤发出的光具有较大的发散角，光斑在空间分布很快会变得很大使得接收光纤接收的光强度有限，所以直接透射式强度调制型光纤传感器往往具有灵敏度低、动态范围小等缺点。但是，此类传感器结构简单、成本低，可以应用于灵敏度要求较低的场合。

2）遮光屏式强度调制。遮光屏式强度调制原理示意如图 5-24a 所示，包括发送光纤、受待测参量控制的可移动遮光屏和接收光纤。其调制原理为：在发送光纤和接收光纤之间加入一定形式的受待测参量控制的可移动光屏，对进入接收光纤的光束产生一定程度的遮挡，产生光强度调制，从而实现测量。遮光屏可以为固体、液体、遮光片、光栅、码盘、待测物体本身等。由图可以看出，两光纤直接耦合的传感系统结构简单、成本低，由于接收光纤接收到的全部光强度只是发送光纤形成的光锥底面的一小部分，占总光强度的比例仅为 $r/(d+r)$。所以，测量灵敏度比较低、测量动态范围比较小。

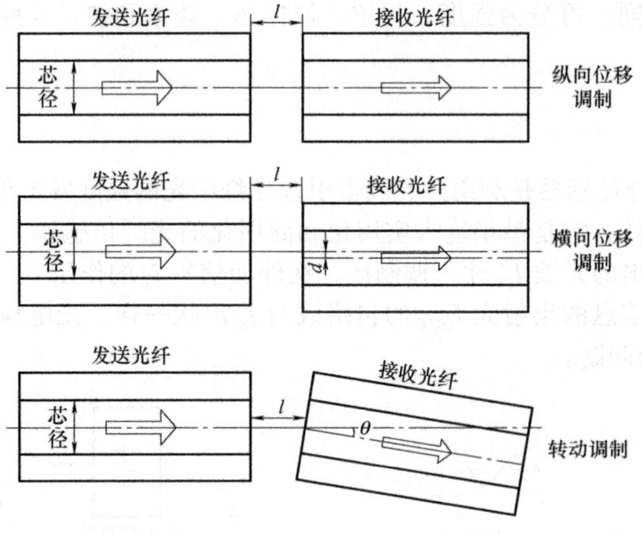

图 5-23　典型直接透射式强度调制方式

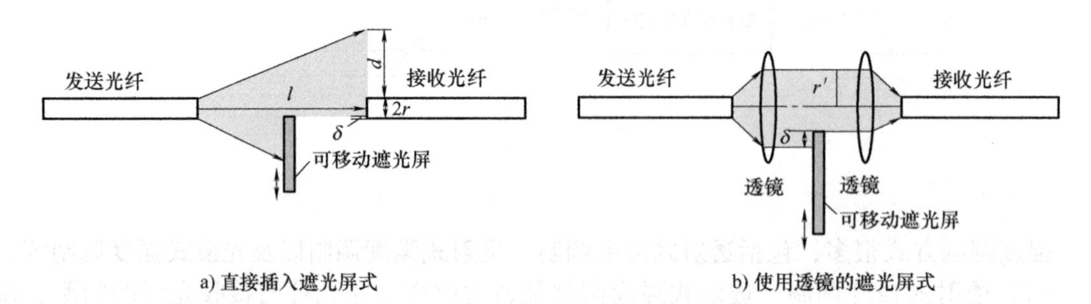

a) 直接插入遮光屏式　　b) 使用透镜的遮光屏式

图 5-24　遮光屏式强度调制原理示意图

为了提高测量灵敏度和测量动态范围，可以使用图 5-24b 所示的基于透镜聚焦的遮光屏式强度调制方式，经过透镜的准直和聚焦，将可移动遮光屏插入两透镜之间，并将可移动光屏与待测参量或物体相联系。因为，无遮光屏时，使用透镜后接收光纤可以全部接收发送光纤发出的光强度。当使用遮光屏在准直光束间移动时，可以实现的测量灵敏度比直接耦合时高出一个数量级以上。同时，通过使用不同焦距和大小的透镜，还可以实现较大的测量动态范围。但使用透镜耦合需要调节和维护，系统整体稳定性及抗环境扰动能力较差。

为了进一步提高测量灵敏度和测量动态范围，人们在此基础上又研制出利用两个相同周期结构的光栅型遮光屏来进行强度调制，其结构如图 5-25a 所示。两个光栅均为 50% 透光、50% 不透光型周期光栅，其中一个固定不动，另一个可移动并与待测参量或物体相联系。所以当两个光栅的透光部分相重叠时，总的透光系数为 0.5（透射强度为总光强度的 1/2）；而当两个光栅的透光与不透光部分交错时，总的透光系数为 0。由于周期光栅的引入，在可移动光栅移动过程中光的输出强度是周期性的，如图 5-25b 所示，所以如果使用的双光栅面积足够大，原则上系统可以实现很大的测量动态范围，而且传感测量的分辨率在光栅条纹间距数量级以内，容易达到微米量级。可见，基于周期性光栅的遮光屏式强度调制方式可以构成高灵敏度、高分辨率、大测量动态范围、简单可靠的光纤传感器。

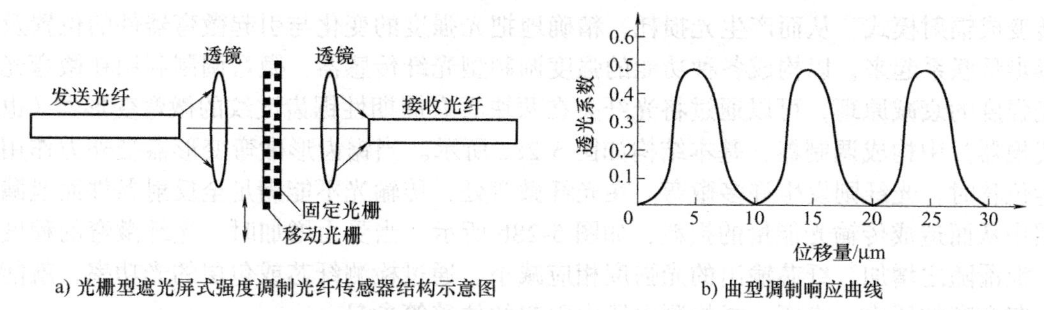

图 5-25　光栅型遮光屏式强度调制光纤传感器结构示意图及典型调制响应曲线

（2）反射式强度调制　图 5-26 所示为典型的反射式强度调制型光纤传感器的结构示意图，其基本结构包括光源、传输光纤（发送光纤与接收光纤）、反射面以及光探测器。光源发出的光波经发送光纤传输后，入射到反射面；光波的全部或部分从反射面反射后由接收光纤收集，再经传输后由光探测器接收；光探测器接收光强度信号，并且接收到的光强度大小随反射面与两光纤间的距离变化而变化，这就是反射式强度调制型光纤传感器的调制原理。

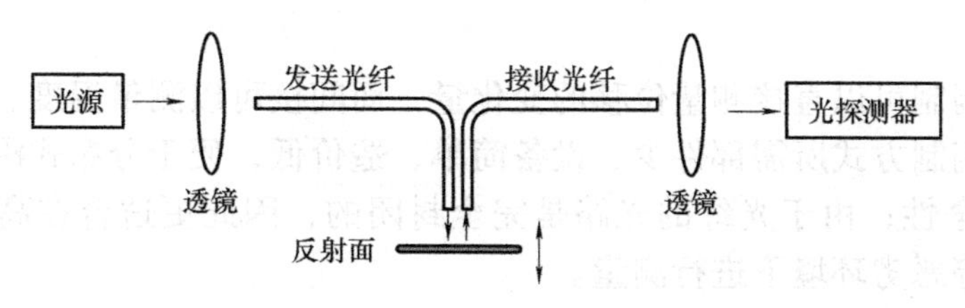

图 5-26　典型的反射式强度调制型光纤传感器的结构示意图

根据研究，反射式强度调制型光纤传感器一般具有图 5-27 所示的响应曲线。从图中可以看出，这种调制方式的灵敏度和线性测量范围是相互制约的。前坡灵敏度高、分辨率高、线性度较好，但其线性范围小，只适用于测量微小位移变化；后坡曲线的斜率为负，虽线性范围大，但灵敏度低，只能用于低分辨率大量程的位移测量。

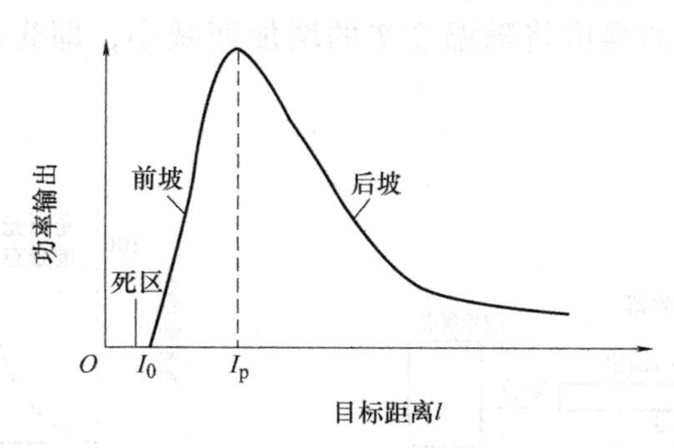

图 5-27　反射式强度调制型光纤传感器响应曲线

研究表明，环境光干扰、光源的功率波动、光纤的特性变化、反射面的反射率变化等是影响反射式强度调制型光纤传感器精度和稳定性的主要因素。因此，提高稳定性、增强灵敏度、扩大线性范围等成为反射式强度调制型光纤传感器的研究热点。

（3）光模式强度调制　光模式强度调制一般通过微弯引起光纤中传输的纤芯传导模

式转变成辐射模式，从而产生光损耗，精确地把光强度的变化与引起微弯器件的位置及压力等参量联系起来，以构成各种功能的强度调制型光纤传感器。微弯调制利用在微弯光纤中光强度的衰减原理，可以通过将光纤夹在两块具有周期性锯齿波纹的微弯变形器（也称为扰模器）中构成调制器，基本结构如图 5-28a 所示。当锯齿形微弯变形器受外力作用而产生位移时，光纤则发生许多微弯。在光纤微弯处，传输光不能满足全反射条件而泄漏到包层中从而造成传输光能量的损耗，如图 5-28b 所示。当受力增加时，光纤微弯的程度增大，泄漏随之增加，纤芯输出的光强度相应减小。通过检测纤芯或包层的光功率，就能测得引起微弯的压力、声压，或检测由压力引起的位移等参量。

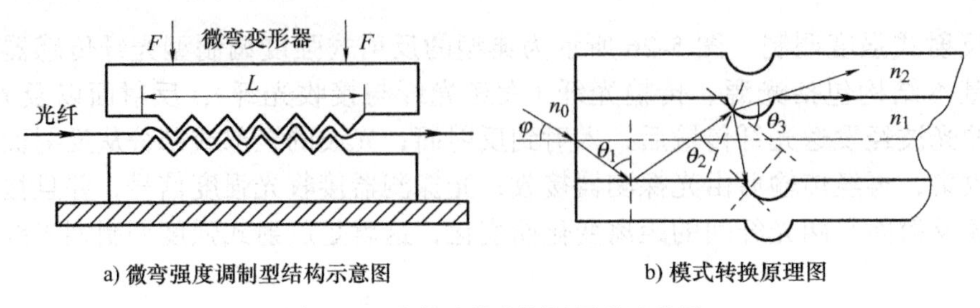

图 5-28　光模式强度调制原理示意图

光模式强度调制可以直接测量位移的变化量，而间接可以测量温度、压力、振动、应变等参数。这种调制方式所需部件少、设备简单、造价低，便于分布式沿线测量；具有较高的可靠性和安全性；由于光纤的光路是完全封闭的，因此更适合在高温高压、易燃易爆、腐蚀性介质等恶劣环境下进行测量。

2. 典型应用

（1）光纤温度传感器　图 5-29 所示是一种光强调制型光纤温度传感器原理示意图。它利用了多数半导体材料的能量带隙随温度的升高近似线性减小的特性，如图 5-30 所示。半导体材料的透光率特性曲线边沿的波长 λ_g 随温度的增加而向长波方向移动。如果适当地选定一种光源，它发出的光的波长在半导体材料工作范围内，当此种光通过半导体材料时，其透射光的强度将随温度 T 的增加而减小，即光的透过率随温度升高而降低。

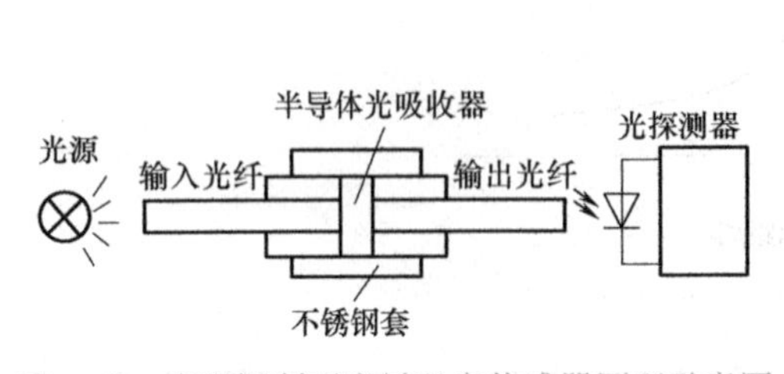

图 5-29　光强调制型光纤温度传感器原理示意图

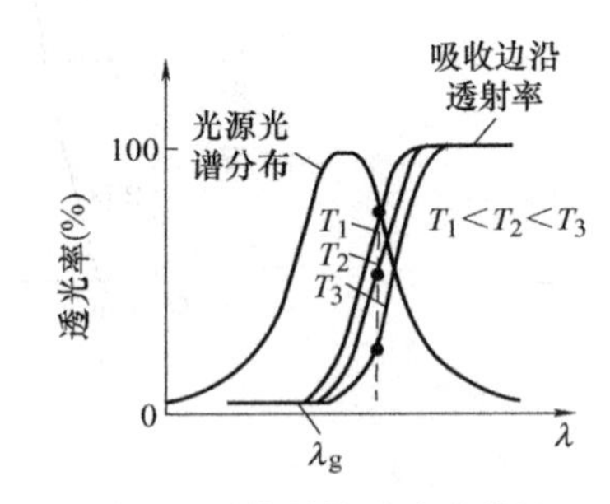

图 5-30　半导体透光率特性

敏感元件采用一个半导体光吸收器（薄片），光纤用于传输信号。当光源发出的光以恒定的强度经输入光纤到达半导体光吸收器时，透过吸收器的光强受薄片温度调制，温度越高，透过的光强越小，然后透射光再由输出光纤传到光探测器。它将光强的变化转化为电压或电流的变化，达到温度测量的目的。这种传感器的测量范围随半导体材料和光源而变，通常在 −100 ～ 300℃，响应时间约为 2s，测量精度在 ± 3℃。

（2）光纤压力传感器　图 5-31 所示为膜片反射式光纤压力传感器原理示意图。它是利用弹性元件受压变形，将压力信号转换成位移信号从而对光强进行调制。在 Y 形光纤束前端放置一个感压膜片，当膜片受压变形时，使光纤束与膜片间的距离发生变化。当压力增加时，光纤与膜片之间的距离将线性地减小；反之，压力减小，则距离将增大。这样，光纤接收的反射光强度将随压力增加而减小，随压力减小而增加，就可以反映待测压力的大小。弹性膜片材料可以是恒弹性金属，如殷钢、铍青铜等。但是，金属材料的弹性模量有一定的温度系数，因此，要考虑温度补偿。若选用石英膜片，则可以减小温度变化带来的影响。

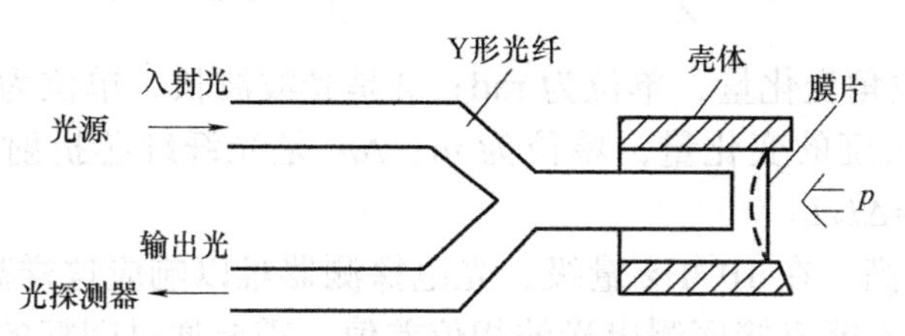

图 5-31　膜片反射式光纤压力传感器原理示意图

（3）光纤浓度传感器　液体浓度测量在化工、环保、科研等领域具有非常重要的意义。而液体浓度和折射率紧密相关，通过测量折射率推算出液体浓度是常用方法之一。液体浓度改变引起折射率的改变，从而改变全反射临界角，光纤末端光强度会受到调制，基于该原理可以测量浓度。图 5-32 为强度调制型液体浓度光纤传感器结构示意图。光源（激光器）发射一束激光通过传感区域时，由于液体浓度改变导致折射率发生改变，从而影响光的全反射，光波损耗量发生变化，在光探测器处的光强度信号也因此改变。通过信号放大电路和计算机分析，可得到液体浓度。

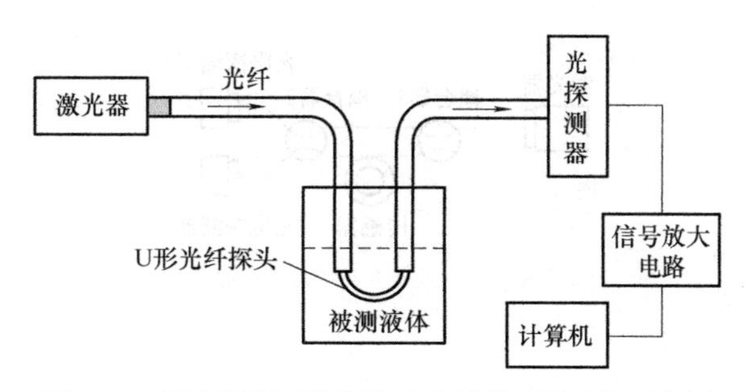

图 5-32　强度调制型液体浓度光纤传感器结构示意图

5.3.3　相位调制型光纤传感器

相位调制型光纤传感器利用被测量改变光纤中光波相位，依据检测相位变化来测量被测量。这类传感器的灵敏度很高，但由于需要使用特殊光纤及高精度检测系统，因此成本也较高。

1. 工作原理

当一束波长为 λ 的相干光在光纤中传播时，光波的相位角与光纤的长度、纤芯折射率 n_1 和纤芯直径 d 有关。若光纤受被测物理量的作用，将会引起上述三个参数发生不同程度的变化，从而引起光相移。一般而言，光纤的长度和折射率的变化引起光相位的变化要比直径变化引起的相位变化大得多，因此可以忽略光纤直径引起的相位变化。

波长为 λ 的光在长度为 L 的光纤内传输，输出光相对输入端来说，其相位角为

$$\varphi=\frac{2\pi n_1 L}{\lambda} \tag{5-9}$$

当光纤受到外界物理量作用时，光波的相位角变化量为

$$\Delta\varphi=\frac{2\pi}{\lambda}(n_1\Delta L+\Delta n_1 L)=\frac{2\pi L}{\lambda}(n_1\varepsilon_L+\Delta n_1) \tag{5-10}$$

式中，$\Delta\varphi$ 是光波相位角变化量，单位为 rad；λ 是光波波长，单位为 m；n_1 是光纤纤芯的折射率；ΔL 是光纤长度的变化量，单位为 m；Δn_1 是光纤纤芯折射率的变化量；ε_L 是光纤的轴向应变量，$\varepsilon_L=\Delta L/L$。

由于光的频率很高，在 10^{14}Hz 量级，光电探测器难以响应这样高的频率，也就是说，目前的各类光探测器不能直接探测出光的相位差值，需要通过间接的方式来检测。通常采用光学干涉测量技术，即敏感光纤完成相位调制任务，干涉仪完成相位 – 光强的转换任务，构成干涉型光纤传感器。常用的干涉型光纤传感器包括马赫 – 曾德尔干涉仪、迈克尔逊干涉仪、赛格纳克干涉仪和法布里 – 珀罗干涉仪等。

以图 5-33 所示的马赫 – 曾德尔干涉仪为例说明光纤干涉仪工作原理。激光器发出的单色相干光注入光纤后经一个耦合器分为两束，一束在信号臂光纤中传输，另一束在参考臂光纤中传输，外界信号作用于信号臂。第二个耦合器再把两光束耦合，再分两束光经光纤传送到两个光电探测器中，光电探测器将接收的光强变换为电压信号，送入信号处理电路进行相位检测，输出为信号调制的相位。

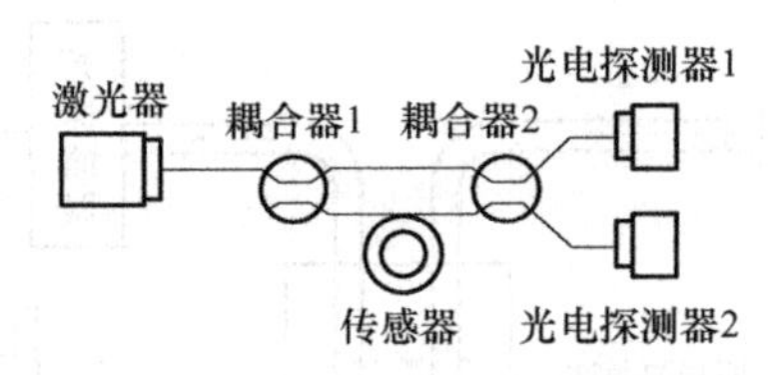

图 5-33　马赫 – 曾德尔干涉仪

2. 典型应用

（1）光纤水听器　光纤水听器是一种建立在光纤和光电子技术基础上的水下声信号传感器，它能将水声信号转换成光信号，并通过光纤传至信号处理系统提取出来。光纤水听器广泛用于水下目标探测、预警等领域。目前，技术最为成熟的是干涉型光纤水听器，即相位调制型光纤传感器。

图 5-34 为干涉型光纤水听器原理示意图。He–Ne 激光器发出一束相干光，经过扩束器以后，被分成两束光，分别耦合到单模的信号光纤（又称传感光纤）和参考光纤中。信

号光纤受被测量调制，也就是水声声压的波动使光信号的相位发生变化；另一根光纤是参考光纤，参考光纤应做好有效屏蔽，以减小或避免来自被测对象和环境温度的影响。两根光纤的长度相等，因此，在光源的相干长度内，两臂的光程长相等。光合成后形成一系列明暗相间的干涉条纹。由式（5-10）可知，压力的作用会使光纤的长度和折射率发生变化。这将会引起光波相位发生变化，从而引起两束光的相对相位发生变化，导致干涉条纹移动。通过条纹移动数目便能测量出压力信号的大小。最后通过在信号光纤和参考光纤的汇合端放置的光电探测器，将光强的强弱变换成电信号大小的变化。

（2）光纤陀螺仪　光纤陀螺仪是一种用于角速度测量的相位调制型光纤传感器，它的原理是基于光的萨格纳克效应，测量原理如图 5-35 所示。来自光源的光被分束器分成两束，分别从光纤环的两端耦合进入到光纤环，沿顺时针和逆时针方向传输。从光纤环两端出来的两束光，再经过分束器叠加产生干涉。当光纤环静止不动时，从光纤环两端出来的两束光的光程差为零。当光纤环以角速度 ω 旋转时，沿顺时针和逆时针方向传播的两束光光程差 ΔL 和相位差 $\Delta\varphi$ 分别可以表示为

$$\Delta L = 2LR\omega / c \tag{5-11}$$

$$\Delta\varphi = 4\pi LR\omega / (c\lambda) \tag{5-12}$$

式中，L 是光纤圈的长度；R 是光纤圈半径；c 是光速；λ 是光波波长。

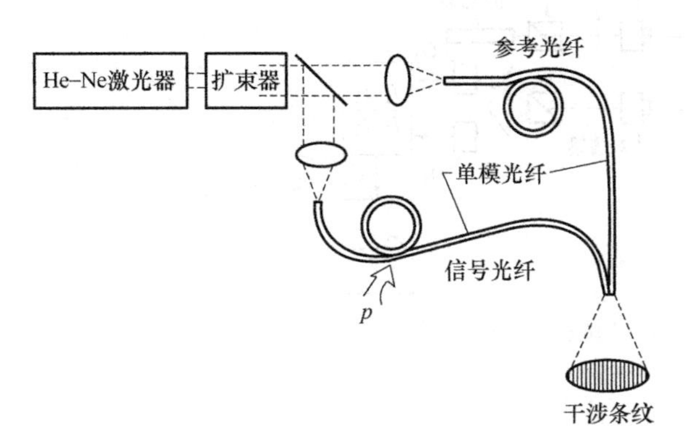

图 5-34　干涉型光纤水听器原理示意图

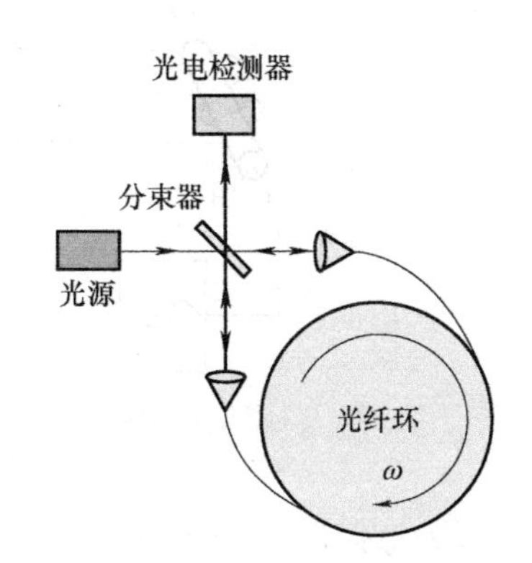

图 5-35　光纤陀螺仪测量原理图

这样便可通过检测相位差 $\Delta\varphi$ 来获得角速度 ω 的值，这就是光纤陀螺的基本原理。光纤陀螺仪广泛应用于航天、航海以及陆地的定位、姿态控制、惯性导航和惯性制导等领域。

5.3.4　偏振态制型光纤传感器

光波是横电磁波，而其振动方向相对于传播方向的不对称性称为偏振。偏振态调制型光纤传感器是利用光偏振态变化来传递被测量信息，通常具有较高的灵敏度，虽不及相位调制型光纤传感器，但是它的结构简单且调整方便。

图 5-36 所示为典型的偏振态调制型光纤传感器系统原理框图。一般光源发出的光波先进入可以产生已知偏振态的偏振态生成器，然后通过单模光纤 / 保偏光纤（保证偏振方

向不变）进入偏振态调制器被调制，之后再经单模光纤 / 保偏光纤传输到偏振态分析仪进行偏振态检测，最后由信号处理系统分析得到调制信号信息。较典型的偏振态调制效应有泡克耳斯（Pockels）效应、克尔（Kerr）效应、法拉第（Faraday）效应和光弹效应等，可以做成敏感于电流、磁场、压力、温度、振动等参量的光纤传感器。

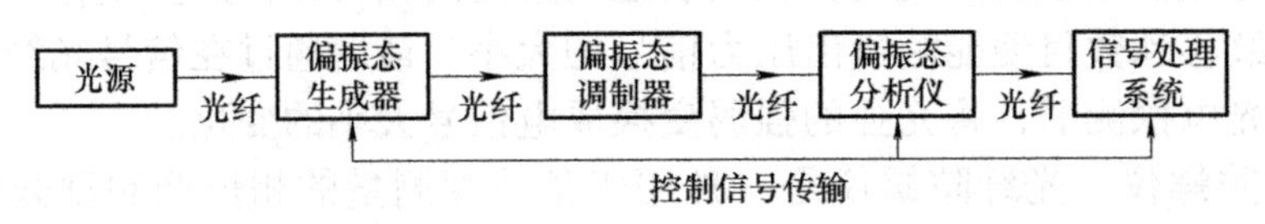

图 5-36　典型的偏振态调制型光纤传感器系统原理框图

图 5-37 所示为基于偏振态调制的光纤电流传感器原理示意图。激光器发出的单色光经过起偏器 F 变换为线偏振光，由透镜 L_1 将光耦合到单模光纤中。高压载流导体 B 通有电流 I，光纤缠绕在载流导体上，这一段光纤将产生磁光效应使偏振光的偏振面旋转 θ 角。出射光由透镜 L_2 耦合到渥拉斯顿棱镜 W，棱镜将输入光沿振动方向分成相互垂直的两束偏振光并分别送到光探测器 D_1、D_2，经过信号处理电路即能获得被测电流。系统能测量高达 1000A 的大电流，其测量弱磁场量级理论上约为 10^{-4}G。

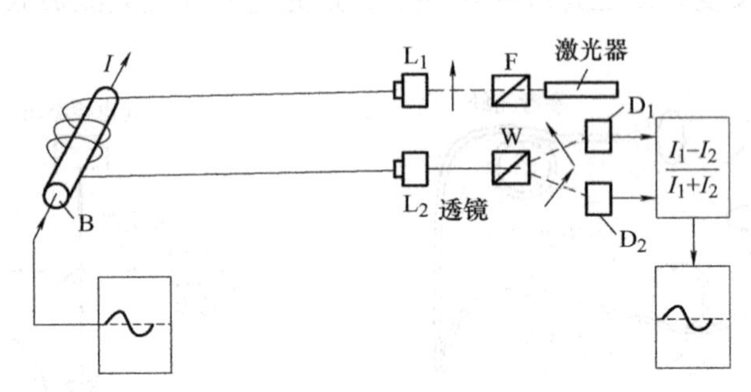

图 5-37　基于偏振态调制的光纤电流传感器原理示意图

5.3.5　频率调制型光纤传感器

频率调制型光纤传感器的种类比较少，仅可以对有限的几个物理量进行测量。目前研究较多的频率调制型光纤传感器主要是利用运动物体反射光或散射光的频移多普勒效应来检测其运动速度。下面主要介绍基于多普勒效应的频率调制型光纤传感器原理。

光学多普勒效应是指光源和光探测器与被测物体发生相对运动时，运动的物体速度的大小和方向对接收光的频率会产生影响。在实际应用中，往往是光源和光探测器都不动，但是散射体或反射体运动，这样光探测器探测到的从运动散射体或反射体来的光频率也是变化的。光学多普勒效应频率调制一般是对流体流速进行测量。

图 5-38 是一种基于多普勒效应用来测量血液流速的光纤传感器示意图。激光器产生频率为 f_0 的光经分束器分成两束，其中被声光调制器（布喇格盒）调制成 f_0-f_1 的一束光入射到探测器，其中 f_1 是声光调制频率。另一束频率为 f_0 的光经光纤入射到被测的血液。由于血液里的红细胞以速度 v 运动，根据多普勒效应，接收反射光的频率为 $f_0 \pm \Delta f$。它与

f_0-f_1 的光在光电探测器中混频后形成 $f_1 \pm \Delta f$ 的振荡信号，通过测量 Δf，即可求出速度 v。声光调制频率 f_1 一般取 40MHz，血液流动速度则由 Δf 确定。

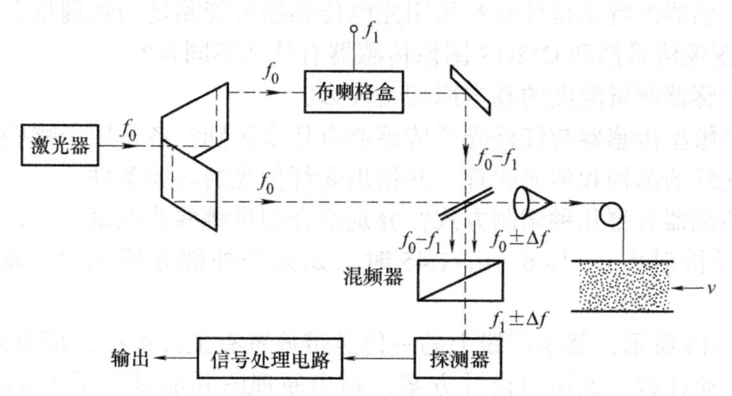

图 5-38　基于多普勒效应的频率调制原理

5.3.6　波长调制型光纤传感器

波长调制型光纤传感器主要是利用传感探头的波长特性随外界物理量变化来测量各种被测量。由于波长与颜色直接相关，因此波长调制又称为颜色调制。波长调制技术的优点在于它对引起光纤或连接器损耗增加的某些器件的稳定性要求不高。其调制方式有黑体辐射波长调制、荧光（磷光）波长调制、热色物质波长调制等。

图 5-39a 所示为一种利用热色物质的颜色变化进行波长调制的原理。白光经过光纤进入热变色溶液（如氯化钴溶液），反射光被另一光纤接收后，分两束分别经过波长为 650nm 和 800nm 的滤光片，最后由光电探测器接收。热变色溶液的光强与温度的关系如图 5-39b 所示，温度为 20℃时，在 500nm 处有个吸收峰，溶液呈红色。温度升到 75℃时，在 650nm 处也有一个吸收峰，溶液呈绿色。波长为 650nm 时，光强随温度变化最灵敏。波长为 800nm 时，光强与温度无关，因此选择这两个波长进行检测，即双波长检测就能确定温度。

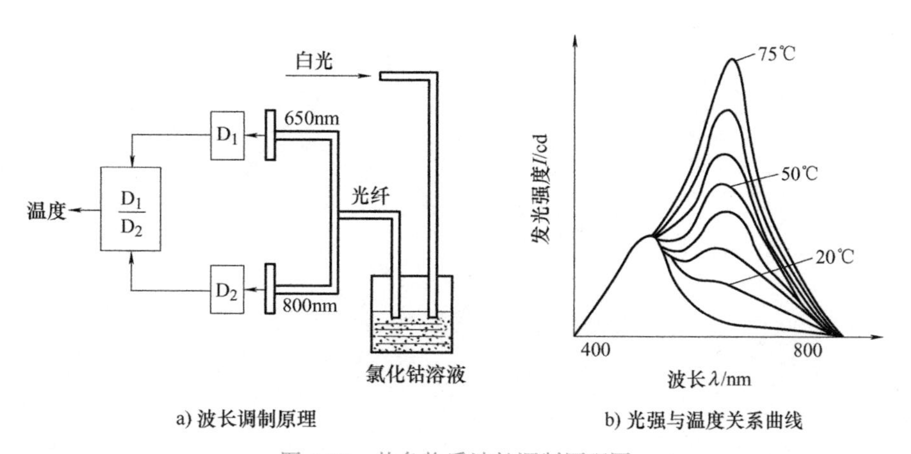

a) 波长调制原理　　b) 光强与温度关系曲线

图 5-39　热色物质波长调制原理图

思考题与习题

5-1　光电传感器的特点是什么？采用光电传感器可能测量的物理量有哪些？

5-2　CCD 图像传感器和 CMOS 图像传感器有什么不同点？

5-3　红外传感器测量温度的基本原理是什么？

5-4　红外热敏型传感器与红外光子传感器有什么区别？各适用于哪些场合？

5-5　简述光纤的结构和传光原理，并指出光纤传光的必要条件。

5-6　光纤传感器有哪几种调制方式？分别适合测量哪些非电量？

5-7　当光纤折射率 n_1=1.46，n_2=1.45 时，如光纤外部介质 n_0=1，求该光纤最大入射角。

5-8　如图 5-40 所示，某生产线上的一传送带放置有工件运行，现要求用光纤传感器实现对工件的自动计数。试给出设计方案，画出原理图并加以说明（传送带与工件材料不同）。

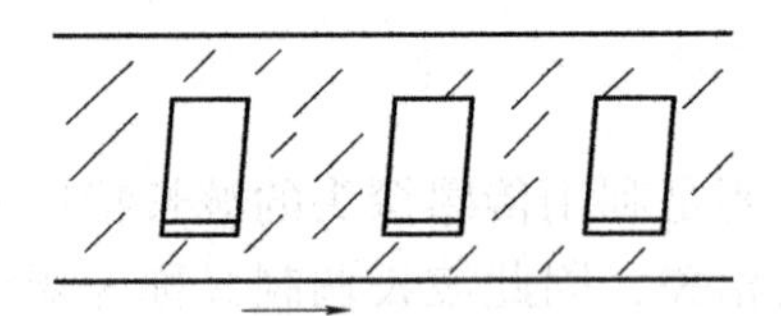

图 5-40　习题 5-8 图

第 6 章　压电传感器

压电传感器基于压电效应将力、压力、加速度等被测量转换为电量，是一种典型的有源传感器，具有体积小、质量轻、频带宽、灵敏度高、工作可靠、测量范围广等优点，在机械、声学、力学、医学和宇航等领域得到了广泛应用。本章主要介绍加速度、力等压电力学量传感器和超声波、声表面波以及水听器等压电声学量传感器的结构组成、工作原理和典型应用等内容。

6.1　压电力学量传感器

6.1.1　压电式加速度传感器

压电式加速度传感器是一种常用的加速度计。其固有频率高，有较好的频率响应（几千赫兹至几十千赫兹），如果配以电荷放大器作为调理电路，则低频响应也很好（可低至零点几赫兹）。此外，压电式加速度传感器还具有量程大、结构简单、工作可靠、安装方便等一系列优点，目前已广泛应用于航空、航天、兵器、造船、纺织、机械及电气等各个系统的振动、冲击测试、信号分析、环境模拟实验、模态分析、故障诊断及优化设计等方面。

6-1　压电元件的串、并联

1. 基本结构组成及工作原理

压电式加速度传感器的结构原理图如图 6-1 所示，主要由质量块、硬弹簧、压电片和基座组成。质量块一般由体积质量较大的材料（如钨等重合金）制成。硬弹簧的作用是对质量块加载，产生预压力，以保证在作用力变化时，晶片始终受到压缩。整个组件装在一个厚基座的金属壳中，为了隔离试件的任何应变传递到压电元件上去，避免产生假信号输出。所以，一般要加厚基座或选用刚度较大的材料来制造。为了提高灵敏度，一般都采用把两片压电片重叠放置并按串联或并联的方式连接。

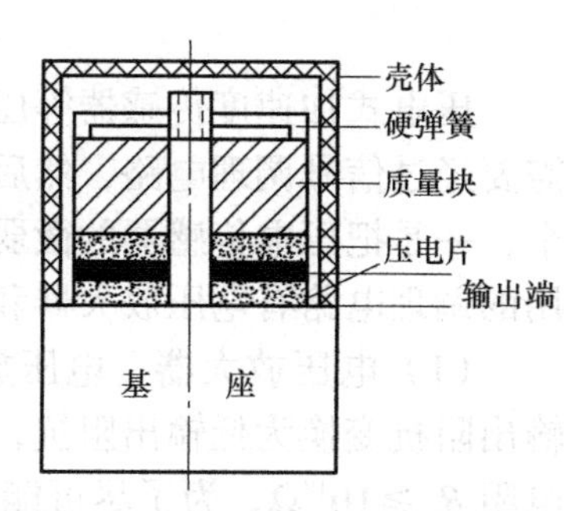

图 6-1　压电式加速度传感器的结构原理图

压电式加速度传感器的具体结构形式也有多种，图 6-2 所示为常见的几种。

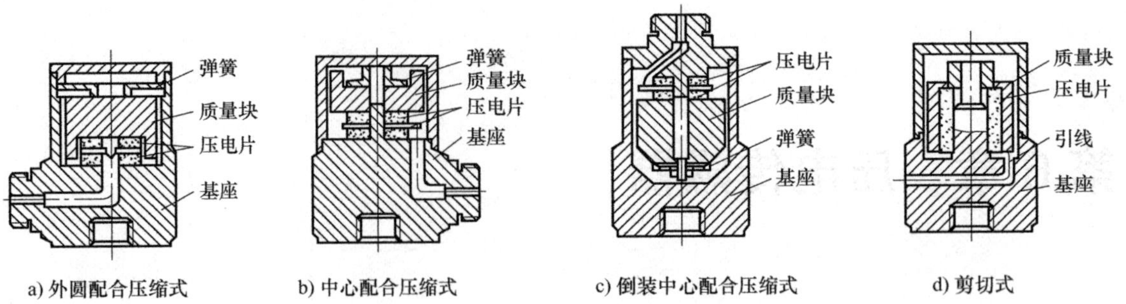

a) 外圆配合压缩式　b) 中心配合压缩式　c) 倒装中心配合压缩式　d) 剪切式

图 6-2　压电式加速度传感器结构形式

测量时，将传感器基座与被测物体固定在一起。当传感器感受振动时，由于弹簧的刚度相当大，而质量块的质量 m 相对较小，可以认为质量块的惯性很小。因此，质量块感受与传感器基座相同的振动，并受到与加速度方向相反的惯性力的作用。这样，质量块就有一正比于加速度的惯性力 F 作用在压电元件上。由于压电片具有压电效应，因此，在它的两个表面上就产生与加速度成正比的电荷 Q，根据 $F=ma$，就可以测得被测物体的加速度 a。

当传感器与电荷放大器配合使用时，灵敏度用电荷灵敏度 S_q 表示；与电压放大器配合使用时，灵敏度用电压灵敏度 S_v 表示，其一般表达式如下：

$$S_q=\frac{Q}{a}=\frac{d_{ij}F_a}{a}=-d_{ij}m \tag{6-1}$$

$$S_v=\frac{U_a}{a}=\frac{Q/C_a}{a}=-\frac{d_{ij}m}{C_a} \tag{6-2}$$

式中，d_{ij} 是压电常数，单位为 C/N；C_a 是传感器电容，单位为 F。

由式（6-1）、式（6-2）可见，可以通过选用较大的质量 m 来提高灵敏度。但质量的增大将引起传感器固有频率下降，频宽减小，而且随之带来体积、质量的增加，构成对被测物体的影响，应尽量避免。通常多采用较大压电常数的材料或多晶片组合的方法来提高灵敏度。

2. 调理电路

压电式加速度传感器等压电传感器的输出信号通常非常微弱且内阻抗很高，因此通常需要经过信号调理电路，然后再接一般的放大电路及其他电路。信号调理电路的作用有两个，一是把压电传感器的微弱信号放大，二是把传感器高阻抗输出变换为低阻抗输出。常用的调理电路有电压放大器和电荷放大器两种形式。

（1）电压放大器　电压放大器又称阻抗变换器。它的主要作用是把压电传感器的高输出阻抗变换为低输出阻抗，并将微弱信号进行适当放大。一般来说，压电传感器的绝缘电阻 $R_a \geqslant 10^{10}\Omega$，为了尽可能保持压电传感器的输出值不变，要求前置放大器的输入阻抗尽可能高，一般在 $10^{11}\Omega$ 以上。这样才能减少由于漏电造成的电压（或电荷）的损失，不致引起过大的测量误差。电压放大器的等效电路如图 6-3 所示。

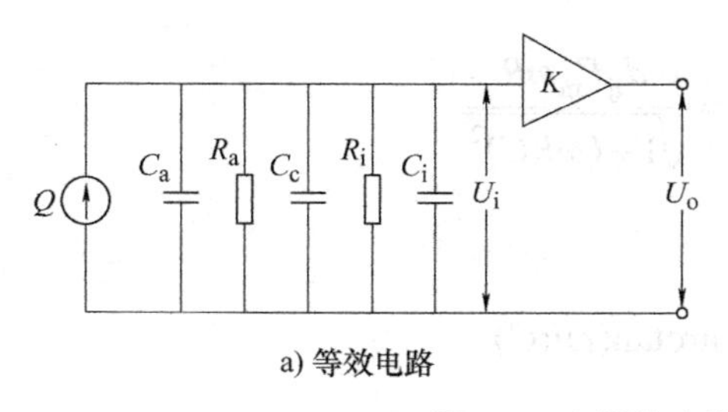

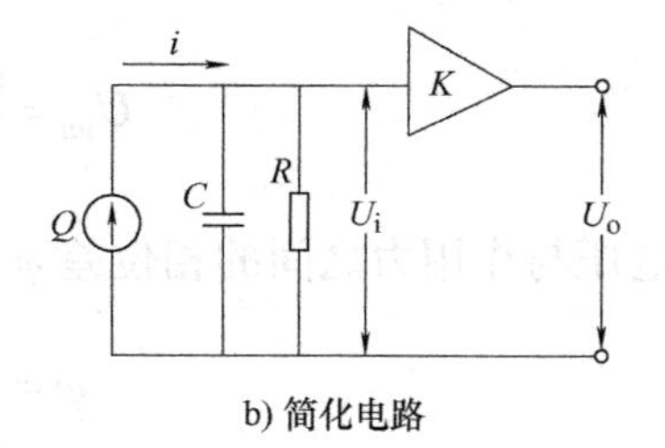

图 6-3　电压放大器的等效电路

图 6-3 中，等效电阻 R 和等效电容 C 分别为

$$R=\frac{R_a R_i}{R_a+R_i} \tag{6-3}$$

$$C=C_a+C_c+C_i \tag{6-4}$$

式中，R_a 是传感器的绝缘电阻；R_i 是前置放大器输入电阻；C_a 是传感器内部电容；C_c 是电缆电容；C_i 是前置放大器输入电容。

由等效电路可知，前置放大器的输入电压 $\dot{U}_i$ 为

$$\dot{U}_i=\dot{I}\frac{R}{1+j\omega RC} \tag{6-5}$$

假设作用在压电元件上的力为 f，幅值为 F_m，角频率为 ω，则

$$f=F_m\sin\omega t \tag{6-6}$$

若压电元件的压电系数为 d_{ij}，在力 f 的作用下，产生的电荷 Q 为

$$Q=d_{ij}f \tag{6-7}$$

因此，有

$$i=\frac{dQ}{dt}=\frac{d(d_{ij}f)}{dt}=d_{ij}\frac{df}{dt} \tag{6-8}$$

根据电路理论中相量知识，正弦量的微分运算对应相量的形式为

$$\frac{df}{dt}\to j\omega\dot{F} \tag{6-9}$$

将式（6-8）左右两边均写成相量形式得到

$$\dot{I}=j\omega d_{ij}\dot{F} \tag{6-10}$$

将式（6-10）代入式（6-5）得

$$\dot{U}_i=d_{ij}\dot{F}\frac{j\omega R}{1+j\omega RC} \tag{6-11}$$

因此，前置放大器的输入电压的幅值 U_{im} 为

$$U_{\mathrm{im}}=\left|\dot{U}_{\mathrm{i}}\right|=\frac{d_{\mathrm{ij}}F_{\mathrm{m}}\omega R}{\sqrt{1+(\omega RC)^2}} \tag{6-12}$$

输入电压与作用力之间的相位差 φ 为

$$\varphi=\frac{\pi}{2}-\arctan(\omega RC) \tag{6-13}$$

在理想情况下，传感器的绝缘电阻 R_{a} 和前置放大器的输入电阻 R_{i} 都为无限大，则 R 无限大。由式（6-12）可知，前置放大器的输入电压的幅值 U_{am} 为

$$U_{\mathrm{am}}=\frac{d_{\mathrm{ij}}F_{\mathrm{m}}}{C}=\frac{d_{\mathrm{ij}}F_{\mathrm{m}}}{C_{\mathrm{a}}+C_{\mathrm{c}}+C_{\mathrm{i}}} \tag{6-14}$$

此时，前置放大器的输入电压与频率无关，它与实际输入电压 U_{im} 之幅值比为

$$\frac{U_{\mathrm{im}}}{U_{\mathrm{am}}}=\frac{\omega RC}{\sqrt{1+(\omega RC)^2}} \tag{6-15}$$

令 $\omega_1=\dfrac{1}{RC}=\dfrac{1}{\tau}$，式中，$\tau$ 为测量回路的时间常数，即

$$\tau=RC=R(C_{\mathrm{a}}+C_{\mathrm{c}}+C_{\mathrm{i}}) \tag{6-16}$$

则式（6-15）和式（6-13）可分别写成如下形式：

$$\frac{U_{\mathrm{im}}}{U_{\mathrm{am}}}=\frac{\dfrac{\omega}{\omega_1}}{\sqrt{1+\left(\dfrac{\omega}{\omega_1}\right)^2}} \tag{6-17}$$

$$\varphi=\frac{\pi}{2}-\arctan\left(\frac{\omega}{\omega_1}\right) \tag{6-18}$$

由此得到电压幅值比和相角与频率比的关系曲线如图 6-4 所示。当作用在压电元件上的力是静态力（$\omega=0$）时，则前置放大器的输入电压等于零。因为电荷就会通过放大器的输入电阻和传感器本身的泄漏电阻漏掉。这也就从原理上决定了压电传感器不能测量静态物理量。

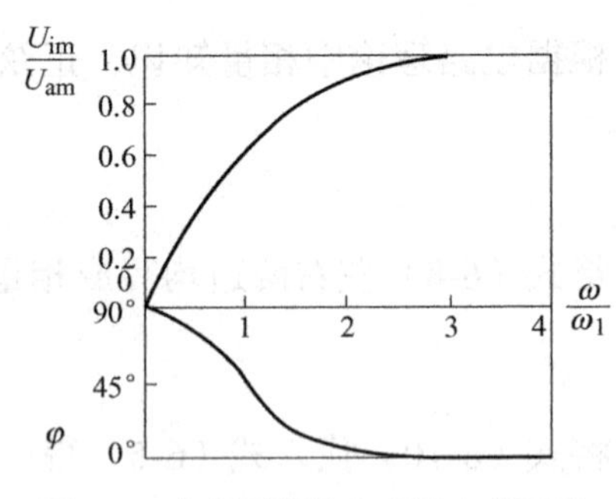

图 6-4　电压幅值比和相角与频率比的关系曲线

当 $\omega/\omega_1\gg 1$，即 $\omega\tau\gg 1$ 时，也就是作用力的变化频率与测量回路的时间常数的乘积远大于 1 时，前置放大器的输入电压 U_{im} 随频率的变化不大。当 $\omega/\omega_1\geqslant 3$ 时，可近似看作输入电压与作用力的频率无关。这说明，压电式传感器的高频响应是相当好的。它是压电传感器的一个突出优点。

但是，如果被测物理量是缓慢变化的动态量，而测量回路的时间常数又不大，则造成

传感器灵敏度下降。因此，为了扩大传感器的低频响应范围，就必须尽量提高回路的时间常数。但这不能靠增加测量回路的电容量来提高时间常数，因为传感器的电压灵敏度 S_v 是与电容成反比的。可以从式（6-12）得到以下关系式：

$$S_v = \frac{|\dot{U}_i|}{F_m} = \frac{d_{ij}\omega R}{\sqrt{1+(\omega RC)^2}} \tag{6-19}$$

因为 $\omega R \gg 1$，所以，传感器的电压灵敏度 S_v 为

$$S_v = \frac{d_{ij}}{C} = \frac{d_{ij}}{C_a + C_c + C_i} \tag{6-20}$$

可见，连接电缆不宜太长，而且也不能随意更换电缆，否则会使传感器实际灵敏度与出厂校正灵敏度不一致，从而导致测量误差。随着固态电子器件和集成电路的迅速发展，微型电压放大器可以与传感器做成一体，称为集成电路型压电式（Integrated Electronics Piezo-Electric，IEPE）加速度传感器，这种电路的缺点也就可以克服，而且无须特制的低噪声电缆，因而具有广泛应用前景。

（2）电荷放大器　电荷放大器是压电传感器另一种专用的前置放大器，它能将高内阻的电荷源转换为低内阻的电压源，而且输出电压正比于输入电荷。因此，电荷放大器同样也起着阻抗变换的作用，其输入阻抗高达 $10^{10} \sim 10^{12}\Omega$，输出阻抗小于 100Ω。电荷放大器的突出优点是，在一定条件下，传感器的灵敏度与电缆长度无关。

电荷放大器实际上是一个具有深度电容负反馈的高增益放大器，其等效电路如图 6-5 所示。图中 K 是放大器的开环增益。由理想运算放大器的特性可得

$$U_o \approx u_{cf} = -\frac{Q}{C_f} \tag{6-21}$$

式中，U_o 为放大器输出电压；u_{cf} 为反馈电容两端电压。

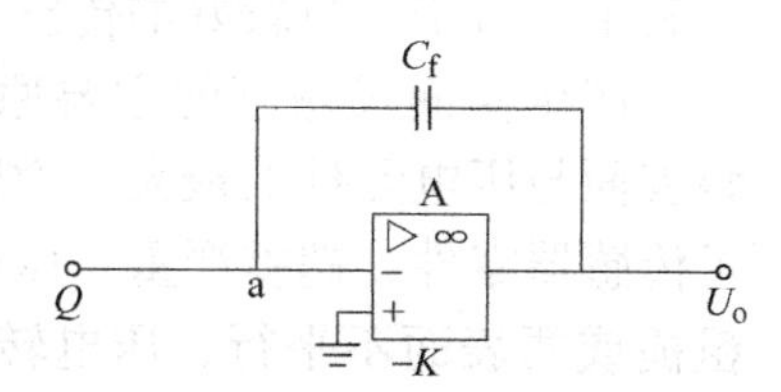

图 6-5　电荷放大器的等效电路

由式（6-21）可知，电荷放大器的输出电压只与输出电荷量和反馈电容有关，而与放大器的放大系数的变化或电缆电容等均无关系，因此只要保持反馈电容的数值不变，就可以得到与电荷量 Q 变化呈线性关系的输出电压。另外，若反馈电容 C_f 小，则输出就大，因此要达到一定的输出灵敏度要求，必须选择适当容量的反馈电容。

要使输出电压与电缆电容无关是有一定条件的，可从下面的讨论中加以说明。图 6-6 是压电传感器与电荷前置放大器连接的等效电路。图中反馈电阻 R_f 相当大，视为开路，可得

$$U_o = -KU_i \tag{6-22}$$

因为

$$U_i = \frac{Q}{C} = \frac{Q}{C_a + C_c + C_i + C_f(K+1)} \tag{6-23}$$

式中，C_f（K+1）是反馈电容；C_f是折合到输入端的等效电容。

将式（6-23）代入式（6-22）得

$$U_o = -\frac{KQ}{C_a + C_c + C_i + C_f(K+1)} \tag{6-24}$$

当$(1+K)C_f \gg (C_a + C_c + C_i)$，则有

$$U_o \approx -\frac{Q}{C_f} \tag{6-25}$$

一般当$(1+K)C_f > 10(C_a + C_c + C_i)$时，传感器的输出灵敏度就可以认为与电缆电容无关了，这是使用电荷放大器的突出优点。当然，在实际使用中，传感器与测量仪器总有一定的距离，它们之间由长电缆连接。由于电缆噪声增加，这样就降低了信噪比，使低电平振动的测量受到了一定程度的限制。

在电荷放大器的实际电路中，反馈电容C_f的容量是可调的，范围一般在100～10000pF之间。为了减小零漂，使电荷放大器工作稳定，一般在反馈电容的两端并联一个大电阻R_f（10^8～$10^{10}\Omega$），如图6-6所示，其作用是提供直流反馈。

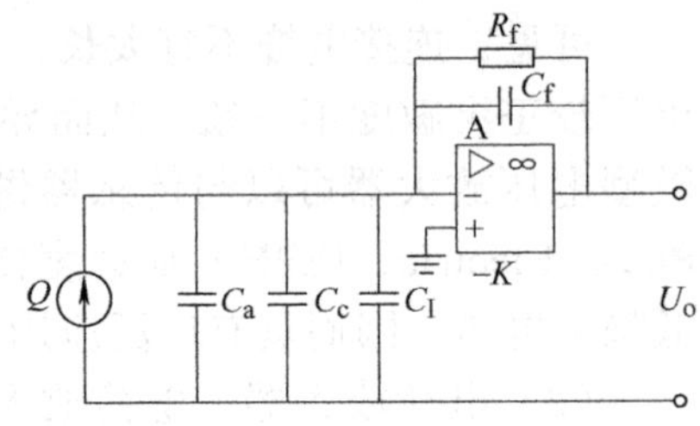

图6-6　压电传感器与电荷前置放大器连接的等效电路

3. 精度影响因素

（1）横向灵敏度　对于理想的加速度传感器，只有主轴方向加速度的作用才有信号输出，而垂直于主轴方向加速度的作用是不应当有输出的。然而，实际的压电式加速度传感器在横向加速度（与其主轴向垂直的加速度）的作用下都会有一定的输出，通常将这一输出信号与横向加速度之比称为传感器的横向灵敏度。横向灵敏度以主轴灵敏度的百分数来表示。对于一只较好的传感器，最大横向灵敏度应小于主轴灵敏度的5%。

产生横向灵敏度的主要原因是：机械加工精度不够；装配精度不够，基座平面或安装表面与压电元件的最大灵敏度轴线不垂直；装配程中净化条件不够，灰尘、杂质等污染了传感器零件，超差严重；压电转换元件自身存在缺陷，如切割精度不够、压电元件表面粗糙或两表面不平行、压电转换元件各部分压电常数不一致、压电陶瓷的极化方向的偏差等。

由于以上各种原因，传感器的最大灵敏度方向与主轴线方向不重合，如图6-7所示。这样，横向作用的加速度在最大灵敏度方向上的分量不为零，从而引起传感器的误差信号输出横向灵敏度与加速度方向有关。图6-8所示为典型的横向灵敏度与加速度方向的关系曲线。假设沿0°方向或180°方向作用有横向加速度时，横向灵敏度最大，则沿90°方向或270°方向作用有横向加速度时，横向灵敏度最小。根据这一特点，在测量时需仔细调整传感器的位置，使传感器的最小横向灵敏度方向对准最大横向加速度方向，从而使横向加速度引起的误差信号输出为最小。

横向灵敏度指标集中反映压电加速度传感器的内在质量缺陷，是衡量其质量好坏的重要技术指标。压电加速度传感器的横向频率响应特性与其主轴向频率响应特性基本相近似。一般在传感器外壳上用记号标明最小横向灵敏度的方向。

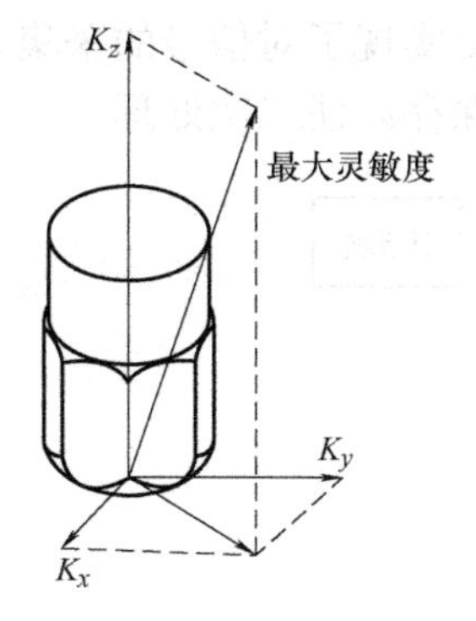

图 6-7　横向灵敏度图解说明

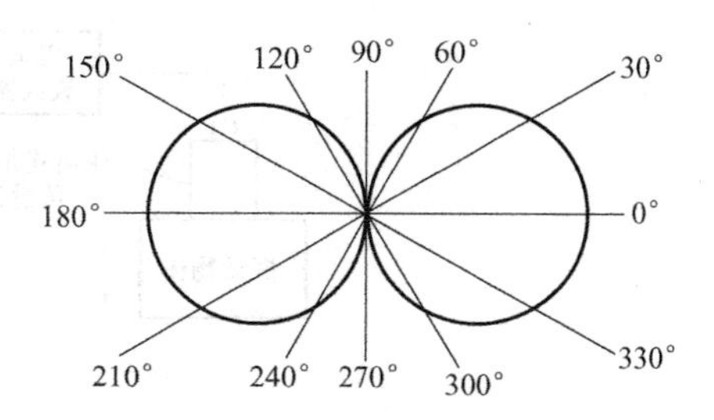

图 6-8　横向灵敏度与加速度方向的关系

（2）环境温度的影响　环境温度的变化将会使压电材料的压电常数、介电常数、电阻和弹性模量等参数发生变化。因此，温度对传感器电容量和电阻的影响较大，电容量随温度升高而增大，电阻随温度升高而减小。电容量增大使传感器的电荷灵敏度增加，电压灵敏度则降低。电阻减小使时间常数减小，从而使传感器的低频响应变差。为了保证传感器在高温环境中的低频测量精度，应采用电荷放大器与之匹配。

（3）环境湿度的影响　环境湿度对压电式加速度传感器性能影响也很大。如果传感器长期在高湿度环境下工作，其绝缘电阻将会减小，低频响应变差。为此，传感器要进行合格的结构设计，有关部分一定要选用良好的绝缘材料，严格清洁处理和装配，电缆两端必须气密焊封，并采取防潮措施。

（4）电缆噪声　电缆噪声由电缆自身产生。普通的同轴电缆是由聚乙烯或聚四氟乙烯材料作绝缘保持层的多股绞线组成，外部屏蔽是一个编织的多股镀银金属网套。当电缆受到弯曲或振动时，屏蔽套、绝缘层和电缆芯线之间可能发生相对位移或摩擦而产生静电感应荷。由于压电式传感器是电容性的，这种静电荷不会很快消失而是直接与压电元件的输出叠加，然后馈送到放大器，这就形成了电缆噪声。为了减小电缆噪声，除选用特制的低噪声电缆外（电缆的芯线与绝缘体之间以及绝缘体与套之间加入石墨层，以减小相互摩擦），在测量过程中还应将电缆固紧，以避免引起相对运动。

（5）接地回路噪声　在振动测量中，一般测量仪器比较多。如果各仪器和加速度传感器各自分别接地，由于不同的接地点间存在电位差，这样就会在接地回路中形成回路电流，导致在测量系统中产生噪声信号。防止这种噪声的有效办法是使整个测试系统在一点接地。由于没有接地回路，当然也就不会有回路电流和噪声信号。一般合适的接地点是在指示器的输入端。为此，要将传感器和放大器采取隔离措施实现对地隔离。传感器的简单隔离方法是电气绝缘，可以用绝缘螺栓和云母垫片将传感器与它所安装的构件绝缘。

影响压电式加速度传感器精度除以上分析的几个因素外，还存在有声场效应、磁场效应及射频场效应、基座应变效应等因素。

4. 典型应用

在工业自动化领域中，压电式加速度传感器主要用于振动测量和分析。压电传感器振动测试系统由压电式加速度传感器、电荷放大器、数据采集分析仪组成，如图 6-9 所示。被测对象的振动加速度信号经传感器拾振转换为电荷变化，经过电缆传输至电荷放大器转换为电压信号并放大，通过数据采集分析仪采样，便实现了对信号的采集。采集得到的信号可以通过计算机实时显示、分析和处理，也可以保存以便二次处理。

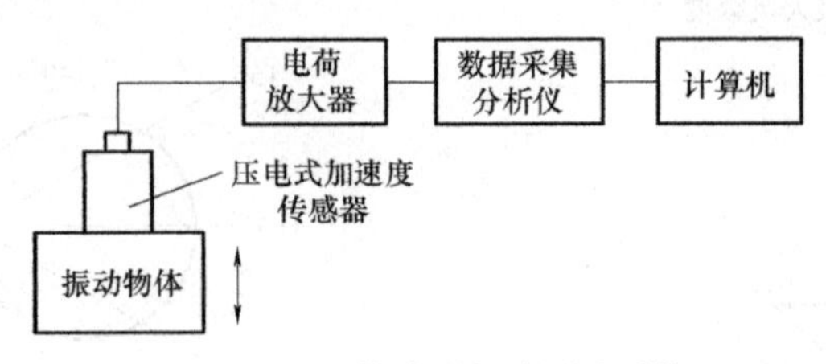

图 6-9　压电传感器振动测试系统

6.1.2　压电式力传感器

压电元件可以实现力与电之间的转换，因此可以作为压电力传感器的转换元件。这类传感器设计时应考虑：①压电材料的选择，压电材料的系数决定了所测力量值的大小，其材料特性与测量精度和工作条件紧密相关；②变形方式，一般以利用纵向压电效应为最简便；③机械上串联或并联的晶片数，影响灵敏度；④晶片的几何尺寸和合理的传力结构。

压电力传感器的测量范围达到几百至几万牛顿的动、静态力。按照测力方向可分为单向力、双向力和三向力传感器。

1. 单向压电力传感器

图 6-10 为用于机床动态切削力测量的单向压电石英力传感器结构图。压电元件采用 xy 切型石英晶片，利用其纵向压电效应（通过 d_{11}）实现力—电转换。它用两块晶片作传感元件，被测力通过传力上盖 1 使石英晶片 2 沿电轴方向受压力作用，由于纵向压电效应使石英晶片在电轴方向上出现电荷，两块晶片沿电轴方向并联叠加，负电荷由片形电极 3 输出，压电晶片正电荷一侧与基座连接。两晶片并联可提高其灵敏度。压力元件弹性变形部分的厚度较薄，其厚度由测力大小决定。

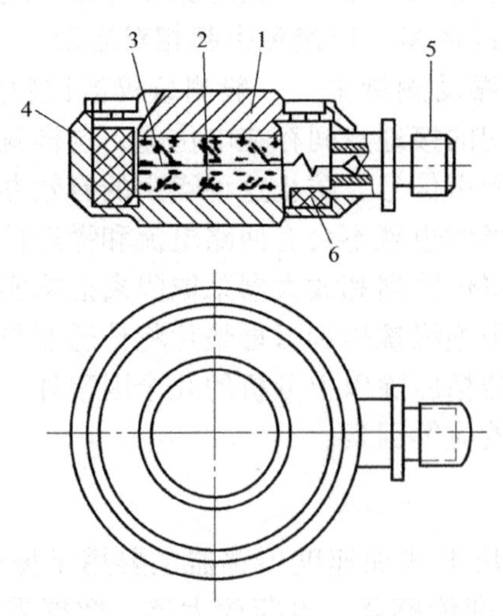

图 6-10　单向压电石英力传感器的结构

1—传力上盖　2—石英晶片　3—电极　4—基座　5—电极引出插头　6—绝缘材料

这种结构的单向力传感器体积小，质量轻（仅 10g），固有频率高（50 ～ 60kHz），最大力可测 5000N 的动态力，分辨力达 10^{-3}N。

2. 双向压电力传感器

双向压电力传感器基本上有两种组合：一种是测量垂直分力 F_z 和切向分力 F_x（或 F_y）；另一种是测量互相垂直的两个切向分力，即 F_x 与 F_y。无论哪一种结合，传感器的结构形式相同。图 6-11a 所示为双向压电力传感器结构图。

图中利用两组石英晶片分别测量两个分力，下面一组采用 $xy(x\ 0°)$ 切型，通过 d_{11} 来实现力 – 电转换，测量轴向力 F_z；上面一组采用 $yx(y\ 0°)$ 切型，晶片的厚度方向为 y 轴方向，在平行于 x 轴的剪切应力（在 xy 平面内）的作用下，产生厚度剪切变形。所谓厚度剪切变形是指晶体受剪切应力的面与产生电荷的面不共面，如图 6-11b 所示。这一组石英晶体通过 d_{26} 实现力 – 电转换来测量 F_y。

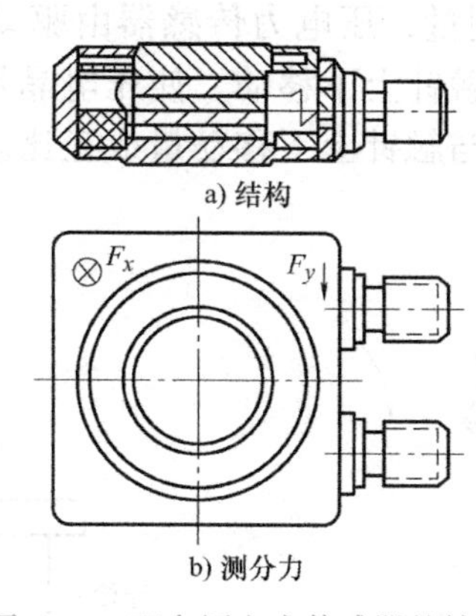

图 6-11　双向压电力传感器的结构

3. 三向压电力传感器

图 6-12a 为三向压电力传感器结构示意图。压电组件为三组石英双晶片叠成并联方式，如图 6-12b 所示。它可以测量空间任一个或三个方向的力。三组石英晶片的输出极性相同。其中一组取 $xy(x\ 0°)$ 切型晶片，利用厚度压缩纵向压电效应（d_{11}）来测量主轴切削力 F_z；另外两组采用厚度剪切变形的 $yx(y\ 0°)$ 切型晶片，利用剪切压电系数 d_{26} 来分别测量 F_y 和 F_x，如图 6-12c 所示。由于 F_y 和 F_x 正交，因此，这两组晶片安装时应使其最大灵敏轴分别取向 x 和 y 方向。

4. 典型应用

压电力传感器在工业生产、航空航天、军事国防等领域应用非常广泛，例如：

图 6-13 为利用压电力传感器进行机械加工中刀具切削力的测量示意图。切削力是金属切削时，刀具切入工件，使被加工材料发生变形并成为切削所需的力。压电力传感器利用切削力作用在压电元件上产生变形，从而产生电荷，经过转换处理后得到力的值。由于压电陶瓷元件的自振频率高，因此特别适合测量变化剧烈的载荷。图中，压电力传感器位于车刀前部的下方，当进行切削加工时，切削力通过刀具传给压电力传感器，压电力传感器将切削力转换为电信号输出，记录下电信号的变化即可测得切削力的变化。

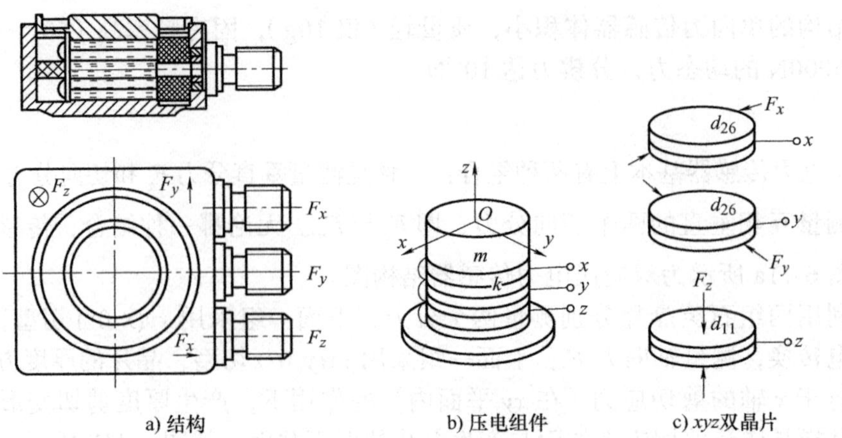

a) 结构　　b) 压电组件　　c) xyz双晶片

图 6-12　三向压电力传感器

图 6-14 所示为表面粗糙度测量，压电力传感器由驱动器拖动其触针在工件表面以恒速滑行，工件表面的起伏不平使触针上下移动，使压电晶片产生变形，压电晶体表面就会出现电荷，由引线输出的电信号与触针上下移动量成正比。

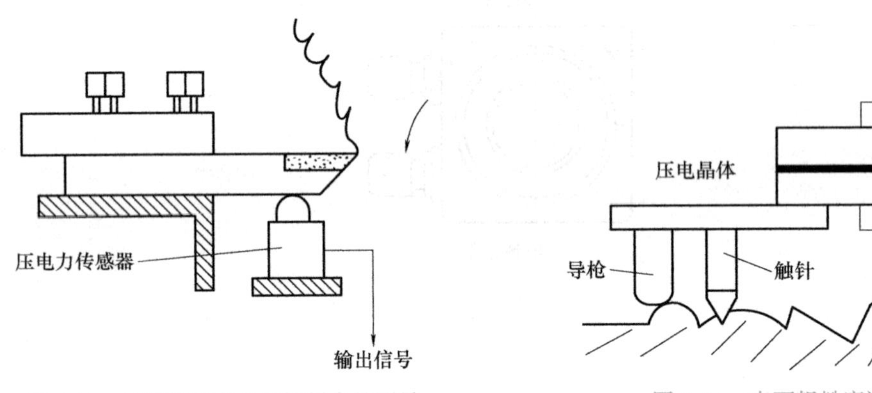

图 6-13　机械加工中刀具切削力的测量　　图 6-14　表面粗糙度测量

图 6-15 所示为压电引爆。两根导线平时是开路的，没有电流流过，也不产生短路打火，故电雷管不爆炸。当用一个力 F 撞击压电晶体，压电晶体便产生电荷，从而使两根导线发生短路放电而产生火花，导致电雷管爆炸。

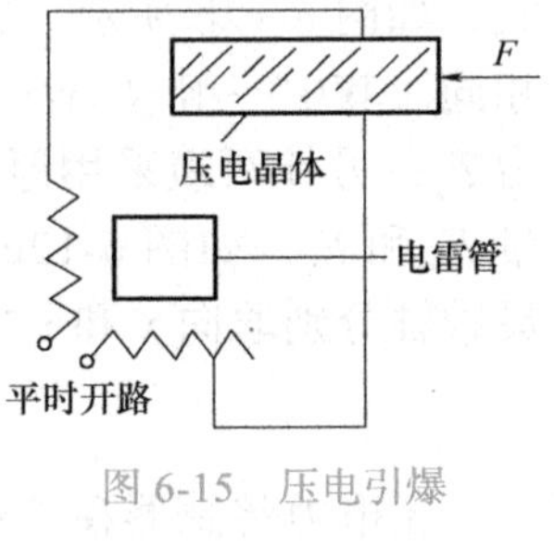

图 6-15　压电引爆

6.2　压电声学量传感器

6.2.1　压电超声波传感器

振动在弹性媒质内的传播称为机械波。频率在 20 ～ 20000Hz 之间的机械波能为人耳所闻，称为声波；低于 20Hz 的机械波称为次声波；高于 20000Hz 的机械波称为超声波。

超声波在液体、固体中衰减很小，渗透能力强，特别是对不透光的固体，超声波能穿透几十米的厚度。当超声波从一种介质入射到另一种介质时，由于在两种介质中的传播速度不同，在介质界面上会产生反射、折射和波形转换等现象。超声波在介质中传播时与介质作用会产生机械效应、空化效应和热效应等。超声波的这些特性使其在检测技术中获得广泛应用。

能够产生超声波和接收超声波，以超声波作为检测手段的装置就是超声波传感器，也称为超声波换能器或超声波探头。利用压电材料的压电效应可以做成压电超声波传感器，实现电—声、声—电信号的转换。

1. 结构组成及工作原理

压电超声波传感器主要由压电晶片（敏感元件）、吸收块（阻尼块）、保护膜等组成，结构如图 6-16 所示。压电晶片多为圆板形，其厚度与超声波频率成反比。压电晶片的两面镀有银层，作为导电极板，吸收块的作用是降低晶片的机械品质，吸收声能量。如果没有吸收块，当激励的电脉冲信号停止时，压电晶片会继续振荡，加长超声波的脉冲宽度，使分辨率变差。

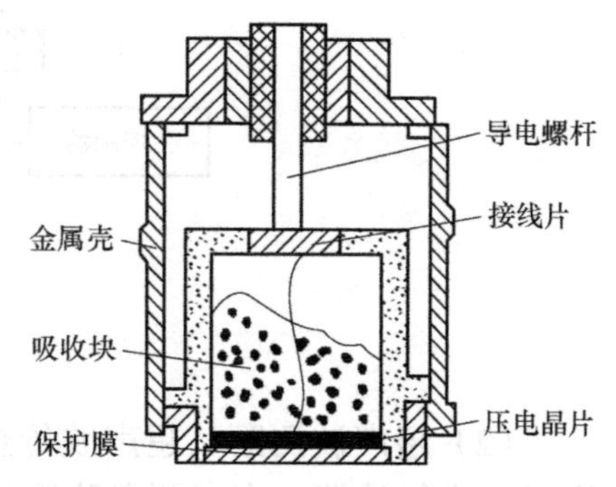

图 6-16　压电超声波传感器结构图

超声波传感器的工作原理框图如图 6-17 所示，在发送器双晶振子端施加一定频率的电压，传感器发送出疏密不同的超声波信号，接收探头将接收的超声波转换为电信号并放大处理后输出显示。

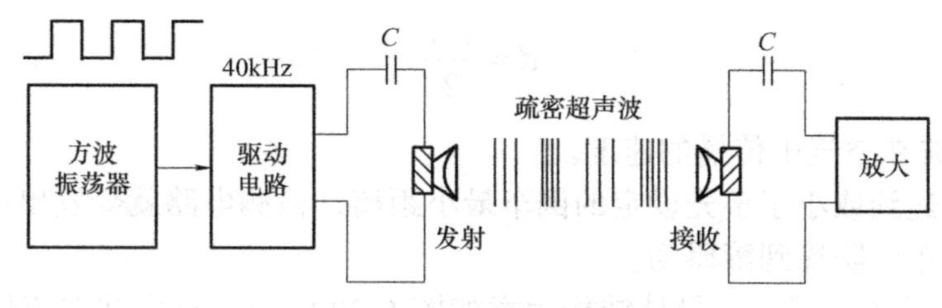

图 6-17　超声波传感器工作原理

2. 典型应用

超声波传感器广泛应用于工业中超声清洗、超声波焊接、超声波加工（超声钻孔、切削、研磨、抛光，超声波金属拉管、拉丝、轧制等）、超声波处理（塘锡、凝聚、淬火，超声波电镀、净化水质等）、超声波治疗和超声波检测（超声波测距、检漏、探伤、成像等）等。下面介绍几种超声波传感器的具体应用。

（1）超声波测厚　超声波测量金属零部件的厚度，具有测量精度高、测试仪器轻便、操作安全简单、易于读数或实行连续自动检测等优点。但是，对于声衰减很大的材料，以及表面凹凸不平或形状很不规则的零部件，利用超声波测厚比较困难。

超声波测厚常用脉冲回波法，如图 6-18 所示。超声波探头与被测物体表面接触。主控制器产生一定频率的脉冲信号送往发射电路，经电流放大后激励压电式探头，以产生重复的超声波脉冲。脉冲波传到被测工件另一面被反射回来（回波），被同一探头接收。如果超声波在工件中的声速 c 已知，设工件厚度为 δ，脉冲波从发射到接收的时间间隔为 t，将发射脉冲和反射回波脉冲加至示波器垂直偏转板上，标记发生器输出已知时间间隔的脉冲，也加至示波器垂直偏转板上，线性扫描电压加在水平偏转板上，可从显示屏上直接观

测发射和反射回波脉冲，并由波峰间隔及时基求出时间间隔 t。则可求出工件厚度为

$$\delta = \frac{ct}{2} \tag{6-26}$$

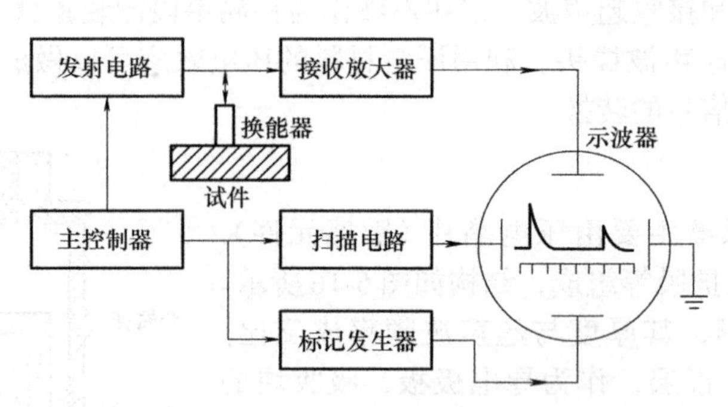

图 6-18　脉冲回波法测厚方框图

（2）超声波测距　超声波传感器测距的关键是利用时钟脉冲对发送和接收之间的延迟时间进行计算。汽车倒车防撞装置是超声波测距的典型应用，如图 6-19 所示。该防撞装置使用单探头超声传感器，安装在汽车尾部，汽车倒车时超声传感器向后发射脉冲超声波，遇到障碍物后，超声波反射回超声传感器。根据接收超声波与反射超声波的时间差 Δt，可换算出汽车与障碍物间距离 d，即

$$d = \frac{v\Delta t}{2} \tag{6-27}$$

式中，v 是超声波在空气中传播的速度。

如果该距离达到或小于事先设定的倒车最小距离，检测电路就会发出报警信号，提醒司机停止继续倒车以防撞到障碍物。

（3）超声流量计　超声流量计结构示意如图 6-20 所示。超声波在流体中传播速度与流体的流动速度有关，在顺流和逆流的情况下，发射和接收的相位差与流速成正比，据此可以实现流量的测量。

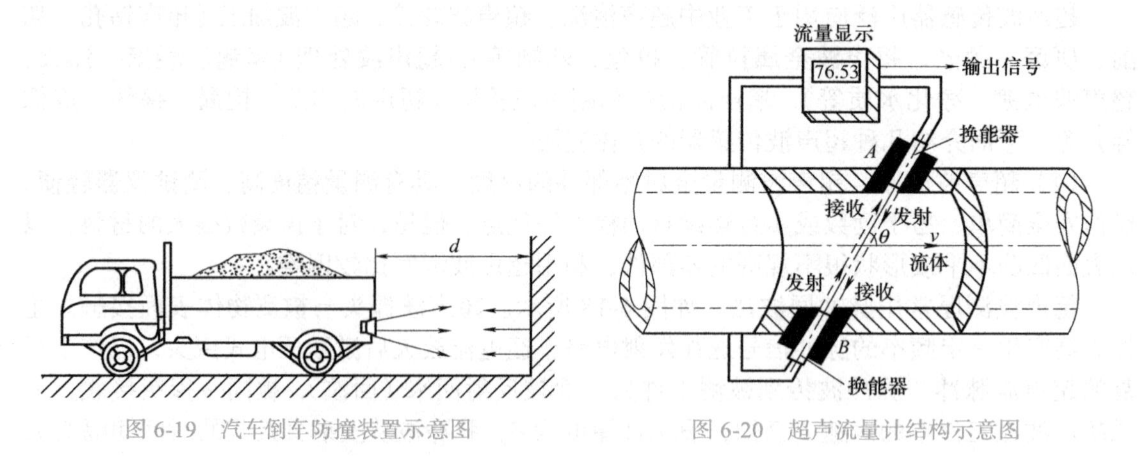

图 6-19　汽车倒车防撞装置示意图

图 6-20　超声流量计结构示意图

20 世纪 90 年代气体超声流量计在天然气工业中的成功应用取得了突破性的进展，一

些在天然气计量中的疑难问题得到了解决，特别是多声道气体超声流量计已被气体工业界接受，多声道气体超声流量计是继气体涡轮流量计后被气体工业界接受的最重要的流量计量器具。

6.2.2　压电声表面波传感器

声表面波（Surface Acoustic Wave，SAW）是一种很特殊的声波，是英国物理学家瑞利在 19 世纪 80 年代研究地震波过程中发现的一种能量集中于地表面传播的声波。SAW 传感器是继陶瓷、半导体和光纤等传感器之后发展起来的一种新型传感器。到目前为止，这种传感器的实用程度还不是很高，但这种传感器可以对电学、热学、力学、声学、光学及生物学等各种因素敏感，且大部分传感器工作时信号以频率形式输出，不需要 A/D 转换器即可与计算机连接，因此在测量方面具有得天独厚的优越性。此外，SAW 传感器还具有尺寸小、价格低、精度高、灵敏度高及分辨率高等优点，并且其制作工艺可与集成电路工艺兼容，可将传感器与信号处理电路制作在同一芯片上，不但可靠性高、重复性好，而且适宜大规模生产。

1. 结构组成及工作原理

SAW 传感器的核心是 SAW 振荡器。当受到外界物理、化学或生物量的作用时，SAW 振荡器的振荡频率会发生相应的变化，通过精确测量振荡频率的变化，可以实现检测上述物理量及化学量变化的目的。如图 6-21 所示，SAW 传感器主要由压电基底、叉指换能器（Interdigital Transducer，IDT）等部分组成。工作时输入电信号，经过输入 IDT 发生声—电转换，将电信号转换为声波信号。

IDT 是在压电基底表面采用溅射、光刻等方法形成的手指交叉状的金属图案膜，如图 6-22 所示，它的作用是实现声—电转换。其工作原理是当在压电基底上的一组 IDT 的输入端施以交变电信号激励时，会产生周期分布的电场，由于逆压电效应，在压电介质表面附近激发出相应的弹性形变，从而引起固体质点的振动，形成沿基底表面传播的声表面波。当该声表面波传到压电介质的另一端时，又因为正压电效应在金属电极两端产生电荷，从而利用另一组 IDT 输出交变电信号。

图 6-21　SAW 传感器结构示意图（延迟线型）

图 6-22　IDT

从结构角度来说，SAW 传感器主要包括延迟线型和振子型两种。延迟线型 SAW 振荡器基本结构如图 6-21 所示。

利用压电基底上左侧的输入 IDT，借助逆压电效应将加载的电信号转换成 SAW 信号，所激发出的 SAW 在位于两个 IDT 之间的压电介质中传播，运动至位于右侧的输出 IDT 后，通过正压电效应将声信号再转换成电信号输出，经放大后反馈到输入 IDT 保持振荡状态。

SAW 在 IDT 中心距之间产生传输延迟，称为 SAW 延迟线。其振荡频率为

$$f_0 = \frac{V_R}{L}\left(n - \frac{\varphi_E}{2\pi}\right) \tag{6-28}$$

式中，V_R 为 SAW 传播速度；L 为两个 IDT 之间的距离；φ_E 为放大器相移量；n 为正整数（与电极形状及 L 值有关）。

当 φ_E 值不变，外界被测参量变化时，会引起 V_R、L 值变化，从而引起振荡频率改变，即

$$\Delta f / f_0 = \Delta V_R / V_R - \Delta L / L \tag{6-29}$$

因此，根据 Δf 的大小即可测出外界参量的变化量，这就是声表面波（SAW）器件的工作原理。

振子型 SAW 振荡器是将基底材料表面中央做成 IDT，并在其两侧配置两组反射栅阵列构成，反射栅阵列能够将一定频率的入射波能量限制在由栅条组成的谐振腔内。根据端口不同可分为单端口和双端口，单端口振子型振荡器中间为一个 IDT，如图 6-23 所示，IDT 既是发射端，也是接收端；双端口振子型振荡器中间为两个 IDT，如图 6-24 所示，一个 IDT 作为发射端，另一个 IDT 作为接收端。

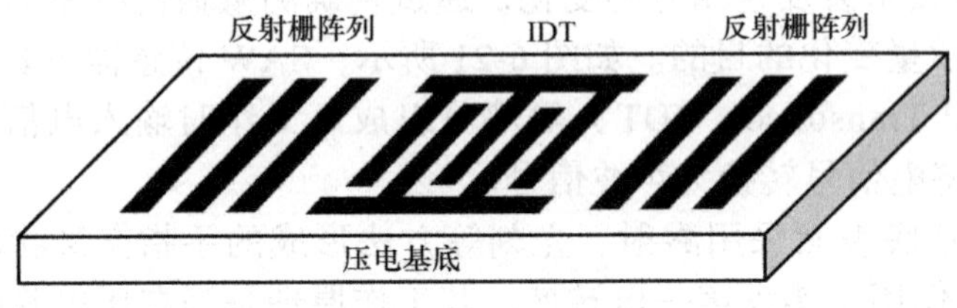

图 6-23　振子型振荡器基本结构（单端口）

图 6-24　振子型振荡器基本结构（双端口）

以单端口为例，其振荡频率 f_0 与叉指电极周期长度 T 及声表面波传播速度 V_R 有关，即 $f_0 = V_R / T$。外界待测参量变化时会引起 V_R 和 T 变化，从而引起振荡频率改变，即

$$\Delta f / f_0 = \Delta V_R / V_R - \Delta T / T \tag{6-30}$$

因此，测出振荡频率的改变量即可求出待测参量的变化。根据基片材料（压电晶片）的逆压电效应，可制成 SAW 温度、压力、电压、加速度、流量和化学传感器，通过测量振荡频率的变化而获得待测参量值，适合于高精度遥测、遥控系统。

2. 典型应用

（1）SAW 加速度传感器　如图 6-25 所示，SAW 加速度传感器采用悬臂梁式弹性敏感结构，在由压电材料（如压电晶片）制成的悬臂梁的表面上设置 SAW 振荡器。加载到悬臂梁自由端的敏感质量块感受被测加速度，在敏感质量块上产生惯性力，使振荡器区域产生表面变形，改变 SAW 的波速，导致振荡器的中心频率发生变化。因此 SAW 加速度传感器实质上是加速度 – 力 – 应变 – 频率变换器。输出的频率信号经相关处理，就可以得到被测加速度的值。

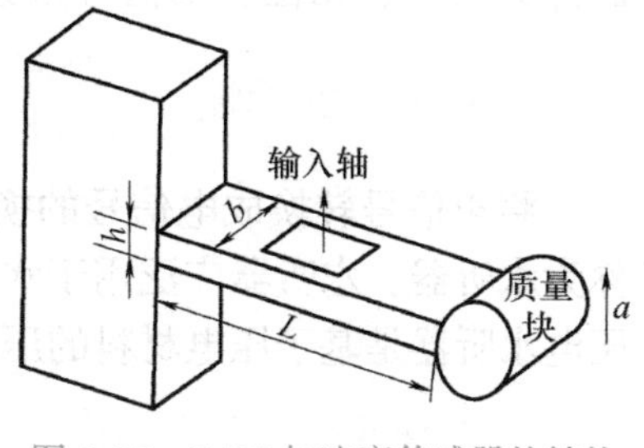

图 6-25　SAW 加速度传感器的结构示意图

（2）SAW 气体传感器　一个基本的 SAW 气体传感器单元主要由压电基底材料、激励声波的 IDT 和气敏薄膜组成，如图 6-26 所示。SAW 气体传感器的气敏薄膜材料可分为有机聚合物、超分子化合物、无机膜材料、分子液晶材料、生物分子和纳米材料等不同类型。气敏薄膜材料的涂覆可通过直接涂层法、Langmuir–Blodgett 膜技术、电化学聚合技术、自组装单层膜技术等镀膜工艺实现。

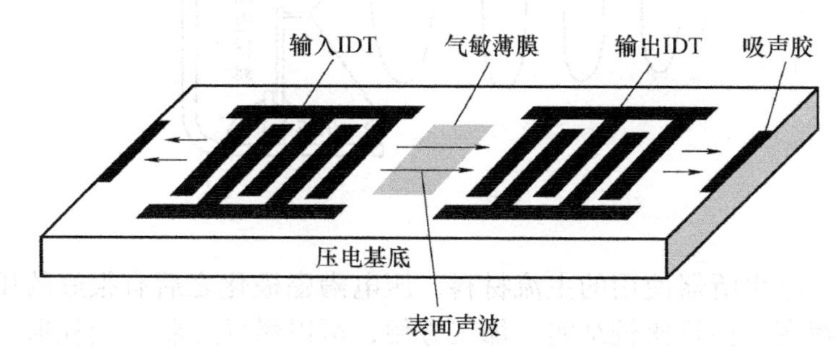

图 6-26　SAW 气体传感器结构示意图

IDT 将输入的电信号转换为声波信号，当声表面波通过气敏薄膜下的压电晶片时，由于气敏薄膜对待测气体的吸附使得气敏薄膜的相关参数发生变化，从而引起 SAW 的传播速度、频率或相位的改变，之后再通过转换器将变化后的声波信号转换成电信号，再经外围电路处理，实现对待测气体的检测。

（3）SAW 生物传感器　SAW 生物传感器的检测原理如图 6-27 所示，由声表面波器件、生物敏感层（吸附膜）、信号产生与处理器等组成。

当输入 IDT 上加载特定频率的交流信号时，IDT 将电信号转化为相应的声波信号，并沿器件表面传播。生物敏感层可以特异性地捕获生物检测目标物，当抗体（或抗原）、DNA、细胞等生物体与传感器表面发生特异性反应后，会被结合在器件表面。由于被结合的目标物在器件表面形成的质量负载效应，使声表面波在传播过程中受到影响，最终表现为波速、相位和幅值等参数的

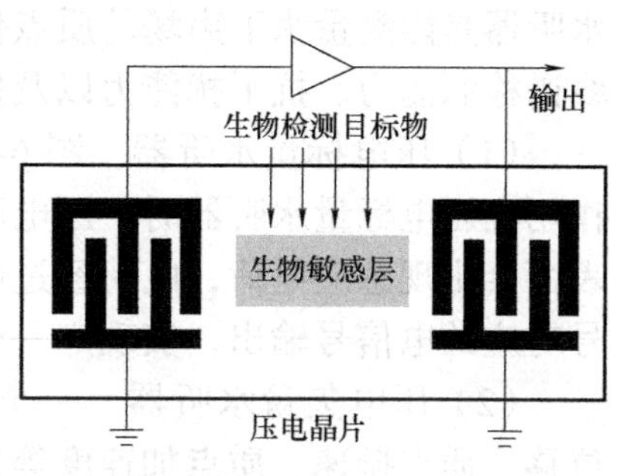

图 6-27　SAW 生物传感器的检测原理

变化。声表面波传播到器件另一端的输出 IDT 时，转变为电信号输出。通过对声表面波器件的频率、相位、幅值等参数进行测量，从而实现对生物信号的检测。

6.2.3 压电水听器

将声信号转换成电信号的换能器，用来接收水中的声信号，称为水下接收换能器，也常称为水听器。水听器广泛用于水中通信、探测、目标定位、跟踪等，是声呐的重要组成部分。压电水听器是基于压电材料的压电效应制成的水听器，是水听器中被广泛采用的一种形式。

1. 结构组成及工作原理

压电水听器的基本结构如图 6-28 所示，水中声波会让水压产生变化，作用在压电材料上，使之产生形变，由于压电材料存在压电效应，产生与所受的外力大小成正比的电荷，从而反映水压的变化，获取声波信息。这就是压电水听器的基本工作原理。

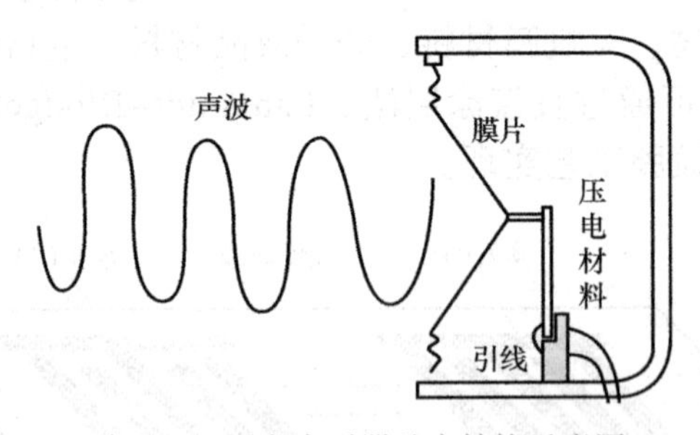

图 6-28 压电水听器基本结构示意图

压电陶瓷是压电水听器使用的主流材料，压电陶瓷极化之后有很好的压电性能，输出功率和灵敏度都很高，而且比较结实、加工方便，可以做成片状、圆柱形、球形等。随着聚偏氟乙烯（PVDF）等压电高分子材料的发展，利用 PVDF 压电薄膜压电常数高、质量轻、强度高、柔韧性强等特点，可以做成具有极高灵敏度的压电薄膜水听器，在体积、形状等方面限制更少，也日益得到研究和关注。

按照探测的声学信号物理性质的不同，压电水听器可以分为标量水听器和矢量水听器两种类型。标量水听器又称声压水听器，通过能量转换的方法将声压信号转换为电信号，实现对声信号的监测，但是只能测量到声信号具体的声压值，无法获得目标的位置。矢量水听器是能测量水下声场的质点位移、速度、加速度等矢量信息，从而使水声测量系统的线谱检测能力、抗干扰能力以及抗各向同性噪声的能力得到明显提高。

（1）压电标量水听器　图 6-29 是一种薄膜式压电标量水听器结构原理图。当声信号作用在压电标量水听器时，压电薄膜内会产生应变，由于正压电效应，在压电薄膜的上下表面会出现感应电荷，电荷经过电极收集后传输至后端信号处理电路中，既可得到与声信号对应的电信号输出，实现声—电转换。

（2）压电矢量水听器　一个完整的声场不只具有声压特性，还包括声压梯度、质点位移、质点振速、质点加速度等矢量特性，通常采用矢量水听器来获取声场矢量特性。压电矢量水听器根据工作机理和被测物理量的不同，主要包括同振式压电矢量水听器和压差式压电矢量水听器两大类。

同振式压电矢量水听器是指将压电惯性传感器，如压电加速度传感器等对振动敏感的传感器安装在刚性的球体、圆柱体或椭球体等几何体中，当有声波作用时，刚性体会随流体介质质点同步振动，其内部的振动传感器拾取相应的声质点运动信息，因此也称为惯性式。压差式压电矢量水听器拾取的水下矢量信号是声压梯度信号，通过计算得到介质质点的振动信息。目前，同振式压电矢量水听器在实际工程中的应用更广泛。图 6-30 所示为一种球形同振式压电矢量水听器内部结构示意图。

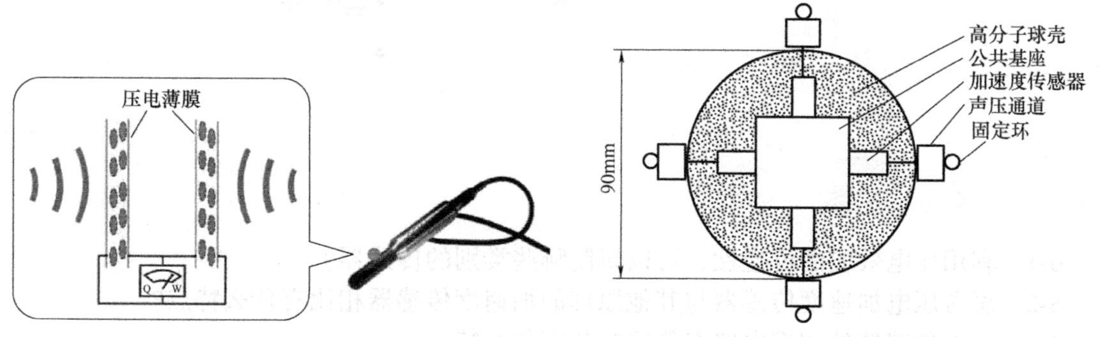

图 6-29　薄膜式压电标量水听器结构原理图　　图 6-30　球形同振式压电矢量水听器结构示意图

2. 典型应用

（1）潜艇声呐　潜艇作为水下舰艇，需要依赖声呐技术来感知周围环境、检测目标和进行导航。而水听器是潜艇声呐系统中不可或缺的部分，其通过将水中的声波转换为电信号，实现了潜艇对水下环境的感知和通信，如图 6-31 所示。除了作为传感器接收声音，压电水听器也可以用作发射声波的源头，实现潜艇之间的通信。通过调节声波的频率和幅度，潜艇可以进行短距离或者长距离的通信，实现密集区域内的信息传递或者远距离通信。此外，潜艇在水下移动时需要依赖声呐进行导航，可以利用水听器接收到的声音来确定周围水域的地形特征，进而进行航线规划和航行控制，确保潜艇安全地航行。

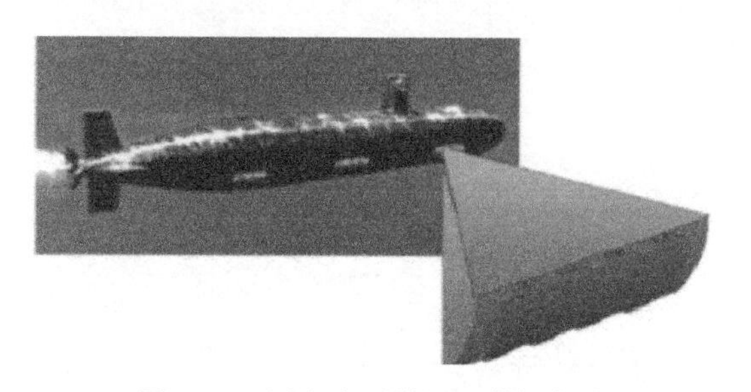

图 6-31　压电水听器用于潜艇声呐

（2）海洋噪声监测　海洋噪声是水声信道中的一种干扰背景场，是在海洋中由水听器接收的除自噪声以外的一切噪声，包括生物噪声、地震噪声、雨噪声、人为噪声（航海、工业、钻探等噪声）等。如图 6-32 所示，利用压电声压水听器、矢量水听器组成的浮标系统和坐底式系统在不同海域的大陆架、深海处进行声强测量，有助于了解海洋噪声的来源、分布和影响，制定有效的海洋环境管理和保护政策。通过监测海洋噪声，可以及时发现和应对环境污染、生态破坏等问题，从而保护海洋生态系统的完整性和稳定性。

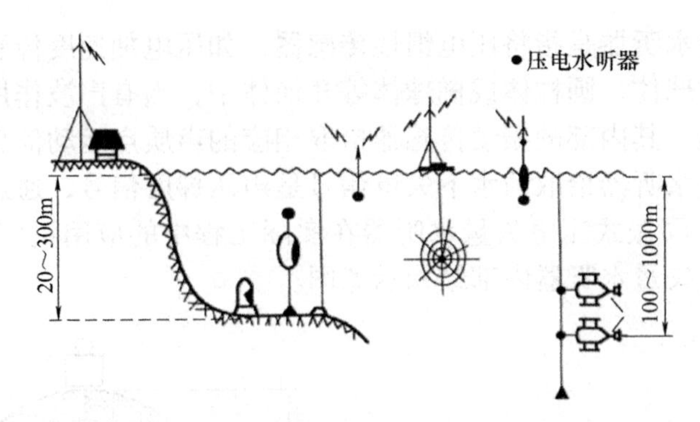

图 6-32　压电水听器系统监测海洋噪声示意图

思考题与习题

6-1　利用压电效应的可逆性，可以研制哪些类别的传感器？

6-2　思考压电加速度传感器与其他原理的加速度传感器相比有什么特点？

6-3　压电传感器的调理电路有哪些？各有什么特点？

6-4　某压电加速度计的电压放大器总的输入电容 C=500pF，总的输入电阻 R=968MΩ，传感器机械系统固有频率 f_0=30kHz，阻尼比为 0.5。根据所学知识，求幅值误差小于 5% 时的使用频率 f 的范围。

6-5　压电力传感器适合应用于哪些场合？

6-6　简述压电超声波传感器的组成和工作原理。

6-7　压电水听器和第 5 章的光纤水听器比较各有什么特点？

第 7 章　磁电传感器

磁电传感器是基于磁阻效应或电磁感应原理将被测量转换成电量的传感器，具有小体积、低成本、使用灵活、可非接触测量等优点，广泛应用于转速、振动、位移、扭矩、磁场等物理量测量。本章主要介绍磁阻传感器、电涡流传感器、磁通门传感器的工作原理及典型应用。

7.1　磁阻传感器

磁阻传感器是根据材料或器件的磁电阻效应，将被测量通过磁场转换成电阻变化的传感器。根据磁阻效应不同，主要分为各向异性磁电阻（AMR）、巨磁电阻（GMR）及隧道磁电阻（TMR）等类型。

7.1.1　各向异性磁电阻（AMR）传感器

1. AMR 效应

AMR 元件通常采用真空镀膜工艺将磁电阻材料制成薄膜形式，薄膜厚度为几百埃，宽度为几十微米，长度从几百至几千微米不等。

当电流通过薄膜时，如果存在外磁场，薄膜上的小磁区会沿着磁化方向排列，电流和磁化方向之间的夹角变化就会引起薄膜电阻率的变化，如图 7-1 所示。磁化强度与电流方向平行时，电阻率用 $\rho_{//}$ 表示；磁化强度与电流方向垂直时，电阻率用 $\rho_{\perp}$ 表示。外磁场作用下各向异性磁电阻材料电阻率的最大变化量为

$$\Delta\rho_{\mathrm{m}} = \rho_{//} - \rho_{\perp} \tag{7-1}$$

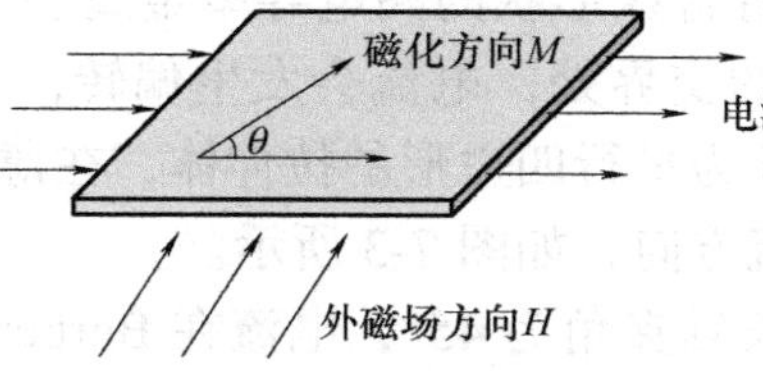

图 7-1　AMR 效应原理图

相对变化率为

$$\alpha = \frac{\Delta\rho_m}{\rho_{av}} \tag{7-2}$$

式中，ρ_{av}为平均电阻率，可以表示为

$$\rho_{av} = \frac{1}{3}\rho_{//} + \frac{2}{3}\rho_{\perp} \tag{7-3}$$

没有外磁场作用时，磁电阻材料的电阻率用ρ_0表示。由于$\rho_0 \approx \rho_{av}$，所以相对变化率α可以表示为

$$\alpha = \frac{\Delta\rho_m}{\rho_0} = \frac{\rho_{//} - \rho_{\perp}}{\frac{1}{3}\rho_{//} + \frac{2}{3}\rho_{\perp}} \tag{7-4}$$

当 AMR 的磁化强度与电流方向夹角为θ时，其电阻率$\rho(\theta)$满足：

$$\rho(\theta) = \rho_{\perp}\sin^2\theta + \rho_{//}\cos^2\theta = \rho_{//} - \Delta\rho_m \sin^2\theta \tag{7-5}$$

在图 7-1 中，当无外磁场时，磁化方向M与电流方向平行，此时薄膜电阻率为最大值。随着外磁场H增大，M发生逆时针偏转，偏转角θ角度会越来越大，薄膜电阻率会不断减小。电阻率与偏转角θ之间的关系曲线，如图 7-2 所示。

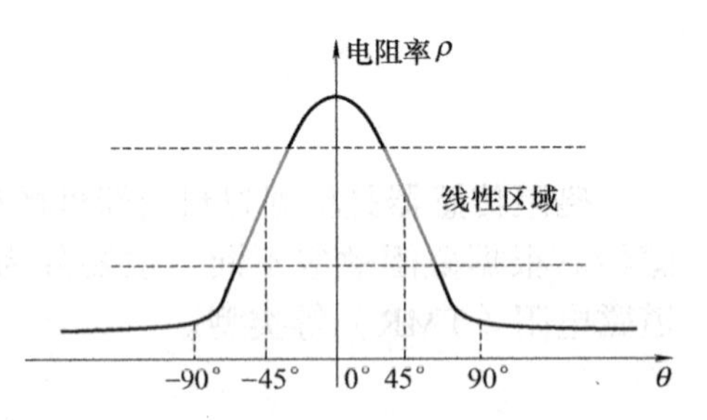

图 7-2　AMR 电阻率与偏转角θ之间的关系曲线

从图 7-2 中可以发现，在磁场和偏转角变化的过程中，输入磁场和电阻率并不完全保持线性关系，只有在偏转角在 45° 附近时，两者之间呈现出较好的线性关系。因此，为了获得较好的线性输出曲线，通常采用偏置的方法，将该曲线进行平移，使得线性输出的范围正好落在零磁场附近。

2. AMR 磁场偏置

AMR 传感器需要采用磁场偏置方法来保证 AMR 工作在线性区。常用偏置方案主要包括外加磁场偏置和电极偏置。外加磁场偏置通过调节螺线圈电流的大小来控制外加磁场的强度，可以灵活控制薄膜磁化方向的角度。但螺线圈会占用传感器芯片上较多的面积，使传感器芯片结构更加复杂，功耗更大。

电极偏置方案工艺简单、占用面积小、能耗低并且在弱磁场下具有很高的灵敏度。偏置电极是在薄膜上制备一层具有特殊形状的高电导率金属层，也称作 Barber 电极。由于电极电导率高，在薄膜与电极的交界处，电流会发生偏转，它的方向会垂直于薄膜与电极的交界线，因此，电极可设计为平行四边形的拉伸体，在薄膜磁阻条上以一定的间隔排列，来改变薄膜磁阻条上的电流方向，如图 7-3 所示。

Barber 电极与薄膜磁阻条长轴夹角为 45°，电流在 Barber 电极间流动的方向为图 7-3 中的J方向。此时，在没有外磁场的作用下，薄膜的磁化方向M沿着磁阻条长轴方向，其与电流夹角θ为 45°。当施加x轴负方向磁场H_{out}时，磁化方向M逆时针偏转，电流方

向 J 保持不变，则夹角 θ 由 45° 逐渐变小，电阻率减小；反之，施加 x 轴正方向磁场时，夹角 θ 由 45° 逐渐变大，电阻率减小。经过 Barber 电极偏置之后，电阻率与夹角的关系曲线如图 7-4a 所示，对应的电阻率与外磁场的关系曲线（见图 7-4b）也发生了变化，线性区也落在零磁场附近区间内，有利于微弱磁场的测量。

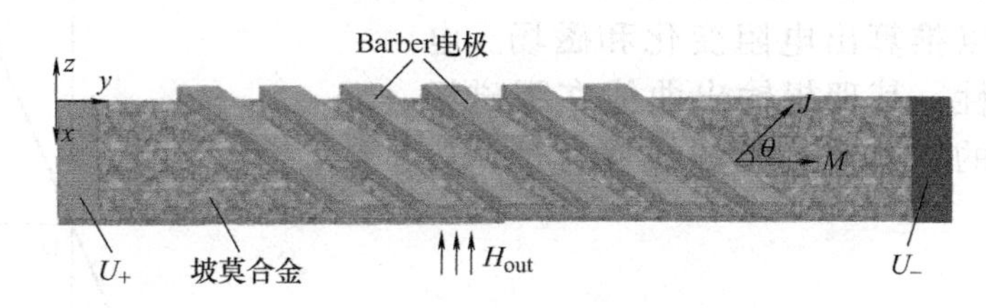

图 7-3　Barber 电极偏置原理图

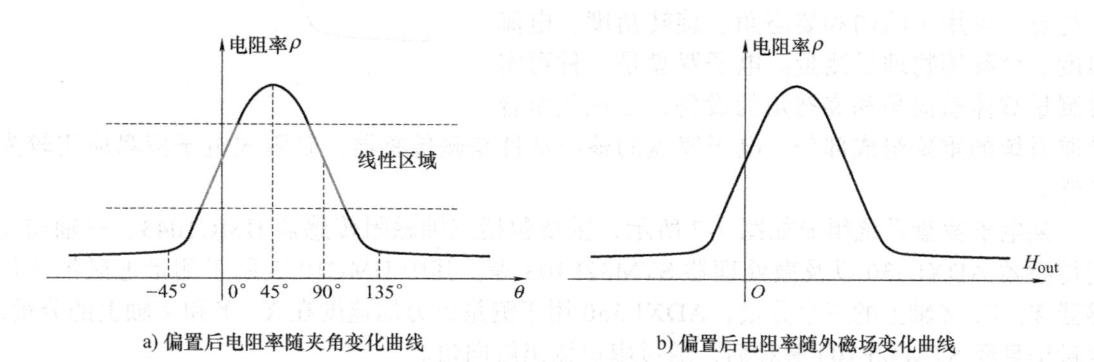

图 7-4　偏置后薄膜电阻率变化曲线

3. AMR 测量电路

为了抑制温度、电阻值波动对 AMR 传感器的影响，AMR 传感器内部通常设计成惠斯通电桥结构，如图 7-5 所示。R_1、R_2、R_3、R_4 为四个 AMR 薄膜磁阻条，V_{DD} 为电源，GND 为接地端，U_{O+} 与 U_{O-} 为输出端。

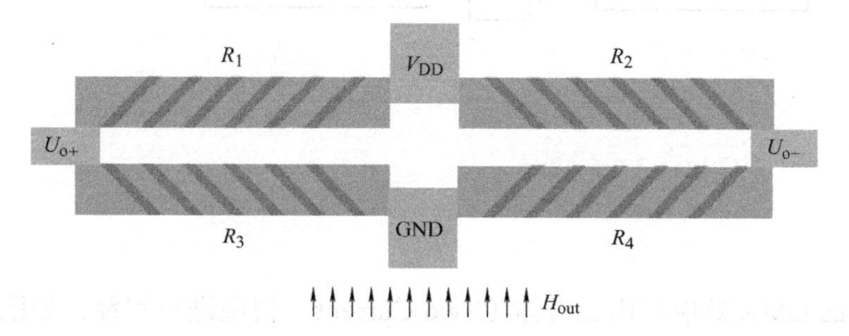

图 7-5　AMR 传感器惠斯通电桥结构

当没有外磁场作用时，$R_1=R_2=R_3=R_4$，$U_{O+}=U_{O-}$；当外磁场为 H_{out} 时，由于 R_1 和 R_4 的 Barber 电极角度相同，因此其电阻值同时减小 ΔR；而 R_2 和 R_3 的 Barber 电极角度相同，且与 R_1 和 R_4 相反，则 R_2 和 R_3 的电阻值同时增大 ΔR。根据分压原理，U_{O+} 与 U_{O-} 存在着电位差，此时电桥输出 U_{out} 为

$$U_{out} = U_{O+} - U_{O-} = \left(\frac{R_0 + \Delta R}{2R} - \frac{R_0 - \Delta R}{2R}\right)V_{DD} = \frac{\Delta R}{R_0}V_{DD} \tag{7-6}$$

由式（7-6）可知，惠斯通电桥将薄膜 AMR 因磁场作用产生的微小变化转换为电压输出，通过输出电压可以推算出电阻变化和磁场。电桥结构具有对称性，其理想输出曲线在零磁场附近会呈现良好的零点对称性和线性特性，如图 7-6 所示。

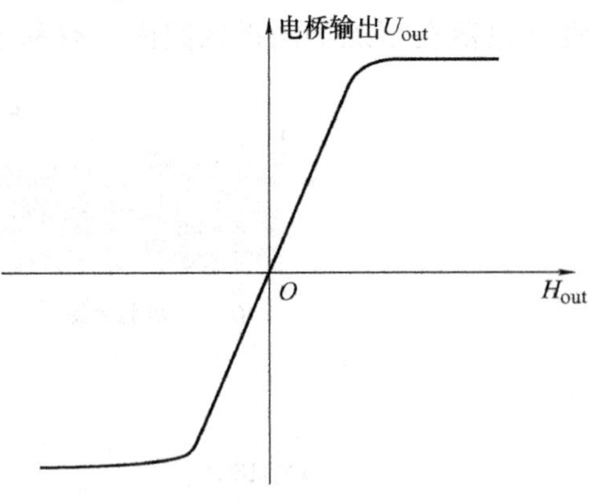

图 7-6 惠斯通电桥理想输出曲线

4. AMR 传感器的应用

AMR 传感器具有精度高、体积小、稳定性好等优点，可用于航向和姿态角、旋转角度、电流强度、位移等物理量测量。电子罗盘是一种可实时测量载体航向角和姿态角的设备，是现代组合导航系统的重要组成部分。电子罗盘的核心部件是磁传感器，磁阻式电子罗盘应用较为广泛。

某电子罗盘系统组成如图 7-7 所示，主要包括三轴磁阻传感器 HMC1043、三轴加速度传感器 ADXL330 以及微处理器 STM32F103 等。其中 HMC1043 用于测量地磁场在传感器 *X*、*Y*、*Z* 轴上的三个分量，ADXL330 用于测量重力加速度在 *X*、*Y* 和 *Z* 轴上的分量，测量信息经 STM32F103 解算后，通过串口输出航向角。

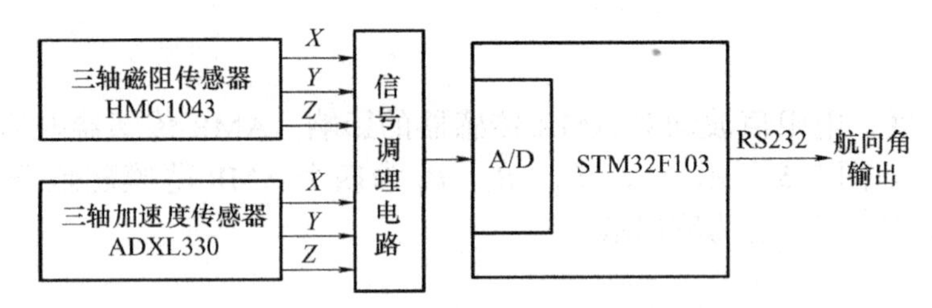

图 7-7 某电子罗盘系统组成

7.1.2 巨磁电阻（GMR）传感器

1. GMR 效应的二流体模型

多层薄膜的 GMR 效应可用二流体（Two Current）模型进行解释，如图 7-8 所示，其基本思想是将传导电子分成自旋向上输运和自旋向下输运两部分。图 7-8a 是外场为零时电子的运动状态，此时两相邻铁磁层的磁化方向反平行排列，无论哪种自旋状态的电子都难以穿越两个或两个以上的磁层，称作高电阻状态，可以用图 7-8c 的等效电路表示，其中 $R>r$。图 7-8b 是外加磁场足够大时，原本反平行排列的铁磁层磁化方向都沿外场方向排列，50% 左右的传导电子可以穿过多层磁层，称作低电阻状态，可以用图 7-8d 等效电路表示。

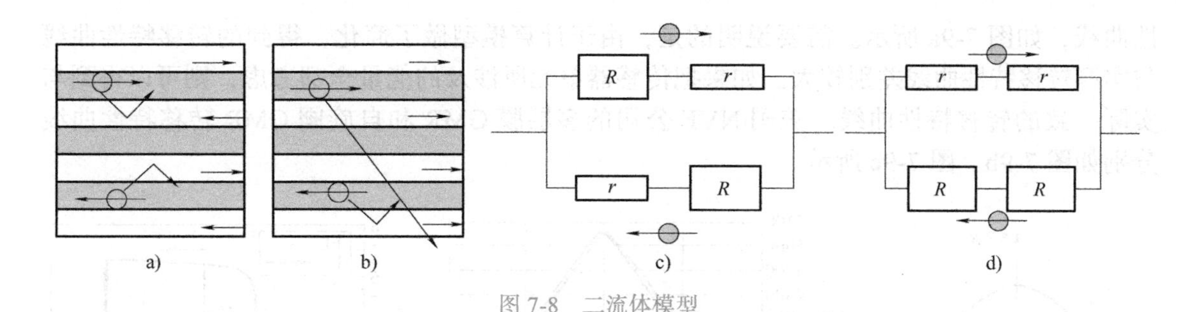

图 7-8　二流体模型

当磁性层的磁化方向平行时，有

$$\frac{1}{R_p}=\frac{1}{2r}+\frac{1}{2R}\Rightarrow R_p=\frac{2rR}{r+R} \tag{7-7}$$

当磁性层的磁化方向相反时，有

$$\frac{1}{R_{ap}}=\frac{1}{r+R}+\frac{1}{r+R}\Rightarrow R_{ap}=\frac{r+R}{2} \tag{7-8}$$

比较式（7-7）和式（7-8），有

$$R_{ap}-R_p=\frac{(R-r)^2}{2(r+R)}>0 \tag{7-9}$$

由此可见，铁磁层的磁化方向反平行时的总电阻比磁化方向平行时的总电阻大。

2. GMR 传感器的转移特性曲线

GMR 磁电阻可以表示为

$$R(H)=R_p+\frac{R_{ap}-R_p}{2}[1-\cos(\theta_1-\theta_2)] \tag{7-10}$$

式中，R_p 和 R_{ap} 分别是磁性膜平行与反平行时的电阻；θ_1 和 θ_2 分别是两层磁性膜的磁矩分布角度。

如果待测磁场 H 很小，满足：

$$|H-H_{coupl}|\leqslant H_a \tag{7-11}$$

式中，H_a 为自由层中各向异性磁场；H_{coupl} 为磁性层间交换耦合磁场，可简化为

$$R(H)=R_p+\frac{R_{ap}-R_p}{2}\left(1-\frac{H-H_{coupl}}{H_a}\right) \tag{7-12}$$

以交换耦合多层膜结构为例，可以得到 GMR 转移特性函数：

$$R(H)=R_p+(R_{ap}-R_p)\left(1-\frac{H^2}{(H_S+H_k)^2}\right)\quad (H<H_S+H_k) \tag{7-13}$$

式中，H_k 为各向异性磁场；H_S 为交换耦合磁场。

将式（7-13）曲线绘制在笛卡儿坐标中，可得到交换耦合薄膜 GMR 传感器的转移特

性曲线，如图 7-9a 所示。需要说明的是，由于计算模型做了简化，得到的转移特性曲线与实测转移特性曲线差别较大。如果把传感器单元所涉及的能量全部考虑，则可以得到与实际一致的转移特性曲线。美国 NVE 公司的多层膜 GMR 和自旋阀 GMR 转移特性曲线分别如图 7-9b、图 7-9c 所示。

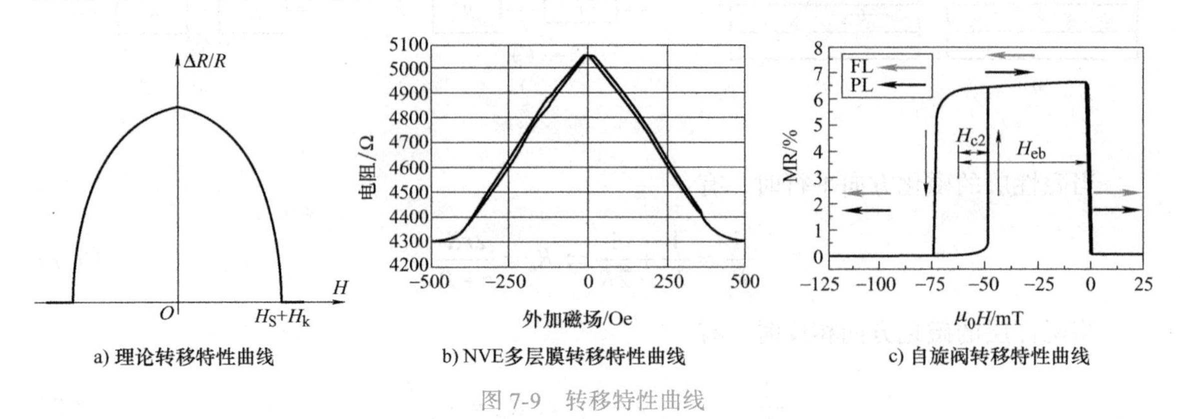

a) 理论转移特性曲线　b) NVE多层膜转移特性曲线　c) 自旋阀转移特性曲线

图 7-9　转移特性曲线

3. GMR 传感器测量电路

图 7-10a 是美国 NVE 公司多层薄膜 GMR 传感器的惠斯通电桥结构，对角位置的两个 GMR 电阻条 R_1 和 R_3 覆盖了一层高磁导率的材料（见图 7-10b），用于屏蔽外磁场的影响，作为参考电阻条；另外两个 GMR 电阻条 R_2 和 R_4 可以感知外磁场，传感器输出与磁场成正比。而且高磁导率材料对电阻条 R_2 和 R_4 起到磁力线汇聚的作用，称为“磁通聚集器”，进一步提高了传感器的磁场灵敏度。

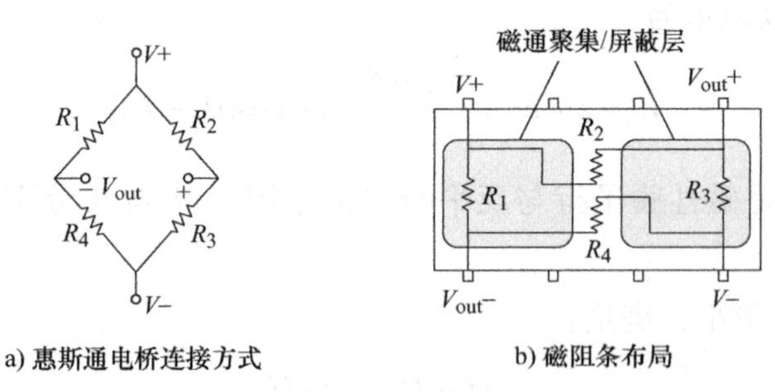

a) 惠斯通电桥连接方式　b) 磁阻条布局

图 7-10　多层薄膜 GMR 传感器的惠斯通电桥结构

4. GMR 传感器的应用

GMR 已在磁传感器、计算机磁头、磁随机存取存储器等领域得到商业化应用。随着生物科技发展，基于 GMR 的生物传感器已被用于各种生物标志物的检测，例如前列腺癌、卵巢癌、肺癌以及病毒和有毒离子等类型分析物。下面介绍 GMR 生物传感器在病原体检测中的应用。

GMR 生物传感器检测原理分为两类：第一类利用 GMR 生物传感器直接检测生物组织本身产生的微弱磁信号，但微弱生物磁信号容易受到环境噪声的干扰，因此需要在磁屏蔽环境中进行；另一类是使用 GMR 生物传感平台，采用靶向标签（如磁性纳米粒子（MNP）、磁珠）来标记生物分析物，并通过量化靶向标签的数量来计算生物标志物的浓度。这些靶向标签通常使用蛋白质或核酸探针进行功能化，能够与目标分析物特异性结合，并通过夹心法、竞争结合法等不同的免疫分析方法捕获到 GMR 生物传感器表面。在外磁场作用下，位于 GMR 生物传感器表面或附近的靶向标签会产生杂散场，从而改变传感器的输出信号。如图 7-11 所示，H 为外加磁场强度，R_m 为有 MNP 时的磁阻，R_{m0} 为无 MNP 时的磁阻。一般来说，与传感器表面结合的 MNP 越多，其电阻变化（即 R_m 和 R_{m0} 之间的差异）就越大。通过记录传感器电阻的变化来对靶向标签进行定量检测，从而完成生物标志物的检测。

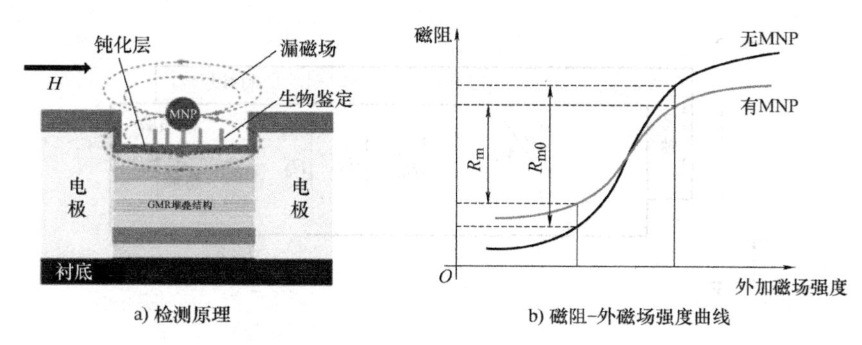

图 7-11　GMR 生物传感器检测原理图

7.1.3　隧穿磁电阻（TMR）传感器

1. TMR 效应理论模型

1975 年，Julliere 提出了 TMR 铁磁 / 绝缘体 / 铁磁三层膜理论模型，它有两个假设：①电子在隧穿过程中是自旋守恒的，即电子穿越绝缘体势垒时其自旋方向保持不变；②每个自旋通道的电导与该通道上两个磁性层的费米面上的有效态密度乘积成正比。

在零偏压情况下，两铁磁层的磁化矢量处于平行位置时的隧穿电导 G_p 可以表示为

$$G_p = C[N_{1,\uparrow}N_{2,\uparrow} + N_{1,\downarrow}N_{2,\downarrow}] \tag{7-14}$$

两磁性层的磁化矢量处于反平行时的隧穿电导 G_{ap} 可以表示为

$$G_{ap} = C[N_{1,\uparrow}N_{2,\downarrow} + N_{1,\downarrow}N_{2,\uparrow}] \tag{7-15}$$

式中，C 为常数；$N_{(1,2)(\uparrow,\downarrow)}$ 分别对应两个铁磁电极 (1,2) 费米面处多数自旋态和少数自旋态（↑,↓）的态密度。根据式（7-14）和式（7-15），隧穿磁电阻（TMR）可表示为

$$\mathrm{TMR} = \frac{\Delta R}{R_{ap}} = \frac{R_{ap} - R_p}{R_{ap}} = \frac{\Delta G}{G_p} = \frac{2P_1P_2}{1+P_1P_2} \tag{7-16}$$

式中，R_p 和 R_{ap} 分别为两铁磁层磁化方向平行和反平行时的隧穿电阻，P_1 和 P_2 分别对应两个铁磁电极的自旋极化率。如果 P_1 和 P_2 均不为零，则磁隧道结中存在磁电阻效应，且两个磁电极的自旋极化率越大，隧道结磁电阻值也越高。

2. TMR 转移特性曲线

当自由层的各向异性与钉扎层的单向钉扎各向异性相平行时，如图 7-12 所示，自由

层总的自由能为

$$E=-\mu_0 M_s^f H\cos\theta+\frac{1}{2}\mu_0 M_s^f H_k\sin^2\theta-\frac{1}{2}\mu_0 N M_s^f H_k\cos^2\theta+ H_d^p M_s^f\cos\theta-\mu_0 H_N M_s^f\cos\theta \tag{7-17}$$

式中，μ_0是真空磁导率；M_s^f是自由层饱和磁化强度；H_k是感生各向异性场；H_d^p是钉扎层作用于自由层上的退磁场；H_N是Néel场；N是退磁因子；θ是自由层磁矩与钉扎层磁矩的夹角。

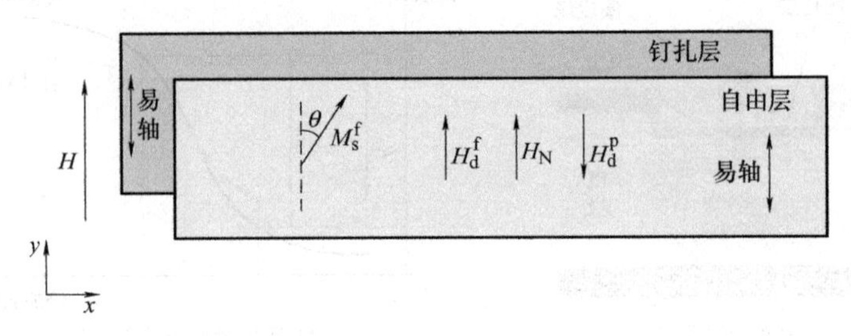

图 7-12　自由层与钉扎层各向异性平行情况

考虑自由层能量最小$\frac{\partial E}{\partial\theta}=0$，以及$\frac{\partial^2 E}{\partial\theta^2}=0$，可以得到

$$\begin{cases}H>H_d^p-H_N+(NM_s^f-H_k), & \theta=0\\ H<H_d^p-H_N-(NM_s^f-H_k), & \theta=\pi\end{cases} \tag{7-18}$$

根据式（7-18）得到各向异性平行情形下的两种转移特性曲线，如图 7-13 所示。

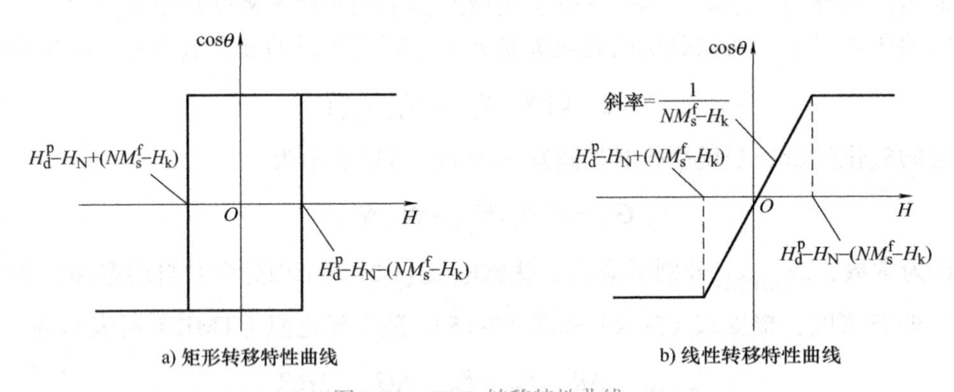

图 7-13　TMR 转移特性曲线

分析可知，当$H_k>NM_s^f$时，转移特性曲线为矩形磁滞回线，如图 7-13a 所示，这种转移特性曲线可以用作磁电阻随机存储器（MRAM）；当$H_k<NM_s^f$时，转移特性曲线为线性，如图 7-13b 所示，这种转移特性曲线可以用作磁场传感器。在 TMR 单元制备过程中，通过控制薄膜尺寸（即做成长条形），可以满足$H_k<NM_s^f$的条件；通过控制形状以及磁性层材料的磁特性和厚度，可以满足$H_k>NM_s^f$的条件。

3. TMR 传感器输出信号与偏压之间的关系

实验表明，TMR 值会随直流偏压 V_{dc} 增加而显著减小，因此 TMR 传感器必须考虑偏压对输出信号的影响。通常把隧穿磁电阻比值降到最大值一半时的偏压值，即半峰值对应的偏压，记为 $V_{1/2}$，来评估磁隧道结的偏压特性。磁隧道结的 $V_{1/2}$ 越高越好，越有利于弱磁场测量。下面介绍两种提高 $V_{1/2}$ 值的方法。

一种是采用双势垒层隧道结。Colis 等人制备了 [IrMn/CoFe]/AlO_x/SL/AlO_x/[CoFe/IrMn] 对称结构的双隧道结，其中 SL 软磁层分别是 CoFe/NiFe/CoFe 复合软磁层、NiFe 单软磁层。这两种结构的磁隧道结均具有良好的偏压特性，复合软磁层隧道结的 $V_{1/2}$=1.33V，单软磁层的 $V_{1/2}$=1.0V，均大于单隧道结的 $V_{1/2}$（最大为 0.9V）。

另一种是采用多个磁隧道结串联成阵列。Freitas 等人采用 82 个 MgO 基隧道结单元构成 TMR 传感器，根据测试结果，单个隧道结传感器 $V_{1/2}$=0.2V，阵列式传感器 $V_{1/2}$=10.5V，偏压特性得到显著提升。

4. TMR 传感器的应用

TMR 可用于弱磁场、位置、开关状态、流量和电流等物理量测量，下面以 TMR 电流传感器为例进行介绍。TMR 电流传感器有三种典型结构：开环 TMR 电流传感器、闭环零磁通 TMR 电流传感器以及阵列式 TMR 电流传感器，如图 7-14 所示。开环 TMR 电流传感器结构简单、功耗低，磁导率为 μ_r 的聚磁环可以放大被测电流产生的磁场，可实现小电流的测量。闭环零磁通 TMR 电流传感器使用反馈线圈使 TMR 芯片始终工作在零磁通状态，可以测量上千安培的大电流。阵列式 TMR 电流传感器不需要聚磁环结构，安装方便，经过数据处理算法可大大降低导线偏心等因素引入的误差。

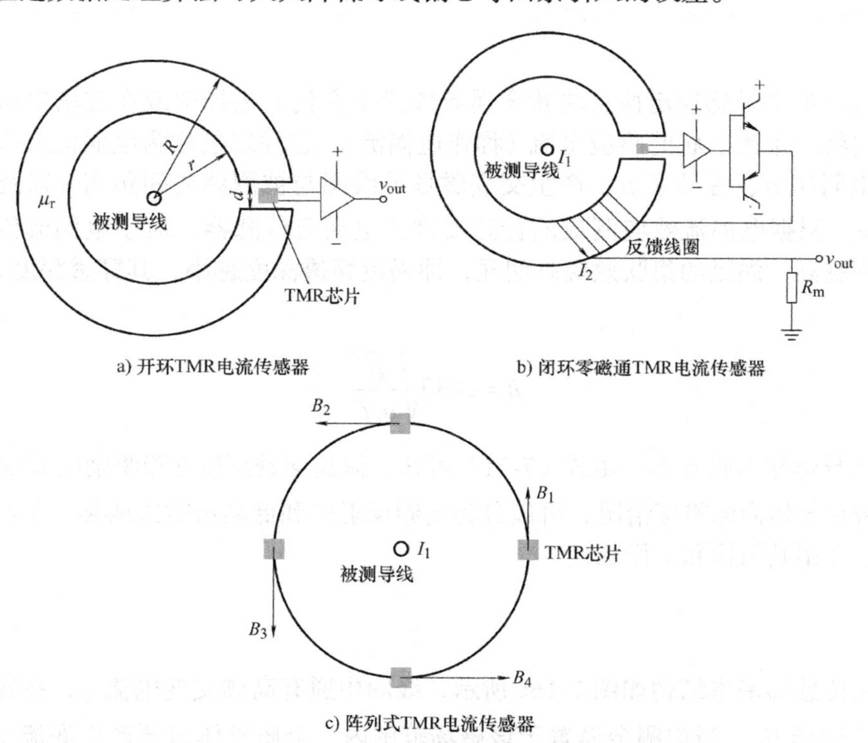

图 7-14　TMR 电流传感器常用结构

TMR 电阻变化量与电流产生的磁感应强度 B 之间的关系可表示为

$$\Delta R = kB \tag{7-19}$$

式中，k 为转换系数。TMR 传感芯片内部采用惠斯通全桥结构，等效电路如图 7-15 所示，每一桥臂上的 TMR 电阻磁敏方向相反，ΔV 为差分电压输出。待测电流可由式（7-20）计算。

$$I = \frac{2\pi d \Delta V}{\mu_0 V_{CC} S_{TMR}} \tag{7-20}$$

式中，$S_{TMR} = k/R$，为 TMR 芯片的灵敏度，单位为 mV/V/Oe。

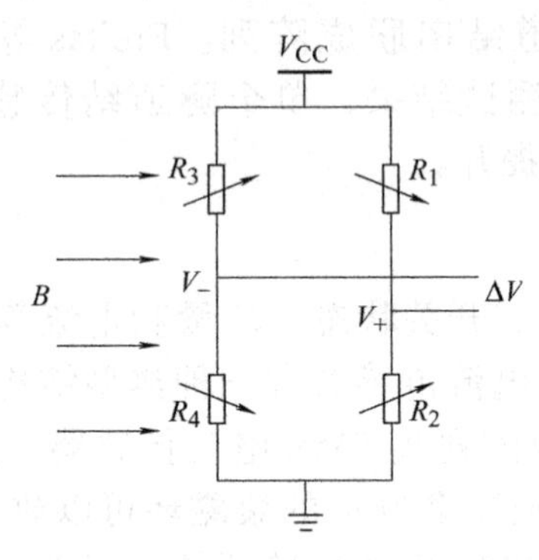

图 7-15 TMR 传感芯片等效电路图

7.2 电涡流传感器

7-1 电涡流效应

根据法拉第电磁感应定律，块状金属导体置于变化的磁场中或在磁场中切割磁力线时，导体内将产生漩涡状的感应电流（称作电涡流），这种现象称为电涡流效应。涡流大小与导体电阻率 ρ、磁导率 μ、产生交变磁场的线圈与被测体之间距离 x 以及线圈激励频率 f 有关。根据电涡流效应制成的传感器称为电涡流传感器。对于电涡流传感器，磁场变化频率越高，涡流的集肤效应越明显，即涡流穿透深度越小，其穿透深度 h（单位为 cm）为

$$h = 5030\sqrt{\frac{\rho}{\mu_r f}} \tag{7-21}$$

式中，μ_r 为导体相对磁导率。由式（7-21）可知，涡流穿透深度 h 和激励电流频率 f 有关，按照电涡流在导体内的贯穿情况，可以分为高频反射式和低频透射式两类。下面以高频反射式为例，介绍其结构和工作原理。

7.2.1 结构和工作原理

电涡流传感器基本结构如图 7-16a 所示，线圈中通有高频交变电流 i_1，在其周围会产生一个交变磁场 $\dot{H}_1$，当被测金属置于该磁场范围内，金属导体内便产生涡流 i_2，涡流也

将产生一个新磁场$\dot{H}_2$，$\dot{H}_2$与$\dot{H}_1$方向相反，因而抵消部分原磁场。当被测物体与传感器间的距离、周围介质等改变时，线圈的电感量、阻抗、品质因数均发生变化。

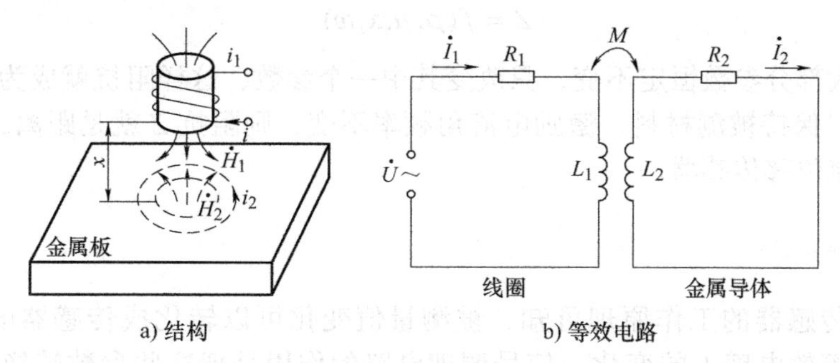

图 7-16　电涡流传感器原理图

线圈与金属导体之间通过电磁场联系，导体可以看作一个短路线圈，它与传感器线圈存在磁耦合，两者间关系可用图 7-16b 所示的等效电路表示。根据基尔霍夫定律，可列出电路方程为

$$\begin{cases} R_1\dot{I}_1 + \mathrm{j}\omega L_1\dot{I}_1 - \mathrm{j}\omega M\dot{I}_2 = \dot{U} \\ R_2\dot{I}_2 + \mathrm{j}\omega L_2\dot{I}_2 - \mathrm{j}\omega M\dot{I}_1 = 0 \end{cases} \tag{7-22}$$

式中，R_1和L_1为线圈的电阻和电感；R_2和L_2为金属导体的等效电阻和电感；$\dot{U}$为线圈激励电压。

传感器工作时的等效阻抗为

$$Z = \frac{\dot{U}}{\dot{I}_1} = R_1 + R_2\frac{\omega^2M^2}{R_2^2+\omega^2L_2^2} + \mathrm{j}\omega\left(L_1 - L_2\frac{\omega^2M^2}{R_2^2+\omega^2L_2^2}\right) \tag{7-23}$$

等效电阻和等效电感分别为

$$R = R_1 + R_2\frac{\omega^2M^2}{R_2^2+\omega^2L_2^2} \tag{7-24}$$

$$L = L_1 - L_2\frac{\omega^2M^2}{R_2^2+\omega^2L_2^2} \tag{7-25}$$

线圈的品质因数为

$$Q = \frac{\omega L}{R} = Q_0\frac{1-\dfrac{L_2}{L_1}\dfrac{\omega^2M^2}{Z_2{}^2}}{1+\dfrac{R_2}{R_1}\dfrac{\omega^2M^2}{Z_2{}^2}} \tag{7-26}$$

式中，$Q_0 = \dfrac{\omega L_1}{R_1}$为无涡流影响下的线圈的品质因数；$Z_2{}^2 = R_2^2+\omega^2L_2^2$为金属导体中产生涡流阻抗。

当被测参数变化，既能引起线圈阻抗Z变化，也能引起线圈电感L和线圈品质因数

Q 值变化。例如，线圈阻抗是金属导体的电阻率 ρ、磁导率 μ、线圈与金属导体的距离 x 以及线圈激励电流的角频率 ω 等参数的函数，可写成：

$$Z = f(\rho, \mu, x, \omega) \tag{7-27}$$

若能控制大部分参数恒定不变，只改变其中一个参数，这样阻抗就成为单个参数的单值函数。例如，保持被测材料、激励电流角频率不变，则阻抗 Z 就是距离 x 的单值函数，便可制成电涡流位移传感器。

7.2.2 信号调理电路

由电涡流传感器的工作原理可知，被测量值变化可以转化成传感器的品质因数 Q、等效阻抗 Z 和等效电感 L 的变化。信号调理电路的作用是把这些参数转换为电压或电流输出。

1. 交流电桥

如图 7-17a 所示，Z_1 和 Z_2 为线圈阻抗，它们可以是差动式传感器的两个线圈阻抗，也可以一个是传感器线圈，另一个是平衡用的固定线圈，它们与电容 C_1、C_2 和电阻 R_1、R_2 组成电桥的 4 个臂，电源 u 由振荡器供给，振荡频率根据电涡流传感器的需要选择，电桥将反映线圈阻抗的变化，把线圈阻抗变化转化成电压幅值的变化。

2. 谐振调幅电路

如图 7-17b 所示，该电路由传感器线圈的等效电感和一个固定电容组成并联谐振回路，由振荡器（如石英振荡器）提供高频激励信号。电阻 R 称为耦合电阻，其大小将影响转换电路的灵敏度。R 越大，灵敏度越低；R 越小，灵敏度越高。耦合电阻的选择应考虑振荡器的输出阻抗和传感器线圈的品质因数。

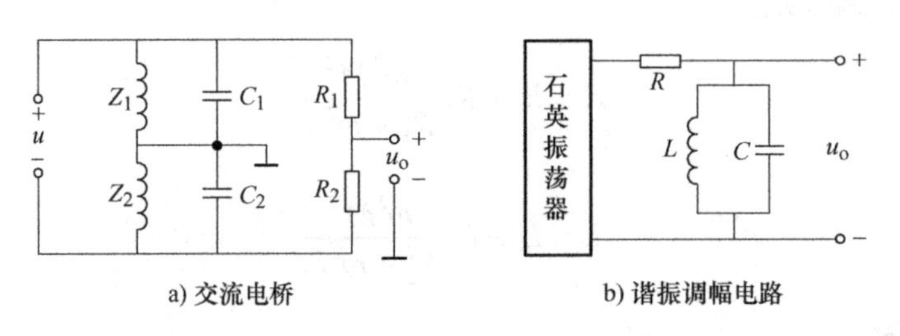

图 7-17　电涡流传感器信号调理电路

在没有金属导体的情况下，LC 谐振回路的谐振频率 $f_0 = 1/(2\pi\sqrt{LC})$ 等于激励振荡器的振荡频率（如 1MHz），这时 LC 回路呈现阻抗最大，输出电压的幅值也是最大。当传感器线圈接近被测金属时，线圈的等效电感发生变化，谐振回路的谐振频率和等效阻抗也跟着发生变化，致使回路偏离激励频率，谐振峰将向左或向右移动，如图 7-18a 所示。若被测体为非磁性材料，线圈的等效电感减小，回路的谐振频率提高，谐振峰向右偏离激励频率，如 f_1 和 f_2 所示；若被测材料为软磁材料，线圈的等效电感增大，回路的谐振频率降低，谐振峰向左偏离激励频率，如 f_3 和 f_4 所示。

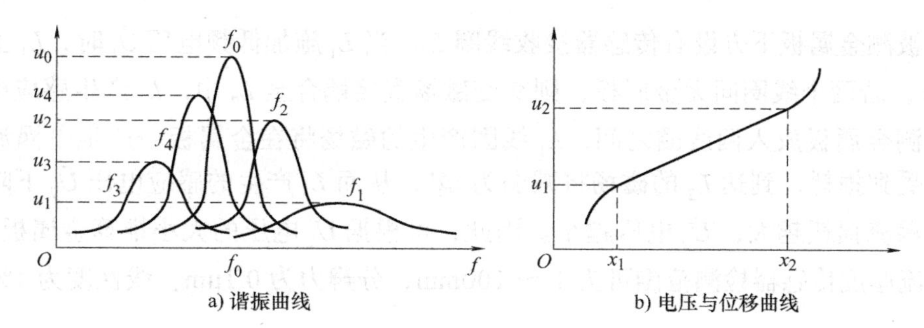

图 7-18　谐振调幅电路特性

以非磁性材料为例，可得输出电压幅值与位移 x 的关系，如图 7-18b 所示。这个特性曲线是非线性的，在一定范围（$x_1 \sim x_2$）内是线性的。

3. 谐振调频电路

传感器线圈接入 LC 振荡回路。当传感器与被测导体距离 x 改变时，在涡流影响下，传感器的电感变化将导致振荡频率的变化。如图 7-19a 所示，该变化频率是距离 x 的函数 $f = L(x)$，该频率可由数字频率计直接测量，也可先采用频率－电压变换再用数字电压表测量。谐振调频电路如图 7-19b 所示，它由克拉拨电容三点式振荡器（C_2、C_3、L、C 和 VT）以及射极跟随器两部分组成；振荡器的频率为 $f = 1/(2\pi\sqrt{LC})$，为了避免输出电缆的分布电容的影响，通常将 L 和 C 装在传感器内部，此时电缆分布电容并联在大电容 C_2 和 C_3 上，因而对振荡频率 f 的影响大大减少。

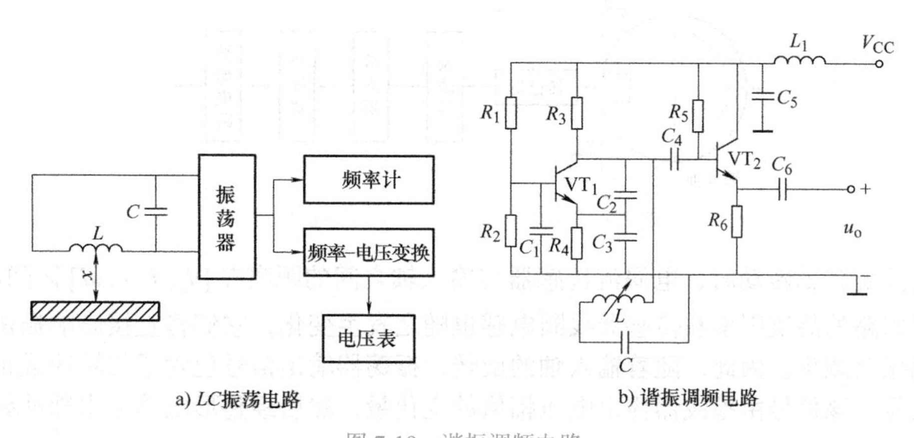

图 7-19　谐振调频电路

7.2.3　电涡流传感器应用

电涡流传感器灵敏度较高、适用性强、易于进行非接触的连续测量，可以用作位移、厚度、振幅、振摆、转速等测量传感器。下面介绍涡流厚度传感器与电涡流转速传感器。

1. 透射式涡流厚度传感器

图 7-20 所示为透射式涡流厚度传感器原理图。在被测金属板上方设有传感器发射线

圈 L_1，在被测金属板下方设有传感器接收线圈 L_2。当 L_1 施加低频电压 $\dot{U}_1$ 时，L_1 上产生交变磁场 $\varPhi_1$，若两个线圈间无金属板，则交变磁场直接耦合至 L_2 中，L_2 产生感应电压 $\dot{U}_2$。如果将被测金属板放入两线圈之间，L_1 线圈产生的磁场将在金属板中产生电涡流。此时磁场能量受到损耗，到达 L_2 的磁场将减弱为 $\varPhi_1'$，从而 L_2 产生的感应电压 $\dot{U}_2$ 下降。金属板越厚，涡流损耗越大，$\dot{U}_2$ 电压越小。因此，可根据 $\dot{U}_2$ 电压的大小推算金属板的厚度。透射式涡流厚度传感器检测范围可为 1 ～ 100mm，分辨力为 0.1μm，线性度为 1%。

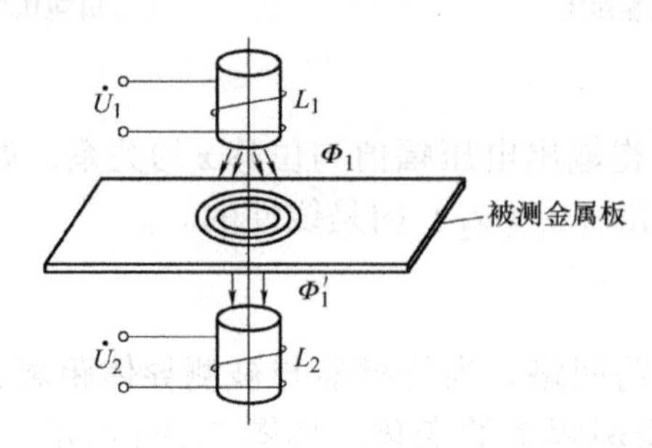

图 7-20　透射式涡流厚度传感器结构原理图

2. 电涡流转速传感器

图 7-21 所示为电涡流转速传感器结构原理图。被测旋转轴与输入轴固连，输入轴为软磁材料制成，在输入轴上加工一个键槽，电涡流传感器与输入轴距离为 d_0。

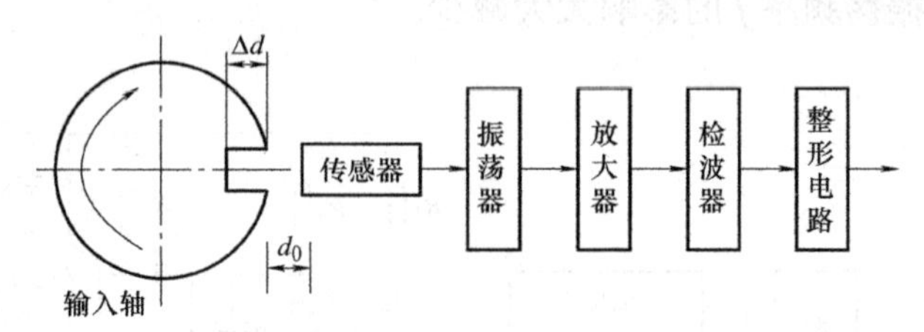

图 7-21　电涡流转速传感器结构原理图

当被测旋转轴转动时，电涡流传感器与输入轴之间的距离在 $[d_0, d_0+\Delta d]$ 区间内变化，振荡谐振回路的品质因素和传感器线圈电感也随之发生变化，它们将直接影响振荡器的电压幅值和振荡频率。因此，随着输入轴的旋转，振荡器输出信号包含了与转速成正比的脉冲频率信号。该信号由检波器检出电压幅值的变化量，然后经整形电路输出脉冲频率信号 f_n，转速 n 为

$$n=\frac{f}{z}\times 60 \tag{7-28}$$

式中，f 为频率值（单位为 Hz）；z 为旋转体的槽数；n 为被测轴的转速（单位为 r/min）。

7.3　磁通门传感器

磁通门传感器是一种利用高导磁材料在周期性过饱和磁场激励下磁导率发生周期性变化的特性来实现微弱磁场测量的传感器。磁通门传感器具有精度高、噪声小、功耗低、质

量轻等优点，已经广泛应用于卫星磁测、磁法勘探、地磁测量、磁异常探测等领域。

7.3.1　结构和工作原理

磁通门传感器采用高磁导率、低矫顽力的软磁材料（如坡莫合金）作为磁芯，磁芯上缠绕有激励线圈和检测线圈。在激励线圈中通入交变电流，会产生交变饱和激励磁场。在饱和激励磁场作用下，磁芯磁导率发生周期性变化，在检测线圈中会产生感生电动势。通过测量该电动势，就可以解算出外磁场信息。

图 7-22 所示为单芯磁通门的结构，在一根软磁材料磁芯上面分别缠绕激励线圈和检测线圈。激励线圈匝数为 M、长度为 L_1，检测线圈匝数为 N、长度为 L_2，磁芯的横截面积为 S。当在激励线圈上施加角频率为 ω 的正弦电流，激励线圈会产生交变磁场 $H_1(t)=H_{\mathrm{m}}\sin\omega t$ 。假设待测磁场在磁芯轴向上的投影分量为 H_0，则磁芯感应的轴向磁场总和为

$$H(t)=H_1(t)+H_0 \tag{7-29}$$

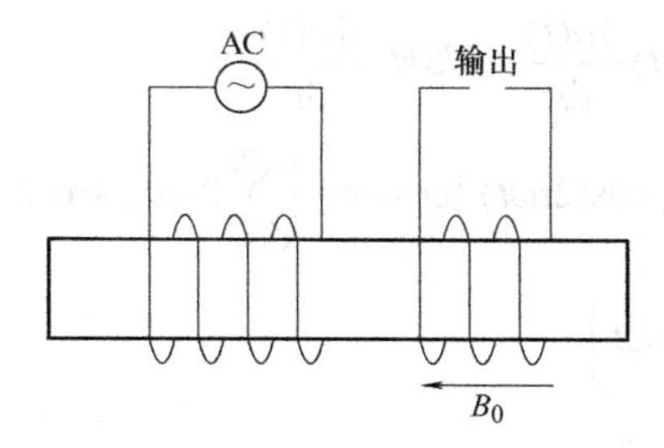

图 7-22　单芯磁通门结构

由法拉第电磁感应定律，检测线圈中产生的感应电动势为

$$-V_i=\frac{\mathrm{d}\psi}{\mathrm{d}t}=\frac{\mathrm{d}[NS\mu(t)H(t)]}{\mathrm{d}t}=NSH(t)\frac{\mathrm{d}\mu(t)}{\mathrm{d}t}+NS\mu(t)\frac{\mathrm{d}H(t)}{\mathrm{d}t} \tag{7-30}$$

当待测磁场是恒定磁场或低频磁场时，有

$$\frac{\mathrm{d}H_1}{\mathrm{d}t}\gg\frac{\mathrm{d}H_0}{\mathrm{d}t} \tag{7-31}$$

当磁芯交流饱和磁化激励时，外磁场强度 $H(t)$ 与磁芯的磁感应强度均呈周期性变化，磁导率 μ 是两者的比值，也随外磁场 H 变化而呈周期性变化，而且 μ 的变化频率是激励磁场频率 ω 的 2 倍。磁芯的 B–H 曲线、交变电流产生的激励磁场、磁芯中磁感应强度、磁芯磁导率曲线如图 7-23 所示。

在饱和磁场激励下，磁芯磁导率曲线是一个频率为 2ω 的周期曲线，对其进行傅里叶级数展开：

$$\mu(t)=\mu_{0\mathrm{m}}+\sum_{i=1}^{\infty}\mu_{2i\mathrm{m}}\cos(2i\omega t) \tag{7-32}$$

式中，$\mu_{0\mathrm{m}}$ 是磁导率的平均值；$\mu_{2i\mathrm{m}}$ 是各谐波分量幅值。

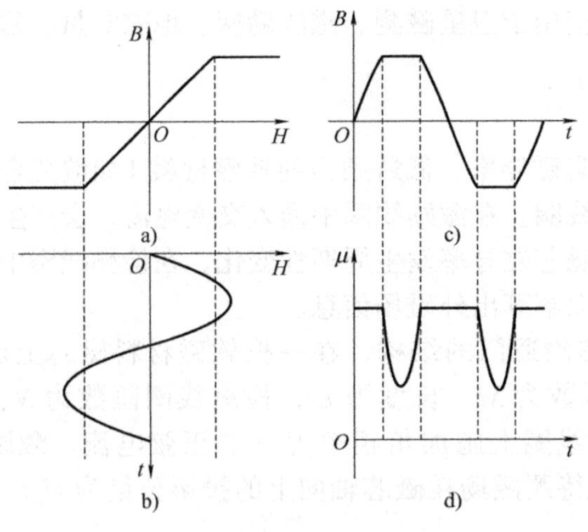

图 7-23　磁芯的磁导率曲线

将磁导率级数展开式代入式（7-30），可得磁通门输出信号表达式：

$$
\begin{aligned}
-V_i &= NS\mu(t)\frac{\mathrm{d}H_1(t)}{\mathrm{d}t} + NSH_1(t)\frac{\mathrm{d}\mu(t)}{\mathrm{d}t} + NSH_0\frac{\mathrm{d}\mu(t)}{\mathrm{d}t} \\
&= H_{\mathrm{m}}NS\omega\left[\left(\mu_{0\mathrm{m}} + \sum_{i=1}^{\infty}\mu_{2i\mathrm{m}}\cos(2i\omega t)\right)\cos\omega t - \left(\sum_{i=1}^{\infty}2i\mu_{2i\mathrm{m}}\sin(2i\omega t)\right)\sin\omega t\right] - \\
&\quad NS\omega H_0\left(\sum_{i=1}^{\infty}2i\mu_{2i\mathrm{m}}\sin 2i\omega t\right) \\
&= H_{\mathrm{m}}NS\omega\left\{\mu_{0\mathrm{m}}\cos\omega t + \frac{1}{2}\sum_{i=1}^{\infty}\mu_{2i\mathrm{m}}[\cos[(2i+1)\omega t](1+2i) + \cos[(2i-1)\omega t](1-2i)]\right\} - \\
&\quad NS\omega H_0\left(\sum_{i=1}^{\infty}2i\mu_{2i\mathrm{m}}\sin 2i\omega t\right)
\end{aligned}
\tag{7-33}
$$

式中，包含两部分：第一部分是激励频率的奇次谐波，系数中只包含了激励磁场 H_{m}，与 H_0 无关；第二部分是激励频率的偶次谐波项，系数中只包含了被测磁场 H_0 项，在 N、S、ω 恒定的情况下，其幅值与 H_0 成正比。在所有偶次谐波中，二次谐波幅值最大，所以常用的检测方法就是二次谐波检测法，即从检测线圈输出的谐波中求解出二次谐波的幅值，得到被测磁场幅值信息。

7.3.2　信号处理电路

1. 模拟磁通门电路

模拟磁通门电路结构如图 7-24 所示，该电路与磁通门探头组成磁通门闭环系统，此时磁通门为零磁场工作方式。

模拟磁通门电路中，激励信号源采用晶体振荡器得到稳定的时钟，经分频电路产生频率为 f 的方波信号，通过低通滤波和功率放大后得到同频率的正弦波信号，作为磁通门探头的激励电源。

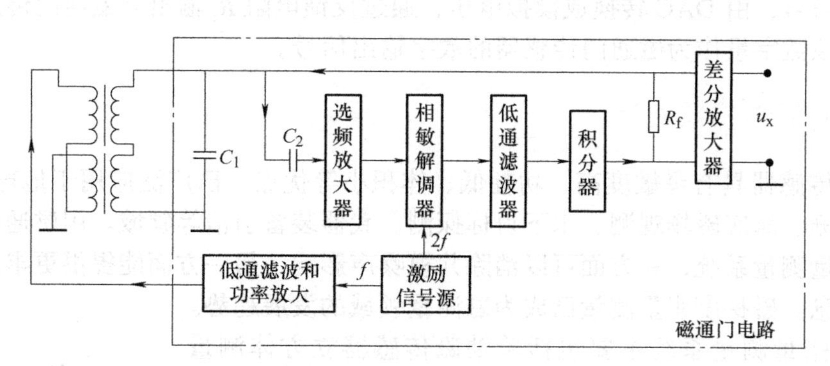

图 7-24　模拟磁通门电路结构

感应线圈与电容 C_1 组成 LC 串联谐振电路，谐振频率为 $2f$，则磁通门输出信号的二次谐波分量处于谐振状态，而其他谐波分量和噪声被抑制，提高了电路中选频放大器的输入信噪比。谐振信号经过隔直电容 C_2、选频和放大后与相敏解调器相连；激励信号源中方波的倍频信号作为相敏解调器的参考信号，相敏解调器的输出经过低通滤波器和积分器后通过反馈电阻 R_f 通入感应线圈，作为磁通门的反馈信号。反馈电阻 R_f 两端的电压差经差分放大器后的输出 u_x 作为磁通门传感器的输出信号。

2. 数字磁通门电路

全数字磁通门电路结构如图 7-25 所示。

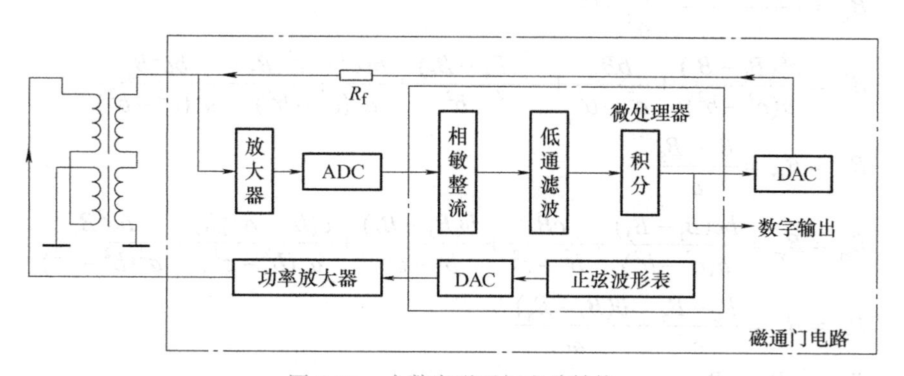

图 7-25　全数字磁通门电路结构

在微处理器内部存储深度为 M 的正弦波形表，利用内部定时器触发的内部 DAC 将其依次循环输出，即可直接产生所需频率的正弦信号，经功率放大后为磁通门传感器提供有激励信号。通过调整微处理器内部的正弦波形表和定时器周期可方便调节激励信号的幅值和频率，实现磁通门传感器的最佳激励。

磁通门传感器的输出信号通过放大器后直接送入 ADC 采样，采样数据送至片内 RAM 中，循环存储一个完整激励周期的数据，每个激励周期采样点数为 N（通常为偶数）。ADC 采用较高的采样频率，可获得较高阶次的偶次谐波信号，有利于提高磁通门的灵敏度。模拟电路中的相敏整流、低通滤波和积分等电路功能由软件算法实现。积分后的数字量作为反馈信号，由 DAC 转换成模拟电压，通过反馈电阻 R_f 输出至磁通门传感器的感应线圈，同时该数字量作为磁通门传感器的数字输出信号。

7.3.3 磁通门传感器应用

磁通门传感器具有灵敏度高、功耗低、体积小等优点，已广泛应用于地球物理勘探、空间磁场监测、海底磁场观测、水下目标探测、武器装备引信等领域。用磁通门传感器组成磁梯度张量测量系统，一方面可以消除共模噪声影响，另一方面能提供更丰富的磁场空间域变化信息。磁梯度张量测量已成为磁测量领域的发展趋势。

磁梯度张量测量系统主要包括单轴磁传感器立方体测量阵列、三轴磁传感器四面体测量阵列、三轴传感器平面测量阵列等。

1. 单轴磁传感器立方体测量阵列

单轴磁传感器立方体测量阵列由 8 个单轴磁传感器组成，每个传感器按照图 7-26 所示敏感方向分别安装在立方体结构的 8 个顶点。立方体结构的长、宽、高分别为 a、b、c，测量阵列的测量原点位于立方体的中心点 O 处。设 B_i 为第 i 个单轴传感器的测量值，B_{ix} 为第 i 个传感器的 x 坐标，则磁梯度张量各元素值见式（7-34）。

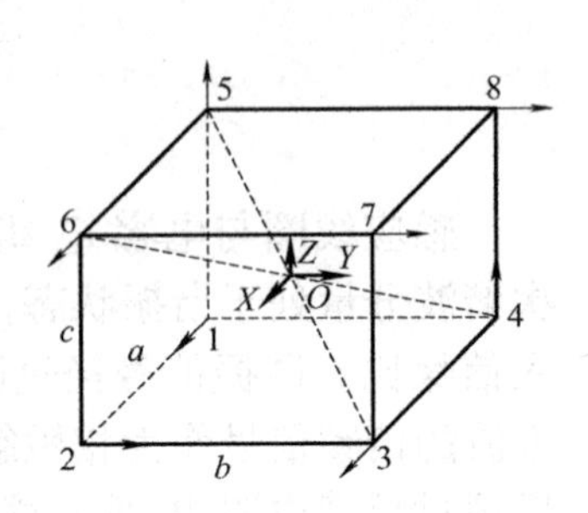

图 7-26 单轴磁传感器立方体测量阵列

$$\begin{aligned}
B_{xx} &= \frac{B_3-B_1}{a}+\frac{b(B_8-B_7)}{a^2} \\
B_{yy} &= \frac{c^2(B_1-B_3)}{a(c^2-b^2)}+\frac{bB_2}{c^2-b^2}+\frac{c^2(B_4-B_5)}{c^2-b^2}+\frac{b(c^2-a^2)B_7}{a^2(c^2-b^2)}-\frac{bc^2B_8}{a^2(c^2-b^2)} \\
B_{xy} &= B_{yx}=\frac{B_7-B_8}{a} \\
B_{zy} &= B_{yz}=\frac{bc(B_1-B_3)}{a(c^2-b^2)}+\frac{cB_2}{b^2-c^2}+\frac{b(B_4-B_5)}{b^2-c^2}+\frac{c(b^2-a^2)B_7}{a^2(b^2-c^2)}-\frac{bc^2B_8}{a^2(b^2-c^2)} \\
B_{zx} &= B_{xz}=\frac{B_6-B_5}{c}+\frac{b(B_7-B_8)}{ac} \\
B_{zz} &= -B_{xx}-B_{yy}
\end{aligned} \tag{7-34}$$

2. 三轴磁传感器四面体测量阵列

三轴磁传感器四面体测量阵列由 4 个三轴磁传感器组成，4 个传感器分别安装在四面体结构的 4 个顶点，如图 7-27 所示。以传感器作 S_1 为测量原点建立直角坐标系，其余 3 个传感器位于 3 个坐标轴上，距离 S_1 的距离均为 d。设 B_{ix}、B_{iy}、B_{iz} 为三轴传感器 S_i 的 x 分量、y 分量、z 分量测量值，则磁梯度张量各元素值见式（7-35）。

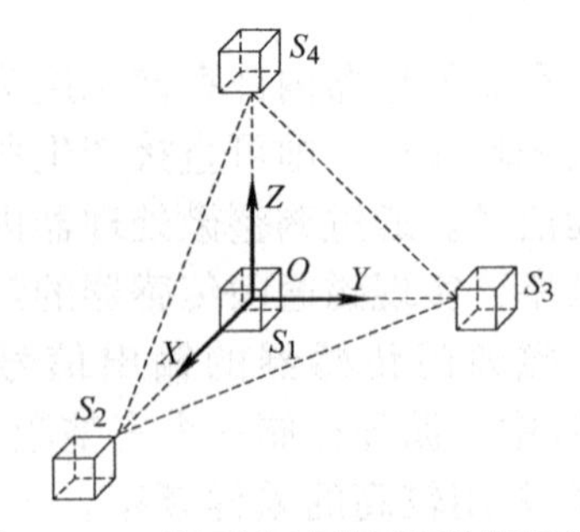

图 7-27 三轴磁传感器四面体测量阵列

$$B_{xx}=\frac{B_{2X}-B_{1X}}{d}$$
$$B_{yy}=\frac{B_{3Y}-B_{1Y}}{d}$$
$$B_{xy}=B_{yx}=\frac{B_{3X}-B_{1X}}{d}$$
$$B_{zy}=B_{yz}=\frac{B_{4Y}-B_{1Y}}{d} \tag{7-35}$$
$$B_{zx}=B_{xz}=\frac{B_{2Z}-B_{1Z}}{d}$$
$$B_{zz}=-B_{xx}-B_{yy}$$

3. 三轴传感器平面测量阵列

三轴传感器平面测量阵列由 4 个三轴磁传感器组成，以测量阵列的中心点为原点建立直角坐标系，4 个传感器安装在 OXY 平面，如图 7-28 所示。传感器 S_1 和 S_3 沿 X 轴对称分布于原点两侧，距离为 d；传感器 S_2 和 S_4 沿 Y 轴对称分布于原点两侧，距离也为 d；设 B_{ix}、B_{iy}、B_{iz} 为三轴传感器 S_i 的 x 分量、y 分量、z 分量测量值，则磁梯度张量各元素值见式（7-36）。

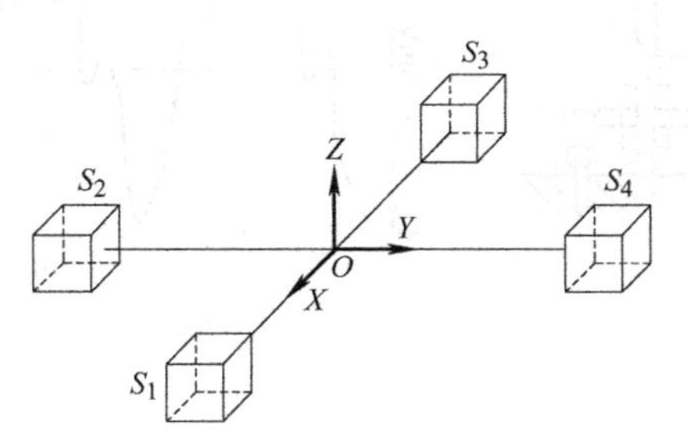

图 7-28　三轴传感器平面测量阵列

$$B_{xx}=\frac{B_{1X}-B_{3X}}{d}$$
$$B_{yy}=\frac{B_{4Y}-B_{2Y}}{d}$$
$$B_{xy}=B_{yx}=\frac{B_{4X}-B_{2X}}{d} \tag{7-36}$$
$$B_{zy}=B_{yz}=\frac{B_{4Z}-B_{2Z}}{d}$$
$$B_{zx}=B_{xz}=\frac{B_{1Z}-B_{3Z}}{d}$$
$$B_{zz}=-B_{xx}-B_{yy}$$

上面介绍了三种典型的磁梯度张量测量系统的基本结构，在此基础上，也出现了一些新型结构，比如由两个单轴磁传感器构成的旋转梯度张量测量系统。

思考题与习题

7-1　AMR 的电阻率与偏转角之间为非线性关系，为了确保在 0° 偏转角附近，电阻率与偏转角近似呈线性关系，可以采用哪些技术处理？

7-2　试解释多层膜 GMR 效应。

7-3　电涡流传感器的调理电路有哪些？各有什么特点？

7-4　简述磁通门传感器的工作原理，为了提升磁通门传感器的输出电压，可以采取哪些措施？

7-5　用电涡流式测振仪测量机器主轴的轴向窜动，已知传感器的灵敏度为 25mV/mm，现将传感器安装在主轴的右侧，如图 7-29a 所示。使用高速记录仪记录下的振动波形如图 7-29b 所示。试分析：

（1）轴向振动的振幅为多少？

（2）主轴振动的基频 f 是多少？

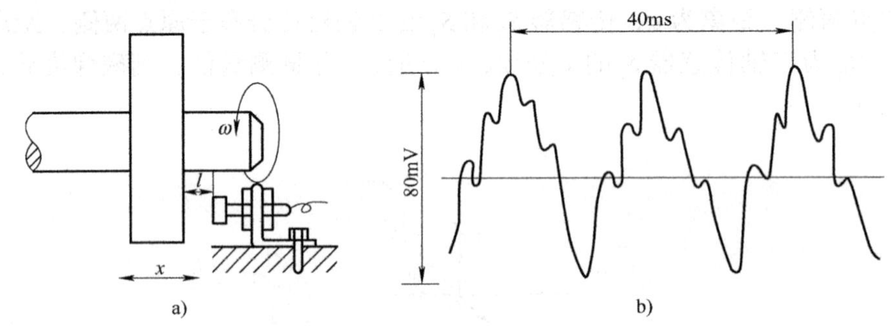

图 7-29　习题 7-5 图

第 8 章　MEMS 传感器

MEMS 传感器是采用微电子和微机械加工技术制造出的可感受被测量变化的稳定微结构，配以测量电路实现对各种相关参数测试和转换的一类传感器，具有体积小、质量轻、成本低、功耗低、易于集成和智能化等优点，广泛应用于医疗仪器、消费电子、汽车工业等领域。本章主要介绍 MEMS 传声器（传声器俗称麦克风，本书采用传声器这一术语）、MEMS 加速度计、MEMS 陀螺仪的工作原理和典型应用。

8.1　MEMS 传声器

MEMS 传声器是采用 MEMS 工艺将声音转换为电信号的能量转换器件，根据工作原理可以分为电容式、压电式等。电容式 MEMS 传声器应用较为广泛，本节重点介绍电容式 MEMS 传声器的工作原理、性能指标和应用。

8.1.1　电容式 MEMS 传声器的工作原理

单背板电容式 MEMS 传声器基本结构如图 8-1 所示，主要由振膜、背板、极板间气隙、背板腔和电极等部分组成，主要结构是柔性振膜和刚性背板。背板刚性支撑、结构稳定，振膜在声压作用下振动。振膜、背板和极板间气隙构成电容结构。振膜和背板上有小孔，不仅可以减小空气阻尼，而且可以降低热噪声和提高器件机械灵敏度。

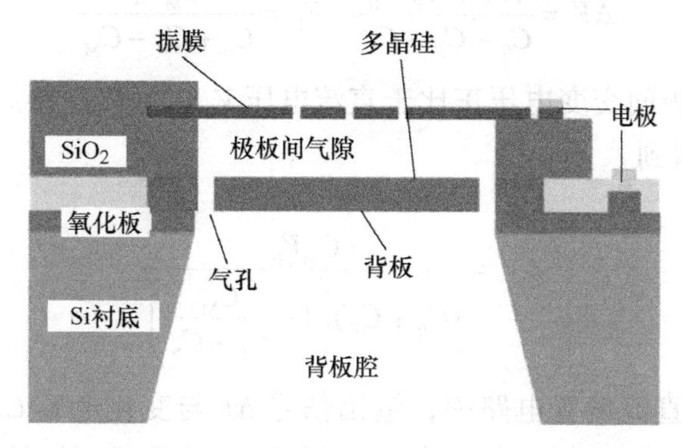

图 8-1　单背板电容式 MEMS 传声器基本结构

当 MEMS 传声器工作时，电路为背板和振膜构成的平行电容器充电，两个极板积聚电荷量。当声波入射到振膜表面时，振膜在声压作用下开始振动，平行电容器的电容值随着极板间距的改变而变化。

电容式 MEMS 传声器等效电路模型如图 8-2 所示。C_0 为振膜保持稳定时的静态电容；C_M 为声压引起的变化电容值，其数值远小于静态电容 C_0，C_0 和 C_M 并联；C_{P1}、C_{P2} 分别为背板电极、振膜电极与硅衬底间寄生电容。由于两极板间绝缘支撑，所以 R_{P1} 寄生电阻值很大。MEMS 传声器的特性指标会受寄生电容的影响，在器件的设计和制备中需要特别关注。

直流偏置、交流偏置和电荷放大偏置是 MEMS 传声器外接电路中三种主流的偏置方式。目前直流偏置方式较为常用，其电路如图 8-3 所示。直流偏置方式通过在 MEMS 传声器极板间施加稳定直流电压源 V_B，中间电路连接大电阻 R_P（阻值为 GΩ 数量级），R_P 可以保证 MEMS 传声器振膜振动时背板和振膜上电荷量保持稳定。

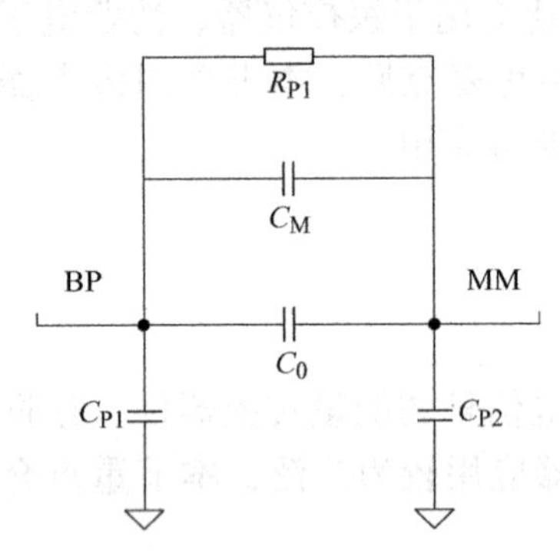

图 8-2　电容式 MEMS 传声器等效电路模型

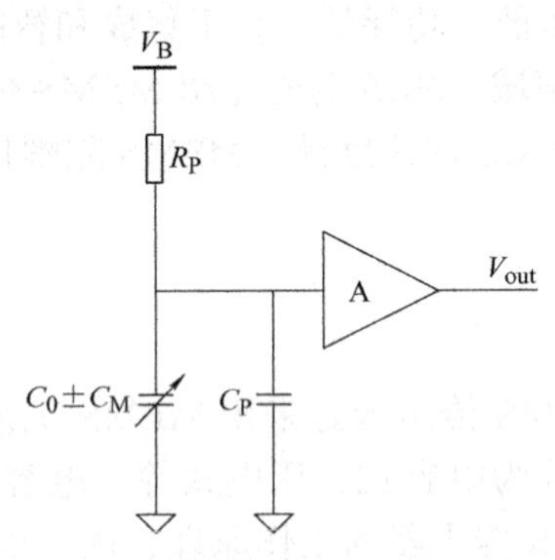

图 8-3　MEMS 传声器直流偏置方式

直流偏置中极板电荷恒定，基于电荷守恒原理和电容约束关系，得到恒定电荷量的表达式为

$$Q=(C_0+C_P)V_B=(C_0+C_P\pm C_M)(V_B\mp\Delta V) \tag{8-1}$$

根据式（8-1），进一步得到电容式 MEMS 传声器极板间交变电压 ΔV 的表达式为

$$\Delta V=\frac{(C_0+C_P)V_B}{C_0+C_P-C_M}-V_B=\frac{C_M V_B}{C_0+C_P-C_M} \tag{8-2}$$

由式（8-2）可知，极板间交变电压正比于直流电压 V_B，即传声器灵敏度正比于直流偏置电压。进一步变换，得到

$$\Delta V=\frac{C_M V_B}{(C_0+C_P)\left(1-\dfrac{C_M}{C_0+C_P}\right)} \tag{8-3}$$

由式（8-3）可知，在直流偏置电路中，输出信号 ΔV 与变化电容 C_M 之间是非线性关系。若 $C_0+C_P \gg C_M$，则信号 ΔV 与变化电容 C_M 近似呈线性关系。但是 C_0+C_P 取值过大将会导致交变信号 ΔV 幅度大幅减小，从而影响传声器的灵敏度。在实际中，电容 C_M 为 fF 量

级，因此式（8-3）中非线性因子 $C_M/(C_0+C_P)$ 数值非常小，输出电信号幅度与变化电容 C_M 之间基本满足线性关系。

8.1.2　电容式 MEMS 传声器的性能指标

电容式 MEMS 传声器的性能指标主要包括灵敏度、信噪比、频率响应、总谐波失真等。

1. 灵敏度

电容式 MEMS 传声器的振膜与背板构成的平行电容器的电容值可表示为

$$C_0 = \varepsilon_0 \frac{S}{d} \tag{8-4}$$

式中，ε_0、S、d 分别表示极板间隙中空气介电常数、极板有效振膜面积和极板间距。传声器灵敏度表示在标准入射声压（1kHz、94dB SPL）下，MEMS 传声器输出端产生的机械和电气响应。MEMS 传声器的灵敏度由机械灵敏度 S_w 和电学灵敏度 S_e 两部分组成。

机械灵敏度表示振膜挠度变化与振膜声压之间的关系为

$$S_w = \frac{\mathrm{d}w}{\mathrm{d}P} \tag{8-5}$$

式中，$\mathrm{d}w$ 表示声压作用振膜挠度的变化；$\mathrm{d}P$ 表示作用在振膜上的声压。

电学灵敏度表示传声器开路输出电压信号幅值与振膜挠度变化之间的关系，即

$$S_e = \frac{\mathrm{d}V}{\mathrm{d}w} \tag{8-6}$$

式中，$\mathrm{d}V$ 表示传声器开路的输出电压信号幅值。

电容式 MEMS 传声器开路灵敏度是机械灵敏度和电学灵敏度的乘积，即

$$S_{\text{open}} = S_w S_e = \frac{\mathrm{d}V}{\mathrm{d}P} \tag{8-7}$$

当声压随着声波作用到振膜上时，振膜产生振动。极板间距变化为 Δd，基于电荷守恒原理，在不考虑寄生电容情况下，电容两端的变化电压值可以表示为

$$\Delta V = \frac{Q}{\varepsilon_0 S} \Delta d \tag{8-8}$$

MEMS 传声器开路灵敏度为

$$S_{\text{open}} = \frac{Q\Delta d}{\varepsilon_0 S \mathrm{d}P} = \frac{V_B \Delta d}{d \mathrm{d}P} \tag{8-9}$$

在圆形振膜的电容式传声器中，当需要考虑器件的寄生电容时，传声器的灵敏度为

$$S_{\text{open}} = \frac{V_B R^2}{8\sigma t d} \frac{C_0}{C_0 + C_P} \tag{8-10}$$

式中，V_B是直流偏置电压；R为圆形振膜半径；σ是振膜内的固有应力；t是振膜厚度；d是两极板间高度；C_0是传声器的静态电容；C_P是背板和振膜产生的寄生电容。

传声器的开路灵敏度与直流偏置电压成正比，与平行电容两极板距成反比，并受寄生电容影响。因此，在不增大器件功耗和尺寸的前提下，可采用制备具有较小内应力的声学振动膜、提高在相同声压作用下振膜的挠度变化、设计较小的极板间距等方法提升传声器灵敏度。

MEMS 传声器输出的电压信号幅值通常为毫伏级别，电压灵敏度单位为 mV/Pa。根据式（8-11）可以将电压灵敏度转换为分贝值，单位为 dB。用分贝表示传声器灵敏度时，绝对值越小表示器件灵敏度越高，即

$$\text{Sensitivity}_{\text{dBV}} = 20\lg\frac{\text{Sensitivity}_{\text{mV/Pa}}}{1000\text{mV / Pa}} \tag{8-11}$$

2. 信噪比

信噪比（Signal-to-Noise Ratio，SNR）是指 MEMS 传声器在标准声压（1kHz、94dB SPL）下输出电信号的功率与传声器本底噪声引起的输出信号功率的比值。本底噪声信号是指 MEMS 传声器在无声环境中输出的电信号，电容式 MEMS 传声器本底噪声包括热机械噪声和电噪声。热机械噪声来源于背板和振膜上的声孔以及振膜上的空气阻尼，电噪声来源于微结构等效静态电容、寄生电容等阻抗。信噪比为

$$\text{SNR} = 20\lg\left(\frac{A_{\text{signal}}}{A_{\text{noise}}}\right) \tag{8-12}$$

式中，A_{signal}是信号幅度；A_{noise}是噪声幅度。

3. 频率响应

频率响应是表征 MEMS 传声器灵敏度与输入声波频率之间关系的指标。通常将标准声压下的输出电信号作为参考电压，归一化为 0dB。在频谱上，与标准声压下输出电信号相差 3dB 的频率点分别被定义为低频截止频率和高频截止频率，两者之间的频率范围称作通频带。人耳听觉范围为 20Hz ～ 20kHz，传声器通频带需要覆盖此范围，且频率曲线尽量平坦。

4. 总谐波失真

输出信号比输入信号多出的谐波成分被定义为总谐波失真（Total Harmonic Distortion，THD）。失真度用百分比表示，通过在基频以上的五次谐波内的功率之和与基频功率的比值来计算，即

$$\text{THD} = \frac{\sum_{x=1}^{5} P(f_{\text{harmonic}\_x})}{P(f_{\text{fundamental}})} \tag{8-13}$$

THD 值越高，表明传声器输出信号所具有的谐波水平成分越高，说明信号失真越严重。总谐波失真测试时的输入声波通常为 105dB 声压级（SPL）。一般情况下，总谐波失

真与频率有关，总谐波失真在 1kHz 频率处最小，很多产品就以该频率的失真作为其性能指标。

8.1.3　MEMS 传声器的应用

MEMS 传声器广泛应用于电子产品、汽车行业、智能家居、专业音频、医疗设备、工业应用等多种场景。例如，在医疗领域，MEMS 传声器能够捕捉到人体内部声音信号，如心跳声和呼吸声，可用于心率监测、睡眠呼吸分析等，为医生提供重要的诊断信息。心音采集系统是一个智能化信号采集处理系统，主要是由膜片听诊器头、MEMS 传声器、驱动模块、主控芯片、电源模块和蓝牙模块等构成。系统功能框图如图 8-4 所示。

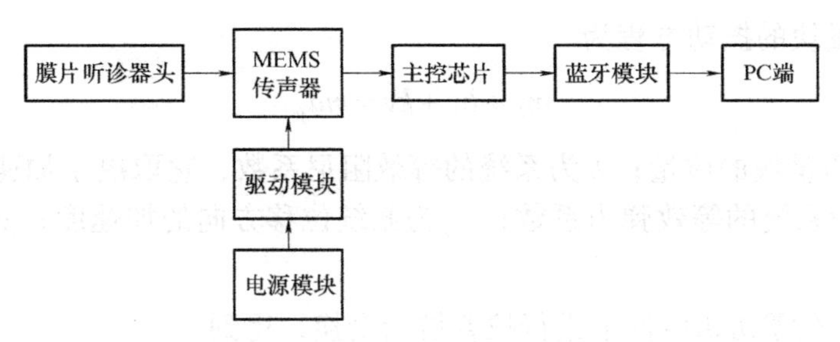

图 8-4　心音采集系统功能框图

多数听诊器具有独立的钟形件或膜形件。钟形件传导低频声音最有效，而膜形件传导高频声音最有效。结合两种特性的复合探头结构如图 8-5 所示。

系统使用高增益的硅麦克风作为传感器实现对心音信号的采集、滤波放大、存储、实时动态显示等功能。

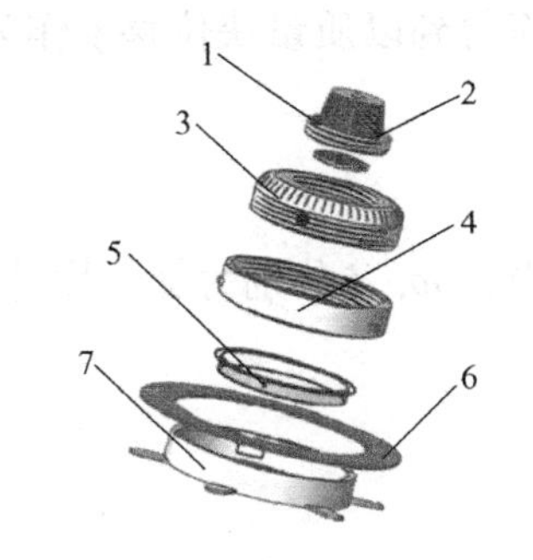

图 8-5　复合探头结构图

1—连接件　2—MEMS 传声器
3—钟形件　4—膜片固定壳　5—听诊膜片
6—医用胶带　7—探头固定件

8.2　MEMS 加速度计

加速度是物体运动速度的变化率，加速度计可以测量作用在物体上的加速度力，以确定物体在空间中的位置并检测物体运动。MEMS 加速度计是一种利用 MEMS 技术制造的微型加速度计。本节主要介绍 MEMS 加速度计的工作原理和代表性 MEMS 加速度计。

8.2.1　MEMS 加速度计工作原理

1. 加速度计的工作原理

加速度计的工作原理可用弹簧质量阻尼器系统表示。弹簧质量阻尼器系统由敏感质量块、阻尼器以及弹簧构成，如图 8-6 所示。当外力作用时，质量块相对于局部惯性系发生位移，这种力可以是恒定的重力，称为静力；也可以是运动引起的力，称为动力。

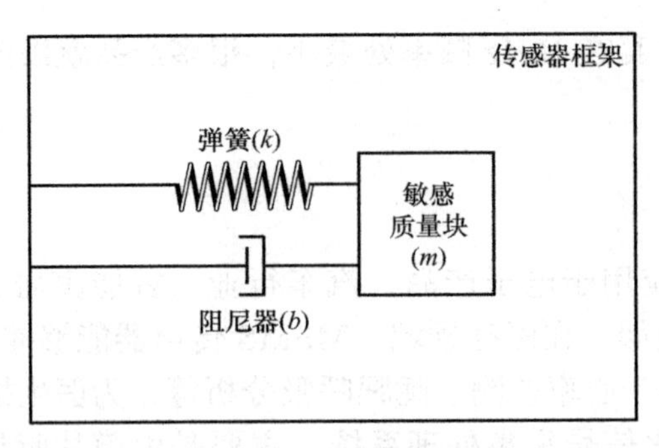

图 8-6　弹簧质量阻尼器系统

当对敏感质量块施加外部加速度 a_y 时，惯性力 F 引起敏感质量块位移，根据牛顿第二定律，敏感质量块的振动方程为

$$m\ddot{y}+b\dot{y}+ky=ma_y \tag{8-14}$$

式中，m 为敏感质量块的质量；b 为系统的等效阻尼系数，它取决于加速度计的结构和腔内空气阻尼；k 为系统的等效弹力系数；a_y 为系统位移方向的加速度；y 为敏感质量块的位移量。

将式（8-14）在零初始条件下进行拉普拉斯变换，得到

$$(ms^2+bs+k)Y(s)=mA(s) \tag{8-15}$$

化简得到以质量块位移 y 作为输出变量的传递函数为

$$\frac{Y(s)}{A(s)}=\frac{1}{s^2+2\zeta\omega s+\omega^2} \tag{8-16}$$

式中，ω、ζ 分别为加速度计的无阻尼谐振角频率和阻尼比，表达式如下：

$$\omega=\sqrt{\frac{k}{m}} \tag{8-17}$$

$$\zeta=\frac{b}{2\sqrt{km}} \tag{8-18}$$

系统的品质因子为

$$Q=\frac{\sqrt{km}}{b}=\frac{m\omega}{b} \tag{8-19}$$

当输入加速度达到稳态时，加速度计质量块的位移也趋于稳定值，即敏感质量块的速度与加速度都为零，故可将式（8-16）化简为

$$y=\frac{ma}{k}=\frac{a}{\omega^2} \tag{8-20}$$

从式（8-20）可以看出，加速度计敏感质量块的位移与敏感质量块的质量和弹性系数相关，质量块越大，弹性系数越小时，即系统的无阻尼谐振角频率越小时，加速度计敏感质量块的位移越大，也就是加速度计的灵敏度越高。下面介绍压阻式、电容式和谐振式

MEMS 加速度计。

2. 压阻式 MEMS 加速度计

压阻式 MEMS 加速度计基于压阻效应，将多个经过掺杂或离子注入工艺的电阻排布在梁的应力集中区，并经由金属引线连接成惠斯通电桥，如图 8-7a 所示。无外部载荷作用时，敏感结构不发生形变，压敏电阻阻值不变，电桥处于平衡状态，无电压输出。当敏感结构受到外部载荷作用时，应力分布发生变化导致电桥不平衡，从而输出电压信号，实现了力学量信号到电学量信号的转换。图 8-7b 中 U_{in} 为电桥输入电压，U_{out} 为电桥输出电压，R_1 ～ R_4 为应力梁压敏电阻，ΔR_1 ～ ΔR_4 为应力梁受到载荷后压敏电阻的变化值，理论上 4 个电阻变化量相等，相邻位置电阻变化方向相反，相对位置电阻变化方向相同。

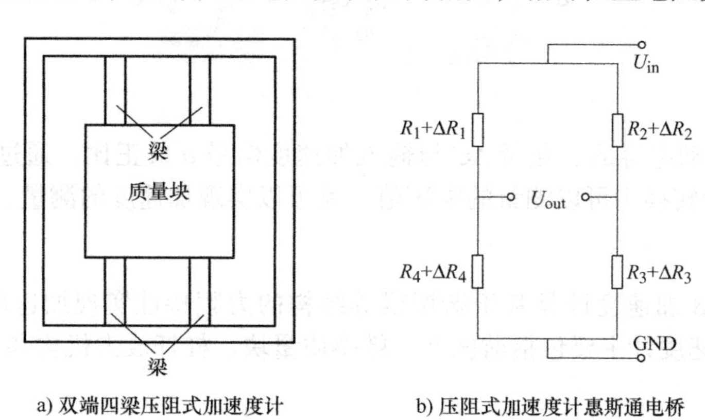

a) 双端四梁压阻式加速度计　　b) 压阻式加速度计惠斯通电桥

图 8-7　压阻式 MEMS 加速度计

压阻式 MEMS 加速度计具有低频特性好、输入阻抗低、体积小、质量轻等优点，可用作大量程加速度计。

3. 电容式 MEMS 加速度计

电容式 MEMS 加速度计的核心部件是可移动的感应质量块和固定电极，它们之间存在微小的间距。当被测物体存在加速度时，感应质量块会受到力的作用，从而产生位移。这个位移量会改变感应质量块与固定电极之间的距离，引起电容值的改变。通过测量电容值的变化，可以计算出物体的加速度。

电容式 MEMS 加速度计按照电容结构与形式不同，可以分为梳齿型和平行板型；按照敏感机理不同，可以分为变间距电容型和变相对面积电容型。图 8-8 是一种双侧梳齿变间距电容式加速度计结构，质量块通过四根悬臂梁固定于基片上，敏感轴与基片平行，质量块可以沿细梁轴向运动。梳齿由中央质量块向外侧伸出，每个梳齿为可变电容的一个活动电极；固定电极与活动电极交错配置，形成一对差动检测电极 C_{s1} 和 C_{s2}。静止状态下，梳齿位于固定电极中央位置 $C_{s1}=C_{s2}=C_0$。当外界输入一加速度 a 时，质量块受到一个与加速度方向相反的惯性力 F_{ext}，此惯性力使检测质量块偏离平衡位置，两差动电容的间隙发生微小变化，此时电容量也随之发生变化，表达式如下：

$$\Delta C = \frac{2mC_0}{kd_0}a \tag{8-21}$$

式中，ΔC为电容变化量；m为质量块的质量；d_0为电容极板初始间距；k为悬臂梁的刚度。

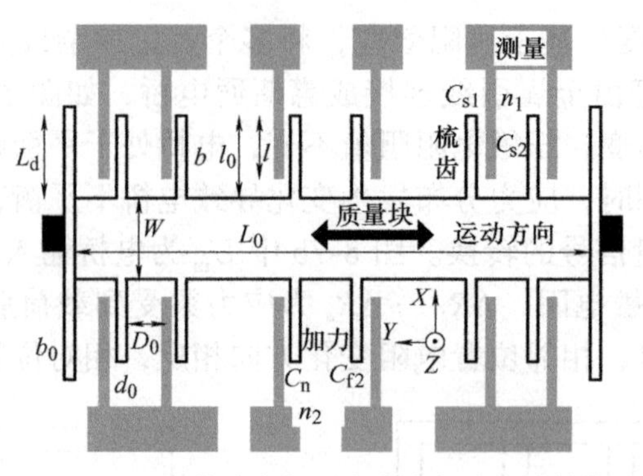

图 8-8　双侧梳齿变间距电容式加速度计结构

式（8-21）差动电容的变化量ΔC与输入加速度信号a成正比。通过电容检测电路将差动电容的变化量转换为可以测量的电压值，就可以实现加速度的测量。

4. 谐振式 MEMS 加速度计

谐振式 MEMS 加速度计是基于谐振梁等结构的力频特性实现加速度测量的传感器。谐振式 MEMS 加速度计主要包括谐振器、敏感质量块、杠杆放大机构和支撑机构等部分，如图 8-9 所示。

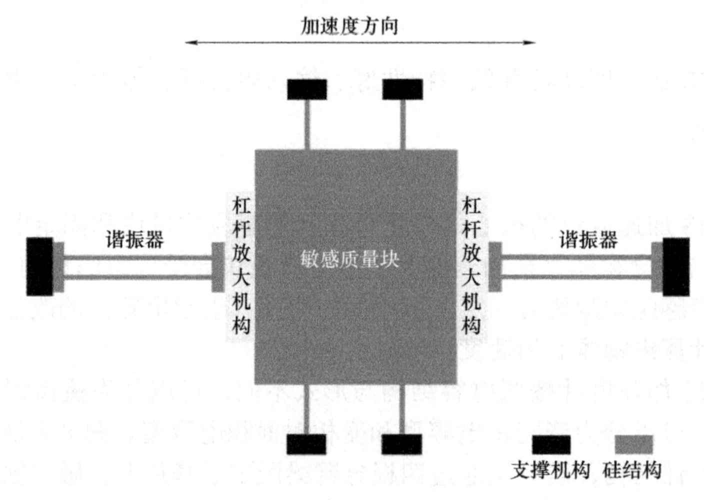

图 8-9　谐振式 MEMS 加速度计

图 8-9 中，谐振器为双端音叉谐振梁，其中一端通过锚点固定，另一端通过杠杆放大机构与敏感质量块相接。当加速度计受到外界加速度载荷作用时，敏感质量块与基座之间发生相对位移。在以基座为参照物的坐标系中，此相对位移等效于一个力作用于敏感质量块，此力即为等效惯性力，与外界加载加速度方向相反，此力通过杠杆放大机构进行力放大并作用于谐振器。

两个谐振器的尺寸相同，且对称分布于敏感质量块两侧，谐振器借助外围驱动电路在其谐振频率点上振动，谐振器的谐振频率通过外围频率检测电路进行读出。当等效惯性力作用于谐振器上时，两谐振器的谐振梁分别感应到拉应力与压应力，此时两谐振器谐振频率点将发生偏移，拉应力使得频率点增大，压应力则会导致频率点减小。外界加速度载荷越大，则谐振器的谐振频率点偏移越大。对两谐振器谐振频率作差，所得到的频率差信号与外界加载加速度信号成正比，从而实现加速度计对加速度信号的测量。

8.2.2　MEMS 加速度计的特性

加速度计的性能指标主要有标度因数、偏值、零偏稳定性、1g 稳定性等。

1. 标度因数

标度因数（又称刻度因数）是每单位加速度的变化所引起的输出变化量。在满量程范围内输入不同的加速度，获得对应输出数据，再采用最小二乘法拟合直线的斜率进行估计得到。将加速度计安装在转台上，通电预热后，分别输入 ±1g 加速度，以 1Hz 的采样率采集 30s 加速度计输出值，并取其平均值。按照式（8-22）计算标度因数 K，即

$$K = \frac{f_{+1g} + f_{-1g}}{2g} \tag{8-22}$$

式中，g 为重力加速度。

2. 偏值

实验室常温环境中，加速度计上电预热后，在 +0g、+1g、−0g 和 −1g 四种加速度下进行翻转测试，每个加速度以 1Hz 的采集率记录 30s 加速度计的输出频率差，再计算平均值，分别得到 f_{+0g}、f_{+1g}、f_{-0g} 和 f_{-1g}。则偏值 B 为

$$B = \frac{f_{+0g} + f_{-0g}}{f_{+1g} + f_{-1g}} \tag{8-23}$$

3. 零偏稳定性

零偏稳定性（又称 0g 稳定性、零漂）指当输入加速度为零时，以规定时间内输出量的标准差表示，它表明加速度计输出量围绕其均值的离散程度，表征加速度计输出的长期稳定性。测试时，使加速度计敏感轴处于水平状态，通电并以 1Hz 频率采集加速度计输出信号，采样包括 30min 的预热过程和 1h 的稳定测量过程。零偏稳定性 B_S 为

$$B_S = \frac{1}{K}\left[\frac{1}{(N-1)}\sum_{i=1}^{N}(F_i - \bar{F})^2\right]^{\frac{1}{2}} \tag{8-24}$$

式中，N 为总数据量；F_i 为输入数据；$\bar{F}$ 为输入数据的平均值；K 为标度因数。

4. 1g 稳定性

1g 稳定性也是加速度计的稳定性指标，是指当输入加速度为 1g 时，加速度计输出量围绕其均值的离散程度。常温下，使加速度计敏感轴处于垂直状态，即在 1g 附近，通电并以 1Hz 频率采集加速度计输出信号，采样包括 30min 的预热过程和 1h 的稳定测量过程，

也可按式（8-24）计算。

8.2.3 MEMS 加速度计的应用

MEMS 加速度计具有高灵敏度、快速响应、小型化设计和低功耗等优点，已成为现代科技领域中不可或缺的传感器，广泛应用于消费电子设备的运动感应、航空航天导航、工业自动化的机器状态监测以及医疗和游戏控制等众多领域。例如，在汽车工业中，安全气囊的碰撞检测是加速度计的一个典型应用。当汽车遭受碰撞导致车速急剧变化时，加速度传感器将感知到的碰撞信号传输给点火控制器，控制系统对碰撞的程度进行识别，决定是否发出点火信号。控制系统和加速度计是安全气囊系统的核心，加速度计的性能、控制算法很大程度上决定了发生碰撞时乘员的安全程度。某汽车安全气囊智能控制系统硬件组成和软件流程，如图 8-10 所示。加速度计选用 AD 公司的 ADXL250 加速度传感器，是一种电容式加速度传感器，具有高集成度和高可靠性。它有 2 个信号采集通道，可以采集 2 个垂直方向的加速度信号，测量范围为 ±50*g*，加速度为 0 时，输出为 2.5V，工作电流为 5mA。

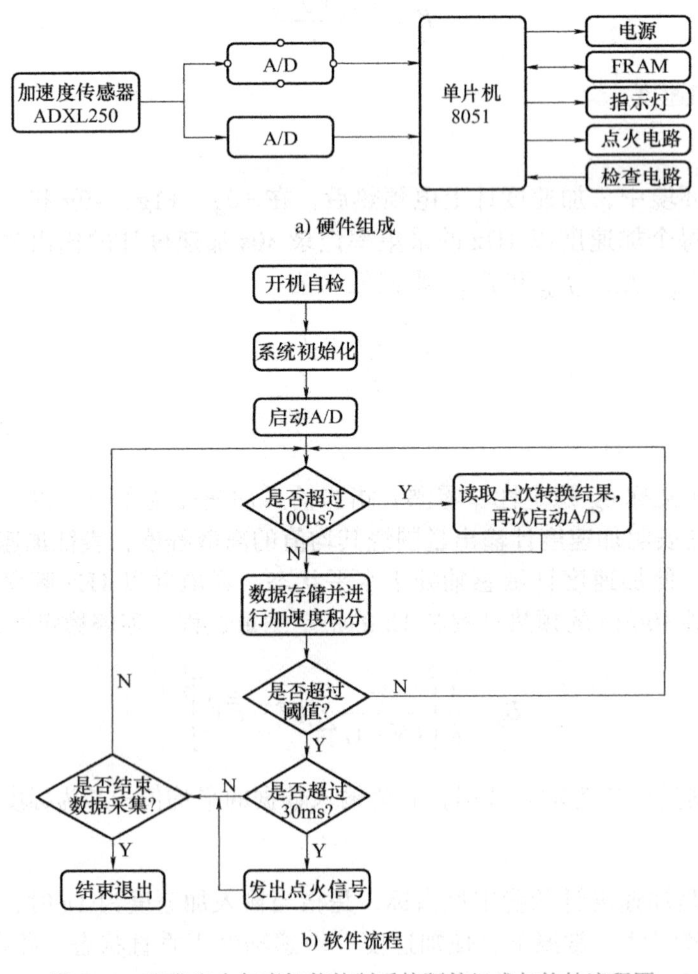

图 8-10 汽车安全气囊智能控制系统硬件组成与软件流程图

8.3　MEMS 陀螺仪

陀螺仪是测量物体相对于惯性空间的角速度或角位移的装置。MEMS 陀螺仪是基于微电子机械系统（MEMS）加工技术制作而成的陀螺仪。本节主要介绍 MEMS 陀螺仪的工作原理、特性和应用。

8.3.1　MEMS 陀螺仪工作原理

1. 科里奥利效应

MEMS 陀螺仪通常没有高速旋转的转子，而是采用振动结构来测角速度，也称为 MEMS 振动陀螺仪。MEMS 振动陀螺仪工作原理是基于科里奥利效应，通过一定形式的装置产生并检测科里奥利加速度。

一个球位于转动的盘子上，并且从盘子转动中心向边缘做直线运动，它在盘子上所形成的运动轨迹是一条曲线，如图 8-11 所示。该轨迹的曲率与转动速率有关。如果从盘子上面观察，会发现球有明显的加速度，即科里奥利加速度。科里奥利加速度等于盘子角速度矢量 $\boldsymbol{\Omega}$ 和球直线运动速度矢量 $\boldsymbol{v}$ 的矢量积，即

$$\boldsymbol{a}_{\mathrm{c}} = 2 \cdot \boldsymbol{\Omega} \times \boldsymbol{v} = 2|\boldsymbol{\Omega}||\boldsymbol{v}|\sin\theta \tag{8-25}$$

虽然没有实际力作用于球上，但对于盘子上方的观察者而言，产生了明显正比于转动角速度的力，这个力就是科里奥利力。其数值等于

$$\boldsymbol{F}_{\mathrm{c}} = 2m \cdot \boldsymbol{v} \times \boldsymbol{\Omega} = 2m|\boldsymbol{v}||\boldsymbol{\Omega}|\sin\theta \tag{8-26}$$

科里奥利力方向的判定采用右手定则，如图 8-12 所示。右手（除大拇指外）手指指向（非惯性系中）物体运动方向，再将四指绕向角速度矢量方向，拇指所指方向即科里奥利力方向。

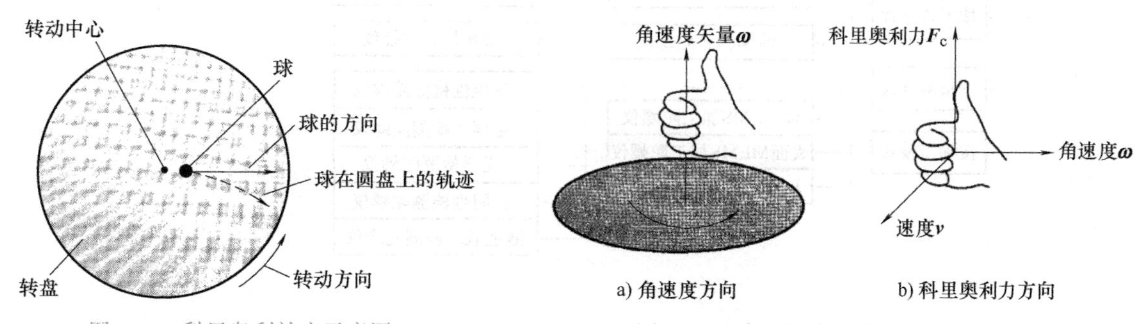

图 8-11　科里奥利效应示意图

图 8-12　采用右手定则判定科里奥利力方向

在 MEMS 陀螺仪中，一般是利用一定的振动质量块来检测科里奥利力 $\boldsymbol{F}_{\mathrm{c}}$，如图 8-13 所示。假设质量块 P 固连在旋转坐标系的 Oxy 平面沿 x 轴方向以相对旋转坐标系的速度 $\boldsymbol{v}$ 运动，旋转坐标系绕 z 轴以角速度 ω 旋转，则根据科里奥利效应原理，质量块 P 在旋转坐标系的正 y 轴上产生科里奥利力，且科里奥利力与作用在质量块 P 上的输入角速度 ω 成正

比。科里奥利力会引起质量块在y轴方向的位移，通过测量此位移信息可以获得输入角速度ω。

具体来说，MEMS 振动陀螺仪是通过一定的激振方式，使陀螺的振动部件受到驱动而工作在第一振动模态（又称驱动模态）（见图 8-13 的质量块P沿x轴的运动）。当与第一振动模态垂直的方向有旋转角速度输入时（见图 8-13 的沿z轴旋转角速度ω），振动部件因科里奥利效应产生了一个垂直于第一振动模态的第二振动模态（又称敏感模态）（见图 8-13 的质量块沿y轴产生的位移），该模态与旋转角速度成正比。

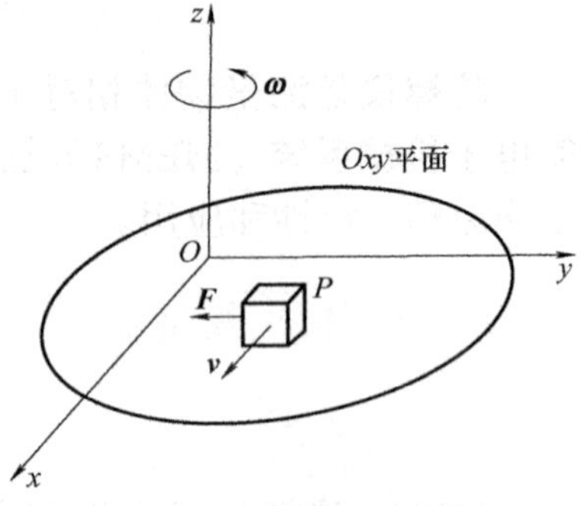

图 8-13　振动陀螺仪原理图

2. MEMS 陀螺的分类

根据振动结构、材料特性、驱动方式、检测方式、工作模式、加工模式等可以对 MEMS 陀螺仪进行分类（见图 8-14），下面具体介绍。

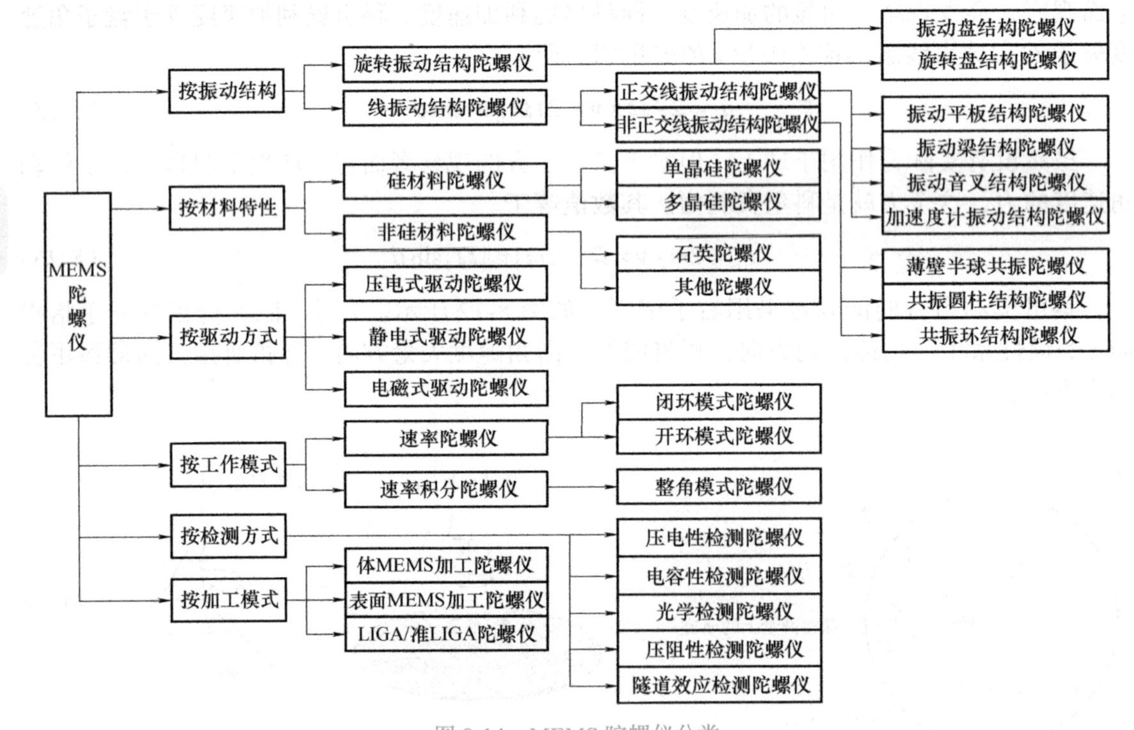

图 8-14　MEMS 陀螺仪分类

根据振动结构，可将 MEMS 陀螺仪结构划分成线振动结构和旋转振动结构（见图 8-15）。在线振动结构里又可分成正交线振动和非正交线振动。正交线振动结构指振动模态和检测模态相互垂直。在正交线振动结构里有振动平板结构、振动梁结构、振动音叉结构、加速度计振动结构等陀螺仪。而非正交线振动结构主要指振动模态和检测模态相差 45° 的振动结构，如共振环结构陀螺仪。在旋转振动结构中有振动盘结构和旋转盘结构等陀螺仪，它们多属于表面 MEMS 双轴陀螺仪。

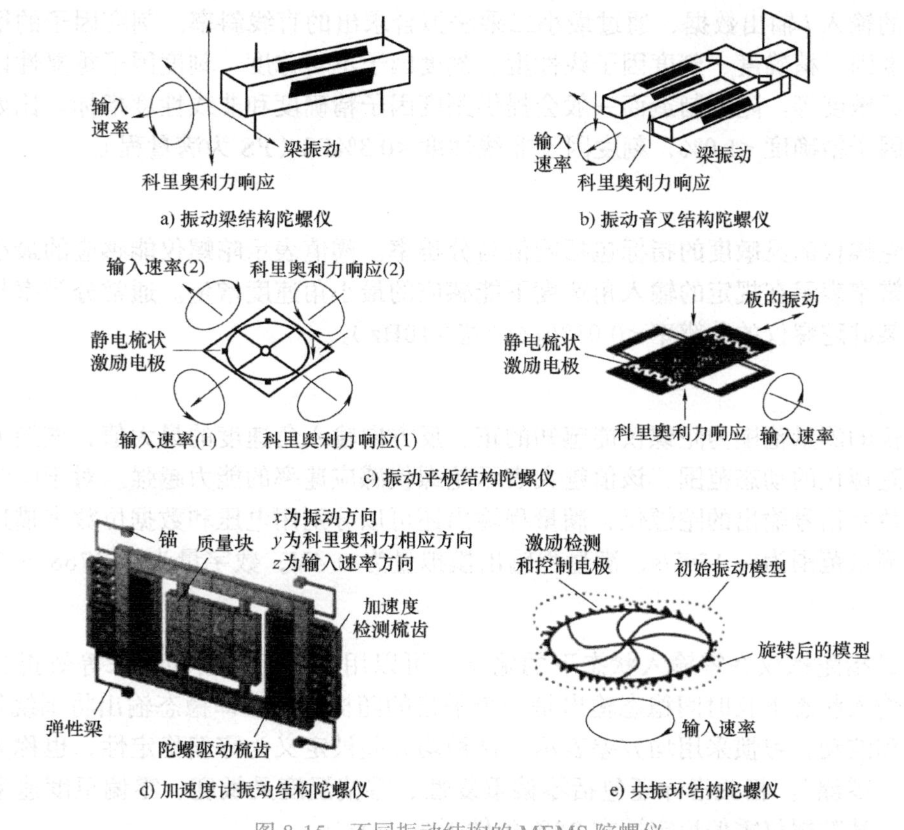

图 8-15　不同振动结构的 MEMS 陀螺仪

根据材料特性，可将 MEMS 陀螺仪分为硅材料和非硅材料陀螺仪。硅材料陀螺仪可分为单晶硅和多晶硅陀螺仪；非硅材料陀螺仪包括石英陀螺仪。

根据驱动方式，可将 MEMS 陀螺仪分为静电式驱动、电磁式驱动和压电式驱动等陀螺仪。

根据检测方式，可将 MEMS 陀螺仪分为电容性检测、压阻性检测、压电性检测、光学检测、隧道效应检测等陀螺仪。

根据工作模式，可将 MEMS 陀螺仪分为速率和速率积分陀螺仪。速率陀螺仪包括开环模式和闭环模式（力再平衡反馈控制）陀螺仪；速率积分陀螺仪则指整角模式陀螺仪。一般非正交线振动结构中的陀螺仪多可在整角模式下工作，而其他类型的大部分陀螺仪均属于速率陀螺仪。

根据加工模式，可将 MEMS 陀螺仪分为体 MEMS 加工、表面 MEMS 加工等陀螺仪。

8.3.2　MEMS 陀螺仪的特性

MEMS 陀螺仪主要性能指标包括刻度因子、灵敏度、测量范围和零偏与零偏稳定性、带宽等。

1. 刻度因子

陀螺仪刻度因子是指陀螺仪输出与输入角速度的比值，该比值是根据整个输入角度范

围内测得的输入 / 输出数据，通过最小二乘法拟合求出的直线斜率。刻度因子的衍生指标还包括刻度因子精确度、刻度因子线性度、刻度因子不对称度、刻度因子重复性以及刻度因子温度灵敏度等。陀螺制造商一般会提供刻度因子精确度和非线性度指标。比如，某陀螺仪刻度因子精确度 <1.0%，刻度因子非线性度 <0.3%FS（FS 为满量程）。

2. 灵敏度

表征陀螺仪的灵敏度的指标包括阈值与分辨率。阈值表示陀螺仪能感应的最小输入角速度，分辨率表示在规定的输入角速度下能感应的最小角速度增量。通常分辨率与带宽相关，比如某硅陀螺仪的分辨率 <0.05°/s（带宽 >10Hz）。

3. 测量范围

陀螺仪的测量范围为陀螺仪能感知的正、反方向输入角速度的最大值，该最大值除以阈值即为陀螺仪的动态范围，该值越大表示陀螺仪感应速率的能力越强。对于同时提供模拟信号和数字信号输出的陀螺仪，满量程输出还可以分别用电压和数据位数来描述。如某陀螺仪的测量范围为 ±150°/s，满量程输出模拟量为 ±4V，数字量为 −32768 ～ 32767。

4. 零偏与零偏稳定性

零偏是指陀螺仪在零输入状态下的输出，可以用长时间输出均值来等效折算输入角速度。零输入状态下长时间稳态输出是一个平稳的随机过程，即稳态输出将围绕均值（零偏）起伏和波动，习惯采用均方差表示。这种均方差被定义为零偏稳定性，也称为“偏置漂移”或“零漂”。相关指标还包括零偏重复性、零偏温度灵敏度、零偏温度速率灵敏度等。比如，某陀螺仪零偏稳定性在 25℃条件下为 ±1°/s。

5. 带宽

带宽是指陀螺仪能够精确测量的角速度频率范围。这个范围越大表明陀螺仪的动态响应能力越强。比如，某型号 MEMS 陀螺仪带宽指标为 10Hz。

根据分辨率、零偏稳定性等指标，陀螺仪可以分为速率级、战术级、惯性级，见表 8-1。

表 8-1　不同级别陀螺仪的性能要求

性能级别	速率级	战术级	惯性级
分辨率（°）/s	0.1 ～ 1	0.01 ～ 0.1	<0.001
零偏稳定性（°）/h	>10	0.1 ～ 10	<0.01
应用	手机、游戏、医疗器械、消费级无人机	商业导航系统、战术级武器	飞机、舰船、导弹、微型战略武器等

8.3.3　MEMS 陀螺仪的应用

MEMS 陀螺仪具有体积小、质量轻、功耗低、成本低等优点，已在消费电子、工业产品、商用航空航天、商用船舶导航以及武器装备等领域广泛应用。陀螺稳定平台是利用陀螺仪特性保持运动载体平台方位稳定的装置（简称陀螺平台、惯性平台），可以用来测量运动载体姿态以及用于稳定运动载体上的重要设备，比如可为导弹导引头等高精度制导武器提供准确的惯性空间指向。

图 8-16 为导弹光电导引头稳定平台结构图。弹体上固联有导航用 IMU，包括敏感弹体运动的三轴陀螺仪，基座支架与弹体装配固连，基座支架通过航向驱动电动机和航向测角器与偏航框架构成航向方向可转动连接，偏航框架通过俯仰驱动电动机与俯仰测角器与俯仰负载构成俯仰方向可转动连接。俯仰负载上固连有光电导引头载荷。为了更好地跟踪目标，导引头平台需要良好的隔离导弹弹体运动的能力，因此导引头需要固联速率陀螺仪，直接敏感光轴的惯性角速度，构成图 8-17 所示的直接稳定控制方案。由于陀螺仪与负载固连，处于框架中心，MEMS 陀螺仪的尺寸和质量直接决定了稳定平台整体的尺寸，因此采用 MEMS 陀螺仪能够大幅度减小稳定平台占用的空间。

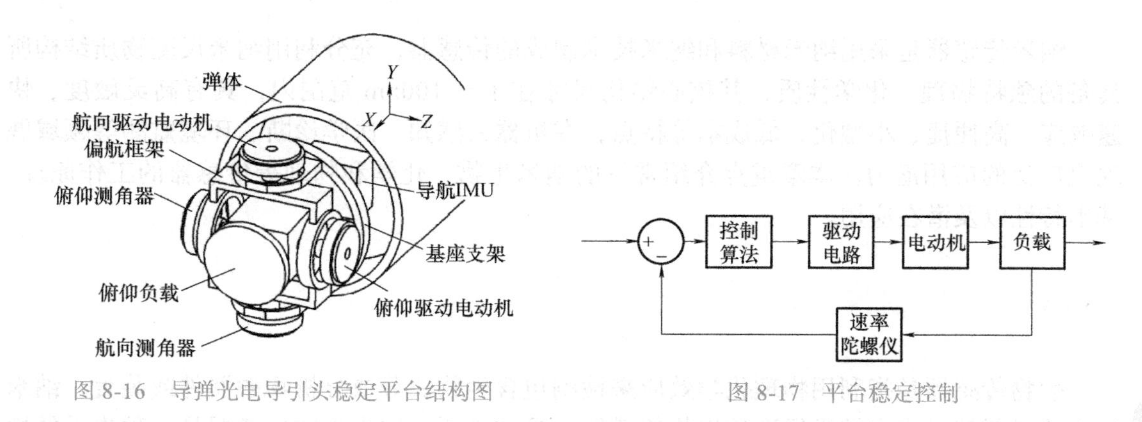

图 8-16　导弹光电导引头稳定平台结构图

图 8-17　平台稳定控制

思考题与习题

8-1　简述 MEMS 传声器电路直流偏置的原理，并分析输出电压与变化电容之间的关系。

8-2　简述加速度计的测量原理，并分析电容式 MEMS 加速度计的影响因素。

8-3　简述 MEMS 陀螺仪的工作原理，以振动梁式陀螺仪为例分析科里奥利力响应情况。

8-4　一个 MEMS 陀螺仪的振动块质量为 10^{-9}kg，振动速度为 10m/s，陀螺仪的角速度为 100rad/s，求科里奥利力。

第 9 章　纳米传感器

纳米传感器是采用纳米材料和纳米技术制成的传感器，充分利用纳米尺度物质结构所具备的独特物理、化学性质，其核心结构尺寸在 1 ～ 100nm 范围内，具有高灵敏度、快速响应、高便捷、小型化、低成本等特点，在机器人感知、医学诊断、环境监测等领域展现出广泛的应用潜力。本章重点介绍常见的纳米生物、化学和物理等传感器的工作原理、基本特性以及潜在应用。

9.1　纳米生物传感器

生物传感器是指利用物理化学效应来检测包含生物成分或分析物的器件或装置。纳米生物传感器就是指在纳米尺度的生物传感器。具体来说，纳米生物传感器是一种先进的检测技术，通过将生物分子（如抗体、酶或 DNA 片段）与纳米尺度的材料（如金属纳米粒子、碳纳米管或量子点）相结合，来实现对特定生物分子的高灵敏度检测。这些传感器的工作原理基于特定生物分子与目标分子之间的特异性相互作用，当目标分子与生物分子结合时，会引起对应纳米材料的物理或化学性质变化，例如电导率、荧光强度、表面等离子体共振或光散射的变化。这些变化可通过传感器的信号转换器检测并转换为电信号或光学信号，从而实现定量或定性的分析。

纳米生物传感器具有以下显著特点。

1）高灵敏度：由于纳米材料的大表面积与体积比，提供了更多的生物分子结合位点，从而提高了检测的灵敏度。

2）快速响应：纳米材料的快速电子或光子响应特性，使得传感器能够迅速检测到目标分子的存在。

3）低检测限：纳米生物传感器能够检测到极低浓度的分子。

4）小型化和便携性：传感器的微型化使得它们可以集成到便携式设备中，便于现场快速检测。

5）成本效益：与传统生物传感器相比，纳米生物传感器的生产和使用成本较低。

纳米生物传感器因小型化、低成本和易于集成等优势，在医学诊断、环境监测、食品安全以及机器人味觉和嗅觉感知等领域展现出极大的应用潜力。根据所使用的生物分子和纳米材料的不同，纳米生物传感器可分为酶、微生物、抗体、核酸、细胞等多种类型，每种类型都有其特定的应用场景和优势。

9.1.1 纳米酶传感器

纳米酶传感器通过结合纳米材料的信号放大作用和酶的特异性催化能力，实现对目标分子的精准检测，具有高灵敏度、快速响应、高选择性与稳定性等特点，广泛应用于医学诊断、环境监测和食品安全检测等领域。纳米酶传感器的类型多样，包括基于金属纳米粒子、碳材料和量子点等不同纳米材料的传感器，每种类型都根据其独特的物理化学特性在特定应用场景中展现出优势。

天然酶由于其高效的生物催化活性，可以催化一系列特定的化学或生物化学反应，被广泛用于生物传感器，但是天然酶自身存在制备、纯化过程复杂，催化活性和稳定性易受影响等缺点，限制了其在更多领域的应用。纳米酶是一类具有内在类酶活性的纳米材料，它们表现出类似天然酶的酶促反应动力学和催化机理，具有稳定性好、成本低和易于制备等优点，是天然酶的有力替代品，为电化学检测提供更多的结合位点，获得更灵敏的电流响应信号和更高的检测效率，为其实际应用提供了广阔前景。自 2007 年首次发现 Fe_3O_4 纳米颗粒具有类过氧化物酶活性以来，数百种具有酶催化活性的纳米材料被发现，包括覆盖贵金属、金属氧化物、金属硫化物、金属有机框架和碳纳米材料等。下面对几种常见的金属、金属硫化物及碳基纳米酶进行介绍。

1. 铁基纳米酶

铁基纳米酶是一种模拟天然酶催化活性的合成纳米材料，它们通常由铁或其氧化物构成，能够表现出类似于过氧化物酶等天然酶的催化功能。铁基纳米酶具有良好的酶催化活性、低成本、高稳定性和易存储等优点，被应用于分析检测、癌症治疗、环境检测与废水处理等领域。常见的铁基纳米酶包括 β-FeOOH 纳米棒、氧化铁纳米颗粒和 Cu-CuFe 纳米酶等。

1）β-FeOOH 纳米棒就是一种具有类过氧化物酶特性的纳米粒子，其与目标物质具有良好的亲和力，催化活性和反应速率高，且制备简单、成本低，为纳米酶取代天然酶在工业、医疗、生物等领域的应用提供了新途径。图 9-1 为 β-FeOOH 纳米棒的酶催化机理示意图。

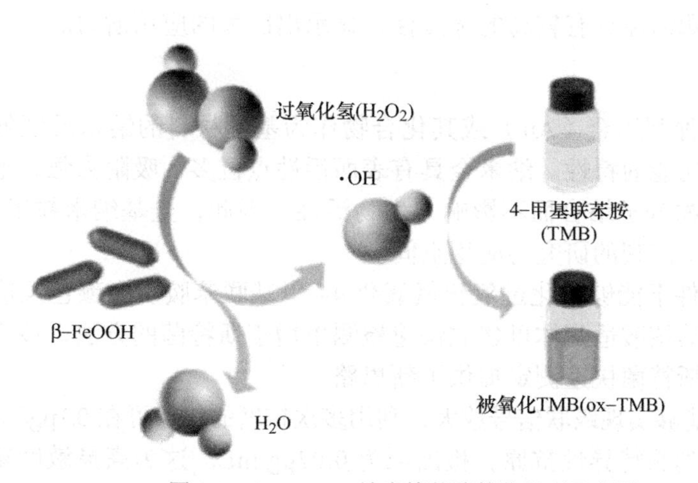

图 9-1　β-FeOOH 纳米棒的酶催化机理示意图

2）氧化铁纳米颗粒具有不同磁热转换能力，在不改变自身温度的情况下，通过施加交变磁场就可以有效提高其酶活性。因此，具有磁热转换能力的氧化铁纳米酶可以非接触调节催化性能，为生物化学应用提供了一种安全有效的新方法。

3）Cu-CuFe 纳米酶可用于检测谷胱甘肽、多巴胺等物质。与大多数同类型的材料相比，检测温度为 35℃时，在较短时间内可检测血清中谷胱甘肽含量，检测限低至 0.34μmol/L，且该材料具有良好的选择性，实际应用潜力很大。

铁基纳米酶的应用前景广阔，但也存在以下挑战：催化活性主要集中在氧化还原反应上，催化反应的特异性不如天然酶，容易引起机体代谢紊乱而产生一定毒性等。因此，开发新型低毒、高稳定性和特异性的铁基纳米酶是未来研究的目标。

2. 铜基纳米酶

铜基纳米酶是一种由铜或其化合物构成，具有模拟酶催化特性的纳米材料，它们能够执行类似于天然酶的催化反应。铜基纳米酶由于其优异的电催化性能成为传感器材料的首选，但存在导电性差的缺点，所以众多研究者通过扩大材料的孔径，以得到更大的表面积，使其暴露更多催化位点，便于铜基纳米酶能与更多的待测物接触，提高催化效率。常见的铜基纳米酶包括铜纳米锌、氧化铜，以及含铜的蛋白质或核苷酸等。

铜纳米锌可用于比色法检测人尿中的葡萄糖，作为传感器可在 0.5 ～ 15mmol/L 的动态线性范围内工作，无须进行显著的样品处理或稀释，即可量化检测来自正常人群和糖尿病患者尿液中的葡萄糖。

利用电沉积技术可在导电玻璃上制备纳米级氧化铜薄膜电极，该电极对葡萄糖氧化呈现出良好的响应，线性范围达到 2.2mmol/L，检测限低至 1.19μmo/L，在 0.55V 的条件下反应时间少于 4s，具有良好的实际应用价值。

利用硫化铜联合牛血清白蛋白 [$CuSBCA-Cu_3(PO_4)_2$] 组成纳米颗粒可研制出一种具有过氧化物酶模拟活性的纳米传感器。该传感器对血液样本中多巴胺的检测限可达 0.13μmol/L，线性范围为 0.05 ～ 100μmol/L，特异性高。

由铜与核苷酸组成的纳米材料，可制成一种具有碱性磷酸酶活性的荧光和比色纳米传感器，用于检测人血清中碱性磷酸酶的活性。与蛋白质、氨基酸和其他干扰组分相比，该纳米材料对碱性磷酸酶活性具有较高的选择性，显示出巨大的应用潜力。

3. 金基纳米酶

金基纳米酶是一种利用金（Au）或其化合物作为基础材料的纳米尺度催化剂，它们具有模拟天然酶催化功能的特性。纳米金具有表面活性点位多、吸附力强、电子密度大等特点，且能与多种生物分子结合而不影响其生物活性。因此，金基纳米粒子为开发高效、新型生物传感器拓展了广阔的研究与应用空间。

纳米金在一定条件下能够催化过氧化氢氧化 4- 甲基联苯胺发生颜色反应，同时结合特异性高、亲和力强的核酸适配体可建立快速检测单增李斯特菌的方法，该方法具有较高的准确度，为单增李斯特菌快速测定提供了新思路。

纳米多孔金电极能够实现级联信号放大，利用多次扩增的优势可在 0.1pg/mL ～ 60ng/mL 的动态范围内检测前列腺特异性抗原，检出限为 0.02pg/mL。这为高灵敏度靶向生物分析与功能纳米材料设计开辟了新的领域。

有研究团队成功制备了一种小尺寸、优良光学性能的金纳米颗粒（AuNP），这些纳米颗粒展现出类似过氧化物酶的活性。当存在过氧化氢（H_2O_2）时，它们能够催化过氧化物酶底物（TMB）的氧化反应，产生蓝色产物。经过三轮回收后，这些金纳米颗粒的催化活性仍保持在原始活性的 90% 以上，显示出优异的重复使用性。这一发现为过氧化氢快速比色检测以及生物传感器和催化分析的循环利用提供了新思路，具有很好的实际应用潜力。

4. 金属硫化物

金属硫化物是一类由金属元素与硫元素形成的化合物，通常具有特定的化学式，如 MS、M_2S、MS_2 等，其中 M 代表金属元素。硫化物由于其较高的比表面积和丰富的活性，可提高其他纳米材料的电子转移效果，具有良好的分散性能和催化性能。因此，硫化物在生物医学领域得到了广泛应用。

单分散的二硫化钼（MoS_2）量子点具有十分微弱的类过氧化物酶活性，可构建一种基于智能手机的便携式比色方法，用于二异丙基氟磷酸（DFP）含量的测定。结合纳米酶催化底物高灵敏显色的优势，这种检测方法有望进一步扩展到临床直接检测。

通过水热合成法得到的二硫化钒（VS_2）纳米片具有稳定的类似过氧化物酶的活性。这些二维 VS_2 纳米片能够作为过氧化物酶模拟物，可替代传统的辣根过氧化物酶，用于检测果汁中的葡萄糖。该方法适用于 5 ～ 250mol/L 的葡萄糖浓度范围，具有 1.5μmol/L 的检测限。

二硫化铂（PtS_2）纳米片也具有类似过氧化物酶的活性，能够催化过氧化氢（H_2O_2）氧化 4- 甲基联苯胺，从而生成有色液体。如图 9-2 所示，利用微流控技术，将这些 PtS_2 纳米片集成到多巴胺功能化的透明质酸（HA-DA）水凝胶微球中，即可构建出高灵敏度的 H_2O_2 传感器。此外，PtS_2 纳米片还可用作葡萄糖传感器，用于人血清中葡萄糖的测定。

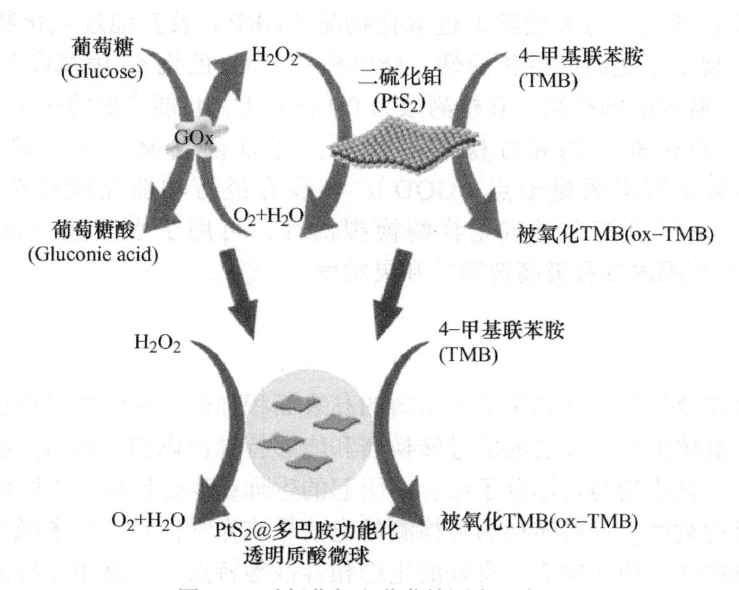

图 9-2　过氧化氢和葡萄糖测定示意图

5. 碳基纳米酶

碳基纳米酶是一种以碳为主要成分的纳米材料，比如碳纳米球、石墨烯等，它们具有模拟天然酶催化功能的属性。碳基纳米材料可作为过氧化物酶模拟物，具有较高的生物相容性和可调节的酶样活性，比金属纳米酶有着更广泛的研究。

以 Cu^{2+} 修饰的中间空隙直径约 20nm 的羟基空心碳纳米球（Cu^{2+}–HCNS–COOH），拥有增强的过氧化物酶活性，能够有效检测过氧化氢（H_2O_2）并降解亚甲基蓝（MB），如图 9-3 所示。与贵金属纳米酶相比，这些碳纳米球展现出了卓越的催化活性，且对底物如 4– 甲基联苯胺和 H_2O_2 具有较高的亲和力。这为推动高效且成本较低的纳米酶在生物传感器中的应用提供了新方向。

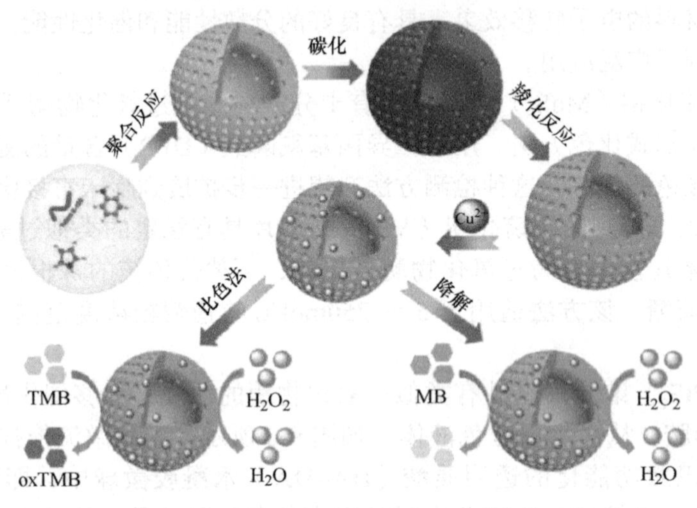

图 9-3　Cu^{2+}–HCNS–COOH 纳米酶合成路线示意图

石墨烯因其较大的比表面积，被认为是一种具有高活性的催化剂，超越了其他碳材料，如碳纳米管和碳点。与天然辣根过氧化物酶（HRP）及其他过氧化物酶相比，石墨烯基纳米材料展现出了更高的催化活性，能够模拟 H_2O_2 催化 4– 甲基联苯胺（TMB）氧化，并用于 L– 半胱氨酸的检测，其检测限为 0.1μmol/L，且能在血清中进行检测。

利用尿素、柠檬酸三钠和柠檬酸等原料，可以合成荧光石墨烯氮化碳量子点（g–CNQD）和氧化石墨烯量子点（GQD）。在没有进行功能化或掺杂其他纳米颗粒的情况下，这些量子点拥有过氧化物酶模拟活性，可用于水溶液中氟离子检测，在 10 ～ 120mmol/L 范围内具有极高选择性和灵敏度。

9.1.2　纳米微生物传感器

纳米微生物传感器是一种利用纳米材料的高表面积和微生物的特异性识别能力的新型生物检测技术，具体由纳米尺度的信号转换器和能够特异性识别目标微生物或其代谢产物的纳米材料组成。微生物与目标分子结合后引起的生理或生化反应，如呼吸作用或产生代谢产物，这些反应被纳米材料转换为可检测的电信号或光学信号。纳米微生物传感器具有高灵敏度、高选择性、快速响应和良好的生物相容性等特点，能够用于检测水体中的致病菌、食品中的微生物污染、临床样本中的病原体等。

目前，最为常见的是纳米微生物传感器与微悬臂梁技术相结合，利用微悬臂梁表面发生生物分子相互作用时引起微悬臂梁弯曲作用或谐振频率改变来检测微生物。这是将生物分子识别转换成了纳米尺度的机械量变化，可实现对微生物的高灵敏度、实时、无损检测。随着微纳技术的发展，这种集成检测平台在生物检测领域发挥越来越重要的作用。

通常，微悬臂梁是由硅 / 硅氮化物或聚合物材料组成，尺寸从几十到几百微米长、几十微米宽、几百纳米厚不等。这些器件还可以在包括十到数千个微悬臂梁的阵列中制作。使用微悬臂梁选择性检测分子的关键是功能化微悬臂梁表面，将含有特异性生物分子的聚合物等涂层与微悬臂梁表面共价结合，由于涂层内特异性生物分子与微生物特定分子间的作用使微悬臂梁能够吸附微生物，引起微悬臂梁因表面应力变化弯曲或者因表面质量变化谐振频率变化，能够极其灵敏地检测微生物。

微悬臂梁的受力状态对温度敏感，而且除目标分子外样品中的其他分子也可能与传感器涂层内的特异性分子发生作用，这些因素都会影响传感器的检测结果。因此，需要建立一种方法从“真正”的信号中减去这些多余的背景信号。通常采用多个微悬臂梁阵列，所有微悬臂梁的结构是相同的，只有其表面涂层不同，如图 9-4 所示的两个微悬臂梁，其中一个是传感微悬臂梁，对目标分子敏感；而另一个是参考微悬臂梁，作为非特异性结合或其他物理因素（如温度等）的参考，从而实现两个微悬臂梁相应信号的差分，以抵消温度及其他效应的干扰。复杂生物样品的检测需要更多个微悬臂梁来进行。

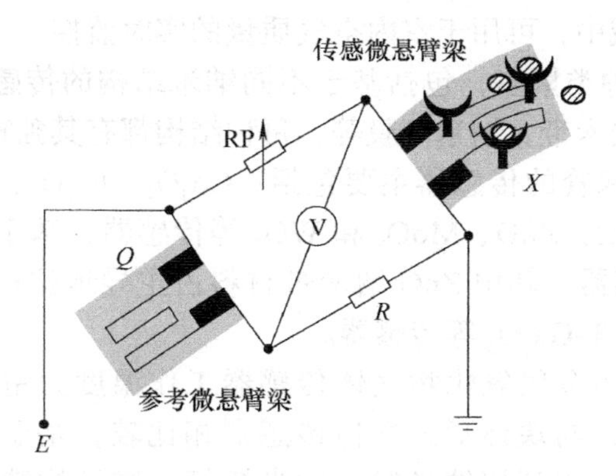

图 9-4　利用传感和参考微悬臂梁检测微生物

除了微悬臂梁技术外，还有一些其他的纳米微生物传感器。比如，纳米线传感器利用纳米线的电学性质来检测微生物。当微生物与纳米线接触时，会导致纳米线的电阻发生变化，从而实现对微生物的检测。另外，纳米孔传感器也是一种基于纳米技术的微生物检测方法。它利用纳米孔的尺寸与微生物的大小相匹配，当微生物通过纳米孔时，会导致电流变化，从而实现对微生物的检测。这些纳米微生物传感器的研究和开发为生物检测技术发展带来了新的机遇。

9.2　纳米化学传感器

纳米化学传感器的工作原理与其他化学传感器类似，都是电荷在分子和敏感材料之间相互转移，从而产生与分子的种类和数目相关的电学和光学信号。然而，相比宏观尺度的传感器，纳米化学传感器利用量子限制效应和高面积 / 体积比，展现出高灵敏度、高选择性、快速响应和易于集成等特点，广泛应用于环境监测、食品安全、医疗诊断等领域。纳米化学传感器包括单纳米结构、多纳米结构、基于场效应晶体管的传感器以及纳米结构薄膜传感器等多种类型。

9.2.1 纳米气敏传感器

纳米气敏传感器是一类利用纳米材料的特有性质来检测气体成分的传感器，其核心工作原理是气体分子与纳米材料表面的相互作用，这种作用会导致传感器的电学或光学特性发生变化，例如电阻、电导率或表面等离子体共振的波长变化等，从而实现对特定气体的定量分析。

由于气体吸附过程在气体传感器中起主要作用，所以材料的吸附能力、形状决定了纳米传感器的响应。纳米材料具有非常好的面积 / 体积比，在相同化学成分下，越小的纳米材料制成的传感器就越灵敏。较大的面积 / 体积比有利于气体吸附，缩短响应时间，提高器件的灵敏度。

纳米气敏传感器的应用非常广泛，在环境监测中可以检测空气质量，预警有害气体泄漏；在工业安全中用于检测易燃易爆或有毒气体，保障工作场所的安全；在医疗健康领域，可用于监测呼出气体中的生物标志物，辅助疾病诊断；在汽车行业，用于监测和控制尾气排放；智能家居领域中，可用于室内空气质量的实时监控。

纳米气敏传感器的种类繁多，包括基于不同纳米结构的传感器，如纳米粒子、纳米线、纳米管、纳米棒、纳米带、纳米薄膜等，每种结构都有其独特的优势和适用的检测对象。基于金属氧化物纳米管的传感器主要包括：Co_3O_4、Fe_2O_3、SnO_2 和 TiO_2 等传感器；基于纳米棒的传感器包括：ZnO、MoO_3 和 WO_3 等传感器；基于纳米带的传感器主要为 ZnO、SnO_2 和 V_2O_5 传感器，其中 ZnO 纳米带材料占主导地位；基于纳米线的传感器包括 In_2O_3、SnO_2、ZnO 和 β-Ga_2O_3 等传感器。

一些基于纳米形式的金属氧化物气体传感器工作温度为室温或者较高温度。但不论它们的工作温度如何，与块体形式气体传感器相比较，基于纳米态的金属氧化物传感器的灵敏度有所提高。①利用纳米线、纳米棒等一维结构纳米材料，制作的 H_2S 气体传感器，展现出了卓越的灵敏度和快速响应能力，如图 9-5 所示，检测限可达 ppm 级别，特别适用于军事、医疗、工业和日常应用中的极少量 H_2S 气体检测。②贵金属修饰的半导体金属氧化物基化学电阻式气体传感器近年来也引起了广泛关注，对氢气的检测限可低至 0.3%，室温下功耗仅为 10nW，适用于环境空气质量监测、呼出气无创疾病诊断和食品新鲜度分析等领域。③多孔二维纳米材料在金属氧化物电导气体传感器中也有广泛的应用。这些材料的应用显著提高了气体传感器的灵敏度和响应速率。例如，对 NO_2 的检测限可达 3ppm，响应 / 恢复时间为数秒。这些多孔二维纳米材料和基于它们的 3D 结构在开发金属氧化物电导气体传感器中显示出独特的合成特点和应用潜力。④金属氧化物半导体 MEMS 气体传感器通过 MEMS 微热板的多样化设计，实现了对多种气体的同时检测和选择性识别，可广泛应用于环境监测和医疗诊断等领域。

图 9-5　Ru–WO_3 纳米棒放大的 FE–SEM 图像

9.2.2　纳米金属离子传感器

通常，可用金属离子与纳米材料表面相互作用引起的电学或光学性质变化来定量分析离子浓度。这些传感器具备高灵敏度、高选择性、快速响应和易于小型化等特点，其工作原理基于金属离子与纳米材料表面特异性结合，使如电阻、电容或荧光强度等可测量参数发生变化，从而实现对金属离子的检测。

纳米金属离子传感器广泛应用于环境监测、水质分析、工业过程控制、生物医学诊断和食品安全检测等多个领域。它们能够有效地检测土壤和水体中的重金属，监测饮用水和工业用水的金属离子含量，实时跟踪工业废水处理过程中的金属离子浓度，并在医疗领域中用于疾病诊断和治疗监测。此外，随着纳米技术的发展，基于不同纳米材料如碳纳米管、石墨烯和量子点的传感器不断涌现，推动了传感器性能的持续提升和应用范围的不断扩大，使它们成为现代分析科学和环境监测领域不可或缺的工具。

1. 基于碳纳米管的金属离子检测传感器

基于碳纳米管的金属离子检测传感器是通过物理吸附、化学键合或表面功能化等方式与金属离子发生相互作用，从而实现对铅（Pb^{2+}）、汞（Hg^{2+}）、镉（Cd^{2+}）等金属离子的检测，检测手段包括电化学技术（如伏安法、电位法等）、光学技术（如荧光检测、拉曼光谱等）和质谱技术等。这些传感器的核心是碳纳米管，利用了碳纳米管的高比表面积、独特的电子结构和良好的机械性能。通过碳纳米管功能化以增加对特定金属离子的选择性和灵敏度。基于碳纳米管的金属离子检测传感器因其高灵敏度、快速响应、良好的稳定性和可重复性等优点，在环境监测、食品安全和生物医学等领域具有重要的应用价值。

利用功能化碳纳米管材料可以实现对水稻伤流液中重金属离子的选择性检测，以谷胱甘肽功能化的金 / 多壁碳纳米管（MWCNTs–GSH–Au–GSH）作为敏感界面，分析水稻伤流液中的铅离子，灵敏度高达 1122.8μA · μmol^{-1} · cm^{-2}，检测限为 0.01μmol，且不受流液中其他共存物质的干扰。

2. 基于石墨烯的金属离子检测传感器

基于石墨烯的金属离子检测传感器利用石墨烯的高比表面积、出色的电子传导性和机械强度来检测特定金属离子。这些传感器通常采用石墨烯作为电极材料或核心结构，并通过表面功能化提高对金属离子的选择性和灵敏度。

基于石墨烯的金属离子检测传感器可用于同时检测多种重金属离子。有研究开发了一种基于糠醛 / 还原氧化石墨烯复合材料（FF/RGO）的高效、灵敏的电化学传感器，用于同时检测多种重金属离子。FF/RGO 的制备是通过一步高压辅助水热处理进行的，这种方法被认为是绿色、便捷且高效的氧化石墨烯还原和 FF/RGO 复合材料制备方法。FF/RGO 不仅作为糠醛负载的骨架，还提高了基体中复合材料的导电性。由于其具有大比表面积和丰富的含氧官能团（如 –COOH、–OH 和 –CHO），因此 FF/RGO 为重金属离子的有效吸附提供了更多的结合位点。开发的传感器对重金属离子分别和同时显示出可识别的电化学响应，表现出优异的稳定性，出色的灵敏度、选择性和分析性能。这种传感器已成功应用于实际样品中多种重金属离子的同时测定，展现出广阔的应用前景。

3. 基于量子点的金属离子检测传感器

基于量子点的金属离子检测传感器可利用量子点的光电特性来检测金属离子。量子点是一类具有尺寸依赖性质的纳米材料，它们的光学和电子性质可以通过改变量子点的大小和组成来调节。这些特性使得量子点在传感器领域具有广泛的应用潜力，尤其是在检测金属离子方面。

铜离子作为一种常见的重金属污染物，对环境和人体健康构成严重威胁。传统的铜离子检测方法存在操作复杂、耗时较长等问题，因此，开发一种快速、灵敏、操作简便的检测方法具有重要意义。有研究通过 CdSe@ZnS 核壳型量子点的荧光特性来检测水体中的铜离子污染，首先利用微流控技术精确合成了 CdSe@ZnS 量子点，并通过巯基丙酸进行表面改性，增强了量子点的水溶性和与铜离子的特异性结合能力。改性后的量子点被负载在聚乙烯醇（PVA）水凝胶上，形成了一种复合荧光传感器。当铜离子与量子点表面的巯基结合时，会引起荧光强度的降低，即荧光猝灭现象。这种荧光强度的变化与铜离子浓度呈线性负相关，即可通过测量荧光强度的变化来定量分析铜离子的浓度。该种传感器展现出了 20μmol/L 的高灵敏度，且具有优良的热稳定性和操作简便性，不仅适用于水体中铜离子污染的原位检测，还可以扩展到其他量子点和金属离子的检测。

9.3 纳米物理传感器

纳米物理传感器是一类利用纳米材料的物理特性来检测外部环境变化的高灵敏器件。通过测量纳米材料如电阻、电容、光学性质或机械振动频率等参数的变化，来获取温度、压力、振动等物理量的变化信息。这些传感器的工作原理基于纳米尺度效应，例如量子隧道效应和高表面积与体积比，这使得它们对微小的环境变化极为敏感。

纳米物理传感器以其快速响应、高灵敏度、小型化和多功能性等特点，在工业自动化、环境监测、医疗诊断、航空航天以及智能穿戴设备等多个领域发挥着重要作用。它们能够实现对快速变化的物理量的实时监测，为精密测量和智能控制提供了强有力的技术支持。

随着纳米技术的发展，纳米物理传感器的种类不断丰富，包括纳米压力传感器、纳米流量传感器和纳米温度传感器等。每种类型的传感器都针对特定的物理量进行检测，展现出独特的优势。

9.3.1　纳米压力传感器

纳米压力传感器是利用纳米材料对微小压力变化做出响应的高灵敏度检测器件。它们通过测量纳米尺度材料受压时产生的电阻、电容或压电势变化来转换压力信号为电信号。这些传感器的工作原理依赖于纳米材料的物理特性，如压电效应或材料的形变，使得它们对极小的压力变化极为敏感，并且能够快速响应。

纳米压力传感器以其高灵敏度、快速响应、小型化和低功耗等特性，在多个领域发挥重要作用，被广泛应用于生物医学监测（如血压测量）、微流控技术、飞行控制系统、精密工业过程控制以及环境科学中的压力监测。随着纳米技术的不断进步，基于不同材料如碳纳米管、石墨烯、纳米线等的纳米压力传感器不断被开发，以满足特定应用需求。

图 9-6 所示的压力传感器的超薄圆形氧化铝（Al_2O_3）膜是通过原子层沉积技术获得的，其表面上有一根通过范德瓦耳斯力吸附的单壁碳纳米管，两端通过金属电极压覆固定。该压力传感器可承受的压强范围为 0 ～ 130kPa，对于较小的压强（最高 70kPa），电阻会随着压力的上升而单调上升（值持续增加而不减小）；对于较大的压强，则会有一个异常的非单调变化。

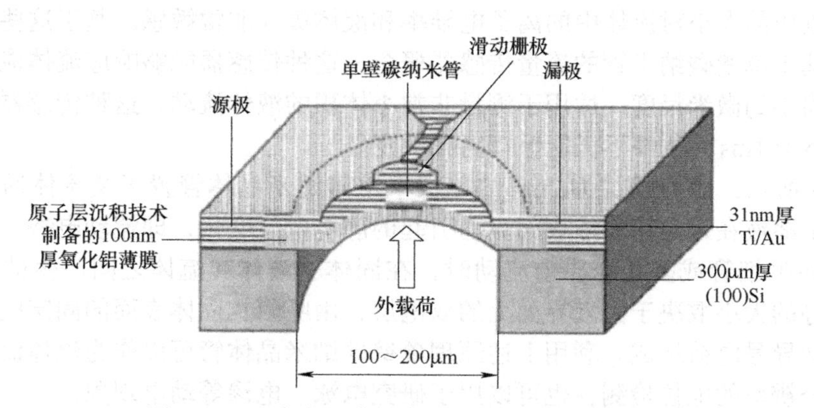

图 9-6　基于氧化铝膜的碳纳米管压力传感器结构图

图 9-7 所示为基于石墨烯的宽量程高重复性 MEMS 压力传感器，通过创新设计一种新型的石墨烯阵列结构，显著提升了传感器的性能。这种结构不仅增加了接触面积，提高了灵敏度和响应速度，而且使得传感器能够在 0 ～ 20MPa 的宽压力范围内保持良好的重复性。更为重要的是，这种石墨烯基传感器展现出了高热稳定性和长期稳定性，特别是在潮湿环境下的表现，这为其实际应用提供了极大的可能。它不仅克服了传统悬浮石墨烯压力传感器在量程和线性度方面的局限，更为石墨烯器件的实用化提供了重要推动，展现出石墨烯在压力传感器领域的广阔应用前景。

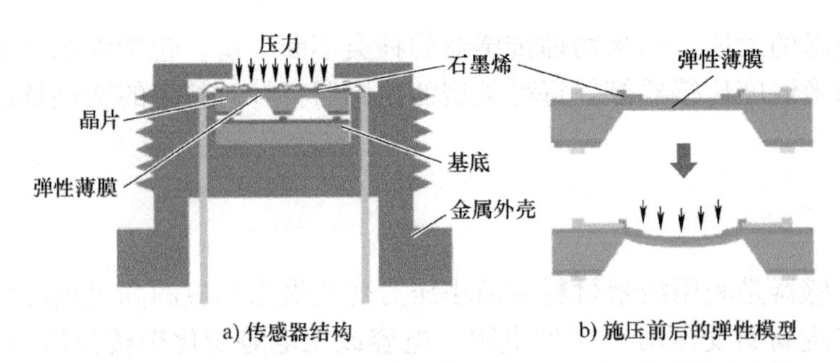

图 9-7 基于石墨烯的宽量程高重复性 MEMS 压力传感器示意图

9.3.2 纳米流量传感器

纳米流量传感器是应用纳米技术实现高精度流量测量的器件，通过检测流体流动对纳米尺度材料造成的影响来工作。这些传感器利用流体通过时引起的热变化、压力变化或光学性质的变化，将流量信号转换为可测量的电信号，具有高灵敏度、快速响应、高精度和小型化的特点，能够精确捕捉微小的流量变化。

纳米流量传感器在微流控芯片、生物医学研究、药物输送、燃料电池管理、环境监测和化工过程控制等多种应用中发挥着重要作用。随着技术的发展，出现了基于不同原理的纳米流量传感器，如热传导型、光学干涉型和基于纳米通道的流量传感器等。

有研究发现，单壁碳纳米管束上的流体流动会在碳纳米管中产生沿流动方向的电压，该电压与速度呈 60 倍对数关系。当流速较低，大约为 10^{-5}m · s^{-1} 时，感应电压趋于饱和。此外，感应电压的大小对流体中的离子电导率和液体极性非常敏感。基于这些发现，有研究者提出了基于单壁碳纳米管的流量传感器概念，这种传感器能够响应流体流动并产生电信号，可以缩小到微米尺度，适用于测量非常小体积的液体流动。这种传感器在低流速和快速响应（小于 1ms）条件下仍能保持高灵敏度。

如图 9-8 所示，当直径约为 2nm 的单根单壁碳纳米晶体管置于微流体通道中时，可以检测到离子溶液在带电荷物体表面流动引起的静电电位变化，即流动电势。流动电势通常是指流体在毛细管或多孔介质中流动时，在固体、液体和流体之间产生的零电流电势差。流动电势的大小取决于固液界面上的双电层，由吸附在固体表面的固定电荷和与之数量相等的可动异号电荷组成。利用上述原理单壁碳纳米晶体管可以作为流体流量传感器实现纳米尺度分辨率的电位检测，也可以用于研究电泳、电渗等动电现象。

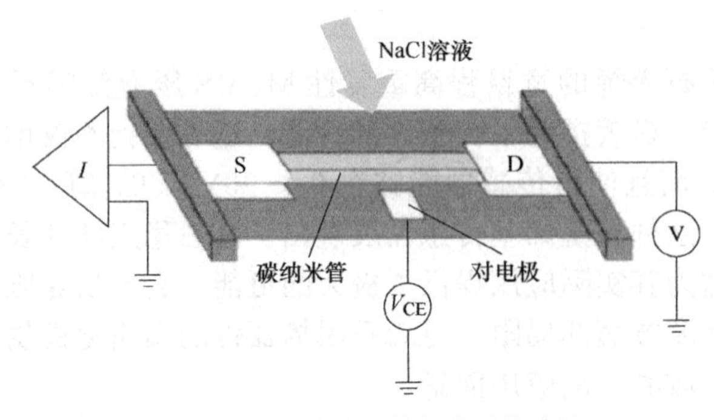

图 9-8 基于碳纳米管的流量传感器

9.3.3　纳米温度传感器

纳米温度传感器是通过纳米材料的电阻、电容、热电势或光学特性等物理参数随温度变化的特性来工作的。这些传感器能够检测到微小的温度变化，并将这些变化转换为电信号，从而实现纳米尺度下的温度精确监测，具有高灵敏度、快速响应、小体积和低功耗等特点。

纳米温度传感器可用于监测人体体温、环境温度变化、材料的热特性分析，以及微电子设备的热管理。随着纳米材料和制造技术的发展，基于不同纳米材料如碳纳米管、石墨烯、纳米线等的传感器不断涌现，为特定应用提供了定制化的解决方案。

利用纳米材料的电阻率随温度变化而变化的特性可制成电阻式温度传感器，通常由具有高电阻温度系数的纳米材料制成，例如某些金属或半导体纳米线、纳米带或纳米颗粒。这些纳米结构通常具有高表面积与体积比，使得它们对温度变化非常敏感，从而能够实现高精度的温度测量。图 9-9 所示由石墨烯 / 环氧树脂纳米复合材料制备的温度传感器，采用石墨烯作为填料，环氧树脂作为基体材料，通过超声及行星搅拌共混法制备不同含量的石墨烯 / 环氧树脂纳米复合材料薄片。这些薄片在其两端加上电极，即可制成用于测试的温度传感器。这些传感器在 30 ～ 100℃的温度范围内表现出负温度系数效应，即电阻随温度升高而减小。这种现象是由于石墨烯的加入改变了环氧树脂的导电性能，导致整体材料的电阻随温度变化而发生变化，石墨烯含量越高，电阻减小的幅度越小。这种石墨烯 / 环氧树脂纳米复合材料温度传感器的制备方法简单，成本较低，且具有良好的稳定性和灵敏度。

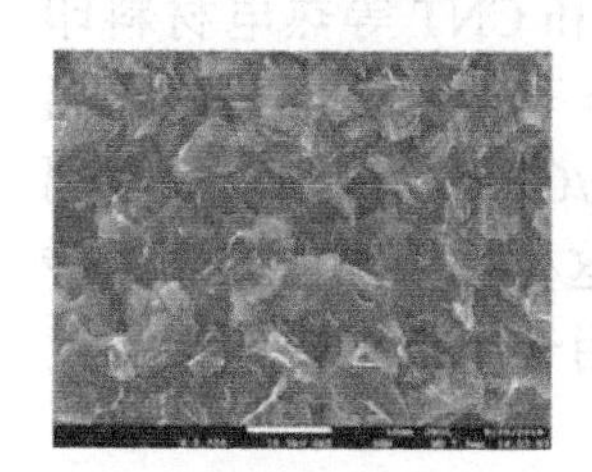
a) w(石墨烯)=3%(×2000)

b) w(石墨烯)=4%(×2000)

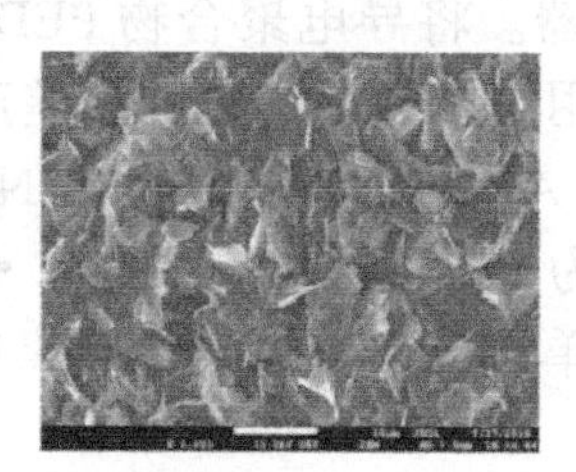
c) w(石墨烯)=5%(×2000)

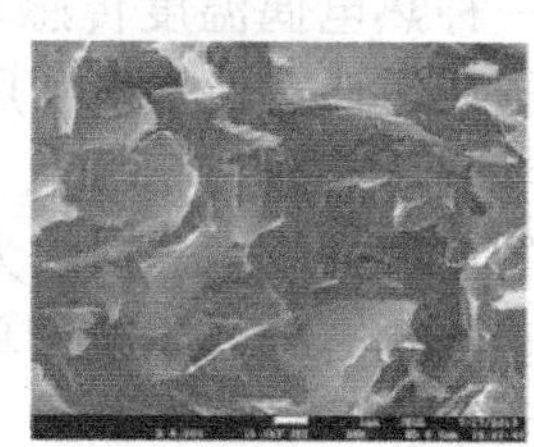
d) w(石墨烯)=5%(×8000)

图 9-9　石墨烯 / 环氧树脂纳米复合材料 SEM 图像

电容式温度传感器可采用各种纳米材料，如金属氧化物纳米颗粒、碳纳米管、石墨烯等，这些材料因其独特的物理和化学性质，在温度传感方面表现出高灵敏特性。在基于碳纳米材料的柔性电容式温度传感器中，聚合物中碳纳米材料的介电常数随温度变化很大，常被选作介电层。其基本工作原理是介电层的介电常数随温度变化而引起传感器电容值随之变化。导电碳颗粒作为导电填料均匀地分布在聚合物中，使传感器在室温下具有原始的电容。当温度变化时，聚合物 – 填料界面形成电荷，导致电容发生显著变化。

图 9-10 为一种具有线性传感特性的微流控电容式温度传感器，碳纳米管 /PDMS 复合材料作为介质层，在碳纳米管 /PDMS 介质层的两侧都有微流体通道，以离子液体作为微通道的电极。传感器的电容在 23 ～ 63℃的温度范围内随温度呈线性增加，而相应的灵敏度斜率随碳纳米管组成比例的不同而显著不同。碳纳米管质量分数为 1%、2%、4% 和 6% 的传感器的温度灵敏度分别为 0.076PF • ℃ $^{-1}$、0.405PF • ℃ $^{-1}$、1.274PF • ℃ $^{-1}$ 和 1.517PF • ℃ $^{-1}$。

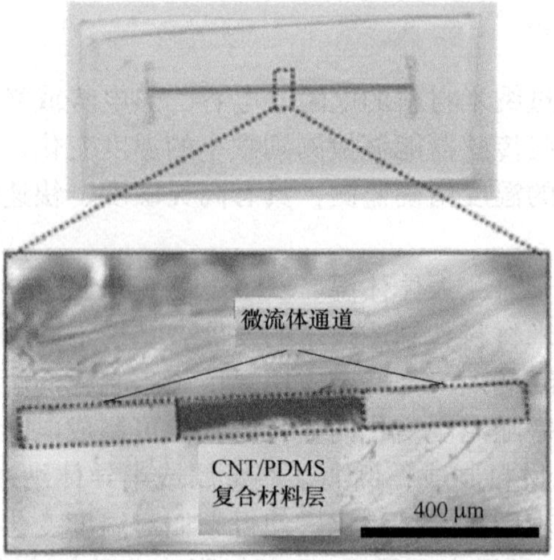

图 9-10　微流控电容式温度传感器的光学图像及其横截面图

热电偶温度传感器是一种常见的温度测量器件，基于热电效应工作。热电效应是指当两种不同类型的金属或半导体材料形成闭合回路，且在它们的接触点之间存在温差时，会在回路中产生电动势（电压）。这个电动势的大小与温差成正比，可通过测量这个电动势来确定温度。图 9-11 为通过喷墨打印技术使用包括聚（3,4– 乙烯二氧噻吩）– 聚苯乙烯磺酸（PEDOT：PSS）、银纳米颗粒（AgNP）和碳纳米管（CNT）在内各种材料制造出的一种热电偶温度传感器。将导电聚合物 PEDOT：PSS 以及 AgNP 和 CNT 等热电材料印刷在柔性基板上，利用纳米热电偶之间温差产生的电势，可在 30 ～ 150℃范围内进行温度测量。在 150℃时，Ag/PEDOT：PSS、CNT/PEDOT：PSS 和 Ag/CNT 三种纳米热电偶的温度灵敏度分别约为 12.5μV・K^{-1}、11μV・K^{-1} 和 6.5μV・K^{-1}。这类纳米热电偶温度传感器具有结构工艺简单、成本低，且便于集成到各类电子电路中用于小范围内的点温度测量。

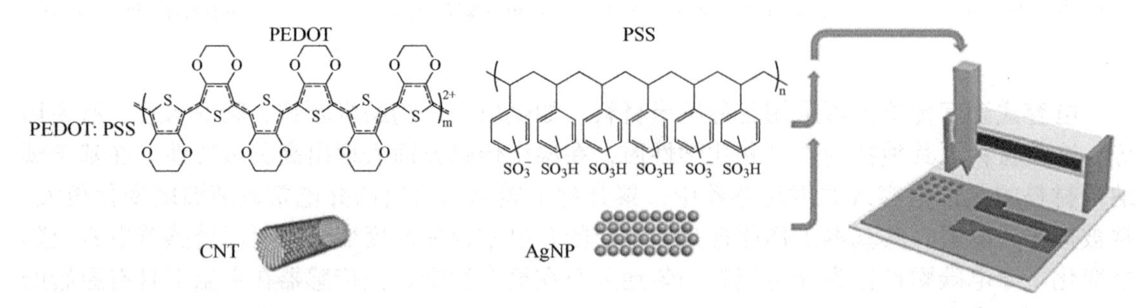

图 9-11　喷墨打印技术制备纳米热电偶温度传感器的示意图

思考题与习题

9-1　什么是纳米生物传感器？解释“纳米”这个名词的含义。

9-2　不同种类的纳米颗粒，甚至同一种类的纳米颗粒，都可以在各种生物传感器系统中扮演不同的角色。以“金纳米颗粒”为例阐明这一说法。

9-3　什么是化学纳米传感器？它与其他宏观化学传感器有什么不同？

9-4　说明气体传感器的重要性。一般气体传感器需要探测什么？纳米材料在制作改进的气体感应装置时，起什么作用？

9-5　如何利用分析物诱导的已修饰量子点的光致发光变化检测铜离子浓度？

9-6　描述纳米压力传感器的工作原理，并举例说明它们在哪些应用领域中发挥重要作用。

9-7　解释纳米流量传感器的工作原理，并讨论其在低流速测量中保持高灵敏度的机制。

9-8　描述三种不同类型的纳米温度传感器的工作原理，并比较它们在实际应用中的优缺点。

9-9　纳米传感器的核心结构尺寸范围是什么？请列举至少三种纳米传感器的特性，并简述它们在机器人感知领域的潜在应用。

9-10　比较分析纳米生物传感器、纳米化学传感器和纳米物理传感器在工作原理和潜在应用上的差异并举例说明。

第 10 章 量子传感器

随着量子力学的快速发展和人类对测量极限的精益求精追求，传感器已经从原有光学仪表、电学仪器进入了量子化的时代，量子传感器应运而生。量子传感器通常以原子、电子等量子系统为介质，利用其量子效应来实现物理量测量的器件或装置，具有超高精度、超高灵敏度等特点。通常根据工作物质不同，将量子传感器分为基于原子的量子传感器和基于超导的量子传感器。其中，以原子为工作物质的量子传感器，又分为干涉型和自旋型两类，后者又称为自旋量子传感器。本章主要介绍原子磁力仪、自旋量子陀螺仪等自旋量子传感器和超导量子传感器的工作原理及应用。

10.1 自旋量子传感器

自旋量子传感器是指利用原子的自旋量子效应实现物理量测量的仪器。不同于利用原子物质波干涉效应敏感外界物理信息的干涉型量子传感器，自旋量子传感器主要利用原子系统中原子核和电子的自旋特性来敏感外界信息的变化，一般都有磁场参与。下面，以原子磁力仪和自旋原子陀螺仪两类量子传感器为例，对自旋量子传感器的基本工作原理进行介绍。

10.1.1 原子磁力仪

1. 原子磁力仪基本原理

原子磁力仪在高精度磁场测量中具有重要的地位，最早的光学型原子磁力仪是 20 世纪 60 年代初期 Bloom 等人基于光与碱金属原子相互作用研制的光抽运磁力计，也称为光学磁力仪或光泵磁力仪（Optical Pumping Magnetometer，OPM）。

原子磁力仪通过测量原子的自旋极化矢量在外磁场中的拉莫尔进动频率来反映磁场大小。其基本工作原理概括起来主要有如下三个过程：①原子的自旋极化；②自旋在磁场作用下的进动；③自旋极化状态的光检测，如图 10-1 所示。

（1）自旋极化

1）碱金属能级。原子磁力仪大多选择碱金属原子作为工作物质，如钾、铷、铯（K、Rb、Cs）等，这是因为碱金属原子的总自旋等于核自旋和价电子自旋的矢量和，且最外层只有一个未配对的电子，易于通过光泵浦等方式进行操控。

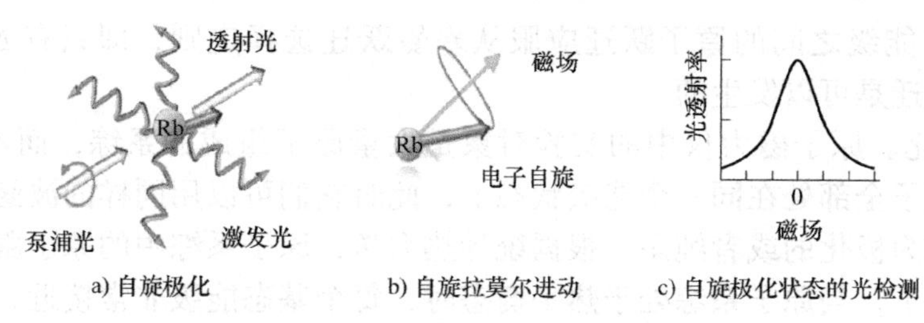

图 10-1　原子磁力仪的三个基本过程

碱金属原子外层只有一个价电子，内层电子相互抵消。这样就只剩下原子核和价电子，因此可以用价电子能量很好近似原子的能量，通常用碱金属价态电子态来描述碱金属的能级结构，其基态为 $nS_{1/2}$。对于第一激发态，由于 P 层电子的轨道角量子数为 L=1，通过轨道和自旋角动量耦合，在精细结构中分裂为 $nP_{1/2}$ 或 $nP_{3/2}$ 的双重结构，激发态的总角动量对应于电子自旋，分别为平行和反平行耦合角动量，如图 10-2 所示。

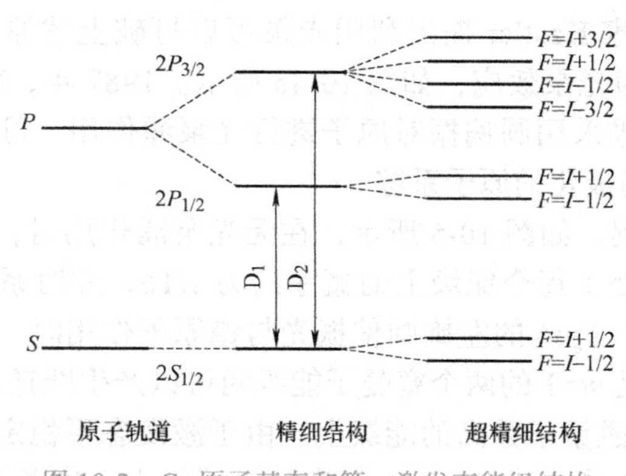

图 10-2　Cs 原子基态和第一激发态能级结构

在外磁场作用下，原子能级会进一步发生分裂，这种磁场作用下能级分裂的现象被称为塞曼效应。碱金属原子的每一个超精细结构 F，都对应 $2F$+1 个磁能级，用磁量子数 m 来表示。当原子不受外磁场作用时，这些磁能级呈简并态；而当原子处于外磁场中时，磁能级的简并态被解除，能级发生分裂，能级分裂的大小正比于原子在磁场中获得能量的大小，在磁场作用下，每个能级分裂成 $2F$+1 个能级，这些能级也被称为塞曼能级。图 10-3 为碱金属 ^{133}Cs 基态超精细能级的塞曼分裂。

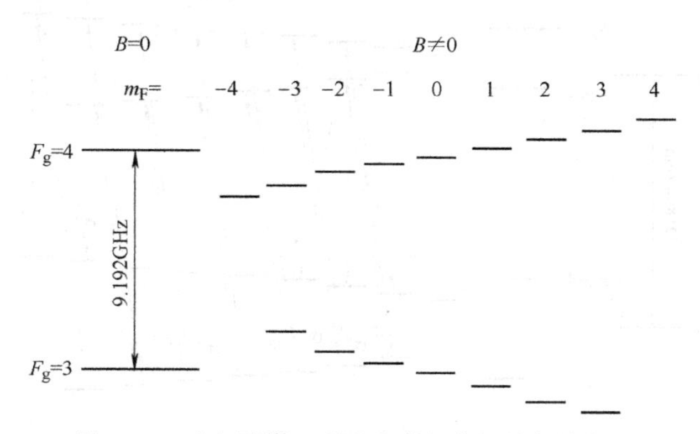

图 10-3　碱金属 ^{133}Cs 基态超精细能级的塞曼分裂

各个塞曼子能级之间的原子跃迁应服从塞曼跃迁选择定则，即只有 Δm=0、+1、−1 三种能级间的跃迁是可以发生的。

2）光泵极化。原子磁力仪中的实验对象是大量原子组成的系综，而不是单个原子。如果系综中的原子全部处在同一个能级状态上，此时它们可以用同样的波函数表示，这样的原子系综就称为极化的或者纯态。根据统计热力学，原子系综中的原子服从玻尔兹曼分布。在较弱磁场下，当原子系综处于热平衡态时，每个基态能级非常接近，可以认为原子能级上的粒子数是均匀分布的，如图 10-4a 所示，此时，对应的原子极化率非常低。

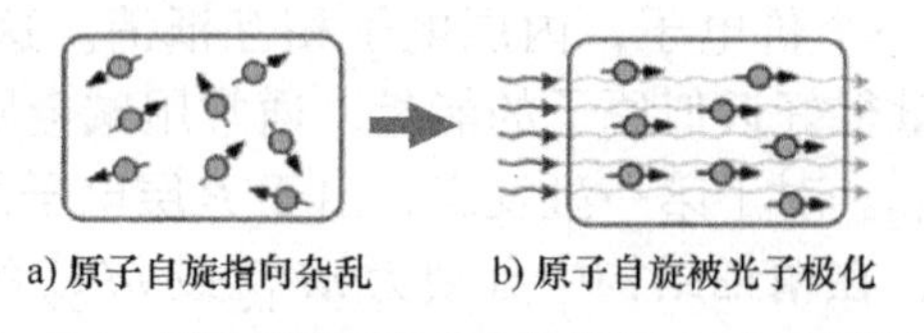

图 10-4　原子系综无极化和极化时电子自旋指向

1949 年，法国科学家 Kastler 提出利用光泵可以打破上述原子的玻尔兹曼分布，增大原子极化程度，此即为光泵效应，如图 10-4b 所示。1987 年，Norval Fortson 和 Blaine Heckel 进一步指出，如果采用圆偏振对原子进行光泵浦作用，可以将原子抽运到某个特定的磁能级上，得到更高极化的原子系综。

以 Cs 原子 D_1 线为例，如图 10-5 所示，在无光泵浦作用时，基态 F_g=3 和 F_g=4 上的粒子数均匀分布，粒子处于每个能级上的概率约为 1/16，此时系统没有极化效果。当有一束频率为 D_1 线 $F_g=3 \rightarrow F_e=4$ 的左旋圆偏振光与铯原子作用时，根据跃迁选择定理，对于左旋圆偏振光只有满足 m=1 的两个塞曼子能级间可以产生跃迁，因此 F_g=3 的粒子数会被泵浦至激发态 F_e=4 上磁量子数高的能级上。由于激发态不稳定，粒子会通过自发辐射回落到基态 F_g=3 和 F_g=4 符合 m=0，± 1 的塞曼子能级上。回落到基态 F_g=3 上的粒子会由于光泵浦作用继续被泵浦至磁量子数高的能级上。对于 D_1 线 $F_g=3 \rightarrow F_e=4$ 泵浦，最终 F_g=3 上的粒子数会被抽空，全被泵至 F_g=4 线上，并且在 F=4，m=4 塞曼子能级上的粒子数最多，使 F_g=4 态上的原子数不均匀，实现原子自旋的极化。当达到稳态时，F_g=3 态上的各塞曼子能级的粒子数趋于零，能级被抽空。图 10-5 中实线和虚线分别代表原子从基态 F_g=3 到激发态 F_e=4 和 F_e=3 的跃迁。

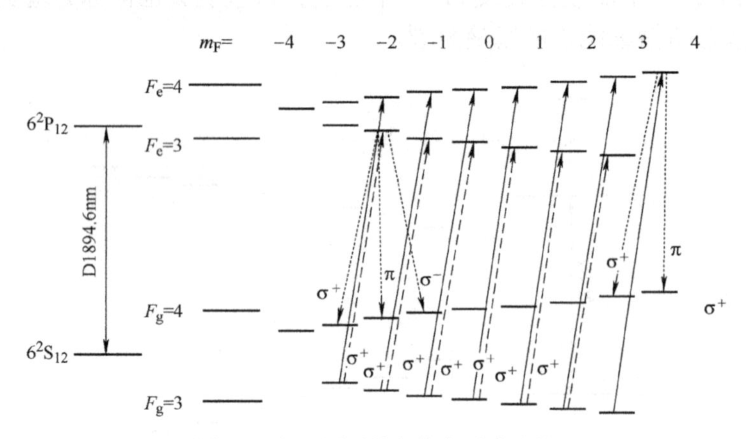

图 10-5　Cs 原子的左旋光泵浦过程

（2）拉莫尔进动（自旋极化进动）　原子磁矩在均匀外磁场中不受力，而是受到一个力矩，在该力矩作用下，磁矩以一定的角频率绕着外磁场进动，此效应被称为拉莫尔进动。原子磁力仪即通过测量拉莫尔进动频率来反映外磁场大小。

图 10-6 所示为原子磁矩在磁场中的拉莫尔进动，在外磁场 $\boldsymbol{B}$ 的作用下，原子磁矩 $\boldsymbol{\mu}$ 受到力矩的作用，磁场对 $\boldsymbol{\mu}$ 的力矩为

$$M = \boldsymbol{\mu} \times \boldsymbol{B} \tag{10-1}$$

式（10-1）表明在力矩的作用下，磁矩会绕磁场方向旋进。由于电子带负电荷，其运动方向与电流方向相反，因此角动量的方向与磁矩的方向相反。磁矩的旋进会使角动量也绕磁场方向旋进，从而引起角动量的改变。对于基态角动量为 F 的极化原子，原子与场的相互作用的强度用拉莫尔频率表征为

$$\omega_{\mathrm{L}} = \frac{g_{\mathrm{F}}\mu_{\mathrm{B}}}{\hbar}|B_0| \equiv \gamma_{\mathrm{F}}|B_0| \tag{10-2}$$

式中，g_{F} 和 γ_{F} 分别为基态的朗德（Landé）因子和旋磁比。

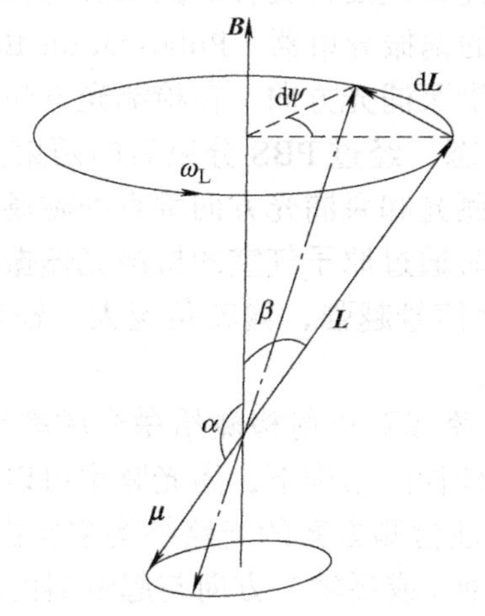

图 10-6　原子磁矩在磁场中的拉莫尔进动

拉莫尔频率是由于磁场对与自旋极化相关的磁化强度施加的扭矩而使原子自旋极化进动的频率。在量子图像中，拉莫尔频率对应于相邻的塞曼亚能级之间的能量分离（以角频率单位测量）。注意到，基于磁共振的磁力仪能够通过测量拉莫尔频率传感磁场，磁场传感的准确度仅受已知比例常数 γ_{F} 的限制。

（3）自旋极化检测　磁场引起的自旋极化改变了原子介质的光学性质，后者影响了穿过原子介质的探针光束的性质。利用光学检测技术，可以检测出该自旋极化状态变化。自旋光检测根据探测光是否与泵光束一致，分为单光束检测和双光束检测，如图 10-7 所示。

1）单光束检测。单光束探测的结构特点是，探测头与泵浦光束采用同一光束。一般可以从以下情况下提取磁场信息：穿过介质的探测光束的功率；穿过介质的探测光束的偏振态；探测光束所引起的荧光强度；诱导荧光的 Stokes 参数以及反向反射探测光束的功率（偏振）等。

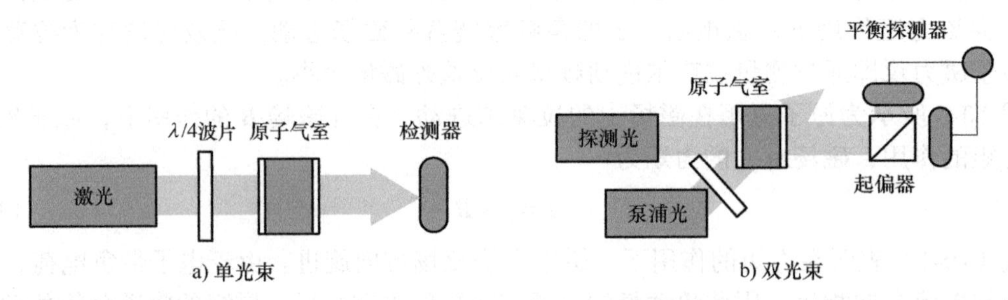

图 10-7 原子磁力仪的极化检测方式

2）双光束检测。双光束检测的探测头与泵浦光不同，通常采用检测光和极化光相互垂直的结构，检测光一般为线偏振光。根据检测原理，可以将双光束检测分为圆双折射检测和圆二向色性检测等。

圆双折射检测：当一束线偏振光经过极化的原子后，对左右旋分量的折射率不同，即圆双折射效应，从而引起检测光偏振面的旋转。圆双折射检测的光路由一个起偏器和一个与起偏器偏振方向成 45° 放置的偏振分束器（Polarization Beam Splitter，PBS）构成。未加磁场时，原子自旋极化矢量沿泵浦光方向，在检测光方向没有投影，因此线偏振光通过原子气室后仍然保持原有偏振态，经过 PBS 分束后的两束光光强相同，此时平衡探测器的输出为零。当加入一个与检测光和泵浦光方向垂直的磁场时，原子极化矢量由于拉莫尔进动在检测光方向有投影，此时通过原子气室的检测光偏振面会偏转一个角度，平衡探测器 PBS 的输出不再为零。极化信号越强，偏转角越大，输出越大，此即为原子磁力仪中圆双折射检测自旋极化的过程。

圆二向色性检测：为了避免圆双折射检测给激光频率锁定带来的困难，系统中采用了圆二向色性检测方案。在这种检测结构下，激光频率可以通过饱和吸收谱等方式锁定到原子的共振频率处。圆二向色性检测方案的光路结构主要由一个起偏器、$\lambda/4$ 波片和一个 PBS 组成，其中 $\lambda/4$ 波片的快轴（或慢轴）方向与起偏器的偏振方向平行，PBS 与起偏器成 45° 放置。当没有磁场时，线偏振光经过原子气室后偏振态不变，经过快轴方向与起偏方向平行的 $\lambda/4$ 波片后，仍然为线偏振光，经过 45° 放置的 PBS 后，PBS 分出的两束光光强相同，平衡探测器输出为零。当有磁场时，检测光方向有极化投影，经过原子气室后的线偏振光变成了椭圆偏振光。经过 $\lambda/4$ 波片后，椭圆光变成了线偏振光，并且偏振方向与 PBS 不再成 45° 角，因此平衡探测器输出不为零。极化越强，椭圆率变化越大，$\lambda/4$ 波片后变成的线偏振光的偏转角越大，平衡探测器的输出也越大。由于检测光频率与铯原子 D_2 线跃迁频率共振，因此原子介质对入射光的吸收很强，可以忽略介质的圆双折射效应。

原子磁力仪种类很多，除了光泵磁力仪外，近年来，发展了一系列新的原子磁力仪，这些原子磁力仪统称为新型原子磁力仪。新型原子磁力仪通常采用弱偏置光检测电子自旋极化的方式来测量旋进频率，从而敏感外磁场。新型原子磁力仪的工作机制主要包括：相干布居囚禁（Coherent Population Trapping，CPT）、非线性磁光旋转（Nonlinear Magneto-Opticalrotation，NMOR）和无自旋交换弛豫（Spin Exchange Relaxation Free，

SERF）等。

2. 磁共振磁力仪

磁共振磁力仪又称为光抽运磁共振磁力计，它是基于光学－射频双共振现象来实现磁场的测量。其工作原理为：在极化光作用下，原子被极化达到平衡后，原子不再吸收光，光强不再发生变化；此时再加上一个射频场，扫描其频率，使它与磁子能级发生射频共振，基态原子将回到热平衡态，重新打破原子的布局分布，从而可以吸收更多光；也即，发生射频共振时，光强会变弱。基于磁共振现象，可以利用较强的光信号检测较弱的射频信号，因而可实现高精度的磁场测量。

磁共振磁力计有两种基本的工作方式：即 M_z 和 M_x 磁力仪，如图 10-8 所示。二者的区别在于激光传播方向与静磁场 $\boldsymbol{B}_{ext}$ 方向的构型。在 M_z 磁力仪中，激光传播方向与静磁场方向平行，这种构型下光电探测器测量的是原子极化矢量 $\boldsymbol{M}$ 的 M_z 分量，它与时间无关，只依赖于射频场 $\boldsymbol{B}$ 的频率与拉莫尔频率的差值；在 M_x 磁力计中，外磁场偏离激光角度 45°，光电探测器测量原子极化矢量 $\boldsymbol{M}$ 的 M_x 分量，该分量除了与失谐量有关外，还随时间呈现周期性变化，其周期为输入射频场频率的倒数，因此若光电探测器响应速度足够快，可以检测到以一定周期振荡的信号，以此来确定拉莫尔频率大小，也即静磁场 $\boldsymbol{B}_{ext}$ 大小。工作于 M_x 模式的 OPM，先对光电探测信号中的交流信号进行相位移动，然后再把它加在射频线圈上，从而实现闭环，这样就可以实现自激振荡型磁力计。相比 M_z 型的 OPM，这种自激振荡型的磁力仪具有响应快、噪声低的优点。磁共振磁力仪的核心探头中需要一个射频线圈提供射频场，以此驱动原子拉莫尔进动与之共振，这意味着存在额外射频源和射频干扰，限制了磁共振磁力仪应用。

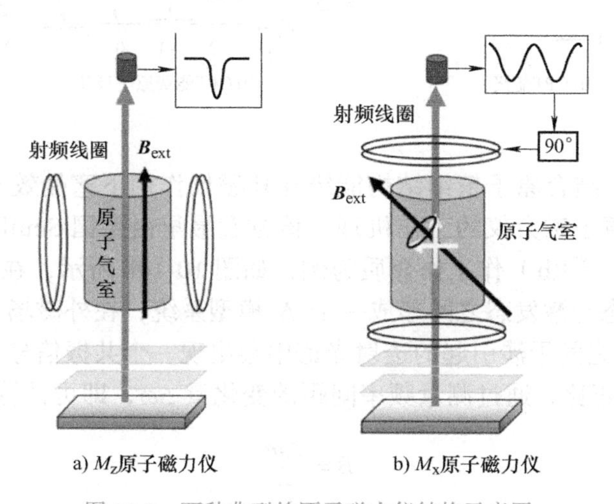

图 10-8　两种典型的原子磁力仪结构示意图

光调制原子磁力仪（全光原子磁力仪），是由 Bell–Bloom 发明的，也被称为 Bell–Bloom 磁力仪，采用激光幅度或相位调制代替传统的磁调制。当光调制频率与原子的拉莫尔频率相一致时，检测光的偏振角度最大，如图 10-9 所示。新型原子磁力仪大部分使用光调整技术。

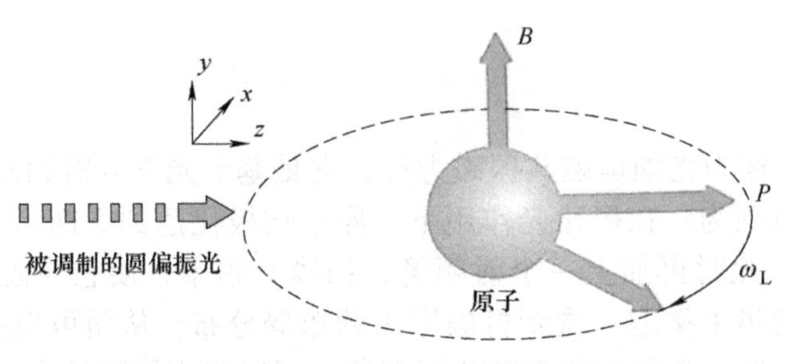

图 10-9　Bell–Bloom 磁力仪的原理示意图

3. 相干布居囚禁 CPT 原子磁力仪

相干布居囚禁原子磁力仪是一种全光学原子磁力仪，其中涉及的物理机理为原子的塞曼分裂效应和CPT效应。CPT效应的基本原理如图10-10a所示，在简单的Λ模型系统中，若两束光同时作用于原子，且两束光的频率分别对应于两个初态到末态的频率时，这两个跃迁状态将产生干涉，此时，原子系统不再吸收进入气室的激光，对光呈现透明状态。根据该原理，若扫描两束光频率的失谐量 $\Delta\omega$，则透射光信号将随着失谐量 $\Delta\omega$ 发生变化，当两束光的频率差正好与两基态频率差相同时，透射光强达到极值。

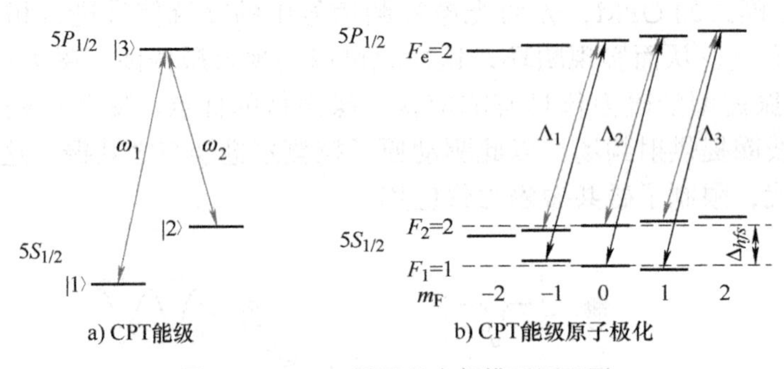

图 10-10　CPT 原子磁力仪模型原理图

基于 CPT 效应，结合原子精细结构能级在外磁场作用下塞曼效应，可以实现外磁场测量，这就是 CPT 原子磁力仪的工作机理。该方案最早由德国 Scully 提出，由 Wynands 首次实现。以铷原子（^{87}Rb）作工作介质为例，如图 10-10b 所示，在未加外磁场时，^{87}Rb 原子的 D_1 线两个基态与激发态之间形成一个 Λ 模型系统，在外磁场下，原子精细能级分裂后，两个跃迁通道之间干涉引起的透射光谱中会出现一个共振信号，共振信号的频率间距 $\Delta\omega$ 与磁场强度成正比，通过测量频率间距的变化量 $\Delta\omega$，即可计算出磁场强度：

$$B=\frac{\Delta\omega}{\gamma} \tag{10-3}$$

式中，B 为待测外磁场的磁场强度；$\Delta\omega$ 为图 10-10b 中能级分裂后子能级（$m_{F=0}$ 和 $m_{F=1}$）能量差对应的频率差；γ 为原子旋磁比。

4. 非线性磁光旋转 NMOR 磁力仪

非线性磁光旋转（Nonlinear Magneto–Optical Rotation，NMOR）磁力仪基于 NMOR 效应检测原子极化状态，实现磁场的高灵敏测量。NMOR 技术利用了原子在磁场中极化后的非线性磁光特性，通过检测线偏振光穿过被极化原子介质后的偏振方向变化来测量磁场，该技术具有简单、精度高、动态范围宽等优势。

磁光旋转是指线偏振光在传播过程中通过一个受外磁场作用的介质时，偏振面发生旋转的现象。在气体介质中，研究发现非共振光的原子气体通常显示非常小的维尔德系数，但当共振光与原子气体相互作用时，维尔德常数显著增加，可以观察到相当大的磁光信号，由于较窄的线宽，因此可以用于高精度磁场测量。

图 10-11 为强磁场 NMOR 磁力仪的一般组成示意图。该系统由两个主要部分组成：光电部分，包含所有光处理和传感元件；电子部分，包含用于电信号处理的所有元件。上边为系统电子部分。它包括自激振荡工作模式下所需的元件（移相器、放大器、频率计）、被动工作模式下所需的元件（锁相放大器、发生器），以及控制整个实验系统的计算机。下边是系统的光电部分，它包括两个激光器光泵和探头、光波长控制和稳定系统（Light-Wavelength Control and Stabilization System，LSS）、放置在光束泵浦路径上的光调制器（Light Modulator，LMOD）、充满磁光活性介质（如 Rb）的气室和检测光偏振状态的偏振计。此外，该系统还包含一组光学元件：P 和 WP 表示偏振器（WP 是系统中专门使用的 Wollaston 棱镜），PD 表示光电二极管，$\lambda/2$ 表示半波片。

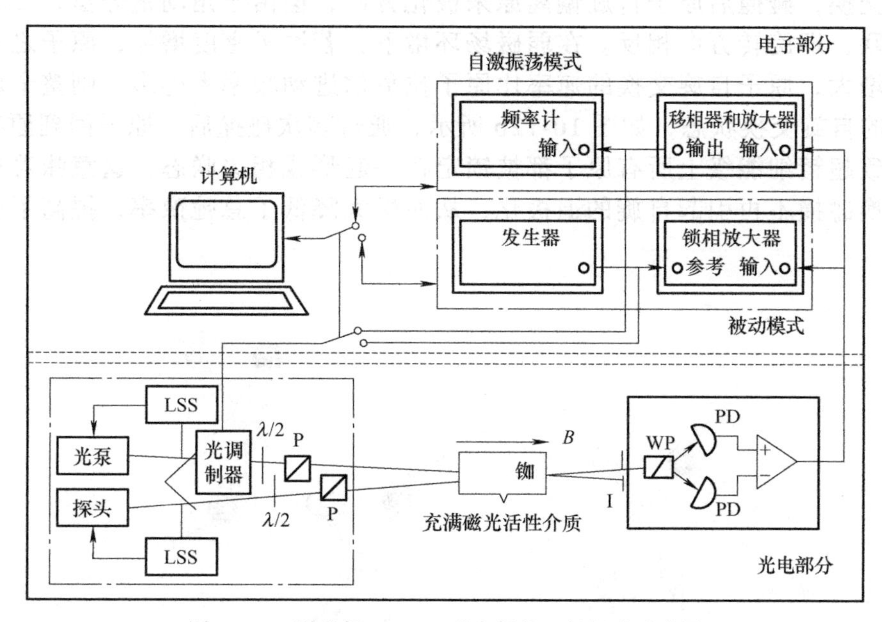

图 10-11　强磁场 NMOR 磁力仪的一般组成示意图

5. 无自旋交换弛豫 SERF 原子磁力仪

SERF 磁力仪是指磁力仪中原子态处于 SERF 态的磁力仪，是目前达到最高灵敏度的磁力仪。在原子磁力仪中，极限灵敏度是其中最为重要的指标之一，代表了磁力仪可分辨的最小磁场。理论研究表明，原子磁力仪的极限灵敏度为

$$\delta_{\mathrm{B}}=\frac{1}{\gamma\sqrt{ntVT_2}} \tag{10-4}$$

式中，n 为原子数密度；V 是参与测量的有效体积；t 是测量时间；T_2 为原子气室的碱金属原子自旋弛豫时间。

原子自旋弛豫是指原子自旋去极化的过程。T_2 受到激光泵浦及多种碰撞弛豫的影响，如：①原子之间发生碰撞可能引起自旋交换，导致极化损失；②原子之间或与其他原子或分子可能经历自旋破坏碰撞并退极化；③原子与气室内壁发生碰撞等。综合考虑以上因素，总的弛豫速率 R_{rel} 可以大致写为

$$R_{rel} = R_{se} + R_{sd} + R_{wall} \tag{10-5}$$

则 T_2 为

$$1/T_2 = R_{se} + R_{sd} + R_{wall} \tag{10-6}$$

式中，R_{se}、R_{sd} 和 R_{wall} 分别为自旋交换碰撞、自旋破坏碰撞和内壁碰撞导致的弛豫速率。

在所有弛豫因素中，自旋交换弛豫占绝对主导。1973 年，Happer 和 Tang 发现，在足够低的磁场和足够高的原子密度情况下，自旋交换弛豫将会被抑制，这个状态称为 SERF 态。

如图 10-12a 所示，原子之间碰撞后，电子自旋和核自旋进行相互作用，导致电子自旋发生交换，碰撞后原子自旋偏离原来极化方向，但由于角动量守恒，二者偏离方向存在关联，即旋转方向相反。在弱磁场环境下，若原子密度增加，原子之间的自旋碰撞概率增大，原子自旋交换的速率比原子拉莫尔进动频率大得多，则整个原子系统进入快速的自旋交换状态，如图 10-12b 所示，通过多次碰撞后，原子回到原有的极化状态，导致超精细能级上所有原子都被锁定在一起形成相关联态，这意味着这种情况下自旋交换碰撞不再引起自旋的退极化，从而极大降低了总弛豫率，提高了磁场测量灵敏度。

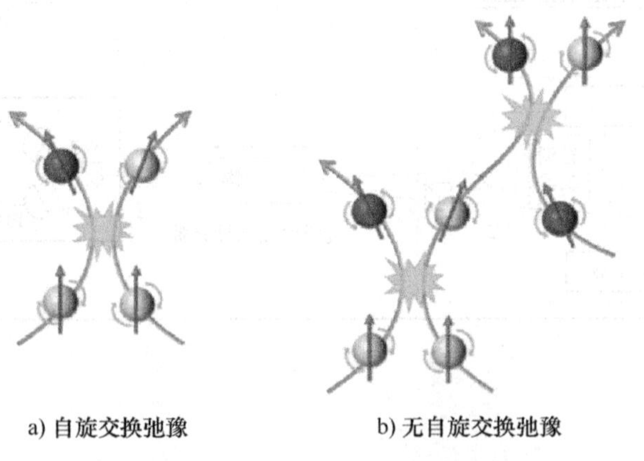

a) 自旋交换弛豫　　b) 无自旋交换弛豫

图 10-12　两种自旋交换碰撞

实现 SERF 态有两个条件，一是原子密度比较大，通常需要 $10^{14}/cm^3$，其次为了在拉莫尔频率足够小的情况下实现 SERF 态，外磁场必须是极弱磁场，通常仅为 nT 水平。因此 SERT 磁力仪通常用于极微弱磁场和较高原子温度中。在实际应用中，SERF 磁力仪一般工作在磁屏蔽环境下，若要测量较大磁场时，必须利用线圈外加磁场来抵消环境磁场，

使原子气室处于极弱磁场环境，同时可以根据 3 个正交线圈的反馈信号实现磁场的矢量测量。

量子磁力仪在地磁物理探测、生物医学、空间磁场及军事国防等领域中有着重要的应用价值。

1）在地磁物理探测的应用主要体现在以下几个方面：高精度地磁场测量、空间磁场测量、地壳探测、地震预测等，例如我国自主研发的量子磁力仪载荷“CPT 原子磁场精密测量系统”已经成功实现全球磁场测量、量子磁力仪通过搭载卫星进行全球磁场测量。

2）在生物医学领域，量子磁力仪可以用于测量人体心脏和大脑产生的微弱磁场，即心磁图和脑磁图。

3）在军事国防，量子磁力仪可以搭载于飞机上实现地磁异常目标探测，例如用于探测水下目标等。

10.1.2　自旋量子陀螺仪

1. 自旋量子陀螺仪原理

基于原子自旋的磁场测量机理和原子自旋的转动测量理论可以发展出自旋量子陀螺仪等惯性仪器。这类陀螺仪的测量核心是系统极高的磁场测量机理，其最大特点通常有磁场参加。

可以用一组耦合 Bloch 方程来描述原子的电子自旋和核自旋在磁场和惯性系统中的运动：

$$
\begin{aligned}
\frac{\partial \boldsymbol{P}^e}{\partial t} &= \boldsymbol{\Omega} \times \boldsymbol{P}^e + \frac{\gamma_e}{Q(\boldsymbol{P}^e)}(\boldsymbol{B} + \lambda \boldsymbol{M}_0^n \boldsymbol{P}^n + \boldsymbol{L}) \times \boldsymbol{P}^e \\
\frac{\partial \boldsymbol{P}^n}{\partial t} &= \boldsymbol{\Omega} \times \boldsymbol{P}^n + \gamma_n(\boldsymbol{B} + \lambda \boldsymbol{M}_0^e \boldsymbol{P}^e) \times \boldsymbol{P}^n
\end{aligned} \tag{10-7}
$$

式中，$\boldsymbol{P}^e$ 为电子自旋；$\boldsymbol{P}^n$ 为核自旋；$\boldsymbol{\Omega}$ 为惯性参数；$\boldsymbol{B}$ 为外磁场；$\boldsymbol{L}$ 为角动量；γ_e 和 γ_n 分别为电子和原子核的旋磁比；$\boldsymbol{M}_0^n$ 和 $\boldsymbol{M}_0^e$ 为电子磁矩和原子核磁矩；λ 为耦合参数。从式（10-7）可知，惯性旋转角速度可等效于额外的磁场耦合到原子的拉莫尔进动中，引起原子进动频率的变化，因此基于磁场测量原理，能够实现惯性参数测量。

基于原子自旋运动的测量理论与技术处于不断的发展中，自旋 - 转动耦合理论的进展和自旋量子陀螺仪的研究进展如图 10-13 所示。从中可以发现，从早期的爱因斯坦 - 德哈斯效应半经典理论到 Berry 几何相位理论，随着自旋陀螺仪机理研究的不断发展，相应的推动了核磁共振陀螺仪（Nuclear Magnetic Resonance Gyroscope，NMRG）、SERF 原子陀螺仪以及金刚石 NV 色心陀螺仪的产生。相比于传统的陀螺仪，自旋量子陀螺仪具有长期稳定性、绝对测量以及小型化等特点。由于原子惯性传感器采用原子系综，其唯一的运动部件是原子系统，其惯性特性随时间的推移保持不变。理论上，原子陀螺仪的灵敏度比类似尺寸的光学陀螺仪高几个数量级。其次，原子陀螺仪提供加速度和角速度的绝对测量，而不是相对于参考值的变化。此外，与基于 Sagnac 效应的原子或光子干涉陀螺仪不同，自旋陀螺仪不需要大面积封闭的干涉系统，易于小型化。

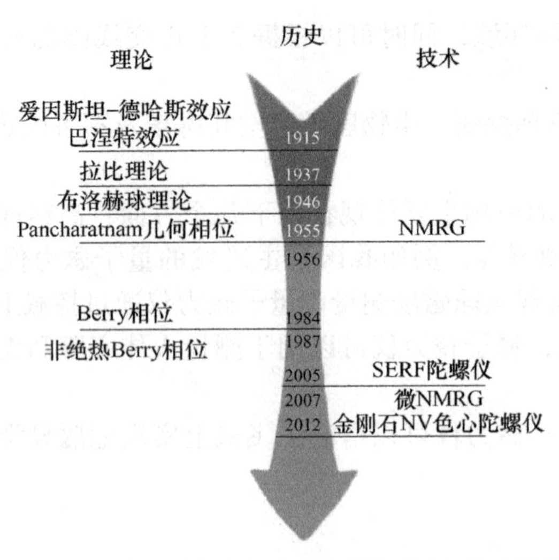

图 10-13 基于原子自旋运动的测量理论与技术进展

2. 核磁共振陀螺仪

核磁共振陀螺仪通过检测惰性气体核自旋在静磁场中的拉莫尔进动频率变化来获得转动信息，具有精度高（理论精度为 10^{-4}°/h）、体积小和成本低等特点。

图 10-14 所示为核磁共振陀螺仪的工作原理示意图。在原子系综中，忽略核自旋和电子的强耦合效应，由于核自旋在惯性空间中具有定轴性，在外磁场作用下，核自旋会围绕外磁场进行 Larmor 进动，其共振频率为 ω_L，该频率与载体相对惯性空间是否转动无关。假设载体相对惯性空间转动角速率为 Ω 时，该转动会耦合到核自旋拉莫尔频率中，载体系测得的核磁共振频率为 ω_L 与 Ω 的叠加。由于 ω_L 仅与外磁场大小和核自旋种类相关，且核种类已知，因此利用原子磁力仪测量出观测频率 ω_a，在其中扣除 ω_L，即可以得到 Ω，实现角速率的测量，即

$$\omega_a = \omega_L + \Omega \tag{10-8}$$

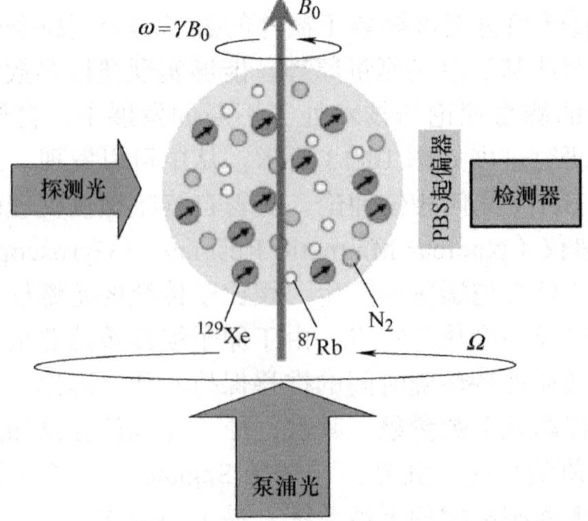

图 10-14 核磁共振陀螺仪工作原理示意图

实际工作中很难保证 $\boldsymbol{B}$ 恒定不变，为了保证 $\boldsymbol{B}$ 的精确测量，可以在同一装置中放置两种旋磁比分别为 γ_a 和 γ_b 的不同核子，观测频率为 ω_a 和 ω_b，即

$$\begin{aligned}\omega_a &= \gamma_a B_0 - \Omega \\ \omega_b &= \gamma_b B_0 - \Omega\end{aligned} \tag{10-9}$$

求解上述方程组，得

$$\begin{aligned}\Omega &= \frac{\gamma_b\omega_a - \gamma_a\omega_b}{\gamma_a - \gamma_b} \\ B_0 &= \frac{\omega_a - \omega_b}{\gamma_a - \gamma_b}\end{aligned} \tag{10-10}$$

由式（10-10）可以看出，使用两种不同原子可以解算出实际转速 Ω 和静磁场 B_0。该测试方法尽管转速不受外磁场变化影响，但如果外磁场大小不稳定，会影响到核磁共振频率的检测精度和整个闭环控制系统的带宽。因此，为保证磁场 B_0 稳定，须给装置外加磁屏蔽防止地磁、环境磁场影响，并设计闭环系统来稳定静磁场大小。

由于核磁共振陀螺仪没有运动部件，因此具有抗振动、大动态和高带宽等特点，能够应用于捷联式惯导系统中。在未来小型化的智能设备和智能军用装备等领域具有很好的应用潜力，是当前发展最为成熟的原子陀螺仪，也是实现芯片导航级陀螺仪的重要技术途径之一。

3. SERF 原子陀螺仪

无自旋交换弛豫原子陀螺仪是利用原子 SERF 态进行惯性测量，其综合利用了碱金属原子的电子自旋与惰性气体的核自旋，进行角运动的测量。SERF 原子陀螺仪工作原理如图 10-15 所示，通过选取碱金属原子的电子自旋角动量（Electron Spin Angular Momentum，ESAM）和惰性气体原子的原子核自旋角动量（Nuclear Spin Angular Momentum，NSAM）构成原子系综。在该系统中，通过操控碱金属原子的电子自旋工作于无自旋交换弛豫态，且巧妙设计外加磁场，使得施加的磁场大小和核自旋产生的等效磁场相当，碱金属原子电子自旋的 ESAM 处于 SERF 态且接近零磁环境。当载体感受到外界转动激励时，磁场方向及探测激光方向随转动一起改变，NSAM 感受到磁场方向的变化并随之一起改变方向，而 ESAM 则因受到 NSAM 对磁场的补偿作用而保持原指向不变。因此，探测激光与 ESAM 之间的夹角 α 即反映了转动的信息。由于电子旋磁比更大，因此，SERF 陀螺仪的测量精度相较于核磁共振陀螺仪更高，其理论精度可达 10^{-8}°/h。

SERF 原子自旋陀螺仪的理论灵敏度为

$$\delta\Omega = \frac{\gamma_n}{\gamma_e}\sqrt{\frac{1}{nVT_2t}} \tag{10-11}$$

式中，γ_n 为惰性气体原子的核自旋旋磁比；γ_e 为碱金属原子的电子自旋旋磁比；n 为碱金属原子密度；V 为碱金属原子的敏感体积；T_2 为碱金属原子的电子自旋横向弛豫时间；t 为测量时间。

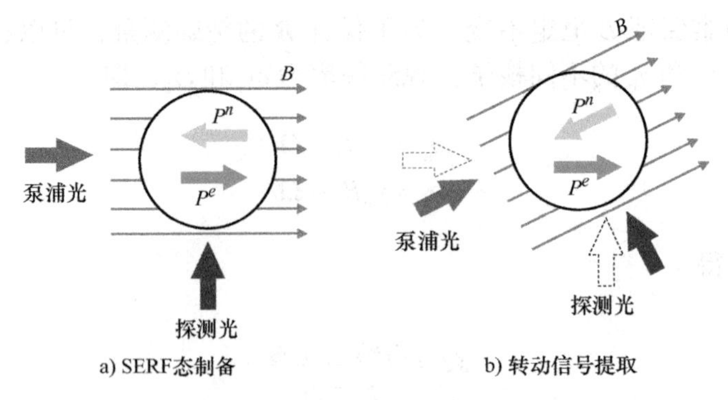

a) SERF态制备　　b) 转动信号提取

图 10-15　SERF 原子陀螺仪工作原理

4. 金刚石 NV 色心陀螺仪

金刚石 NV 色心是金刚石中的一种发光的点缺陷，它由一个替代 C 原子的 N 原子和一个邻近的空位组成，即一个缺失的碳原子，如图 10-16a 所示。NV 中心可以有负（NV^-）、正（NV^+）和中性（NV）电荷状态，但 NV^- 用于磁测量和其他应用。NV^- 中心有 6 个电子，其中 5 个电子来自 3 个相邻 C 原子和 N 原子的悬挂键，另一个电子则从给体捕获，以此产生负电荷状态，由 N 原子和空位的连接线定义的轴称为 NV 轴。NV^- 中心呈现自旋为 1 的三重态电子自旋基态。图 10-16b 为 NV 电子自旋三重态（$^3A_2$ 和 ^3E）和电子自旋单重态（^1E 和 $^1A_1$）的能级图，自旋三重态各有 3 个子能级，磁量子数 $m=0$，±1，其中量化轴由 NV 轴确定。NV^- 中心的一个重要特点是可以用光学方法探测其自旋状态，并用光学方法将其泵入 $m=0$ 子能级。

由于电子自旋 - 自旋相互作用，自旋三重态 $^3A_2$ 基态在 $m=0$ 和 $m=\pm1$ 亚能级之间具有零场分裂 D 约为 2.87GHz。磁场通过塞曼效应耦合到 NV 中心，如果一个磁场 $\boldsymbol{B}=\boldsymbol{B}_z$ 沿 NV 轴，此处选为 z 方向施加，则 m 子能级的能量为 $E(m)=Dm^2\pm\gamma B_z m$。注意，$m=\pm1$ 子能级的能量与磁场呈线性关系。NV 磁测量是基于对这种能级移动的光学检测。磁共振跃迁 $m=0\leftrightarrow\pm1$ 的能量是 $\Delta E=D\pm\gamma B$。

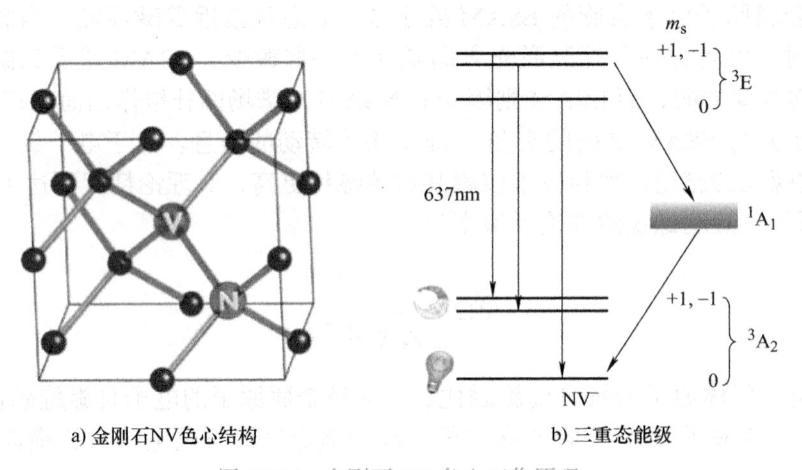

a) 金刚石NV色心结构　　b) 三重态能级

图 10-16　金刚石 NV 色心工作原理

金刚石 NV（氮 – 空位）色心陀螺仪利用惯性转动过程中色心自旋态（包括氮空位中的核自旋或电子自旋）累积的几何相位变化来敏感惯性参量的自旋陀螺仪。通过检测射频或微波 Ramsey 脉冲序列后的色心自旋态粒子荧光强度，可以获取几何相位信息，从而反推出载体相对于惯性空间的角速度变化。

金刚石 NV 色心陀螺仪因其固态自旋密度高和能级结构稳定等特征，不仅具备体积微小、环境适应性强和启动迅速等天然优势，而且能够进行多轴测量。这为研究人员提供了崭新的方向，有望克服原子陀螺仪在集成和小型化方面所面临的技术挑战。

10.2　超导量子传感器

超导量子干涉仪（Superconducting Quantum Interference Device，SQUID）是当今检测磁通量最敏感的器件，由于其可以将磁通量或任何可以转化为磁通量的物理量转化成电压进行测量，因此在磁场及计量领域具有重要的应用。本节主要介绍 SQUID 中约瑟夫森隧道结的基本概念及 SQUID 的工作原理，并以 SQUID 为基础，介绍超导量子磁力仪、超导量子微波计、超导量子电压计等典型传感应用。

10.2.1　超导量子传感器工作原理

1. 约瑟夫森结

1962 年，年仅 22 岁的剑桥大学研究生约瑟夫森（Josephson BD）根据超导 BCS 理论，预言如果超导体被薄层（几个 nm 厚）绝缘体分隔，则在该器件中，薄层绝缘体可以存在超流，该结果以超导隧道可能存在的一些新的效应（Possible new effects in super conductive tunneling）发表在《Physics Letters》杂志上。人们将这类由两块超导体夹以某种很薄的势垒层而构成的结构，称为约瑟夫森结（Josephson Junction），或称为超导隧道结。

如图 10-17a 所示，当约瑟夫森结中的绝缘层厚度小于 Cooper 对的相关长度时，即超导体 S_1 和 S_2 之间距离很近，此时超导电子对可以从一超导体穿过势垒，如图 10-17b 流入另一个超导体中，且两超导之间存在弱耦合，导致两边超导材料的电子波函数之间存在有限的重叠现象，如图 10-17c 所示。此时，两边超导体中的电子对的相位不能够彼此独立。

在 S–I–S 结内，由于电子对相位相关性，因此其内部可以存在一定的超导电流，此时对应的结电压为零；这个超导电流存在一个最大值 I_c，该最大超导电流受到两边超导体相位调制。根据 Josephson 理论，通过超导隧道结中的电流最大值与两边超导体的相位差存在如下关系。

$$I_c = I_0 \sin\delta = I_c \sin(\varphi_1 - \varphi_2) \tag{10-12}$$

式中，I_0 为最大超导电流（临界电流）；φ_1 和 φ_2 为两块超导体的相位；δ 为二者之差。该方程称为约瑟夫森第一方程。

若约瑟夫森结两端的直流电压 V 不为零时，此时，超导电子对仍可能隧穿通过势垒

层，并产生交变超导电流，其频率 f 与 V 成正比，

$$d\delta/dt = 2\pi f = 2eV/\hbar = \frac{2\pi}{\Phi_0}V \tag{10-13}$$

式中，$d\delta/dt$ 是两块超导体之间的电子相位差随时间变化率，该方程称为约瑟夫森第二方程。

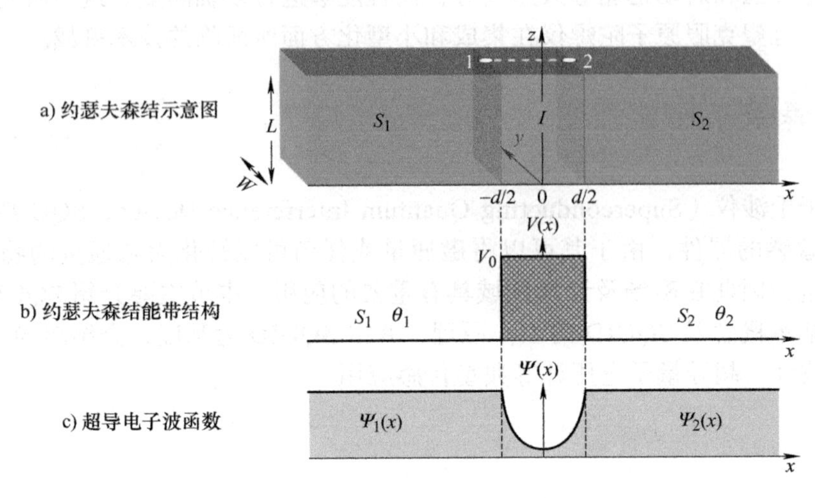

图 10-17　约瑟夫森结原理示意图

下面讨论约瑟夫森两个基本方程的物理意义：

1）当结两端直流电压为 0 时，根据式（10-12）可知，超导体两边的相位差不随时间发生变化，其相位差是恒定的，这时候根据式（10-12）可知，超导电流 I 可以存在势垒层中。因此，该效应也称为直流约瑟夫森效应。

2）若在结两端加上恒定电压，对式（10-13）积分，可得超导体相位差会随时间不断增加，这时可获得一交变电流：

$$I = I_c \sin\left[\varphi_0 + \frac{2\pi}{\Phi_0}Vt\right] \tag{10-14}$$

式中，交变电流的角频率 ω 为 $\frac{V}{\Phi_0}$，这就是交流约瑟夫森效应。

2. 超导量子干涉效应

两个对称约瑟夫森结用超导通路并联起来构成的超导环路器件如图 10-18a 所示，在该新型的超导微电子器件中可以观察到宏观超导干涉现象，该器件就是超导量子干涉器。根据供电方式不同，超导量子干涉器又分为两类，一类为直流供电，称为直流量子干涉器（DC-SQUID）；另一类采用交流射频供电，又称为射频量子干涉器件（RF-SQUID）。DC-SQUID 由两个对称的约瑟夫森结构成，两个弱连接结未被超导路径短路，可以观察到直流 I-V 曲线，在工作中，电流设置为稍微大于最大临界电流 I_c，则可以在器件两端直接测量出一个直流偏压。而 RF-SQUID 则由单个约瑟夫森结构成，这时超导环将约瑟夫森结短路，因此电压响应式把超导环耦合到一射频偏置的电路上。

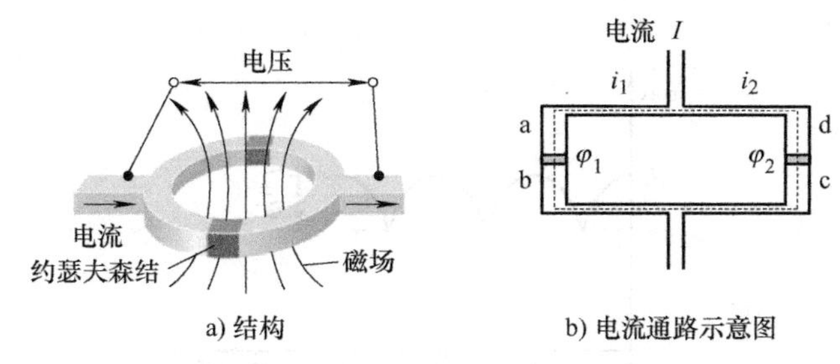

图 10-18 约瑟夫森结结构及电流通路示意图

下面，我们以 DC-SQUID 为例对 SQUID 工作原理进行介绍。

为了获得 SQUID 的最大超导电流 I 与环中超导环的外场磁通 Φ 的关系。假设两个超导结是完全对称的，即它们具有相同的超导电流 I_c，那么通过结 1 和结 2 的电流 I_1 和 I_2 分别为

$$I_1 = I_c \sin(\delta_1) \tag{10-15}$$

$$I_2 = I_c \sin(\delta_2) \tag{10-16}$$

式中，δ_1 和 δ_2 分别为结 1 和结 2 超导电子对的相位差。超导环的总电流为两个支路的电流并联之和，即

$$\begin{aligned} I &= I_1 + I_2 = I_c \sin(\delta_1) + I_c \sin(\delta_2) \\ &= 2I_c \sin\left(\delta_1 + \frac{\delta_2 - \delta_1}{2}\right)\cos\left(\frac{\delta_2 - \delta_1}{2}\right) \end{aligned} \tag{10-17}$$

由于两个超导结相互并联构成了一个超导环路，因此此时二者的相位差不再互为独立。如图 10-18b 所示，假设在环中画一个封闭回路，那么根据波函数特性，空间相位应该是其相位的整数倍，因此在磁场存在情况下，Cooper 相位差存在如下关系：

$$\frac{\delta_2 - \delta_1}{2} = \pi \frac{\Phi}{\Phi_0} \tag{10-18}$$

式中，Φ 为穿过超导环的总磁通；Φ_0 为量子磁通。

将式（10-18）代入超导环电流，得到

$$I = 2I_c \sin\left(\delta_1 + \pi\frac{\Phi}{\Phi_0}\right)\cos\left(\pi\frac{\Phi}{\Phi_0}\right) \tag{10-19}$$

超导环中的最大超导电流为

$$I_{\max} = 2I_c \sin\left(\delta_1 + \pi\frac{\Phi}{\Phi_0}\right)\cos\left(\pi\frac{\Phi}{\Phi_0}\right) \tag{10-20}$$

考虑到穿过超导环中的总磁通是外部磁通和内部环流电流磁通之和，而根据超导理论，环中超导磁通是量子化的。经过理论推导，在理想对称结和非常低电感的情况下，DC-SQUID 的临界电流在 $2I_0$ 和 0 之间进行变化，超导环中的最大电流与外部磁通呈现周期性关系，如图 10-19 所示。

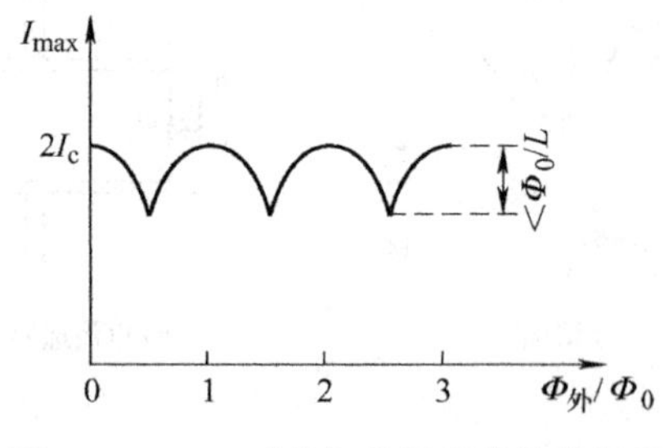

图 10-19 I_{max} 对外加磁通量的依赖关系

10.2.2 超导量子磁力仪

根据前面 SQUID 工作原理可知，SQUID 最大临界电流对外界磁通量非常敏感，一个量子磁通量就足以改变，因此非常适用于磁通量或可以转变成磁通量的物理量，例如磁场的测量。超导量子磁力仪是利用 SQUID 来测量外磁场的高灵敏测量装置，其等效电路如图 10-20a 所示。实际工作中，将超导环电流设置稍微大于 $2I_0$，此时，根据超导电子理论，SQUID 输出电压将受到外磁场的周期性调制。例如对于整数倍量子磁通量，也即 $\Phi_a=n\Phi_0$，此时超导临界电流相对较大，在同样电流作用下，输出电压较少；而对于非整数倍量子磁通量，也即 $\Phi_a=\left(n+\dfrac{1}{2}\right)\Phi_0$，由于临界电流为 0，此时输出的电压较大，如图 10-20b 所示。因此，随着外界磁通量的变化，DC-SQUID 的输出电压呈现周期性变化过程，当超导环内的磁通量变化一个磁通量子时，输出电压就变化一个周期，如图 10-20c 所示。

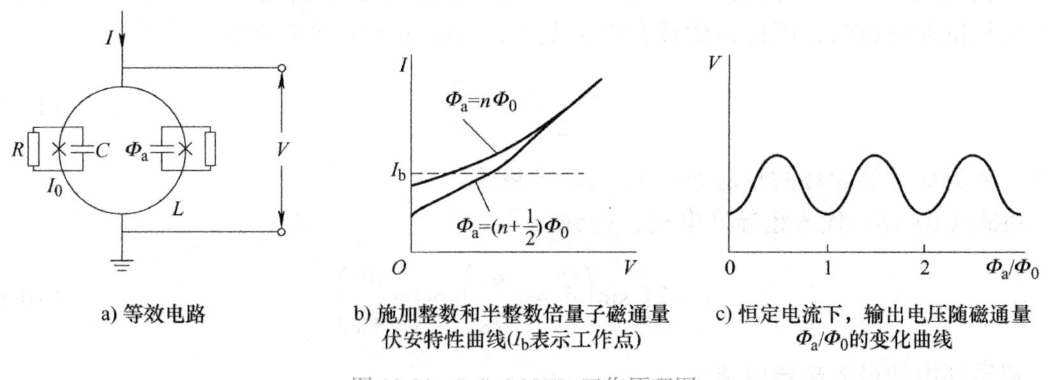

图 10-20 DC-SQUID 工作原理图

由于 SQUID 本身是一个具有非线性周期性磁通量 - 电压特性的高灵敏的磁通量 - 电压转换器，因此，可用于高灵敏磁传感器。为了获得 SQUID 环中穿过的磁通量与 SQUID 两端电压的依赖关系，需要设计特定的反馈电路结构，如图 10-21 所示。该电路主要由耦合放大器、锁相及反馈线圈组成，其工作原理是通过反馈形成一个补偿磁通量，叠加在原有的外加磁通量中，保持 SQUID 输出不变，而后通过计算积分电路电压方式进行测量的方法。

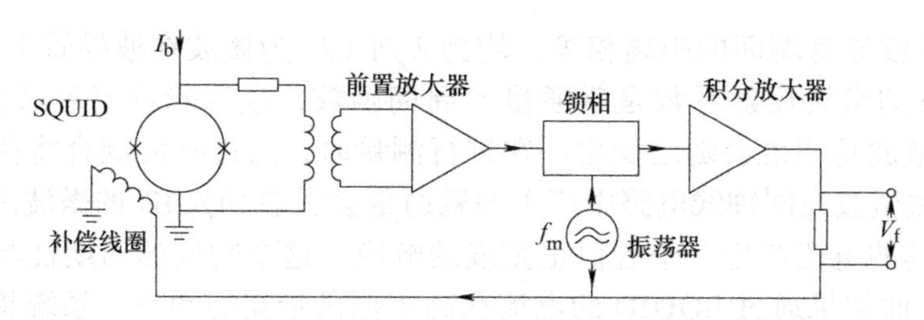

图 10-21 SQUID 磁通调制和反馈回路

反馈有以下几个功能：通过测量 SQUID 对所施加磁通量的响应，可以对磁通量量子的磁通量变化进行跟踪，并检测磁通量量子的部分磁通量变化。例如，其中调制磁通量以频率 f_m 施加到 SQUID，如图 10-22 所示。磁通量的峰间值为 $\Phi_0/2$，当 SQUID 中的磁通量为 $n\Phi_0$，所得电压为“整流”正弦波，如图 10-22a 所示。当该电压连接到参考频率 f_m 的锁定检测器时，输出为零。另一方面，当磁通量为 $\left(n+\frac{1}{4}\right)\Phi_0$ 时，如图 10-22b 所示，锁定的输出为最大值。因此，随着一个增加从 $n\Phi_0$ 到 $\left(n+\frac{1}{4}\right)\Phi_0$ 的磁通量，锁定的输出稳步增加；相反，我们将磁通量从 $n\Phi_0$ 降低到 $\left(n-\frac{1}{4}\right)\Phi_0$，锁定的输出则不断减少，如图 10-22c 所示。积分后，来自锁定的信号通过电阻器连接到与产生磁通量调制的线圈相同的线圈。施加的磁通量 δU_a 到 SQUID 导致来自反馈回路的相反磁通量 δU_a，以维持（理想情况下）SQUID 中的恒定磁通量，同时在与 δU_a 成比例的电阻器，通过检测出 δU_a，得到最终磁场大小。

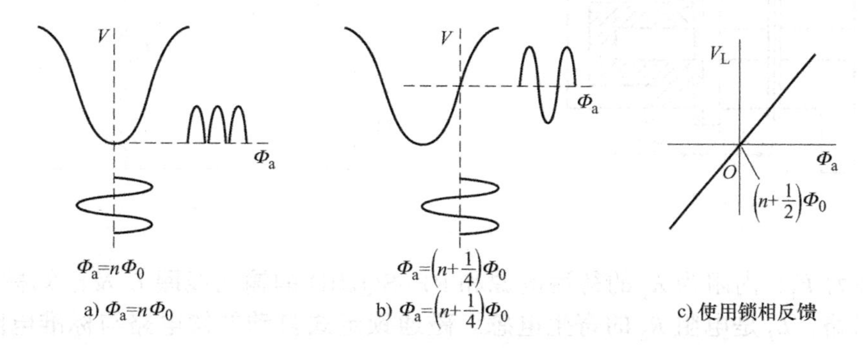

a) $\Phi_a=n\Phi_0$　b) $\Phi_a=\left(n+\frac{1}{4}\right)\Phi_0$　c) 使用锁相反馈

图 10-22 DC SQUID 磁通调制下的输出电压及反馈补偿输出电压 V_L

在实际应用中，SQUID 作为磁场传感器，主要用于地磁、心磁和脑磁等微弱磁场信号的探测，也可以作为电流传感器，用于超导转变边缘探测器（TES）、磁性金属微量能器等低噪声探测信号的读出。

10.2.3 超导量子微波计

超导量子微波计是基于 RF–SQUID 的微波测量仪器，其结构如图 10-23 所示。在超导材料制成的矩形波导管上旋入两个铌螺钉构成点接触的约瑟夫森结，形成 SQUID 环。一根同轴电缆从波导管穿过，其特征阻抗为几十欧，携带了要测量的微波信号。同轴电缆和点接触结距波导管端面的距离相等，均为$\lambda_g/4$（λ_g为微波在波导管中的波长）。工作中，RF-SQUID的微波反射系数是磁通量的周期函数，这意味着当磁通量发生变化时，SQUID反射的微波功率也会随之变化；在进行测量时，通过感应耦合将待测量的电流引入SQUID，射频微波在同轴线电路中产生的磁通量会影响SQUID的微波反射特性。由于SQUID对通过其的电流产生一个近似正弦波的响应。这个响应的周期性与磁通量的量子化步长相对应，而如果通过SQUID的电流在高于振荡带宽的频率，系统将只响应该振荡的平均值，而该平均反射的微波功率与射频电流幅度有关，并且遵循零阶贝塞尔函数，因此利用微波信号与SQUID的输出形成耦合，利用SQUID射频信号测量实现微波强度和频率的检测。

10.2.4 超导量子电压计

基于交流约瑟夫森效应，SQUID也可以用于实现高灵敏度电压的测量。下面以基于RF-SQUID的电压计为例（见图10-24），介绍其基本结构及其频率特性、噪声特性。

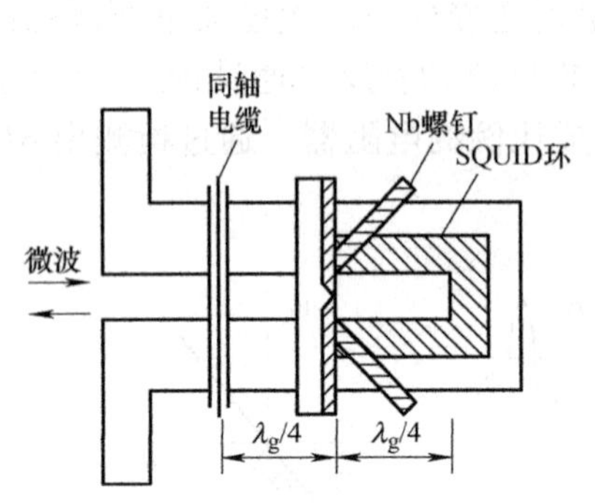

图10-23 超导量子微波计结构示意图

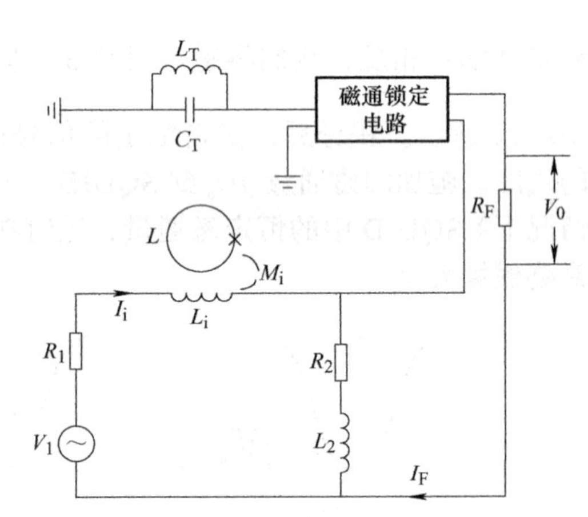

图10-24 超导量子电压计的电路原理图

电动势为V_1、内阻为R_1的待测电源和RF-SQUID的输入线圈L_i及已知标准电阻R_2构成串联回路，L_2是电阻R_2的寄生电感。磁通锁定式自动补偿电路与标准电阻R_2和寄生电感L_2支路并联，且工作于室温状态。设开始时电路不在平衡状态，输入电路中的电流为I_i。这个电流在SQUID环孔中产生一个磁通，磁通锁定式电路中的积分器输出一个反馈电流$I_F=V_0/R_F$，V_0为反馈电阻R_F两端电压。反馈电流逐渐增大，直至$I_FR_2=V_1$，$I_i=0$，此时电路处于平衡状态。由反馈电流I_F及电阻R_2，可以得到待测电压V_1。

该电压计的频率特性很容易确定。输入电路的总自感$L_T=L_i+L_2$，总电阻$R_T=R_1+R_2$，则时间常数$\tau_T=L_T/R_T$。假定磁通锁定式电路中积分器的时间常数比τ_T小很多，那么，对于频率为ω的信号，由欧姆定律可得

$$V_1 = I_i[R_T + j\omega L_T + g(R_2 + j\omega L_2)] \tag{10-21}$$

式中，$g=I_F/I_i$。再考虑到$V_0=R_FI_F=gR_FI_i$，得到频率特性为

$$\frac{V_0}{V_1}=\frac{gR_{\mathrm{F}}}{R_{\mathrm{T}}+\mathrm{j}\omega L_{\mathrm{T}}+g(R_2+\mathrm{j}\omega L_2)}=\frac{\dfrac{R_{\mathrm{F}}}{R_2}}{\dfrac{R_{\mathrm{T}}}{gR_2}+\mathrm{j}\omega\dfrac{L_{\mathrm{T}}}{gR_2}+1+\mathrm{j}\omega\dfrac{L_2}{R_2}} \tag{10-22}$$

通常 $R_{\mathrm{T}}/gR_2 \ll 1$，于是式（10-22）简化为

$$\frac{V_0}{V_1}=\frac{\dfrac{R_{\mathrm{F}}}{R_2}}{1+\mathrm{j}\omega\left(\dfrac{L_2}{R_2}+\dfrac{\tau_{\mathrm{T}}R_{\mathrm{T}}}{gR_2}\right)} \tag{10-23}$$

对于低频极限情况，式（10-23）进一步化简化为

$$\frac{V_0}{V_1}=\frac{R_{\mathrm{F}}}{R_2} \tag{10-24}$$

由式（10-24）还可以看到，反馈电路使得输入电路的时间常数减小 gR_2/R_{T} 倍。时间常数减小，也即电压计响应速度变快，带宽增大。当 $\tau_{\mathrm{T}}R_{\mathrm{T}}/(gR_2) \ll L_2/R_2$ 时，带宽仅依赖于 L_2/R_2。

当待测电源内阻较大，可以利用变压器的阻抗变换作用，实现较低的噪声水平。如图 10-25 所示为电压计原理框图，其中室温电路部分与磁通锁定式电路相比多了一个平衡式混频器。采用变压器后，L_{i} 的等效自感成为 L_{i}'，即

$$L_{\mathrm{i}}'=K'^2L_{\mathrm{i}}\frac{L_{\mathrm{s}}}{L_{\mathrm{i}}+L_{\mathrm{s}}}\left[1+(1-\alpha'^2)\frac{L_{\mathrm{s}}}{L_{\mathrm{i}}}\right] \tag{10-25}$$

式中，$K'^2=L_{\mathrm{p}}/L_{\mathrm{s}}'$，$\alpha'^2=L_{\mathrm{p}}L_{\mathrm{s}}/M_{\mathrm{i}}'^2$。对于理想变压器，$K'=N_{\mathrm{p}}/N_{\mathrm{s}}$，$\alpha'=1$，$N_{\mathrm{p}}$ 和 N_{s} 为变压器的一次线圈和二次线圈匝数。通常 $L_{\mathrm{s}} \gg L_{\mathrm{i}}$，在这种情况下，式（10-25）简化为

$$L_{\mathrm{i}}'=\left(\frac{N_{\mathrm{p}}}{N_{\mathrm{s}}}\right)^2L_{\mathrm{i}} \tag{10-26}$$

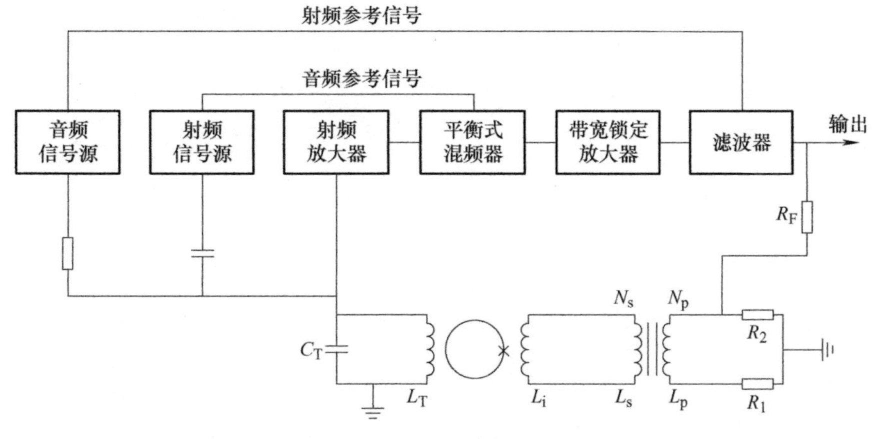

图 10-25　电压计原理框图

由于超导量子电压计具有极高的分辨能力和较好的频率响应特性，已经作为计量仪器，用于产生标准电压进行电压仪器仪表校准设备。

思考题与习题

10-1　简述 NV 色心的磁场测量原理，若要基于 NV 色心实现三轴磁场测量，可以采取怎样的措施？

10-2　简述 SERF 态陀螺仪工作原理，若要实现三轴测量，应该如何进行设计。

10-3　简述 SQUID 的工作原理，为提升 SQUID 的测量范围，可以采取怎样的措施？

第 11 章　智能传感器信号处理技术

智能传感器不仅具有敏感功能，而且集成了信号处理技术，是传感器与微处理器集成化的产物。智能传感器能够自动采集数据并自动实现数据检验、自选量程、自寻故障、自校零、自标定、自校正等功能。本章主要介绍传感器非线性校正、自校准、量程自适应、数据融合等信号处理技术。

11.1　传感器非线性校正

线性度是传感器的重要特性指标，传感器的非线性特性会对测量结果产生很大的影响，因此需要对非线性误差进行校正。本节主要介绍最小二乘拟合、牛顿插值拟合、遗传算法拟合、模拟退火算法等非线性误差校正方法。

11.1.1　最小二乘拟合

最小二乘拟合是一种常用参数拟合方法，它通过不断调整函数模型参数使得传感器误差的平方和最小，实现数据集与某个函数模型之间的最佳拟合。这种方法不仅适用于线性拟合，还适用于多项式拟合、指数拟合等多种形式。

设直接测量值 y 与 m 个间接测量值 $x_i(i=1,2,\cdots,m)$ 的函数关系为

$$y=f(x_1,x_2,\cdots,x_m) \tag{11-1}$$

现对 y 进行 n 次等精度测量得到 n 个测量值 $y_i(i=1,2,\cdots,n)$，其对应的估计值为 $\hat{y}_i(i=1,2,\cdots,n)$（即经测量值确定的“真值”，一般为算术平均值），即有

$$\begin{cases}\hat{y}_1=f_1(x_1,x_2,\cdots,x_m)\\ \hat{y}_2=f_2(x_1,x_2,\cdots,x_m)\\ \vdots\\ \hat{y}_n=f_n(x_1,x_2,\cdots,x_m)\end{cases} \tag{11-2}$$

如果 n=m，此时将测量值当作估计值使用，将式（11-2）中的 $\hat{y}_i$ 换成 $l_i(i=1,2,\cdots,n)$，则可由式（11-2）直接求得间接测量值。但测量结果总会包含误差，为了提高所得测量结果的精度，可适当增加测量次数（n>m），来减小随机误差对测量结果的影响。最小二乘

法以残余误差平方和最小作为准则进行线性拟合。

残余误差方程组可以表示为

$$\begin{cases} v_1 = y_1 - \hat{y}_1 = y_1 - f_1(x_1, x_2, \cdots, x_m) \\ v_2 = y_2 - \hat{y}_2 = y_2 - f_2(x_1, x_2, \cdots, x_m) \\ \vdots \\ v_n = y_n - \hat{y}_n = y_n - f_n(x_1, x_2, \cdots, x_m) \end{cases} \tag{11-3}$$

最小二乘法的目标函数为

$$\min \sum_{i=1}^{n} v_i^2 \to 0 \tag{11-4}$$

如果考虑线性测量的情形，即 $y = a_1x_1 + a_2x_2 + \cdots + a_mx_m$，式（11-3）可以表示为

$$\boldsymbol{L} - \boldsymbol{AX} = \boldsymbol{V} \tag{11-5}$$

式中，系数矩阵 $\boldsymbol{A} = \begin{bmatrix} a_{11} & a_{12} & \cdots & a_{1m} \\ a_{21} & a_{22} & \cdots & a_{2m} \\ \vdots & \vdots & & \vdots \\ a_{n1} & a_{n2} & \cdots & a_{nm} \end{bmatrix}$；估计值矩阵（即待求矩阵）$\boldsymbol{X} = \begin{bmatrix} x_1 \\ x_2 \\ \vdots \\ x_m \end{bmatrix}$；测量值矩阵 $\boldsymbol{L} = \begin{bmatrix} l_1 \\ l_2 \\ \vdots \\ l_m \end{bmatrix}$；残余误差矩阵 $\boldsymbol{V} = \begin{bmatrix} v_1 \\ v_2 \\ \vdots \\ v_n \end{bmatrix}$。

残余误差平方和最小可采用矩阵形式为

$$\min(\boldsymbol{V}^{\mathrm{T}}\boldsymbol{V}) = \min[(\boldsymbol{L} - \boldsymbol{AX})^{\mathrm{T}}\boldsymbol{V}] \tag{11-6}$$

根据一阶导数为零，可以得到极值条件：

$$\boldsymbol{A}^{\mathrm{T}}\boldsymbol{V} = 0 \tag{11-7}$$

将式（11-5）代入式（11-7），得到

$$\boldsymbol{A}^{\mathrm{T}}(\boldsymbol{L} - \boldsymbol{AX}) = 0 \tag{11-8}$$

经整理有

$$(\boldsymbol{A}^{\mathrm{T}}\boldsymbol{A})\boldsymbol{X} = \boldsymbol{A}^{\mathrm{T}}\boldsymbol{L} \tag{11-9}$$

从而得到

$$\boldsymbol{X} = (\boldsymbol{A}^{\mathrm{T}}\boldsymbol{A})^{-1}\boldsymbol{A}^{\mathrm{T}}\boldsymbol{L} \tag{11-10}$$

式（11-10）为最小二乘法得到的最佳矩阵解。最小二乘拟合在许多情况下都是有效的，但它也有一些局限性。例如，当数据受到噪声或异常值影响时，拟合结果可能会偏离实际的数据趋势。此外，如果拟合的次数（即多项式的阶数）过高，可能会导致过拟合，即模型在训练数据上表现良好，但在新数据上表现不佳。因此，在选择最小二乘拟合时，

需要合理选择最优的拟合类型和次数，以避免过拟合或欠拟合的问题。

11.1.2　牛顿插值拟合

牛顿插值拟合法是一种基于差分思想的多项式插值方法，其原理是利用给定的数据点构造一个插值多项式，使得该多项式在给定数据点处取相应的值。具体是利用相邻数据点计算不同阶次的差商，再构建以差商为系数的插值多项式。它的优势是计算效率高，可以通过增加插值多项式的次数来提高插值精度。下面进行详细介绍。

首先介绍差商的概念。设函数$f(x)$中自变量$x_0, x_1, \cdots$为一系列互不相等的点，$f(x)$关于点$x_i, x_j (i \neq j)$一阶差商（也称均差）$f[x_i, x_j]$为

$$f[x_i, x_j] = \frac{f(x_i) - f(x_j)}{x_i - x_j} \tag{11-11}$$

一般地，$f(x)$关于点$x_0, x_1, \cdots, x_k$的k阶差商为

$$f[x_0, x_1, \cdots, x_k] = \frac{f[x_0, x_1, \cdots, x_{k-1}] - f[x_1, x_2, \cdots, x_k]}{x_0 - x_k} \tag{11-12}$$

差商具有下述性质：

$$f[x_i, x_j] = f[x_j, x_i] \tag{11-13}$$

$$f[x_i, x_j, x_k] = f[x_j, x_i, x_k] = f[x_i, x_k, x_j] \tag{11-14}$$

一次牛顿插值多项式为

$$\phi_1(x) = f(x_0) + (x - x_0) f[x_0, x_1] \tag{11-15}$$

一般地，由各阶差商的定义，依次可得

$$\begin{cases} f(x) = f(x_0) + (x - x_0) f[x, x_0] \\ f[x, x_0] = f[x_0, x_1] + (x - x_1) f[x, x_0, x_1] \\ f[x, x_0, x_1] = f[x_1, x_2] + (x - x_2) f[x, x_0, x_1, x_2] \\ \vdots \\ f[x, x_0, \cdots, x_{n-1}] = f[x_0, x_1, \cdots, x_n] + (x - x_n) f[x, x_0, \cdots, x_n] \end{cases} \tag{11-16}$$

式（11-16）中各式分别乘以 1、$(x - x_0)$、$(x - x_0)(x - x_1)$、$\cdots$、$(x - x_0)(x - x_1)\cdots(x - x_{n-1})$，整理后，式（11-17）中$N_n(x)$是$f(x)$的$n$次牛顿插值多项式，式（11-18）中$R_n(x)$为牛顿插值余项。

$$N_n(x) = f(x_0) + (x - x_0) f[x_0 - x_1] + \cdots + (x - x_0)(x - x_1)\cdots(x - x_{n-1}) f[x_0, x_1, \cdots, x_n] \tag{11-17}$$

$$R_n(x) = (x - x_0)(x - x_1)\cdots(x - x_n) f[x, x_0, x_1, \cdots, x_n] = \omega_{n+1}(x) f[x, x_0, x_1, \cdots, x_n] \tag{11-18}$$

在实际应用中，首先根据已知数据点计算出各阶差商，然后根据式（11-17）构建牛顿插值多项式，最后使用这个多项式来估计未知点的数值。

牛顿插值多项式拟合在许多情况下都能提供较好的结果，但它也有一些局限性。例如，当数据点分布不均匀或者存在较大噪声时，牛顿插值多项式可能无法给出准确的预测。此外，如果多项式的阶数选择不当，也可能导致过拟合或欠拟合的问题。

11.1.3　遗传算法拟合

遗传算法是对生物群体“物竞天择，适者生存”（达尔文进化理论）法则的数学仿真。群体中个体按照其对环境的适应能力被自然选择或者淘汰，个体适应能力的内在因素是个体的染色体，染色体由若干基因片段组成，可以通过变异、交叉等方法来产生新的染色体。通过若干代的选择淘汰，群体中个体染色体将越来越适应环境。如果将生物群体看作优化问题中给定的解空间，个体看作一个潜在解，环境看作约束条件，通过多代淘汰，群体中最适应环境的个体就是条件约束下的优化问题最优解。

1. 遗传算法求解最优化问题的流程

1）首先对待求问题解空间中的点进行编码，将所有可行解表示为数字串（通常是二进制数字串）染色体的形式。

2）将问题中最优解的选择规则或限制条件用适应度函数的形式表示。

3）随机选择一组染色体，作为初始种群。

4）对种群中的染色体按照其适应度值，进行选择、交叉、变异操作，生成下一代种群，这个过程称为进化过程。

5）判断新种群中适应度最高的染色体是否符合问题要求，若符合要求，则此个体经解码（编码的反操作）后即为问题的最优解；否则跳回第 4 步。

2. 遗传算法中的主要步骤

（1）编 / 解码　将拟合问题用数字串形式的编码表示的过程称为编码；相反，将数字串形式的编码还原为拟合问题的过程称为解码或译码。遗传算法中最常用的编码方式是二进制编码。例如，对问题中的某一参数 X 进行编码，X 的取值范围为 $[A，B]$，编码长度为 n 位。n 位编码一共可以产生 $2n$ 个不同二进制串，从 000…00 到 111…11。A 的编码为全 0，B 的编码为全 1，参数也和二进制码一一对应，一共可以表示 $2n$ 个实数。编码的参数精度越高，则所需要的编码长度越长。解码是编码的逆过程，假设 $x_n x_{n-1} \cdots x_2 x_1$ 是参数 X 的二进制编码，则解码后：

$$X = A + \frac{B-A}{2^i - 1} \cdot \sum_{i=1}^{n} x_i 2^{i-1} \tag{11-19}$$

（2）适应度函数　为了定量描述染色体的适应能力，引入对问题中的每一个染色体都能进行度量的函数，称为适应度函数。遗传算法通过适应度函数来决定染色体的优劣程度以及搜索方向，所以适应度函数对最优条件描述的准确程度直接影响算法的效果。

（3）选择操作　也称复制操作，根据染色体的适应度函数值决定其是被淘汰还是被遗传至下一代。适应度较大（优良）染色体有较大的存在机会，而适应度较小（低劣）的个体存在机会较小。

（4）交叉操作　将两个染色体部分编码段互换的操作，是从上一代染色体产生新染色体的操作之一。通常使用的单点交叉方法，即从染色体编码各位中随机选取一位，将两个染色体中该位后面的编码段互换。交叉概率通常为 0.3 ～ 0.9。

（5）变异操作　随机改变染色体的部分编码，从而产生新染色体的操作。遗传算法进行过程中，有可能出现后代的适应度不再进化但并没达到最优的情况，这种情况意味着算法收敛于局部最优解。为了跳出局部收敛，遗传算法通过变异操作增加染色体的多样性。变异概率通常为 0.001 ～ 0.01。

11.1.4　模拟退火算法

模拟退火算法是一种基于概率的优化算法，其灵感来源于固体退火过程。此算法通过模拟物理退火过程，将问题的求解过程转化为寻找能量最小化的过程。具体来说，模拟退火算法将固体加温至充分高，再让其缓慢冷却。在加温阶段，固体内部粒子随温升变为无序状，内能增大；而在缓慢冷却阶段，粒子渐趋有序，最终在常温时达到基态，内能减为最小。这种算法通过随机搜索和概率接受新解的方式，避免陷入局部最优解，从而找到全局最优解。

该算法的具体步骤为：

1）设定每一个参数变化范围，在这个范围内随机选择一个初始参数相量 m_0 并计算相应的目标函数值 $E(m_0)$。

2）对当前参数相量进行扰动产生一个新参数相量 m，计算相应的目标函数值 $E(m)$，得到 $\Delta E = E(m) - E(m_0)$。

3）若 $\Delta E < 0$，则新参数相量被接受；若 $\Delta E > 0$，则新参数相量 m 按概率 $P = \mathrm{e}^{(-\Delta E/T)}$ 进行接受，T 为温度。当参数相量被接受时，置 $m_0 = m, E(m_0) = E(m)$。

4）在温度 T 下，重复一定次数的扰动和接受过程，即重复步骤 2、3。

5）缓慢降低温度 T。

6）重复步骤 2、5，直至收敛条件满足为止。

算法的实质分两次循环，随机扰动产生新参数相量并计算目标函数值（或称能量）的变化，决定是否被接受。由于算法初始温度设计在高温条件，这使得 E 增大的参数相量可能被接受，因而能舍去局部极小值，通过缓慢地降低温度，算法最终能收敛到全局最优点。

设 y_i 是在点 x_i 处的测量值 $(i = 1,2,\cdots,n)$，y_i' 是在点 x_i 处用拟合函数得到的计算值，则在 n 个数据点上的误差平方和为 $f = \sum_{i=1}^{n}(y_i - y_i')^2$，该目标函数的值越小说明拟合值与测量值越接近。

11.2　传感器自校准

由于系统偏差、温度变化、机械应力等原因，传感器的输出可能会偏离其标称值，从而导致测量误差。因此在使用传感器之前需要对其进行校准，智能传感器可以通过内置程序实现自校准。自校准分为内部自校准和外部自校准。

1. 传感器内部自校准

传感器内部自校准就是利用传感器内部微处理器和内附的校准信号源消除环境因素对测量的影响。它根据系统误差的变化规律，使用一定的测量方法或计算方法来补偿系统误差。传感器内部自动校准不需要任何外部设备和连线，只需要按要求启动内部自动校准程序，即可完成自动校准。下面介绍常用的传感器内部自校准方法。

（1）输入偏置电流自动校准　输入型前置放大器是高精度智能传感器的常用部件之一，往往存在输入偏置电流。为了消除输入偏置电流带来的误差，通常在数字多用表中设计输入偏置电流自动补偿和校准电路。输入偏置电流自动校准原理示意如图 11-1 所示，在传感器输入高电位端和低电位端连接一个带有屏蔽作用的 10MΩ 电阻盒，输入偏置电流 I_b 在该电阻上产生电压降，经 A/D 转换器转换后存储于非易失性校准存储器内，作为输入偏置电流的修正值。在正常测量时，微处理器根据修正值选出适当的数字量输入 D/A 转换器，经输入偏置电流补偿电路产生补偿电流，抵消 I_b，从而消除传感器输入偏置电流带来的测量误差。

（2）零点漂移自动校准　传感器零点漂移是造成零点误差的主要原因之一。智能传感器可自动进行零点漂移校准。进行零点校准时，需中断正常的测量过程，把输入端短路（使输入值为零）。这时，整个传感器输入通道的输出为零位输出。但由于存在零点漂移误差，使传感器的输出值并不为零。根据整个传感器的增益，将传感器的输出值折算成输入通道的零位输入值，并把这一零位输入值存入内存单元中。在正常测量过程中，传感器在每次测量后均从采样值中减去原先存入的零位值，从而实现了零点漂移自动校准。这种零点漂移自动校准方法已经在智能化数字电压表、数字欧姆表中得到广泛应用。需要注意的是，在使用校准信号源进行零点漂移校准前，一般应分别执行正零点和负零点漂移的校准，并把校准值同时存储于校准存储器中。

（3）增益误差自动校准　在智能传感器的测量输入通道中，除了零点漂移，放大器的增益误差及器件的不稳定等因素也会影响测量数据的准确性，因此必须对这类误差进行校准。增益误差自动校准原理示意如图 11-2 所示。

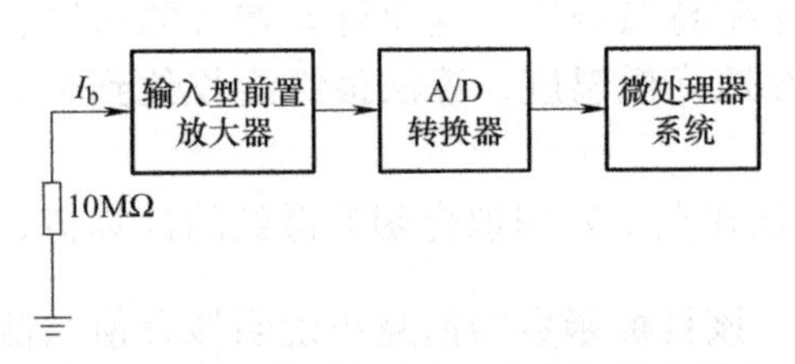

图 11-1　输入偏置电流自动校准原理示意图

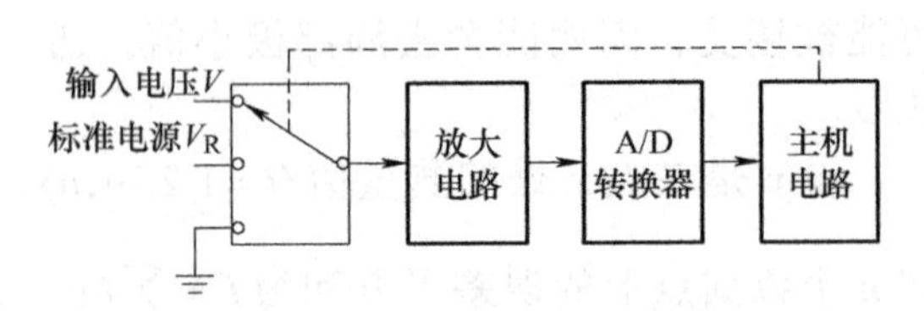

图 11-2　增益误差自动校准原理示意图

首先获取基准参数，增益误差自动校准电路的输入部分有一个多路开关，由传感器内部微处理器控制。校准时先把开关接地，测出这时的输出值 x_0。然后把开关接到标准电源 V_R，测量输出值 x_1，并将 x_0 和 x_1 存入内存中。

其次求解系统误差模型参数，比如，设测量值和真实值之间呈线性关系，利用图 11-2 电路分别测量标准电源 V_R 和接地短路电压信号，建立误差方程组：

$$\begin{cases} V_{\mathrm{R}} = a_1 x_1 + a_0 \\ 0 = a_1 x_0 + a_0 \end{cases} \tag{11-20}$$

解上述方程组，可得

$$\begin{cases} a_1 = \dfrac{V_{\mathrm{R}}}{x_1 - x_0} \\ a_0 = \dfrac{V_{\mathrm{R}} x_0}{x_0 - x_1} \end{cases} \tag{11-21}$$

从而得到校准计算式，即

$$y = \frac{V_{\mathrm{R}}(x - x_0)}{x_1 - x_0} \tag{11-22}$$

这样对于任何输入电压都可以利用式（11-22）对测量结果进行校准，从而消除传感器零点漂移和增益误差。

2. 传感器外部自校准

传感器外部自动校准通常采用高精度的外部标准。在进行外部校准时，传感器校准常数要参照外部标准来调整。例如，对一些智能传感器，只需要操作人员按下自动校准的按键，显示器便提示操作者应输入的标准电压值；操作人员按提示要求将相应标准电压值输入之后，再按一次键，智能传感器就进行一次测量，并将标准量（或标准系数）存入校准存储器；然后显示器提示下一个要求输入的标准电压值，再重复上述测量和存储过程。当对预定的校正测量完成之后，校准程序能够自动计算每两个校准点之间的插值公式的系数，并把这些系数存入校准存储器，这样就在传感器内部固定存储了一张校准表和一张插值公式系数表。在正式测量时，它们将和测量结果一起形成经过修正的准确测量值。校准存储器可以采用 EEPROM 或 Flash ROM，以确保断电后数据不丢失。

外部校准一旦完成，新的校准常数就被保存在测量传感器存储器内。一般情况下，传感器制造商应提供相应的校准流程和外部校准所需的校准软件。

11.3　传感器量程自适应

智能传感器的输入信号动态范围通常都很大，因此需要设计量程自动转换的电路来保证输入信号大范围变化时测量精度和稳定性。这种量程自适应能力对于提高传感器在不同应用场景下的灵活性和有效性至关重要。通过自动调整量程，传感器可以避免在小信号下产生较大误差，提高测量精度；在复杂或变化的环境中，量程自适应有助于传感器保持稳定的性能；并且自动调整量程减少了人工校准的需求，提高了系统的可靠性。按照输出量不同，通常包括电压和电流量程自动转换电路。

1. 电压量程自动转换电路

电压量程自动转换电路主要包括衰减器、放大器、接口及开关驱动等部分，如图 11-3 所示。量程自动转换电路的接口实质上是一个开关控制接口，通常使用继电器作为高压衰减电路的切换开关，使用模拟开关作为低压电路切换开关。图 11-3 中电压量程自动转换电路的接口使用单片机 3 个位输出口，驱动电路采用反向输出形式。当单片机的某个位输出口的输出为“1”时，该位继电器开关被激励。

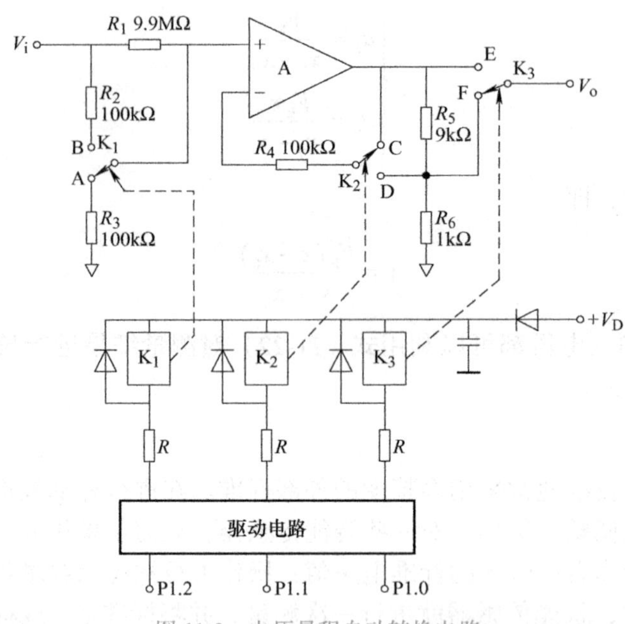

图 11-3　电压量程自动转换电路

该量程自动转换的衰减电路具有 1 和 100 两种衰减系数。当 K_1 被激励时，开关切换到 A 端，衰减系数为 100；当激励撤销时，开关切换到 B 端，衰减系数为 1。K_2 控制前置放大器的放大倍数，当 K_2 被激励时，开关切换到 C 端，放大器增益为 1；反之，放大增益为 10。K_3 控制放大器输出，当其被激励时，放大器输出电压被衰减 10 倍，否则，直接输出原值。若对这 3 个开关动作状态进行不同组合，则该电路具有 200mV、2V、20V、200V 和 2000V 等 5 个量程。各量程下的开关动作状态见表 11-1。当运算放大器为理想放大器，并且线性增益范围为 –20 ～ 20V，电阻比值为 $R_1/R_3=99$ 和 $R_5/R_6=9$ 时，按表 11-1 中的开关动作状态，无论哪个量程电路都将输出 ±2V 的满刻度电压。

表 11-1　各量程下的开关动作状态

量程	开关动作状态		
	K_1	K_2	K_3
200mV	B	D	F
2V	B	C	F
20V	B	C	E
200V	A	C	F
2000V	A	C	E

2. 电流量程自动切换方法

电流量程自动切换方法又可分为基于模拟电路的切换方法和基于数字电路的切换方法。

（1）基于模拟电路的切换方法

1）可变增益电阻法。这种方法使用可变增益电阻替代传统的固定电流传感器，通过改变电阻值来调整电流量程。当输入电流超过电阻的额定电流时，电阻将自动调整到较低值，以适应更大的电流范围。

2）运算放大器法。运算放大器作为一个信号处理的核心部件，可以通过调整反馈电阻值来实现电流自动量程切换。当输入电流较小时，放大器的增益较大，可以增加测量精度；当输入电流较大时，放大器的增益较小，可以提高系统的动态范围。

3）多模式开关法。这种方法使用多模式开关来选择不同的电流传感器，以适应不同的电流范围。当电流变化时，系统会自动切换到合适的电流传感器，以确保准确的测量结果。

（2）基于数字电路的切换方法

1）采样放大器法。采样放大器是一种将模拟电流信号转换为数字信号的器件，可以根据输入信号的大小调整采样率和增益，从而实现电流自动量程切换。当输入电流较小时，采样率较高，可以提高系统的精度；当输入电流较大时，采样率较低，可以扩大系统的测量范围。

2）自适应滤波法。这种方法利用数字滤波器对输入电流进行滤波处理，然后根据滤波后的信号进行自动量程切换。当输入电流较小且信号干扰较少时，使用较小的量程以提高测量精度；当输入电流较大或信号干扰较强时，使用较大的量程以增加动态范围。

3）自适应采样法。这种方法根据输入电流的变化情况自动调整采样率和深度，以适应不同的电流范围。当输入电流较小且变化缓慢时，采样率和深度可以降低以提高测量精度；当输入电流较大或变化较快时，采样率和深度应增加以确保测量结果准确。

11.4　多传感器数据融合

单一传感器获取信息非常有限，因此智能系统通常配有数量众多的不同类型传感器，以满足数据采集和处理的需要。若对各传感器采集的信息进行单独、孤立地处理，不仅导致信息处理工作量的增加，而且割断了各传感器信息间的内在联系，造成信息资源的未充分挖掘，甚至可能导致决策失误。为此，出现了多传感器数据融合（Multi-sensor Data Fusion），又称多传感器信息融合（Multi-sensor Information Fusion）的需求。多传感器数据融合是对多个同类型或不同类型传感器数据的获取、表示及其内在联系进行综合处理和优化的技术。它从多信息的视角进行处理及综合，得到各种信息的内在联系和规律，从而剔除无用的和错误的信息，保留正确的和有用的成分，最终实现信息的优化利用。多传感器数据融合的关键在于结构模型和智能算法。

11.4.1 多传感器数据融合的结构模型

1. 数据融合的层次

按照信息处理的抽象程度，多传感器数据融合可以划分为三个层次：数据层融合、特征层融合、决策层融合。

（1）数据层融合　数据层融合是最低层次的融合，是对原始传感信息未经或经过较少处理，流程如图 11-4 所示。只有在传感器所测的物理量相同的情况下，才可以进行数据层融合。数据层融合的优点是可以充分利用原始信息，能够提供比其他层次更详细的信息；但是数据层融合对信息的处理量较其他层次大、处理代价高、实时性差，而且对融合所使用的信息配准性要求很高，融合方法不具通用性。常用的数据层融合技术为经典状态估计方法，如卡尔曼滤波等。

（2）特征层融合　特征层融合是指从传感器的原始信息中提取一组典型的特征信息，然后对这些特征信息进行融合并获得联合特征信息来产生特征估计，流程如图 11-5 所示。常用的特征层融合技术主要包括模式识别，如神经网络、模糊聚类方法等。

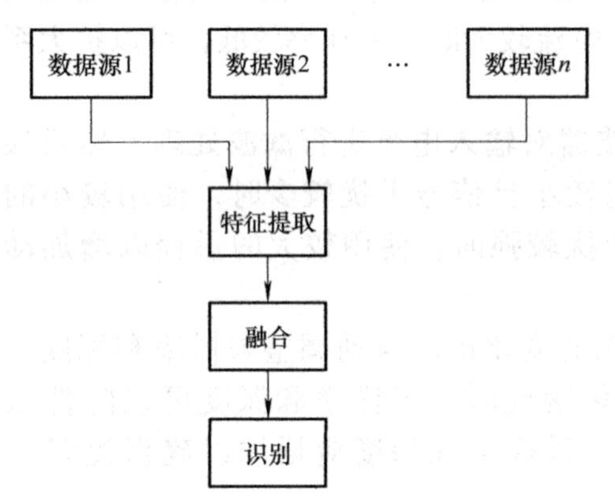

图 11-4　数据层融合流程

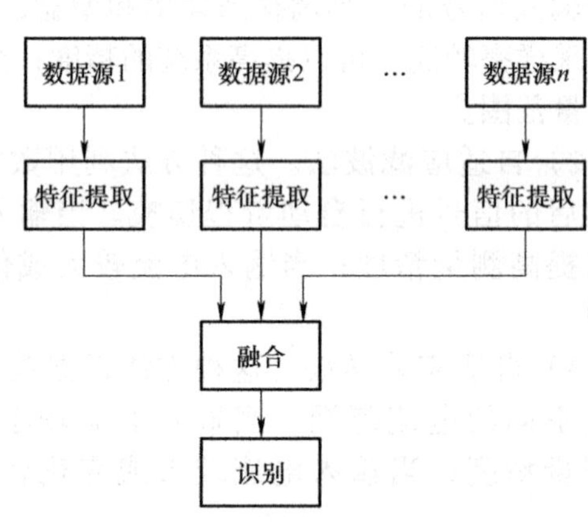

图 11-5　特征层融合流程

（3）决策层融合　决策层融合是在每个传感器对某一目标属性做出初步决策后，再进行信息融合，并得到整体一致的决策结果，它是融合的最高层次，流程如图 11-6 所示。该层次的融合具有较好的容错性，即当某个传感器出错时，通过适当的融合方法，系统仍能输出正确的决策结果。而且，随着融合信息的抽象层次增高，对原始传感器信息没有特殊的要求。常用的决策层融合技术主要包括经典推理理论、Byes 推理方法、Dempster-Shafer 证据理论、加权决策方法（投票法）等。

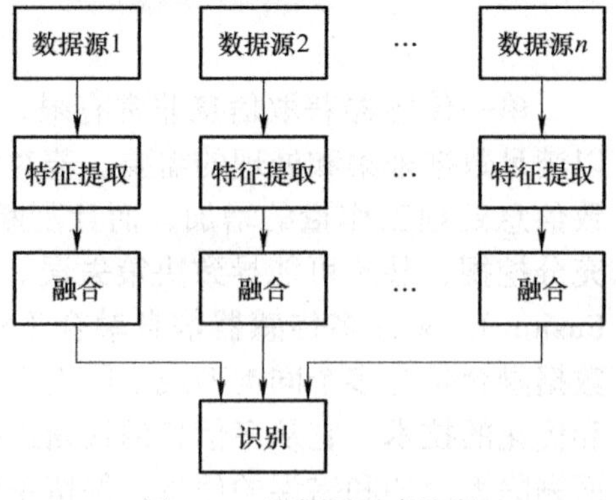

图 11-6　决策层融合流程

上述三种层次的数据融合特点见表 11-2。

表 11-2　各融合层次的性能比较

性能	层次		
	数据层	特征层	决策层
信息量	最大	中等	最小
信息损失	最小	中等	最大
容错性	最差	中等	最好
抗干扰性	最差	中等	最好
对传感器依赖性	最大	中等	最小
融合方法	最难	中等	最易
预处理	最小	中等	最大
分类性质	最好	中等	最差
系统开放性	最差	中等	最好

2. 数据融合的模型

多传感器数据融合系统的功能模型如图 11-7 所示，它是描述从传感器输入信息到各种功能处理的流程模型。由图 11-7 可见，数据融合系统的功能主要有特征提取、分类、识别、参数估计和决策，其中特征提取和分类是基础，数据融合主要在识别和参数估计阶段完成。数据融合过程可分为两个步骤，第一步是低层处理，包括像素级融合和特征级融合，输出的是状态、特征和属性等；第二步是高层处理，即决策级融合，输出的是抽象结果，如目的等。下面介绍数据融合的各种功能。

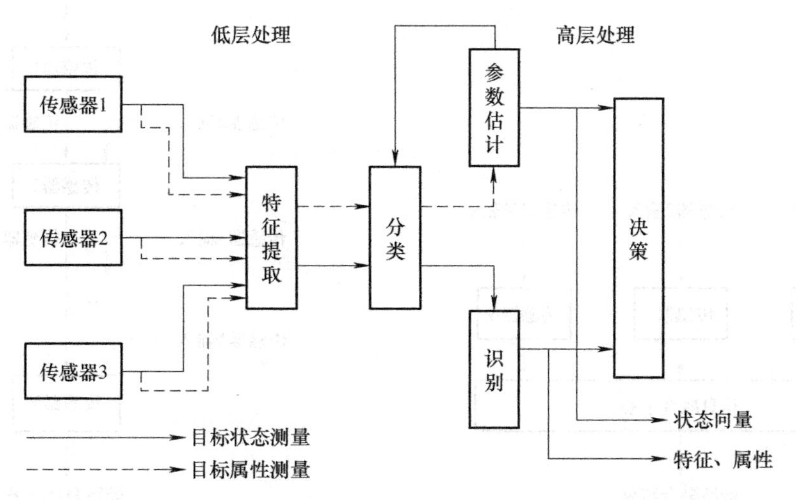

图 11-7　多传感器数据融合系统的功能模型

（1）特征提取　由于各观测值具有一定的时间和空间特征，因此，特征提取的目的是统一各传感器的时间和空间参考点，即对各传感器的观测值进行时间校准和空间坐标变换。

（2）分类　分类又称为数据相关或数据关联，其作用是判别不同时间与空间的数据是否来自同一个被观测目标。每次扫描结束时，相关单元就将收集到的多个传感器的新观测值与其过去的观测值进行相关处理，利用多个传感器观测结果对目标进行估计时，要求这些观测结果来自同一个被观测目标。通过分类，可以得出每一个传感器对观测区域内每一个目标在某一时刻的观测值。

（3）识别　根据多个传感器的观测结果形成一个 N 维特征向量，其中每一维代表目标的一个独立特征。如果已知被观测目标有 M 个类型及每类目标的特征，则可将实测特征向量与已知类型的特征进行比较，从而确定目标的类别。识别就是目标属性的估计与比较，其估计结果建立在已知目标类别的先验知识基础上。

（4）参数估计　参数估计也称为目标跟踪。传感器每次扫描结束时，就将新的观测结果与数据融合系统原有的观测结果进行融合，根据传感器的观测值估计目标参数，如位置、速度、温度等，并利用这些估计预测下一次扫描中参数的量值，预测值又被反馈给随后的扫描，以便进行相关处理。状态估计单元的输出是目标的参数与状态估计。

（5）决策　决策是根据被观测目标的行为、企图、动向等制订出应对策略与措施。将所有目标的状态和类型数据集与此前确定的可能态势相比较，以确定哪种态势与监视区域内所有目标的状态最匹配，从而得出态势评定、威胁估计与目标趋势等，即确定出目标的行为、企图、动向等，为应对决策提供依据。

3. 数据融合的形式

多传感器数据融合的形式可分为三种情况：并联融合形式、串联融合形式和混合融合形式，如图 11-8 ～图 11-10 所示。

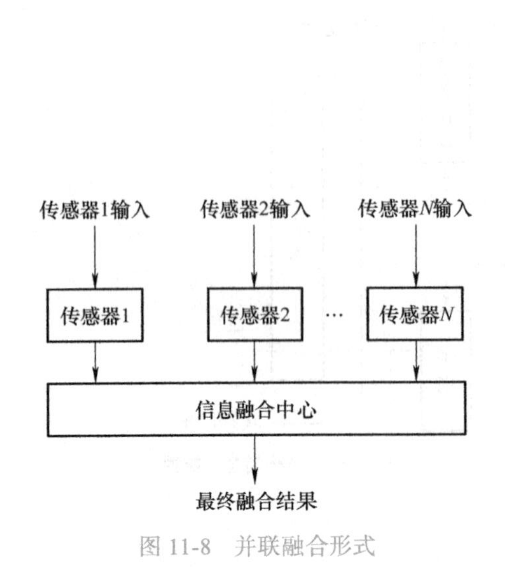

图 11-8　并联融合形式

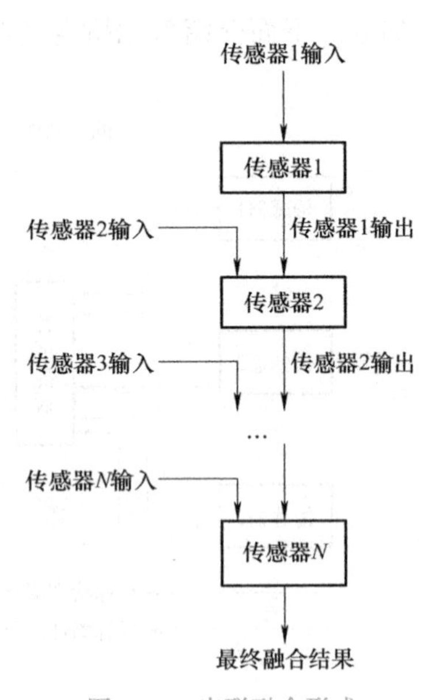

图 11-9　串联融合形式

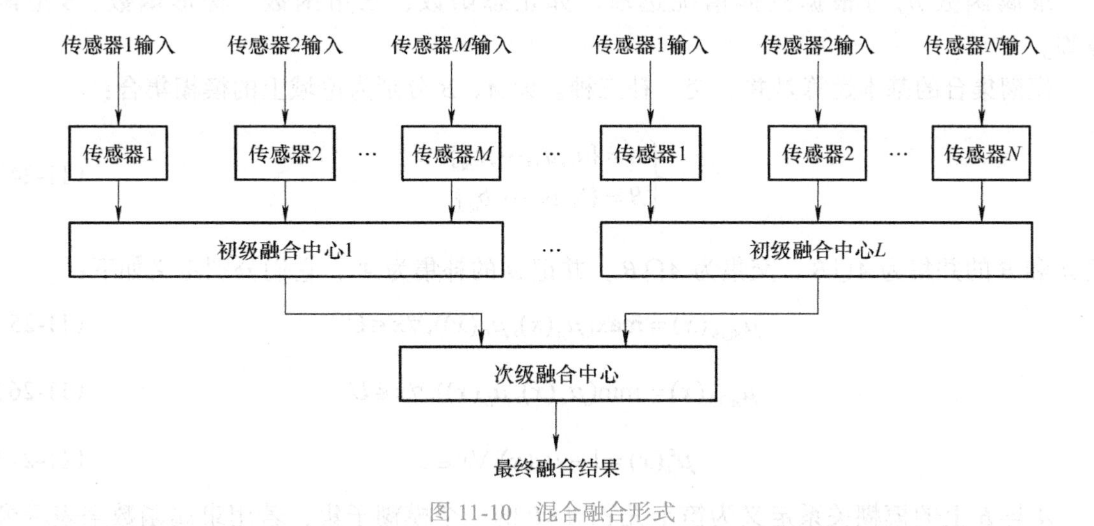

图 11-10 混合融合形式

根据图 11-8 ～图 11-10，并联融合时，各传感器直接将输出信息传给数据融合中心，由其对各输入信息处理后输出最终结果，因此并联融合中各传感器输出之间互不影响。串联融合时，每个传感器在接收前一级传感器信息基础上，先实现信息的本地融合，再将融合结果传给下一级传感器，最后一级传感器的输出综合了所有前级传感器输出的信息。因此，串联融合中每个传感器既有接收信息功能，又有数据融合功能，前级传感器的输出将影响后级传感器的输出。混合融合则是前两种融合方式的结合，包括总体串联、局部并联，或总体并联、局部串联。

11.4.2 多传感器数据融合的智能算法

数据融合算法是整个信息处理系统的关键技术，它关系到整个系统的效率和数据融合结果的准确性和可靠性。目前，数据融合的常用方法可概括为随机和人工智能两大类。其中随机类方法包括加权平均、Bayes 概率推理、卡尔曼滤波等方法；人工智能类方法包括模糊逻辑推理、神经网络、智能融合等方法。本节主要介绍人工智能类的数据融合方法。

1. 模糊逻辑推理

（1）模糊集理论　多传感器系统提供的检测信息都具有一定程度的不确定性，模糊集理论可以描述并处理这种不确定信息。模糊集理论的基本思想是把普通集合中的绝对隶属关系灵活化，使元素对集合的隶属度从原来的只能取 {0，1} 中的值，扩展到可以取 [0，1] 区间的任何数值。

在论域 U 上的一个模糊集 A 可以用在单位区间 [0，1] 上取值的隶属度函数 μ_A 表示，即

$$\mu_A : U \to [0,1] \tag{11-23}$$

对于任意的 $u \in U, \mu_A(u)$ 称为 u 对于 A 的隶属度。显然，当 μ_A 取值为 0 或 1 时，μ_A 便退化为一个普通集合的特征函数，A 也退化为一个普通集合。

隶属函数 μ_A 可根据具体情况选取，如正态函数、三角函数、梯形函数、S 型函数等。

模糊集合的基本运算是并、交、补三种。设 A，B 分别为论域上的模糊集合：

$$\begin{cases} A=\{a_1,a_2,\cdots,a_m\} \\ B=\{b_1,b_2,\cdots,b_m\} \end{cases} \tag{11-24}$$

记 A 和 B 的并集为 $A\cup B$、交集为 $A\cap B$，并记 A 的补集为 A^c，它们分别定义如下：

$$\mu_{A\cup B}(x)=\max(\mu_A(x),\mu_B(x)),\forall x\in U \tag{11-25}$$

$$\mu_{A\cap B}(x)=\min(\mu_A(x),\mu_B(x)),\forall x\in U \tag{11-26}$$

$$\mu_A^c(x)=1-\mu_A(x),\forall x\in U \tag{11-27}$$

A 与 B 上的模糊关系定义为笛卡儿积 $A\times B$ 的一个模糊子集，若用隶属函数来表示模糊子集，模糊关系可用矩阵来表示：

$$\boldsymbol{R}_{A\times B}=\begin{bmatrix} \mu_{11} & \mu_{12} & \cdots & \mu_{1n} \\ \mu_{21} & \mu_{22} & \cdots & \mu_{2n} \\ \vdots & \vdots & & \vdots \\ \mu_{m1} & \mu_{m2} & \cdots & \mu_{mn} \end{bmatrix} \tag{11-28}$$

 式中，μ_{ij} 表示于元组 (a_i,b_j) 隶属于该模糊关系的隶属度，满足 $0\leqslant\mu_{ij}\leqslant1$。

设 $X=\{x_1/a_1,x_2/a_2,\cdots,x_m/a_m\}$ 是论域 A 上的一个隶属函数，经过模糊变换后得到对应的隶属函数 $Y=\{y_1/b_1,y_2/b_2,\cdots,y_n/b_n\}$，关系为

$$\boldsymbol{Y}=\boldsymbol{X}\bullet\boldsymbol{R}_{A\times B} \tag{11-29}$$

式中，$y_i=\sum_{k=1}^{m}\mu_{ki}\times x_k,i=1,2,\cdots$。

（2）基于模糊集理论的传感器信息融合　多传感器数据融合时，我们将 A 看作系统可能决策的集合；将 B 看作传感器的集合；A 和 B 的关系矩阵 $\boldsymbol{R}_{A\times B}$ 中的元素 μ_{ij} 分别表示由传感器 i 推出决策为 j 的可能性，X 表示各传感器判断的可信度，经过模糊变换得到的 Y 就是各决策的可能性。

假设 m 个传感器对系统进行观测，而系统可能的决策有 n 个，则

$$A=\{y_1/\text{决策}1,y_2/\text{决策}2,\cdots,y_n/\text{决策}n\} \tag{11-30}$$

$$B=\{x_1/\text{决策}1,x_2/\text{决策}2,\cdots,x_m/\text{决策}m\} \tag{11-31}$$

传感器对各可能决策的判断用定义在 A 上的隶属函数表示。设传感器 i 对系统的判断结果是：

$$\{\mu_{i1}/\text{决策}1,\mu_{i2}/\text{决策}2,\cdots,\mu_{in}/\text{决策}n\},0\leqslant\mu_{ij}\leqslant1 \tag{11-32}$$

式中，$i=1,2,\cdots,m$；$j=1,2,\cdots,n$。

即传感器 i 认为结果为决策 j 的可能性为 μ_{ij}，记作向量 $\{\mu_{i1},\mu_{i2},\cdots,\mu_{in}\}$。现在对 m 个传感器的决策结果进行融合：

$$\boldsymbol{Y}=\boldsymbol{X}\cdot\boldsymbol{R}_{A\times B}=[\boldsymbol{x}_1,\boldsymbol{x}_2,\cdots,\boldsymbol{x}_m]\cdot\begin{bmatrix}\mu_{11} & \mu_{12} & \cdots & \mu_{1n}\\ \mu_{21} & \mu_{22} & \cdots & \mu_{2n}\\ \vdots & \vdots & & \vdots\\ \mu_{m1} & \mu_{m2} & \cdots & \mu_{mn}\end{bmatrix} \tag{11-33}$$

进行上述模糊变换，就可得出 $Y=\{y_1,y_2,\cdots,y_n\}$，即综合 m 个传感器的决策后，得到 n 个决策的可能性为 $y_j(j=1,2,\cdots,n)$。然后，可以根据可能的决策按照一定的准则进行选择，得出最后的结果。

2. 神经网络方法

（1）神经网络　神经网络是对人类大脑结构和思维活动的模拟，由大量人工神经元组成，人工神经元模拟人脑细胞的活动。大量人工神经元组成神经网络，形成大规模并行信息处理系统。它具有很强的容错性及自学习、自组织、自适应能力，可以模拟人脑的记忆、联想、推理、学习等思维过程。同时神经网络具有大规模并行和分散处理信息的能力。在数据融合处理中，神经网络可以根据当前系统所接收到的样本的相似性，确定分类标准，即确定网络权值，并采用其特有的学习算法来获取知识。

（2）基于神经网络的传感器数据融合方法　利用神经网络进行多传感器数据融合时，首先要根据系统的要求以及传感器的特点选择合适的神经网络模型，包括网络的拓扑结构、神经元特性和学习规则；同时，还需要根据对多传感器数据融合的要求，建立神经网络输入与输出的映射关系。然后再根据已有的传感器信息和系统决策对它进行指导性学习、确定权值的分配、完成网络的训练。训练好的神经网络才能实现数据融合。

如图 11-11 所示，传感器获得的信息首先经过适当的处理过程 1，如对不同类型的数据进行归一化，作为输入送给神经网络。神经网络训练时需要足够数量的样本，传感器信息融合的结果就是样本输出的期望值。训练完成后，神经网络就可以建立信息输入与融合结果之间的映射，神经网络输出相关的结果，再由处理过程 2 将它解释为系统具体的决策行为。

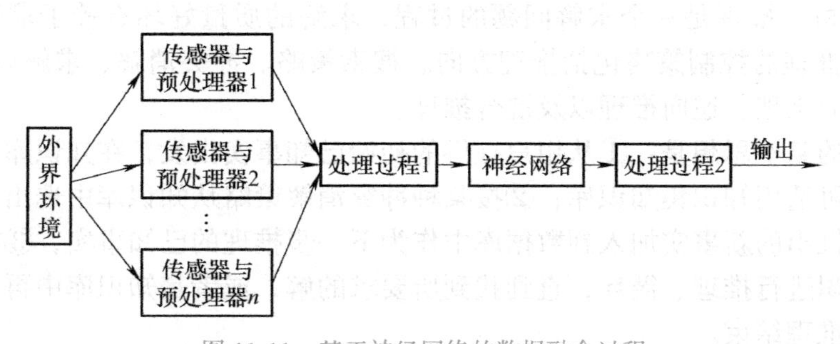

图 11-11　基于神经网络的数据融合过程

3. 智能融合方法

在进行多传感器数据融合时，要处理大量反映数据间关系的抽象数据（如符号），因此需要推理，而人工智能（Artificial Intelligence，AI）、专家系统（Expert System，ES）在符号处理和推理方面具有优势。下面以专家系统为例进行介绍数据融合。

专家系统是一种能模拟专家决策能力的智能计算机程序，将专家的知识和经验存入计算机，利用类似专家的规则，对所获取的数据进行逻辑推理，从而做出判断和决策。一般来说，专家系统由数据库和知识库、推理机、解释机制、知识获取以及人机界面等组成，如图 11-12 所示。重点介绍知识库和推理机。

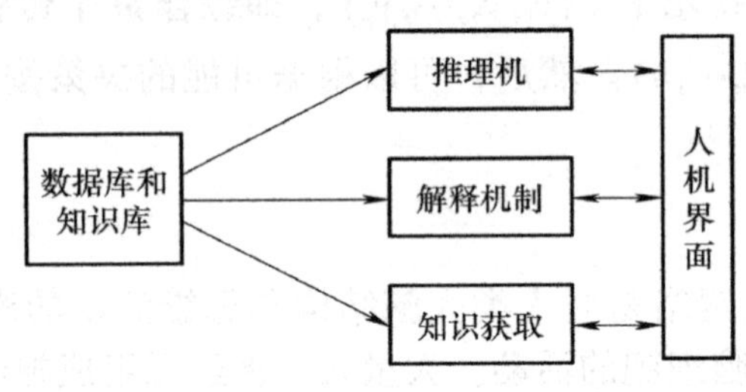

图 11-12　专家系统结构框图

（1）知识库　知识是专家系统区别于其他软件系统的重要标志，是专家系统的核心。知识库中知识的好坏对专家系统性能的发挥至关重要。知识表示的合理与否直接影响知识存储、维护及检索效率。只有确定了知识表示的形式才可能将客观世界知识在计算机中合理表示。

对于专家系统来说，知识主要有谓词逻辑表示法、语义网络表示法、框架表示法和产生式规则表示法等四大类，下面介绍产生式规则表示法。

产生式规则表示法广泛应用于 ES 知识表示系统，是依据人脑记忆模式中的各种知识块之间的因果关系，以“If–Then”的形式表示。产生式规则表示的知识形式简单，便于理解和解释，规则之间相互独立，规则结构化较好，有利于知识的提取和形式化。

规则表示的模板为“If 前提条件，Then 结论”，其中前提条件也叫规则前件，结论也叫规则后件，条件部分常常是一些事实的合集，而结论常是某事实。如果考虑不确定性，需要附加可信度 CF，如一条规则知识可表示为

If 条件 1，条件 2，…，条件 n，Then 结论，可信度：CF

（2）推理机　推理是一个求解问题的过程，求解的质量好坏有赖于求解策略，即推理控制策略。推理的控制策略包括推理方向、搜索策略、冲突消解、求解以及限制策略。推理方向有正向推理、逆向推理以及混合推理。

正向推理的基本思想是：①从用户提供的初始已知事实出发，在知识库中找出可适用的知识，构成可适用知识集知识库；②按某种冲突消解策略从知识库中选出一条知识进行推理，并将新推出的新事实加入到数据库中作为下一步推理的已知事实；③在知识库中选取可匹配的知识进行推理、循环，直到找到所要求的解，或者是知识库中再没有可以匹配的知识为止，推理结束。

思考题与习题

11-1　简述最小二乘拟合与牛顿插值拟合的原理，并分析两者之间的差异。

11-2　在传感器增益误差自校准中，假设测量值和真实值之间呈线性关系，试推导校准公式。

11-3　在电压量程自动转换电路（见图 11-3）中，当 K_1 被激励时，开关切换到 A 端，为确保 200V 量程下满刻度输出 2V 电压，K2 与 K3 如何设置？

11-4　简述多传感器数据融合中融合功能模型的含义，并解释图 11-7 中各功能的内涵。

第 12 章　无线传感器网络

无线传感器网络（Wireless Sensor Network，WSN）被认为是 21 世纪最重要的技术之一，综合了传感器、嵌入式计算、网络、无线通信、分布式信息处理等技术，实现了“无处不在的感知”的理念，在机器人集群、物联网、环境感知、安防等领域具有广泛的应用。本章主要介绍无线传感器网络的概念、特点、体系结构和时钟同步、节点定位等关键技术，以及典型应用。

12.1　无线传感器网络概述

无线传感器网络是由大量部署在监测区域内的、具有无线通信与计算能力的小型、低成本传感器节点，通过自组织的方式构成的、能根据环境自主完成指定任务的分布式智能化网络系统。无线传感器网络节点间距离很短，一般采用多跳的无线通信方式进行通信。无线传感器、感知对象和监测者构成了无线传感器网络的 3 个要素。无线传感器能够获取监控不同位置的物理或环境状况（例如，温度、声音、振动、压力、运动或污染物）；感知对象是指在监测区域内需要感知的具体信息载体；监测者不仅包括观测者，还包括监测信息处理中心的软硬件等系统。

无线传感器网络既可以在独立的环境下运行，也可以通过网关连接到互联网，使用户可以远程访问。目前，常见的无线网络包括移动通信网、无线局域网、蓝牙网络、自组织网络等，与这些网络相比，无线传感器网络具有以下特点：

1）传感器节点体积小，电源能量有限，传感器节点各部分集成度很高。由于传感器节点数量大、分布范围广、环境复杂，有些节点位置甚至人员无法到达，传感器节点能量补充较为困难，一旦电池能量用完，这个节点也就失去了作用。所以在考虑传感器网络体系结构及各层协议设计时，节能是设计的重要考虑目标之一。

2）计算和存储能力有限。由于无线传感器网络的传感器节点受到价格、功耗的限制，其携带的处理器能力比较弱，存储器容量比较小，因此，如何利用有限的计算和存储资源，完成诸多协同任务，也是无线传感器网络技术面临的挑战之一。随着低功耗电路和系统设计技术的提高，目前已经开发出很多超低功耗微处理器。同时，一般传感器节点还会配上一些外部存储器。

3）通信半径小，带宽低。无线传感器网络利用“多跳”来实现低功耗的数据传输，因此通信距离只有几十米。与传统的无线网络不同，传感器网络中传输的数据大部分是经过节点处理的数据，因此流量较小。根据目前观察到的现象特征，传感数据所需的带宽较低（1 ～ 100kbit/s）。

4）节点数量多，自组织。在无线传感器网络中，往往布撒有大量节点，点分布非常密集，利用节点之间高度连接性来保证系统的容错性和抗毁性。各节点通过分布式算法来相互协调，可以在无须人工干预和任何其他预置网络设施的情况下，自动组织成网络。

5）网络动态性强。无线传感器网络的拓扑结构可能因为下列因素而改变：①环境因素或电能耗尽造成的传感器节点出现故障或失效；②环境条件变化可能造成无线通信链路带宽变化；③无线传感器网络 3 个要素都可能具有移动性；④新节点的加入。网络拓扑的变化方式难以准确预测，这就要求传感器网络系统要能够适应这种变化，具有可重构性和自调整性。因此，无线传感器网络具有很强的动态性。

6）以数据为中心。对于观察者来说，传感器网络的核心是感知数据而不是网络硬件。以数据为中心的特点要求传感器网络的设计必须以感知数据的管理和处理为中心，把数据库技术和网络技术紧密结合，从逻辑概念和软、硬件技术两方面实现一个高性能的、以数据为中心的网络系统，使用户如同使用通常的数据库管理系统和数据处理系统一样，自如地在传感器网络上进行感知数据的管理和处理。

12.2 无线传感器网络体系结构

体系结构是无线传感器网络的研究热点之一。本节主要介绍无线传感器网络的系统结构、节点结构、网络结构和协议体系结构。

12.2.1 系统结构

无线传感器网络是由部署在监测区域内大量的廉价微型传感器，通过无线通信方式形成的一个多跳的自组织的网络系统，其目的是协作地感知、采集和处理网络覆盖区域中被感知对象的信息，并经过无线网络发送给观察者。无线传感器网络的系统结构如图 12-1 所示，通常包括传感器节点、汇聚节点和管理节点。大量传感器节点随机部署在监测区域内部或附近，能够通过自组织方式构成无线网络。

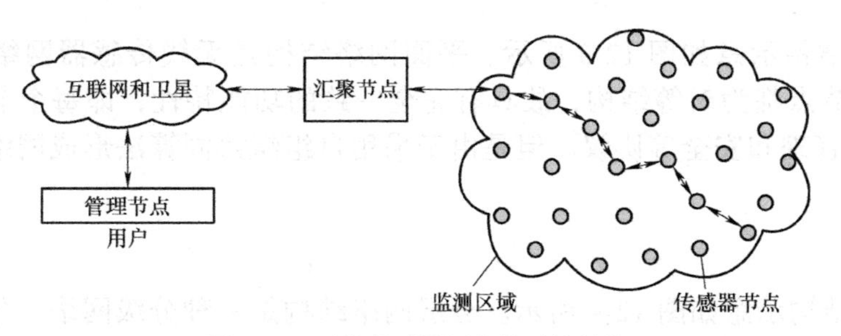

图 12-1 无线传感器网络的系统结构

12.2.2 节点结构

传感器节点是无线传感器网络的核心要素，只有通过节点才能够实现感知、处理和通信。节点存储、执行通信协议和数据处理算法、节点的物理资源决定了用户从无线传感器网络中获取数据的大小、质量和频率，因而节点的设计与实施是无线传感器网络应用的关键。无线传感器网络节点由传感器模块、处理器模块、无线通信模块和能量供应模块四部分组成，如图 12-2 所示。

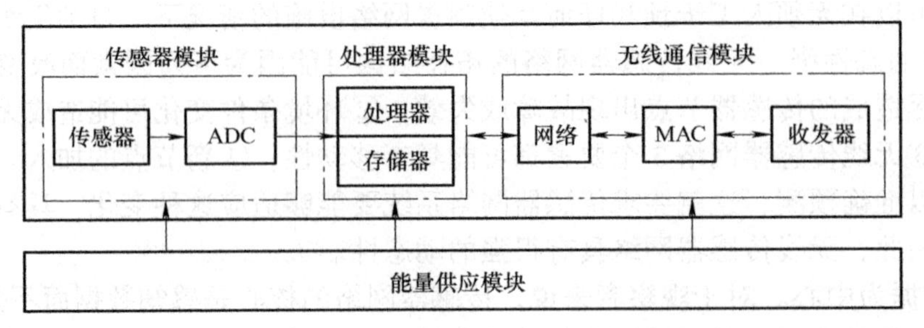

图 12-2　无线传感器网络节点体系结构

具体而言，传感器模块由传感器和模 / 数（A/D）转换模块组成，用于感知、获取监测区域内的信息，并将其转换为数字信号。处理器模块由嵌入式系统构成，包括处理器、存储器等部分，负责控制和协调节点各部分的工作，存储和处理自身采集的数据和其他节点发来的数据。无线通信模块负责与其他传感器节点进行通信，交换控制信息和收发采集的数据。能量供应模块能够为传感器节点提供正常工作所必需的能源，可采用微型电池。另外，传感器节点还可以包括其他辅助单元，如移动系统、定位系统和发电装置等。

12.2.3　网络结构

在无线传感器网络中，节点任意部署在被监测区域内，这一过程是通过飞行器空投、人工埋置或通过炮弹、火箭、导弹等进行发射。节点落地后，自检启动唤醒状态，搜寻相邻节点信息，并建立路由表。节点与节点之间建立联系，以自组织形式构成网络，实现所在区域的信息感知，并通过网络传输数据。从组网形态和方法角度看，无线传感器网络拓扑结构主要有集中式、分布式和混合式三种结构形式。无线传感器网络从节点功能及结构层次角度看，通常可分为平面网络结构、分层网络结构以及混合网络结构。

1. 平面网络结构

平面网络结构示意如图 12-3 所示。平面网络结构是无线传感器网络中最简单的拓扑结构，每个节点都为对等结构，故具有完全一致的功能特性，即每个节点包含相同的 MAC、路由、管理和安全等协议。但是由于采用自组织协同算法形成网络，组网算法通常比较复杂。

2. 分层网络结构

分层网络结构示意如图 12-4 所示。分层网络结构是一种分级网络，分为上层和下层两个部分。上层为中心骨干节点，下层为一般传感器节点。骨干节点之间或者一般传感器节点间采用的是平面网络结构，而骨干节点和一般节点之间采用的是分层网络结构。一般传感器节点没有路由、管理及汇聚处理等功能。

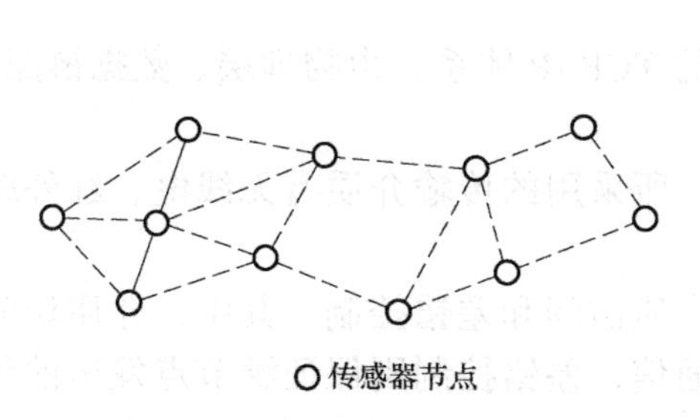

图 12-3　平面网络结构示意图

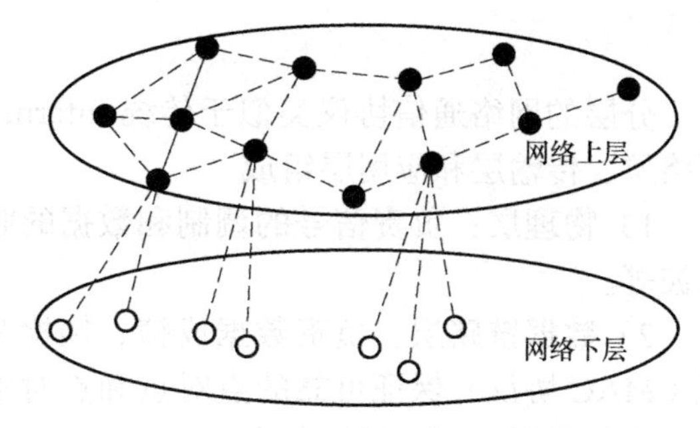

图 12-4　分层网络结构示意图

3. 混合网络结构

混合网络结构示意如图 12-5 所示。混合网络结构是无线传感器网络中平面网络结构和层次网络结构混合的一种网络结构。这种结构与分层网络结构的不同是一般传感器节点之间可以直接通信，不需要通过汇聚骨干节点来转发数据，但是这就使混合网络结构的硬件成本更高。

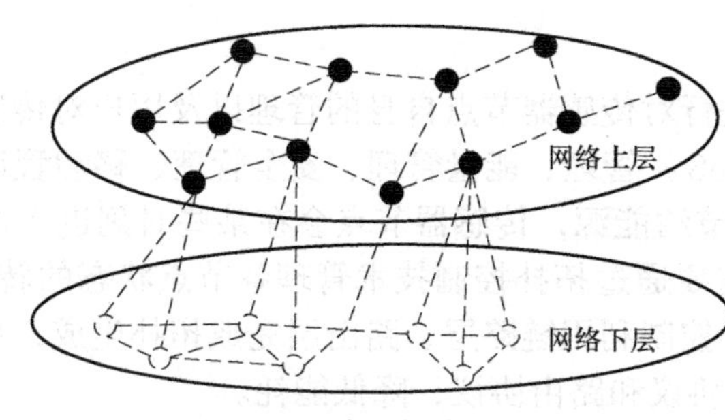

图 12-5　混合网络结构示意图

12.2.4　协议体系结构

无线传感器网络的协议体系结构由分层的网络通信协议、应用支撑平台以及网络管理平台三部分组成，如图 12-6 所示。

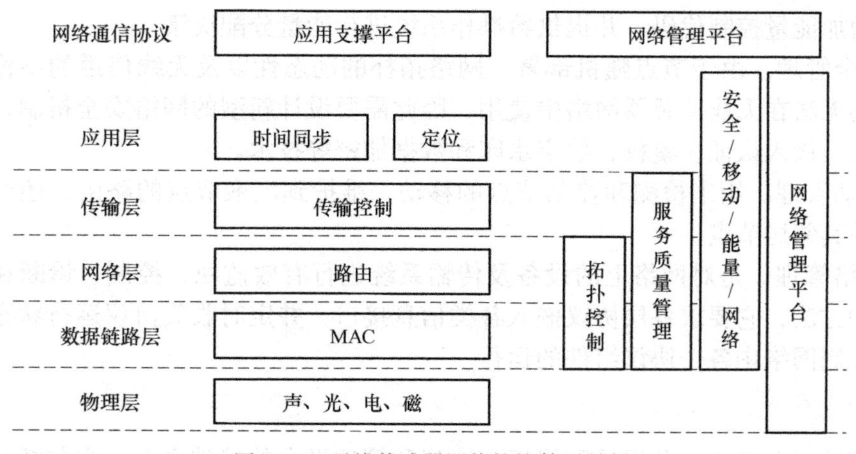

图 12-6　无线传感器网络协议体系结构

1. 分层的网络通信协议

分层的网络通信协议类似于传统 Internet 中的 TCP/IP 体系，由物理层、数据链路层、网络层、传输层和应用层组成。

1）物理层：负责信号的调制和数据的收发，所采用的传输介质有无线电、红外线和光波等。

2）数据链路层：负责数据成帧、帧检测、介质访问和差错控制。其中，介质访问协议（MAC 协议）保证可靠的点对点和点对多点通信，差错控制则保证源节点发出的信息可以完整无误地到达目标节点。

3）网络层：负责路由发现和维护。通常，大多数节点无法直接和网关通信，需要中间节点通过多跳路由的方式将数据传送至汇聚节点。

4）传输层：负责数据流的传输控制，主要通过汇聚节点采集传感器节点中的数据信息，并使用卫星、移动通信网络、Internet 或者其他的链路与外部网络通信。

5）应用层：负责使用通信和组网技术向应用系统提供时间同步和定位等服务。该层屏蔽底层网络细节，使用户可以方便地对无线传感器网络进行操作。

2. 网络管理平台

网络管理平台主要进行对传感器节点自身的管理以及用户对传感器网络的管理，包括拓扑控制、服务质量（QoS）管理、能量管理、安全管理、移动管理和网络管理等。

1）拓扑控制。为了节约能源，传感器节点会在某些时刻进入休眠状态，导致网络拓扑结构不断变化，因而需要通过拓扑控制技术管理各节点状态的转换，使网络保持畅通，数据能够有效传输。拓扑控制利用链路层、路由层完成拓扑生成，反过来又为它们提供基础信息支持，优化 MAC 协议和路由协议，降低能耗。

2）服务质量管理。在各协议层设计队列管理、优先级机制或者带预留等机制，并对特定应用的数据进行特别处理。它是网络与用户之间以及网络上互相通信的用户之间关于信息传输与共享的质量约定。为满足用户的要求，无线传感器网络必须能够为用户提供足够的资源。

3）能量管理。在无线传感器网络中，电源能量是各个节点最宝贵的资源。为了使无线传感器网络的使用时间尽可能长，需要合理、有效地控制节点对能量的使用。每个协议层中都要增加能量控制代码，并提供给操作系统进行能量分配决策。

4）安全管理。由于节点随机部署、网络拓扑的动态性以及无线信道的不稳定，传统的安全机制无法在无线传感器网络中使用，因此需要设计新型的网络安全机制，这需要采用扩频通信、接入认证、鉴权、数字水印和数据加密等技术。

5）移动管理。用来检测和控制节点的移动，维护到汇聚节点的路由，还可以使传感器节点跟踪其邻居节点。

6）网络管理。是对网络上的设备及传输系统进行有效监视、控制、诊断和测试所采用的技术和方法，它要求各层协议嵌入各类信息接口，并定时收集协议运行状态和流量信息，协调控制网络中各个协议组件的运行。

3. 应用支撑平台

应用支撑平台建立在分层的网络通信协议和管理平台的基础之上。它包括一系列基于检测任务的应用层软件，通过应用服务接口和网络管理接口来为终端用户提供具体的应用支持。

1）时间同步。无线传感器网络的通信协议和应用要求各节点间的时钟必须保持同步，这样多个传感器节点才能相互配合工作。此外，节点的休眠和唤醒也需要时钟同步。

2）节点定位。确定每个传感器节点的相对位置或绝对位置。节点定位在军事侦察、环境监测、紧急救援等环境中尤为重要。

3）应用服务接口。无线传感器网络的应用是多种多样的，针对不同的应用环境，有各种应用层的协议，如任务安排和数据分发协议、节点查询和数据分发协议。

4）网络管理接口。它主要是传感器管理协议，用来将数据传输到应用层。

12.3　无线传感器网络同步与定位

传感器节点都有自己的内部时钟，由于不同节点的晶体振荡频率存在偏差，节点时间会出现偏差，因此节点之间必须频繁进行本地时钟的信息交互，以保证网络节点在时间认识上的一致性。时间同步作为上层协同机制的主要支撑技术，在时间敏感型应用中尤为重要。传感器节点不仅需要时间的信息，还需要空间的信息，即节点需要认识自身位置，也就是定位技术。对于目标、事件的位置信息，传感器网络利用目标定位技术来确定其相应的位置信息。本节主要介绍时钟同步和节点定位两种无线传感器网络的关键支撑技术。

12.3.1　时钟同步

在无线传感器网络的应用中，传感器节点将感知到的目标位置、时间等信息发送到传感器网络中的簇头节点，簇头节点在对不同传感器发送来的数据进行处理后便可获得目标的移动方向、速度等信息。为了能够正确地监测事件发生的次序，就必须要求传感器节点之间实现时间同步。在一些事件监测的应用中，事件自身的发生时间是相当重要的参数，这要求每个节点维持唯一的全局时间以实现整个网络的时钟同步。

1. 时间同步机制的基本原理

无线传感器网络的时间同步是指各个独立的节点通过不断与其他节点交换本地时钟信息，最终达到并且保持全局时间协调一致的过程，即以本地通信确保全局同步，无线传感器网络中，节点分布在整个感知区域中，每个节点都有自己的内部时钟（即本地时钟），由于不同节点的晶体振荡（晶振）频率存在偏差，再加上温度差异、电磁波干扰等，即使在某个时间所有的节点时钟一致，一段时间后它们的时间也会再度出现时钟不同步，针对时钟晶振偏移和漂移，以及传输和处理不确定时延的情况，本地时钟采取的关于时钟信息的编码、交换与处理方式都不同。

节点的本地时钟依靠对自身晶振中断计数实现，晶振的频率误差因初始计时时刻不同，使得节点之间的本地时钟不同步。若能估算出本地时钟与物理时钟的关系或者本地时钟之间的关系，则可以构造对应的逻辑时钟以达成同步。节点时钟通常用晶体振荡器脉冲来度量，任意一节点在物理时刻的本地时钟读数可表示为

$$c_i(t)=\frac{1}{f_0}\int_0^t f_i(\tau)\mathrm{d}\tau+c_i(t_0) \tag{12-1}$$

式中，$f_i(\tau)$ 是节点 i 晶振的实际频率；f_0 是节点晶振的标准频率；t_0 是开始计时的物理时刻；$c_i(t_0)$ 是节点 i 在 t_0 时刻的时钟读数；t 是真实时间变量；$c_i(t)$ 是构造的本地时钟，间隔 $c(t)-c(t_0)$ 被用来作为度量时间的依据。

由于节点晶振频率短时间内相对稳定，因此节点时钟又可表示为

$$c_i(t)=a_i(t-t_0)+b_i \tag{12-2}$$

对于理想的时钟，有 $r(t)=\mathrm{d}c(t)/\mathrm{d}t=1$ ，也就是说，理想时钟的变化频率 $r(t)$ 为 1，但工程实践中，因为温度、压力、电源电压等外界环境的变化往往会导致晶振频率产生波动，因此构造理想时钟比较困难。一般情况下，晶振频率的波动幅度并非任意的，而是局限在一定的范围之内，即

$$1-\rho\leqslant\frac{\mathrm{d}c(t)}{\mathrm{d}t}\leqslant 1+\rho \tag{12-3}$$

式中，ρ 是绝对频率差上界，由制造厂商标定，一般 ρ 多为（1 ～ 100）$\times 10^{-6}$，即 1s 内会偏移 1 ～ 100μs。

在无线传感器网络中主要有以下 3 个原因导致传感器节点时间的差异：

1）节点开始计时的初始时间不同。

2）每个节点的石英晶体可能以不同的频率跳动，引起时钟值的逐渐偏高，这个误差称为偏差误差。

3）随着时间的推移，时钟老化或随着周围环境（如温度）的变化而导致时钟频率发生变化，这个误差称为漂移误差。

对任何两个时钟 A 和 B，分别用 $c_{\mathrm{A}}(t)$ 和 $c_{\mathrm{B}}(t)$ 表示它们在 t 时刻的时间值，那么偏移可表示为 $c_{\mathrm{A}}(t)-c_{\mathrm{B}}(t)$，偏差可表示为 $\frac{\mathrm{d}c_{\mathrm{A}}(t)}{\mathrm{d}t}-\frac{\mathrm{d}c_{\mathrm{B}}(t)}{\mathrm{d}t}$，漂移可表示为 $\frac{\partial^2 c_{\mathrm{A}}(t)}{\mathrm{d}t^2}-\frac{\partial^2 c_{\mathrm{B}}(t)}{\mathrm{d}t^2}$。

假定 $c(t)$ 是一个理想的时钟。如果在 t 时刻有 $c(t)=c_i(t)$ ，则称时钟 $c_i(t)$ 在 t 时刻是准确的；如果 $\frac{\mathrm{d}c(t)}{\mathrm{d}t}=\frac{\mathrm{d}c_i(t)}{\mathrm{d}t}$ ，则称时钟 $c_i(t)$ 在 t 时刻是精确的；而如果 $c_i(t)=c_k(t)$ ，则称时钟 $c_i(t)$ 在 t 时刻与时钟 $c_k(t)$ 是同步的。上面的定义表明：两时间同步与时钟的准确性和精度没有必然的联系，只有实现了与理想时钟（即真实的物理时间）的完全同步之后，三者才是统一的。对于大多数的传感器网络应用而言，只需实现网络内部节点间的时间同步，这就意味着节点上实现同步的时钟可以是不精确甚至是不准确的。

本地时钟通常由一个计数器组成，用来记录晶体振荡器产生脉冲的个数。在本地时钟的基础上，可以构造出逻辑时钟，目的是通过对本地时钟进行一定的换算以达成同步。节点的逻辑时钟是任一节点 i 在物理时刻 t 的逻辑时钟读数，可以表示为 $\mathrm{L}c_i(t)=\mathrm{l}a_i\times c_i(t)+\mathrm{l}b_i$。其中，$c_i(t_0)$ 为当前本地时钟读数，$\mathrm{l}a_i$、$\mathrm{l}b_i$ 分别为频率修正系数和初

始偏移修正系数。采用逻辑时钟的目的是对本地任意两个节点 i 和 j 实现同步，构造逻辑时钟有以下两种途径：

一种途径是根据本地时钟与物理时钟等全局时间基准的关系进行变换。将式（12-2）反变换可得

$$t=\frac{1}{a_i}c_i(t)+\left(t_0-\frac{b_i}{a_i}\right) \tag{12-4}$$

将 la_i、lb_i 设为对应的系数，即可将逻辑时钟调整到物理时间基准上。

另一种途径是根据两个节点本地时钟的关系进行对应换算。任意两个节点 i 和 j 的本地时钟之间的关系可表示为

$$c_j(t)=a_{ij}c_i(t)+b_{ij} \tag{12-5}$$

式中，$a_{ij}=a_j/a_i$，$b_{ij}=b_j-(a_j/a_i)b_i$。将 la_i、lb_i 设为对应 a_{ij}、b_{ij} 构造出的一个逻辑时钟的对应系数，即可与节点的本地时钟达成同步。

以上两种方法都估计了频率修正系数和初始偏移修正系数，精度较高；对应低精度类的应用，还可以简单地根据当前的本地时钟和物理时钟的差值或本地时钟之间的差值进行修正。

2. 典型时间同步协议

时间同步机制在传统网络中已经得到广泛应用，如网络时间协议（Network Time Protocol，NTP）是因特网采用的时间同步协议。由于传感器网络在能量、价格和体积等方面的约束，使得 NTP 等传统网络时间同步机制并不完全适用于无线传感器网络。目前，典型的无线传感器网络时间同步协议包括传感器网络时间同步（Time-sync Protocol for Sensor Networks，TPSN）和参考广播同步（Reference Broadcast Synchronization，RBS）等。

（1）传感器网络时间同步（TPSN）协议　TPSN 算法是由加州大学网络和嵌入式系统实验室 SaurabhGaneiwal 等于 2003 年提出的，算法采用发送者 - 接收者之间进行成对同步的工作方式，并将其扩展到全网域的时间同步。算法的实现分两个阶段：层次发现阶段和同步阶段。

在层次发现阶段，网络产生一个分层的拓扑结构，并赋予每个节点一个层次号。同步阶段进行节点间的成对报文交换。图 12-7 为 TPSN 协议一对节点报文交换情况。节点 A 通过发送同步请求报文，节点 B 接收到报文并记录接收时间戳后，向节点 A 发送响应报文，节点 A 可以得到整个交换过程中的时间戳 T_1、T_2、T_3 和 T_4。设两个节点的时间差为 Δ，即 $T_B-T_A=\Delta$；传输时间均设为 τ，则

$$\begin{cases}T_2=T_1+\tau+\Delta\\T_4=T_3+\tau-\Delta\end{cases} \tag{12-6}$$

解得

$$\begin{cases}\tau=\dfrac{(T_2-T_1)+(T_3-T_4)}{2}\\[2ex]\Delta=\dfrac{(T_2-T_1)-(T_4-T_3)}{2}\end{cases} \tag{12-7}$$

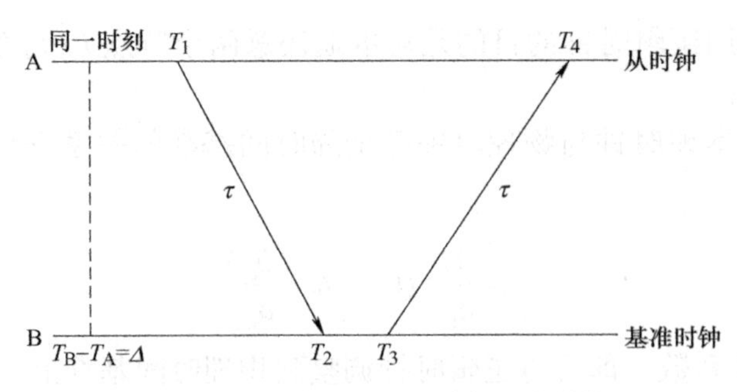

图 12-7　TPSN 协议一对节点报文交换情况

根据式（12-6）和式（12-7）计算得到偏差 Δ，节点 A 即可调整自身时间与节点 B 同步。每个节点根据层次发现阶段所形成的层次结构，分层逐步同步直至全网同步完成。

TPSN 协议能够实现全网范围内的节点间的时间同步，同步误差与跳数距离成正比关系。其优点在于它是可以扩展的，它的同步精度不会随着网络规模的扩大而急剧降低；全网同步的计算量比起 NTP 要小得多。其缺点是当节点达到同步时，需要在本地修改物理时钟，能量不能有效利用，因为 TPSN 协议需要一个分级的网络结构，所以该协议不适用于快速移动节点，并且 TPSN 不支持多跳通信。

（2）参考广播同步（RBS）协议　RBS 协议是典型的接收者 – 接收者同步模式。其最大的特点是发送节点广播不包含时间戳的同步包，在广播范围内接收节点同步包，并记录收到包的时间。而接收节点通过比较各自记录的收报时间（需要进行多次的通信）达到时间同步，消除了发送时间和接收时间的不确定性带来的同步偏差。在实际中传播时间是忽略的（考虑到电磁波传播速度等同于光速），所以同步误差主要是由接收时间的不确定性引起的。

RBS 协议的优势在于使用了广播的方法同步接收节点，同步数据传输过程中最大的不确定性可以从关键路径中消除，这种方法比起计算回路延时的同步协议有更高的精度；利用多次广播的方式可以提高同步精度，因为实验证明回归误差是服从良好分布的，这也可以被用来估计时钟漂移；也可以很好地处理奇异点及同步包的丢失，拟合曲线在缺失某些点的情况下也能得到。其不足在于这种同步协议不能用于点到点的网络，因为协议需要广播信道；对于 n 个节点的单跳网络，RBS 协议需要 $O(n^2)$ 次数据交互，这对于无线传感器网络来说是非常高的能量消耗；由于很多次的数据交互，同步的收敛时间很长，在这个协议中参考节点是没有被同步的。如果网络中参考节点需要被同步，那么会导致额外的能量消耗。

12.3.2　节点定位

无线传感器网络主要应用于事件的监测，而事件发生的位置对于监测信息至关重要，因此，需要利用定位技术来确定相应的位置信息。节点定位技术是无线传感器网络的核心技术之一，其目的是通过网络中已知位置信息的节点计算出其他未知节点的位置坐标。

通常设计一个定位系统需要考虑两个主要因素，即定位机制的物理特性和定位算法。不同的定位机制会使用不同的传感器和通信信息，传感器的物理特性直接影响采集数据的精度和功耗。尤其是在定位精度方面，它本质上由物理因素决定。优秀的定位算法可以明显提高测量精度，因为很多定位计算的模型具有非线性特性，会受各种误差的影响。定位算法的复杂度也影响刷新速度。如果要保证高的响应速度，就要选择复杂度低的算法。计算的复杂度在传感器网络中还要受到硬件条件和电能的约束。

根据定位过程中是否测量实际节点间的距离，把定位方法分为基于距离的定位方法和与距离无关的定位方法。

1. 基于测距方法定位

（1）基于接收信号强度指示　基于接收信号强度指示（Received Signal Strength Indication，RSSI）的定位方法是通过测量发送功率和接收功率，计算传播损耗。利用理论和经验模型，将传播损耗转化为发送器与接收器的距离。接收机通过测量射频信号的能量来确定与发送机的距离。无线信号的发射功率和接收功率之间的关系为

$$P_R = \frac{P_T}{r^n} \tag{12-8}$$

式中，P_R 是无线信号的接收功率；P_T 是无线信号的发射功率；r 是收发单元之间的距离；n 是传播因子，传播因子的数值大小取决于无线信号传播的环境。

对式（12-8）两边取对数，可得

$$10 \cdot n \lg r = 10 \lg \frac{P_T}{P_R} \tag{12-9}$$

由于网络节点的发射功率是已知的，将发送功率代入式（12-9），可得

$$10 \lg P_R = A - 10 \cdot n \lg r \tag{12-10}$$

式（12-10）的左半部分 $10\lg P_R$ 是接收信号功率，转换为 dBm 的表达式，可以直接写成

$$P_R(\text{dBm}) = A - 10 \cdot n \lg r \tag{12-11}$$

这里 A 可被看作信号传输 1m 时接收信号的功率。式（12-11）可被看作接收信号强度和无线信号传输距离之间的理论公式，它们的关系如图 12-8 所示。从理论曲线可以看出，无线信号在传播过程的近距离时信号衰减相当厉害，远距离时信号呈缓慢线性衰减。

该方法由于实现简单，已广泛采用。使用时应注意遮盖或折射现象会引起接收端产生严重的测量误差，精度较低。

（2）基于到达时间 / 到达时间差　基于到达时间（Time of Arrival，TOA）/ 到达时间差（Time Difference of Arrival，TDOA）的定位方法是通过测量传输时间来估算两节点之间距离。TOA 方法已知信号的传播速度，通过测量传输时间来估算两节点之间的距离，精度较好。但由于无线信号的传输速度快，时间测量上的很小误差就会导致很大的误差值，所以要求无线节点有较强的计算能力。它和 TDOA 这两种基于时间的测距方法适用于多种信号，如射频、声学、红外信号等。TOA 算法的定位精度高，但要求节点间保持精确的时间同步，对无线节点的硬件和功耗提出了较高的要求。TOA 测距原理框图如图 12-9 所示。

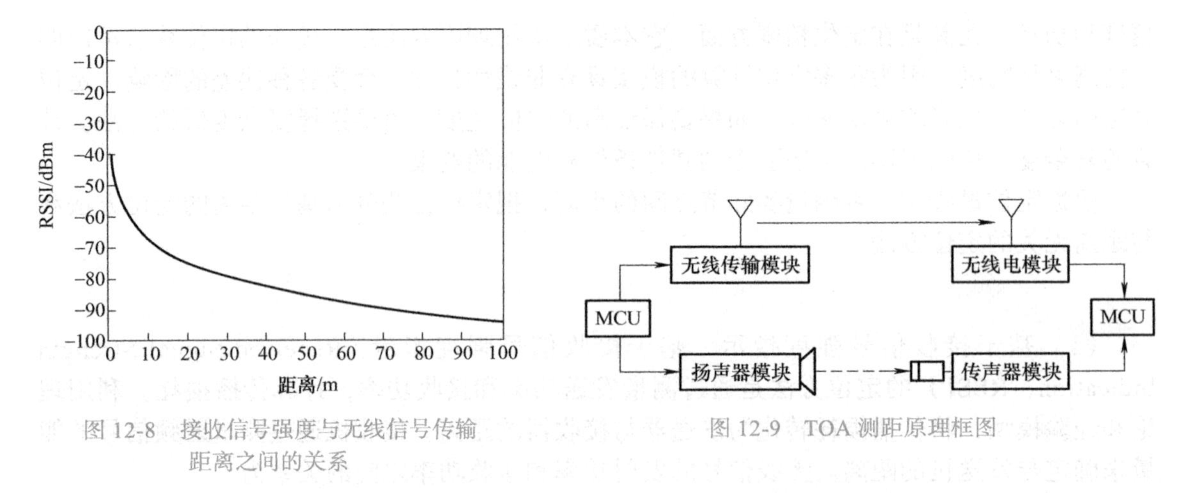

图 12-8 接收信号强度与无线信号传输距离之间的关系

图 12-9 TOA 测距原理框图

TDOA 定位是一种利用时间差进行定位的方法。通过测量信号到达监测站的时间，可以确定信号源的距离。利用信号源到各个监测站的距离（以监测站为中心，距离为半径做圆），就能确定信号的位置。但是绝对时间一般比较难测量，通过比较信号到达各个监测站的时间差，就能做出以监测站为焦点，距离差为长轴的双曲线，双曲线的交点就是信号的位置。TDOA 技术对节点硬件要求高，它对成本和功耗的要求对传感器网络的设计提出了挑战，但其测距误差小，也具有较高的精度。

（3）基于到达角　基于到达角（Angle of Arrival，AOA）的定位方法通过配备特殊天线来估测其他节点发射的无线信号的到达角度。这种方法通过某些硬件设备感知发射节点信号的到达方向，计算接收节点和锚点之间的相对方位或角度，再利用三角测量法或其他方式计算出未知节点的位置。它的硬件要求较高，一般需要在每个节点上安装昂贵的天线阵列。AOA 定位不但可以确定无线节点的位置坐标，还能够确定节点的方位信息，但它易受外界环境的影响，且需要额外硬件，因此它的硬件尺寸和功耗指标并不适用于大规模的传感器网络，在某些应用领域可以发挥作用。AOA 测量原理如图 12-10 所示。

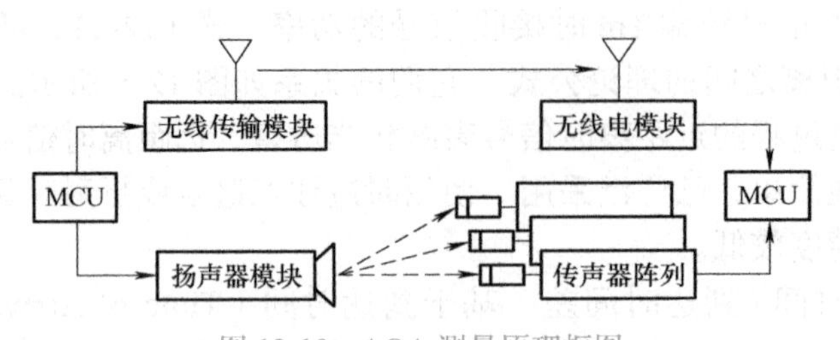

图 12-10 AOA 测量原理框图

2. 基于非测距方法定位

基于非测距方法的定位技术仅根据网络的连通性确定网络中节点之间的跳数，同时根据已知位置参考节点的坐标等信息估计出每一跳的大致距离，然后估计出节点在网络中的位置。尽管这种技术实现的定位精度相对较低，不过可以满足某些应用的需要。

目前主要有两类距离无关的定位方法：一类是先对未知节点和锚点之间的距离进行估计，然后利用多边定位等方法完成其他节点的定位；另一类是通过邻居节点和锚点确定包含未知节点的区域，然后将这个区域的质心作为未知节点的坐标。这里重点以质心算法和DV–Hop 算法为例进行介绍。

（1）质心算法　在计算几何学里多边形的几何中心称为质心，多边形顶点坐标的平均值就是质心节点的坐标。假设多边形定点位置的坐标向量表示为 $\boldsymbol{p}_i=(x_i,y_i)^{\mathrm{T}}$，则这个多边形的质心坐标为

$$(\overline{x},\overline{y})=\left(\frac{1}{n}\sum_{i=1}^{n}x_i,\frac{1}{n}\sum_{i=1}^{n}y_i\right) \tag{12-12}$$

例如，如果四边形 *ABCD* 的顶点坐标分别为（x_1，y_1）、（x_2，y_2）、（x_3，y_3）、（x_4，y_4），则它的质心坐标为

$$(\overline{x},\overline{y})=\left(\frac{x_1+x_2+x_3+x_4}{4},\frac{y_1+y_2+y_3+y_4}{4}\right) \tag{12-13}$$

这种方法的计算与实现相对简单，易于实现，根据网络的连通性确定出目标节点周围的信标参考节点，直接求解信标节点构成的多边形的质心。

（2）DV–Hop 算法　DV–Hop（Distance Vector–Hop）定位算法对信标节点比例要求较少，定位精度较高，目前已成为一种经典的无须测距定位方法。DV–Hop 定位方法的主要思想是引入最短路径算法到信标节点的选择过程中，从而在未知节点的位置估计过程中可以有效利用多跳信标节点的位置信息，这种方法可以大大减少实现网络定位所需信标节点的比例（密度），从而大大降低网络的布置成本。

如图 12-11 所示，已知锚点 L_1 与 L_2、L_3 之间的距离和跳数，L_2 计算得到校正值（即平均每跳距离）为 (40m+75m)/(2+5)=16.42m，假设传感器网络中的待定位节点 A 从 L_2 获得校正值，则它与 3 个锚点之间的距离分别是 AL_1=3 × 16.42m，AL_2=2 × 16.42m，AL_3=3 × 16.42m，然后使用多边测量法确定节点 A 的位置。

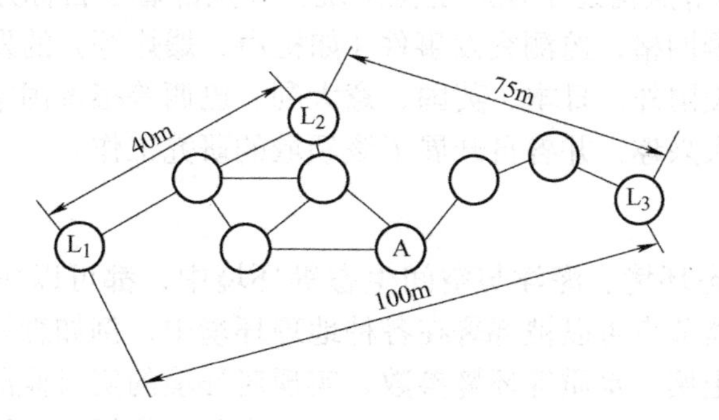

图 12-11　DV–Hop 算法确定节点 A 的位置

12.4　无线传感器网络应用

无线传感器网络作为新兴的技术领域，具有监测精度高、容错性能好、覆盖区域大、可远程监控等众多优点，在军事国防、工程机械、城市管理、生物医疗、公共安全、环境

监测、抢险救灾、健康护理、防恐反恐、危险区域远程控制等许多领域都有重要的应用，被列为“十种将改变世界的新兴技术”之首，成为“五个国防尖端领域”之一，是信息产业的“第三次革命浪潮——物联网”的基石。

1. 军事安全

无线传感器网络的相关研究最早起源于军事领域。将自组网的先进终端设备融入军事领域的战场态势感知系统，利用各类微型传感器的探测功能进行系统集成，及时获取战场目标和环境的信息，可以实现的军事应用价值十分明显。利用这些技术为监测机动目标提供位置和类别的信息，实现监控数据的远距离通信，使得部队指挥人员可以方便、快速地判断目标活动情况和战场态势，弥补航空航天战略侦察不能实施区域战术侦察的不足。相关技术也可以推广应用于公安警察部门的反恐侦查活动。

因为传感器网络是由密集型、低成本、随机分布的节点组成的，自组织性和容错能力使其不会因为某些节点在恶意攻击中的损坏而导致整个系统的崩溃，使得传感器网络非常适合应用在恶劣的战场环境中，包括监控我军兵力、装备和物资，监视冲突区，侦察敌方地形和布防，定位攻击目标，评估损失侦察和探测核、生物和化学攻击。

美国国防部在 2000 年将无线传感器网定位为五个国防尖端领域之一。较早开始启动无线传感器网络的研究，将其定位为指挥、控制、通信、计算机、打击、情报、监视、侦察系统不可缺少的一部分。美陆军 2001 年提出了“灵巧传感器网络通信”计划，旨在通过在战场上布置大量传感器为参战人员搜集和传输信息。2003 年开发了“沙地直线”（A Line in the Sand）系统，这是一个于战场探测的无线传感器网络系统项目。在国防高级研究计划局的资助下，这个系统能侦测运动的高金属含量目标，例如侦察和定位敌军坦克和其他车辆。2005 年又确立了“无人值守地面传感器群”项目，其主要目标是使基层部队指挥员根据需要能够将传感器灵活部署到任何区域。而“传感器组网系统”研究项目，其核心是一套实时数据库管理系统，对从战术级到战略级的传感器信息进行管理。美国军方采用 Crossbow 公司的节点构建了枪声定位系统，节点部署于目标建筑物周围，系统能够有效地自组织构成监测网格，监测突发事件（如枪声、爆炸等）的发生，为救护、反恐提供了有力的帮助。除美国外，日本、英国、意大利、巴西等很多国家也对无线传感器网络的军事应用表现出极大兴趣，并各自开展了该领域的研究工作。

2. 环境监测

在气象环境、生态环境、海洋与空间生态等环境中，都可以应用无线传感器网络进行跟踪和监测。传感器节点可以被部署在各种地理环境中，例如森林、河流、湖泊、草原等，通过监测大气、土壤、水质等环境参数，实现对环境的实时监测和数据采集。这些数据可以为环境保护、资源管理、城市规划等领域提供科学依据。美国加州大学伯克利分校计算机系 Intel 实验室和大西洋学院联合开展了一个名为“in-situ”的利用传感器网络监控海岛生态环境的项目。如图 12-12 所示，该研究组在大鸭岛上部署了由 43 个传感器节点组成的传感器网络，节点上安装有多种传感器以监测海岛上不同类型的数据。如使用光敏传感器、温湿度传感器和压力传感器监测海燕地下巢穴的微观环境，使用低能耗的被动红外传感器监测巢穴的使用情况等。

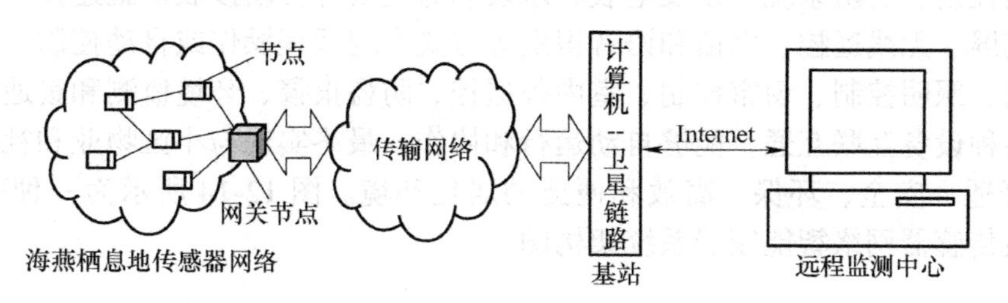

图 12-12 海岛生态环境无线传感器网络环境监测系统结构框图

3. 智慧农业

农业无线传感器网，应用比较广泛的是对农作物的使用环境进行检测和调整。根据需要，人们可以在待测区域安放不同功能的传感器并组成网络，长期大面积地监测微小的气候变化，从而进行科学预测，帮助农民抗灾、减灾，科学种植，获得较高的农作物产量。北京市科委计划项目“蔬菜生产智能网络传感器体系研究与应用”把农用无线传感器网络示范应用于温室蔬菜生产中，如图 12-13 所示。在温室环境里单个温室即可成为无线传感器网络的一个测量控制区，采用不同的传感器节点构成无线网络来测量土壤湿度、土壤成分、pH 值、降水量、温度、空气湿度和气压、光照强度、CO_2 浓度等，来获得农作物生长的最佳条件，为温室精准调控提供科学依据。最终使温室中传感器、执行机构标准化、数字化、网络化，从而达到增加农作物产量、提高经济效益的目的。

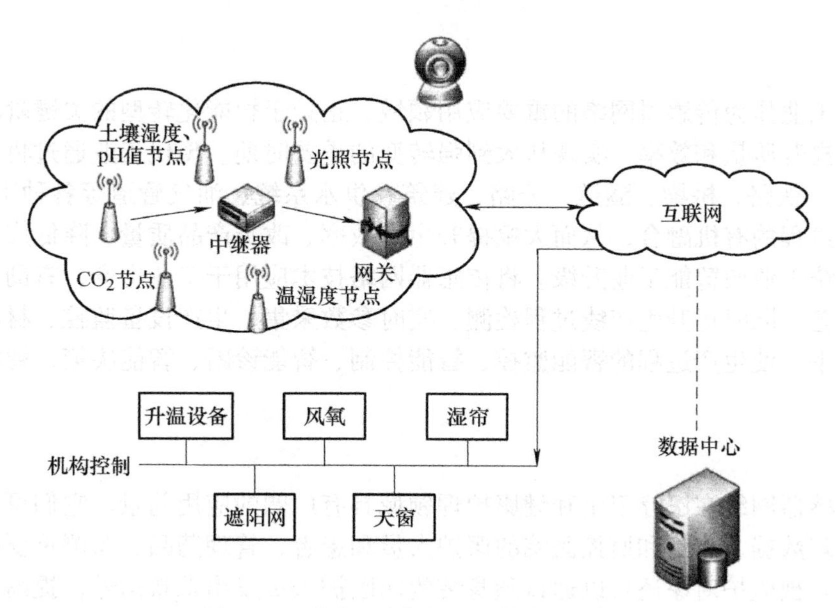

图 12-13 蔬菜生产智能网络传感器示意图

4. 智能家居

智能家居以住宅为平台，综合应用计算机网络、无线通信、自动控制和音视频技术，将服务与管理功能集成一体。通过将家庭供电与照明系统、音视频设备、网络家电、窗帘控制、空调控制、安防系统，以及电表、水表和煤气表等自动抄表设施连接起来，用户可以通过触摸屏、无线遥控、电话和语音识别等方式实现远程操作或自动控制。这些功能涵盖家电控制、照明控制、窗帘控制、室内外遥控、防盗报警、环境监测和暖通控制等，使住宅内的各种设备互联互通，能够自动运行和协作，最终实现与小区物业和社会管理的联动，提供舒适、安全、环保、高效和便捷的居住环境。图 12-14 所示为一种基于 ZigBee 网络的无线传感器网络智能家居系统架构图。

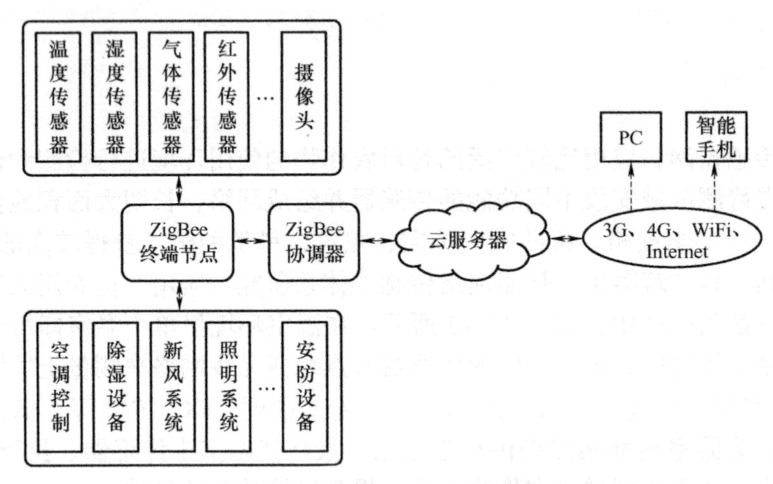

图 12-14　基于 ZigBee 网络的无线传感器网络智能家居系统架构图

5. 工业生产

当前，工业作为传感器网络的重要应用领域，正处于智能化转型的关键阶段，这也是我国制造业提升质量和效率，实现从大到强转变的重要时期。现代工业通过将传感器网络集成到电网、铁路、桥梁、隧道、公路、建筑、供水系统、油气管道等各种工业设施中，促进了工业过程的有机融合，从而大幅提升生产效率、改善产品质量、降低成本和资源消耗，推动传统工业向智能工业升级。将传感器网络技术应用于工业生产，有助于优化工业生产过程工艺，同时提升生产线过程检测、实时参数采集、生产设备监控、材料消耗监测的能力和水平，使生产过程的智能监控、智能控制、智能诊断、智能决策、智能维护水平不断提高。

6. 医疗健康

无线传感器网络在医疗卫生和健康护理领域具有广阔的应用前景。它们可以用于无线监测人体生理数据、追踪和监控医院的医护人员和患者、管理药品、监测重要医疗设备的放置场所等。被监护对象还可以通过随身装置向医护人员发出求救信号，提高了应急响应的效率。此外，无线传感器网络的远程医疗管理功能使得医生能够对在家疗养的病人或在病房外活动的病人进行定位和跟踪，及时获取其生理参数。这不仅减少了病人往返医院的辛劳，也提高了医院病房的使用效率。无线传感器网络为未来更加先进的远程医疗提供了便捷、快速的技术支持。

思考题与习题

12-1　如何理解无线传感器网络技术是改变世界的新兴技术?

12-2　比较教材中介绍的 TPSN 和 RBS 两种常见无线传感器网络时间同步协议的特点。

12-3　RSSI 测距的原理是什么?

12-4　简述 TOA 测距的原理。

12-5　简述质心定位算法的原理及其特点。

12-6　无线传感器网络还可以应用在哪些领域?

第 3 部分

智能传感器与机器人感知

第 13 章　机器人状态感知

机器人状态感知是指机器人利用传感器实现对自身状态和外部环境的实时监测与理解等。机器人通过集成各种传感器，如接近传感器、位置编码器和 IMU 等，能够获取位置、姿态、速度以及与周围物体的相对距离等信息，使机器人能够智能化做出适应性反应，如避障、物体识别和抓取等。状态感知不仅提高了机器人的自主性，还增强了其与人类或其他机器人协作的能力，使其在工业自动化、服务、医疗等领域发挥着越来越重要的作用。本章主要介绍如何利用传感器实现机器人自身状态的感知，包括位置和速度感知、姿态感知、力 / 力矩感知等内容。

13.1　机器人位置与速度感知

机器人的位置与速度感知是其实现精确运动控制和特定功能的关键。比如图 13-1 的工业机械臂，为了确保精确操作和高效运行，需要有精准的位置和速度感知能力：通过关节位置精确的位置反馈，可以确保机械臂按照预定轨迹运动；在机械臂末端测量位置，可以实现末端执行器（如夹爪、焊枪等）精确定位；通过测量机械臂的转速，反馈到控制系统进行调整，以满足生产效率和安全的要求。在机器人应用中，位置和速度的测量可以通过多种传感器实现，如光电编码器、红外开关、霍尔传感器、涡流传感器等。本节结合典型案例介绍光电、霍尔等传感器实现机器人位置和速度测量的原理与方法。

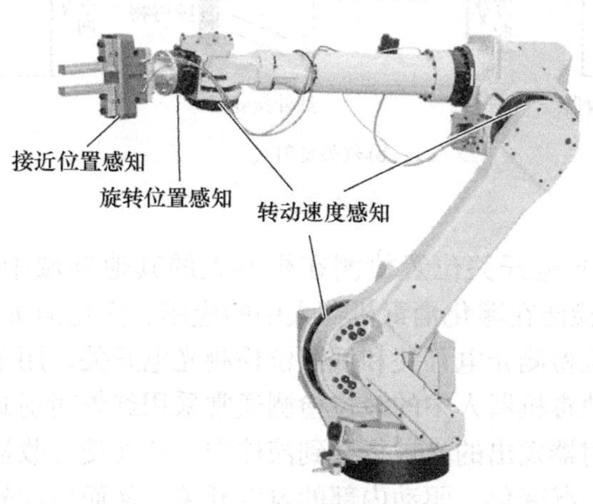

图 13-1　工业机械臂的位置和速度感知

13.1.1 机器人位置检测

机器人位置检测对于确保机器人的精确操作、反馈控制等至关重要。机器人位置检测中使用的传感器有多种类型，可以分为内部传感器与外部传感器。内部传感器通常用于感知机器人自身的状态，包括编码式位移传感器、电位器式位移传感器、旋转电位器等。外部传感器主要用于检测机器人所处的环境以及与环境的交互，包括超声波传感器、激光传感器、红外传感器、视觉传感器、激光雷达等。本节从内部传感器出发，介绍用于机器人自身状态感知的位置检测方法。

1. 光电开关位置检测

光电开关是一种常用于位置检测的传感器，通过发射和接收光线来确定物体的位置。当光线被物体阻断或折射时，光电开关输出信号发生变化，从而检测到物体的存在或位置。光电开关不需要机械接触或施加任何压力即可使开关动作，并且结构简单、成本低廉，响应速度快，非常适用于机器人的位置控制、障碍检测、运动限位、距离监测等，比如图 13-1 机械臂中末端检测常用的就是光电开关。

光电开关位置检测通常有以下三种类型：

1）红外对射式位置检测：光发射器和接收器位于传感器的两端，直接对射。当物体通过传感器和光束之间时，光束被阻断，从而触发开关动作，如图 13-2a 所示。

13-1 红外对射式光电开关位置检测

2）红外反射式位置检测：光发射器和接收器在同一侧，利用反射光来检测物体。物体反射的光线强度变化用来确定物体的存在和位置，如图 13-2b 所示。

3）红外漫反射式位置检测：与反射式相似，但不依赖于物体的反射特性，而是捕捉散射光，如图 13-2c 所示。

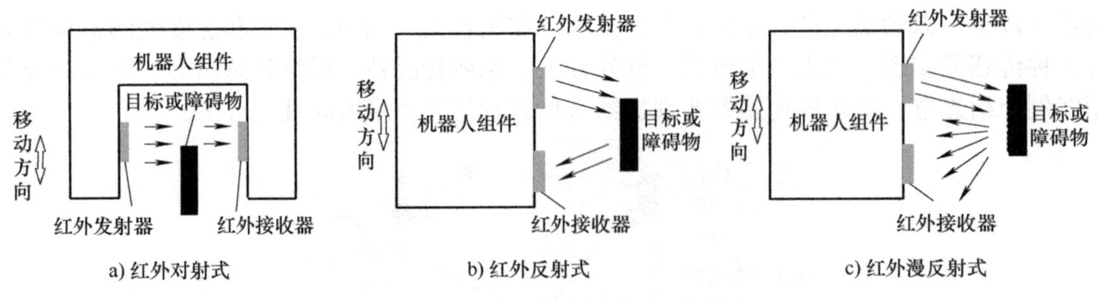

图 13-2 光电开关位置检测示意图

除了用于机械臂，光电开关位置检测在机器人的其他领域中应用也十分广泛，比如图 13-3 为光电开关位置检测在雾化消毒机器人中的应用。雾化消毒机器人配有超大液体箱，液体箱内壁安装有高液位检测光电开关和低液位检测光电开关，用于控制加注的液位以及高低液位监测报警。雾化消毒机器人中的液位检测通常采用红外对射式光电开关：当有液体达到特定液位时，红外发射器发出的光被折射到液体中，从而使接收器收不到或只能接收到少量光线；通过感应这一工况变化，驱动内部的电气开关，从而启动外部报警或控制电路。除了液位检测，在雾化机器人底部还装有红外反射式光电开关，用于判断有无障碍物。

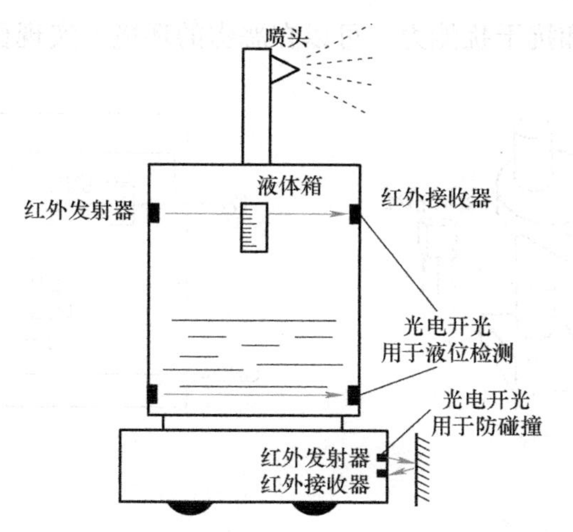

图 13-3　雾化消毒机器人中的光电开关位置检测应用

2. 霍尔传感器位置检测

霍尔传感器同样被广泛应用于机器人的位置检测，比如臂部或关节的位置与碰撞检测等。霍尔传感器位置检测通常由霍尔元件、磁铁和输出电路实现。其中，磁铁主要产生一个稳定的磁场，霍尔元件用于敏感磁场，输出电路负责将霍尔元件产生的微弱电压信号放大及进一步处理。根据具体使用要求，输出电路将信号转换为开关信号或其他形式信号。

图 13-4 所示为霍尔元件用于机械臂限位的原理示意图。磁铁固定在被测旋转机械臂上，当机械臂移动导致磁铁接近霍尔元件并达到特定距离时，霍尔元件的输出发生明显变化，从而使继电器吸合或释放，控制运动部件停止移动，起限位的作用。

用于位置检测的霍尔元件通常做成霍尔开关，可以理解为“磁性开关”。图 13-5 所示为霍尔开关的电路结构。它集成了霍尔元件、放大器、施密特触发电路、晶体管输出电路。霍尔元件感受外部磁场的变化，从而输出特定大小的电压，经过放大器后传输到施密特触发器，并根据施密特触发器的阈值电压触发输出高电平或者低电平，判断外磁场大小。施密特触发器的双阈值动作有迟滞现象，可以大幅降低干扰的影响。常见的霍尔开关包括以下三类：

1）单极霍尔效应开关。霍尔元件只能识别固定磁极（N 或 S，一般都是指定 S 极），当磁场靠近时霍尔元件输出低电平，磁场远离时输出高电平。而另一磁极始终为高电平。

2）双极霍尔效应开关。需要两个磁极分别控制高低电平，利用磁场 NS 极交替来输出信号。对不同磁极分别响应，一般为 N 极响应为高，S 极响应为低。如 S 极靠近时输出低电平，N 极靠近时输出高电平。双极霍尔有一种特殊形式叫锁存霍尔或锁定霍尔：如 S 极靠近时开启，磁场离开继续保持开启；当靠近 N 极时才会关闭，磁场移除后继续保持关闭状态，直到下次磁场改变，这种保持上次状态的特性即锁存特性，对应的就是双极锁存型霍尔开关。

3）全极霍尔效应开关。与其他霍尔效应开关不同，不分 S 极与 N 极，只要存在强度足够大的北极或南极磁场，这些元件就能打开；而在没有磁场的时候，输出会关闭。

霍尔开关位置检测可以实现非接触式探测，不需要物体与开关直接接触，避免了因接触而引起的磨损和故障。并且具有较快的反应速度，可达 MHz 以上。此外，霍尔传感器具有较强的耐腐蚀能力和抗干扰能力，可以在恶劣的环境下实现位置检测。

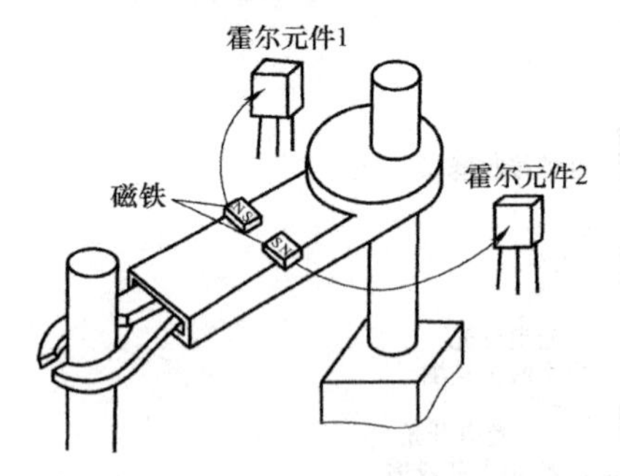

图 13-4 霍尔元件用于机械臂限位的原理示意图

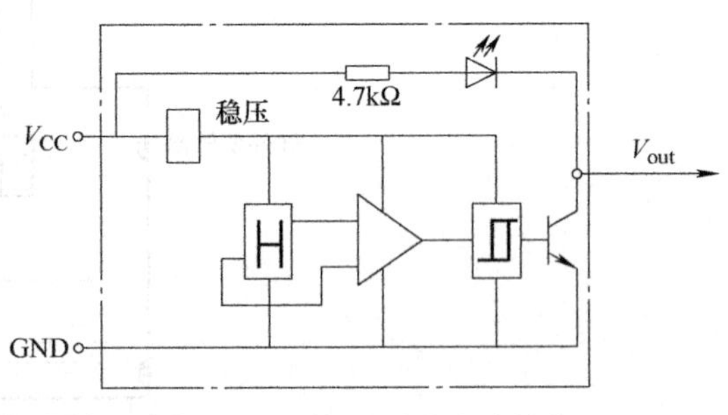

图 13-5 霍尔开关的电路结构

3. 电位移传感器位置检测

电位移传感器是一种典型的位置传感器，其原理相当于滑动变阻器。主要结构包括一个线绕电阻（或薄膜电阻）和一个滑动片（或称为电刷），其中滑动片通过机械装置受到被测量（位置、位移）的控制，与电阻丝接触构成完整电回路，输出电信号。检测时，被测量发生改变带动滑动片产生位移，使滑动片与电位器各端之间的阻值和电压发生改变。电位移传感器可分为直线型和角位移型，如图 13-6 所示。

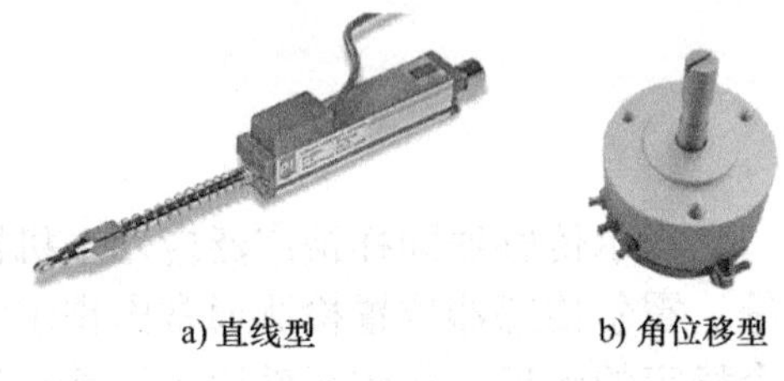

图 13-6 电位移传感器实物图

图 13-7a 所示为直线型电位移传感器。电位移传感器电刷与被测物体固定连接，当被测物移动时，带动电刷移动。电刷移动到位置 B 对应最大位移 x_{max}，最大电阻 R_{max}，最大输出电压 U_{max}。当被测物体移动到位置 x 时，其输出电压为

$$U_x = \frac{x}{x_{max}} U_{max} \tag{13-1}$$

图 13-7b 为角位移型电位移传感器。当电刷旋转角度 α 时，可得到输出电压为

$$U_\alpha = \frac{\alpha}{\alpha_{max}} U_{max} \tag{13-2}$$

式中，α_{max} 为最大旋转角度；U_{max} 为 α_{max} 处的输出电压。

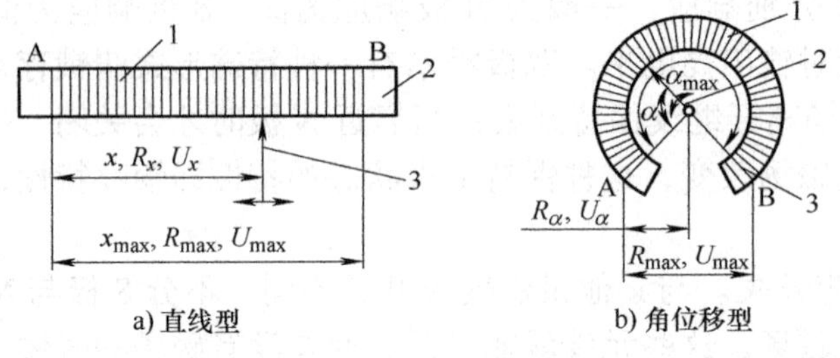

图 13-7 电位移传感器原理图

1—电阻元件 2—骨架 3—电刷

电位移传感器不仅结构简单、性能稳定、测量精度高，而且可调节的输出信号范围很大，在机器人上应用广泛。比如在机器人关节处安装电位移传感器（见图 13-8），可以实时监测关节移动的角度或位置，从而辅助完成抓取等动作。电位移传感器虽然具有众多优点，但是也具有一个显著的缺陷，即滑动片与电阻的接触方式导致电位移传感器容易产生磨损，从而影响可靠性和寿命，制约了电位移传感器在机器人上更广泛的应用，近些年来在一些场景中被编码器替代。

4. 编码器位置检测

编码器是机器人常用的传感器之一，主要用于机器人关节和驱动装置的位置检测、速度检测等。按照技术原理，编码器可以分为光电编码器、磁电编码器、电容编码器等。目前应用最多的编码器为光电编码器。如图 13-9 所示，光电编码器由光源、码盘和光敏装置、输出电路等组成。码盘与电动机同轴，在其圆板上等分地开通若干个孔，当电动机旋转时，码盘与电动机同速旋转，经发光二极管等电子元件组成的检测装置检测输出若干脉冲信号，通过计算每秒光电编码器输出脉冲的个数就能反映当前电动机的旋转的位置和速度。

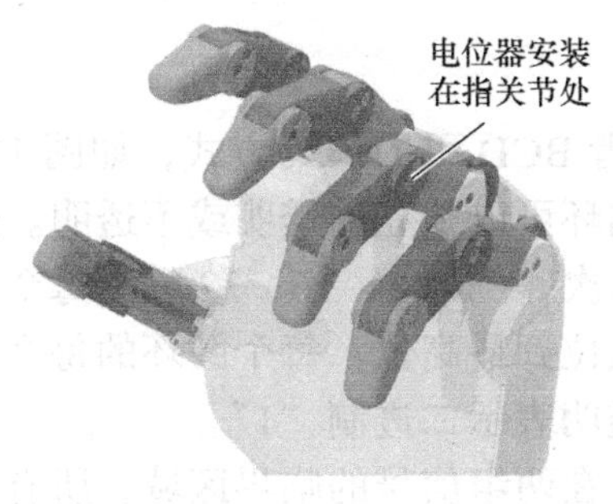

图 13-8　电位移传感器用于机械手指关节位置检测

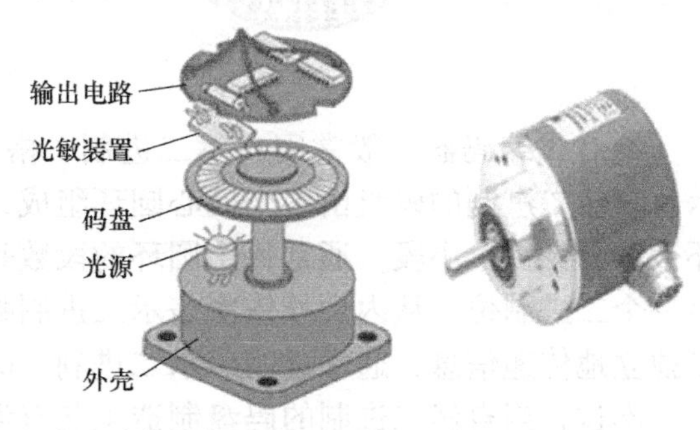

图 13-9　光电编码器结构示意图

根据测量位置输出信号的不同，编码器又可以分为增量式编码器和绝对式编码器。

（1）增量式编码器　增量式编码器是将设备运动的位移信息变成连续的脉冲信号，脉冲个数表示位移量的大小。只有当设备运动的时候增量式编码器才会输出信号。如图 13-10 所示，增量式编码器一般会把信号分为通道 A 和通道 B 两组输出，并且这两组信号间有 90° 相位差。同时采集这两组信号就可以知道设备的运动和方向。除了通道 A、通道 B 以外，很多增量式编码器还会设置一个额外的通道 Z 输出信号，用来表示编码器特定的参考位置，传感器转一圈通道 Z 信号才会输出一个脉冲。增量式编码器只输出设备的位置变化和运动方向，不会输出设备的绝对位置。

对于增量式编码器，其位置变化 Δx 可以通过计算脉冲数量 N 表示，即

$$\Delta x = NP/360 \tag{13-3}$$

式中，P 是每转一圈的脉冲数。

（2）绝对式编码器　绝对式编码器是将物体运动时的位移信息通过二进制编码方式变成数字量直接输出，可以提供关于物体位置的精确信息。绝对式编码器能够提供绝对位置，即它能直接给出物体相对于某个固定参考点的确切位置，而不需要从零点开始计算，而增量式编码器只能提供位置变化的信息。绝对式编码器与增量式编码器的区别主要在内

部码盘。比如对于光电编码器，绝对式的码盘利用若干透光和不透光的线槽组成一套二进制编码，这些二进制码与编码器转轴的每一个不同角度是唯一对应的，读取这些二进制码就能知道设备的绝对位置。

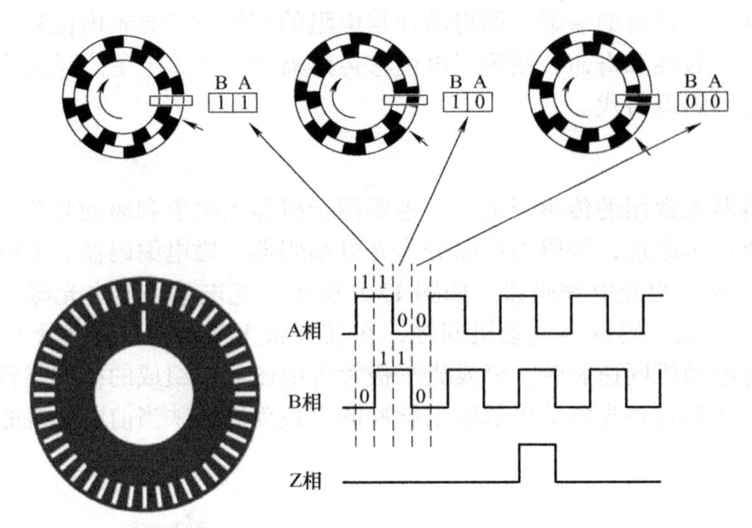

图 13-10　增量式编码器原理

绝对式编码器一般常用自然二进制、格雷码或者 BCD 码的编码方式，如图 13-11 所示。自然二进制的码盘由多个同心圆环组成，每个圆环可以独立的透明或不透明。这些圆环被等分为多个小段，通常每个圆环的段数是 2 的幂次，例如 8、16、32 等。每个圆环代表一个二进制位，从内到外依次表示二进制数的最低位到最高位。每个圆环的每个小段可以独立地传递信息，通常透明表示二进制“0”，不透明表示二进制“1”。

不过，当自然二进制的码盘制造工艺有误差时，在两组信号的临界区域，所有码道的值可能不会同时变化，或因为所有传感器检测存在微小的时间差，导致读到错误的值。比如从 000 跨越到 111，理论上应该读到 111，但如果从内到外的 3 条码道没有完全对齐，可能会读到如 001 或其他异常值。格雷码码盘可以避免二进制码盘的数据读取异常。格雷码码盘同样由多个同心圆环组成，每个圆环代表一个位，从内到外表示格雷码的最低位到最高位。每个圆环上的段数通常为 2 的幂次，如 8、16、32 等。与自然二进制码盘不同，格雷码码盘上的相邻段通常代表相邻的数值。因为格雷码码盘的相邻两个信号组只会有 1 位的变化，就算制造工艺有误差导致信号读取有偏差，最多也只会产生 1 个偏差（相邻信号的偏差）。

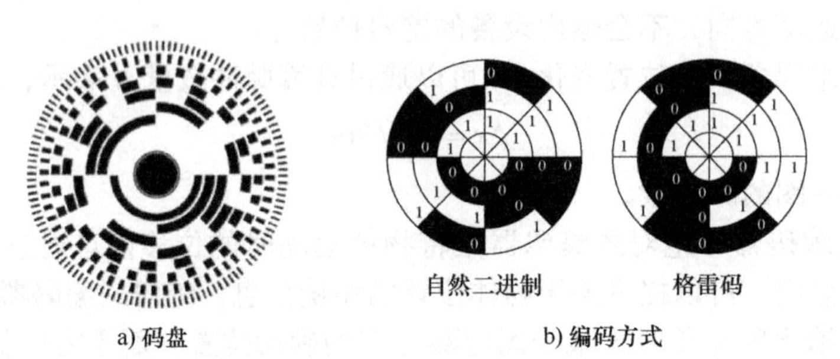

图 13-11　编码器编码方式

编码器在机器人中应用十分广泛。比如在机器人手臂中安装编码器（见图 13-12），可以提供精确的角度反馈，确保机械臂能够准确到达预设位置，特别是在高精度装配和操作中，编码器的数据对于维持操作精度至关重要。在高精度制造和机器人视觉系统中，编码器提供关键数据以支持复杂任务的执行。

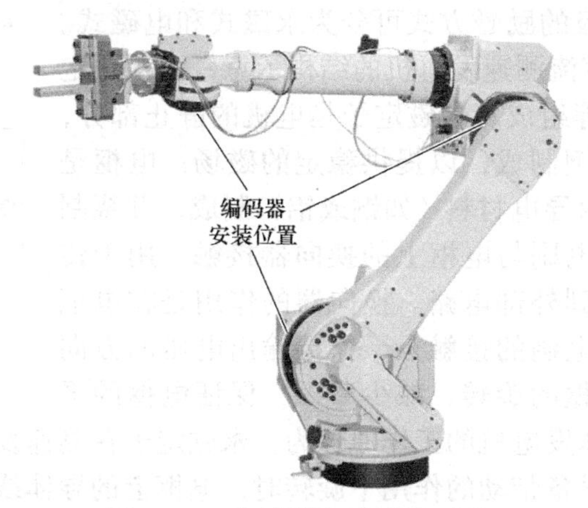

图 13-12 编码器用于机器人手臂

编码器位置检测的一个重要应用就是电动机旋转信息的检测。近年来，电动机控制开始走向微型化，使得医疗健康行业、航空航天和防务领域等机器人中的电动机需满足高转速中精确的位置反馈，同时需要将所有组件集成到有限的 PCB 区域内，以安装到微型封装内部，例如机械手臂，智能化的位置传感器对高精度位置测量至关重要。高精度的智能位置检测需要更加复杂的信号链，包含位置传感器、模拟前端信号调理、ADC、处理器等。比如光电编码器中，随着码盘转动，光电探测器生成小的正弦和余弦信号（mV 或 μV 等级），这些信号进入模拟信号调理电路，使得 ADC 输入电压范围匹配最大动态范围，之后被 ADC 同步采样。ADC 的每个通道都必须支持同步采样，以便同时获取数据点，由这些数据点组合提供位置信息。ADC 转换结果会发送给微控制器。微控制器在每个周期中查询编码器位置，然后根据接收的指令使用该数据来驱动电动机。

13.1.2 机器人速度测量

速度测量是机器人中不可或缺的一项技术，关系到机器人导航、定位和控制精度。根据传感器种类以及被测对象不同，可以将机器人速度测量分为内部传感器速度测量和外部传感器速度测量。内部传感器速度测量主要是采用磁电传感器、涡流传感器、光电传感器等检测机器人自身组件的速度，如关节的速度和角速度；而外部传感器速度测量主要采用视觉传感器、激光测速传感器、超声波传感器等实现机器人与环境交互的速度信息，如机器人或目标移动速度等。本节主要介绍基于机器人内部传感器的速度测量原理和方法，主要包括磁电传感器测速以及编码器测速。

1. 磁电传感器测速

磁电传感器测速的基本原理是利用电磁感应将机械运动转换为电信号，其中应用最为广泛的是测速发电机测速，常用于机械转速测量。测速发电机的输出电动势与转速成比例，改变旋转方向时输出电动势的极性也相应改变。因此，测速发电机与被测机构同轴连接时，只要检测出输出电动势，就能获得被测机构的转速。按输出电压的不同，可将测速发电机分为直流测速发电机和交流测速发电机。

（1）直流测速发电机　直流测速发电机实际是一种微型直流发电机，按定子磁极的励磁方式可分为永磁式和电磁式。图 13-13 所示为永磁式直流测速发电机的结构示意，由永磁定子、电枢、电刷、轴承等组成。永磁定子是电机的静止部分，通常由高性能的永久磁钢制成，以提供稳定的磁场；电枢是电机的旋转部分，通常由导电材料（如铜或铝）制成，并绕制成一定的线圈或条带；电刷与电枢上的换向器接触，用于传输电枢感应出的电动势到外部电路。换向器的作用是在电枢旋转过程中，通过改变电刷的接触点，保持输出电压的方向不变。轴承用于支撑电枢的旋转，减少摩擦，保证电枢的平稳运行。永磁式直流测速发电机的工作原理为：永磁定子在测速发电机内部建立一个恒定的磁场，当电枢在被测设备带动的作用下旋转时，电枢上的导体线圈开始切割由永磁定子产生的磁力线，从而感应出电动势，通过电刷和换向器传输到外部电路，用于测量运转的速度。

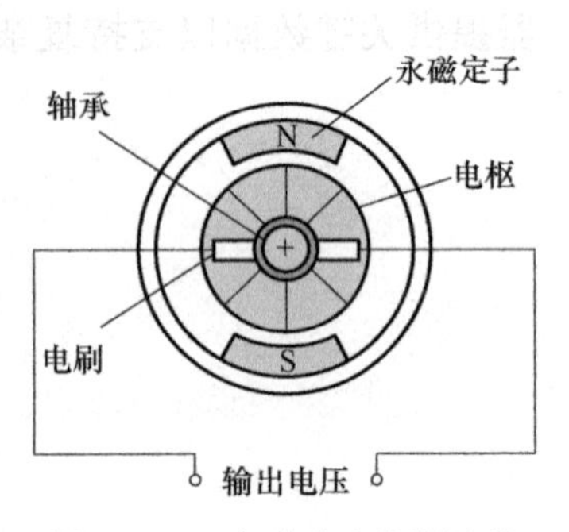

图 13-13　永磁式直流测速发电机的结构示意图

永磁式直流测速发电机的感应电动势的大小与磁场的强度和电枢线圈的匝数有关，并且与电枢的转速成正比，可以表示为

$$E = -N\frac{\mathrm{d}\Phi}{\mathrm{d}t} \tag{13-4}$$

式中，E 为产生的电动势；N 为线圈匝数；Φ 为磁通量；t 为时间。

也可以表示为

$$E = K\omega \tag{13-5}$$

式中，E 为电动势；K 为常数；ω 为角速度。

永磁式直流测速发电机因结构简单、性能稳定、受环境影响小等优势，在自动化控制、精密机械、航空航天等领域得到了广泛应用。

与永磁式不同，电磁式直流测速发电机的定子通常由硅钢片叠压而成，上面绕有励磁绕组。这些绕组通过外部电源供电从而产生磁场。当电枢旋转时，导体线圈切割磁场从而产生感应电动势，并通过电刷和换向器传输到外部电路。由于电磁式直流测速发电机的励磁受电源、环境等因素的影响，输出电压变化可能较大。电磁式直流测速发电机因其结构相对复杂，维护需求较高，且输出电压受影响因素多，逐渐被永磁式直流测速发电机所取代。

（2）交流测速发电机　交流测速发电机分为异步和同步测速两种，其中异步测速发电机由于其结构简单、成本较低，在工业应用中更为常见。

如图 13-14 所示，交流异步测速发电机的定子上有两个绕组，一个用于产生磁场，称为励磁绕组，另一个输出电压，称为输出绕组，两个绕组的轴线相互垂直。转子是发电机的旋转部分，通常采用笼型结构，由一系列导电条和环形短路环组成。转子材料具有较高的电阻率，以减少涡流损耗。当励磁绕组接入交流电源时，在定子内产生一个脉动磁场，磁场频率与电源频率相同。当转子旋转时，由于转子导体与励磁绕组产生的旋转磁场相对运动，根据电磁感应原理，在转子导体中感应出电动势。转子中的感应电动势会产生短路电流，与励磁磁场相互作用，产生一个与转子旋转方向相同的旋转磁场。转子旋转磁场切割输出绕组，根据法拉第电磁感应定律，在输出绕组中感应出电动势。输出绕组中的感应电动势是交流信号，其频率与励磁电源的频率相同，幅值与转子的转速成正比。异步测速发电机结构简单、可靠性高，并且输出相位差可以用于判断旋转方向。

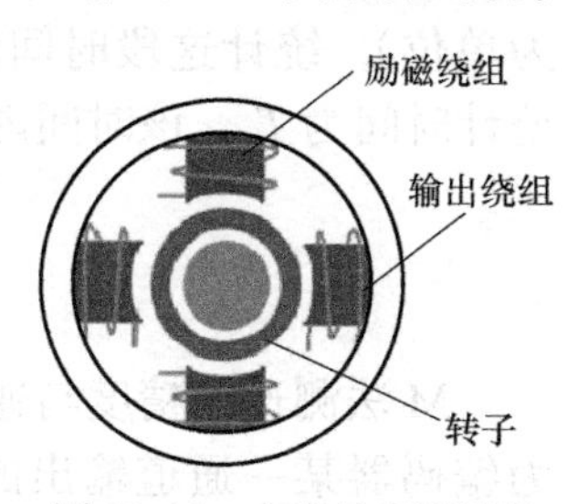

图 13-14　交流异步测速发电机的结构示意图

测速发电机在机器人控制系统中得到了广泛应用。比如在焊接机器人中，测速发电机与焊接机器人关节伺服驱动电动机相连，测出机器人关节转动速度，在机器人速度闭环系统中作为速度反馈元件（见图 13-15）。在其他电动驱动的机器人，如自动化仓库的搬运机器人中，测速发电机常用于提供电动机的速度反馈，确保驱动系统的稳定运行和精确控制。

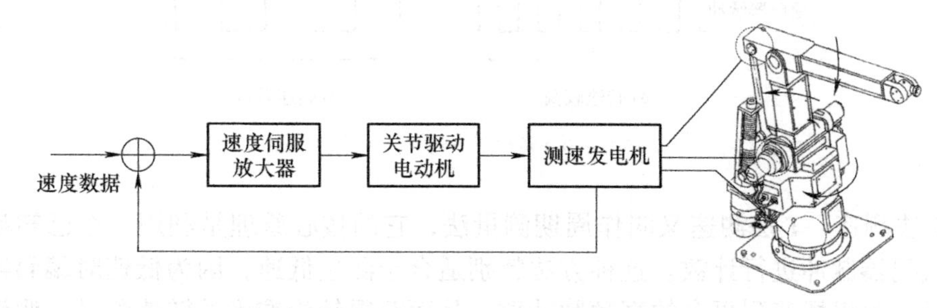

图 13-15　基于测速发电机的焊接机器人速度伺服控制原理框图

2. 编码器测速

编码器是一种将旋转或线性运动转换为电信号的传感器，广泛应用于机器人的速度测量中，比如机器人轮速的测量（见图 13-16a）、机械臂转动速度测量等（见图 13-16b）。编码器的结构已在 13.1 节中介绍，本节主要给出速度测量的原理。编码器速度测量通常基于脉冲周期或频率测量的方式，具体的方法包括 M 法测速、T 法测速、M/T 法测速等。

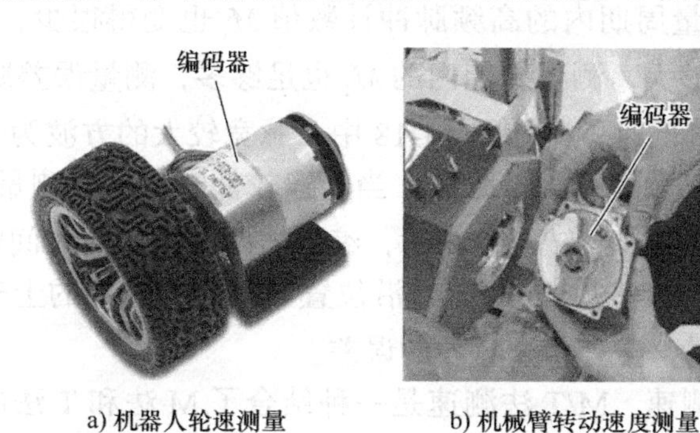

a) 机器人轮速测量　　b) 机械臂转动速度测量

图 13-16　编码器在机器人中的应用

（1）M 法测速　M 法测速又叫作频率测量法。该方法是在一个固定的时间内（以秒为单位），统计这段时间的编码器脉冲数，计算速度值。假设编码器单圈总脉冲数为 C，统计时间为 T_0，该时间内统计到的编码器脉冲数为 M_0，则转速 n 的计算公式为

$$n=\frac{M_0}{CT_0} \tag{13-6}$$

M 法测速的精度与速度大小有关，当速度低时测量误差较大。如图 13-17 所示，方波为编码器某一通道输出的脉冲。当转速较高时，每个统计时间 T_0 内的计数值较大，可以得到较准确的转速测量值。当转速较低时，每个统计时间 T_0 内的计数值较小，由于统计时间的起始位置与编码器脉冲的上升沿不一定对应，当统计时间的起始位置不同时，会有一个脉冲的误差（只统计上升沿时，最多会有 1 个脉冲误差，统计上升沿和下降沿时，最多会有 2 个脉冲的误差）。

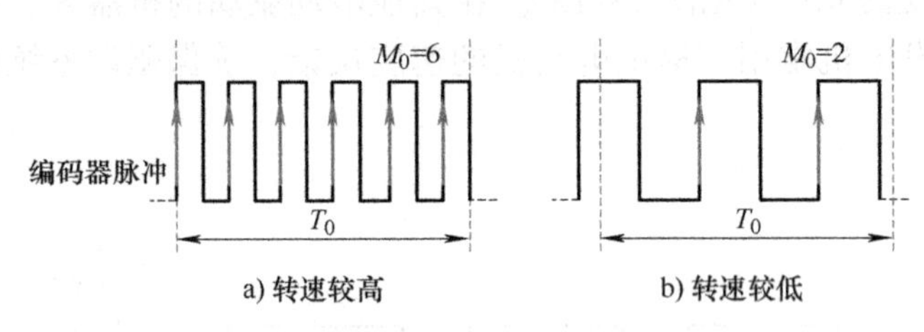

图 13-17　不同速度下的 M 法测速误差

（2）T 法测速　T 法测速又叫作周期测量法，它的核心原理是利用一个已知频率的高频脉冲对编码器脉冲进行计数。这种方法特别适合于测量低速，因为低速时编码器脉冲间隔时间较长，可以捕获到更多的高频脉冲数，从而获得较为准确的转速测量。假设编码器单圈总脉冲数为 C，高频脉冲的频率为 F_0，捕获到编码器相邻两个脉冲的间隔时间为 T_E，其间的计数值为 M_1，则转速 n 的计算公式为

$$n=\frac{1}{T_E C}=\frac{F_0}{M_1 C} \tag{13-7}$$

由于 C 和 F_0 是常数，所以转速 n 跟 M_1 成反比。因此，当速度较大时，编码器脉冲间隔时间 T_E 很小，使得测量周期内的高频脉冲计数值 M_1 也变得很少，导致测量误差变大；而在在低转速时，T_E 足够大，测量周期内的 M_1 也足够多，测量误差减小。所以 T 法和 M 法刚好相反，更适合测量低速。比如图 13-18 中，脉宽较大的方波为编码器某一通道输出的脉冲，脉宽较小的方波为高频测量脉冲。当转速较低时，高频测量脉冲数 M_1 较大，可以得到较准确的转速测量值。当转速较高时，编码器两脉冲间的时间间隔变短，导致高频测量脉冲数 M_1 较小，由于高频脉冲的上升沿位置与编码器脉冲的上升沿不一定对应，当两波的上升沿位置不同时，会有一个脉冲的误差。

（3）M/T 法高精度测速　M/T 法测速是一种结合了 M 法和 T 法的测速方法，既测量编码器脉冲数又测量一定时间内的高频脉冲数，从而在不同的速度范围内都能获得较为准确的测量结果。如图 13-19 所示，在相对固定的采样脉冲间隔时间内，假设编码器脉冲数

产生 M_0 个，频率为 F_0 的高频脉冲计数值为 M_1，编码器单圈总脉冲数为 C，则转速 n 的计算公式为

$$n=\frac{F_0M_0}{M_1C} \tag{13-8}$$

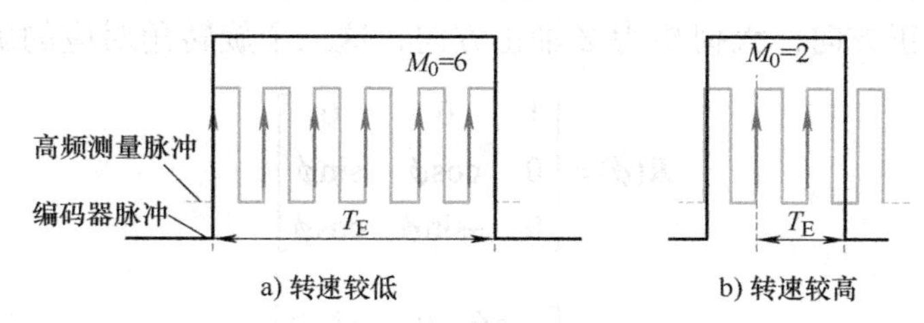

图 13-18　不同速度下的 T 法测速误差

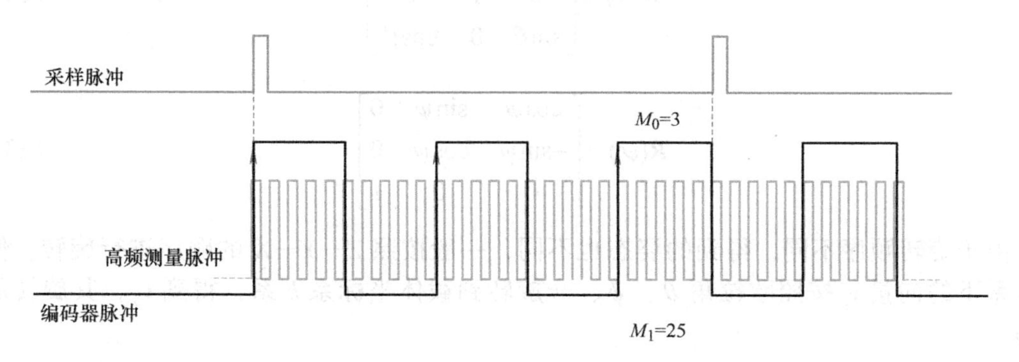

图 13-19　M/T 法测速原理

M/T 法测速的优势在于，它能够在不同的速度范围内提供较为均衡的测量精度，通过在低速时侧重于测量周期（T 法），在高速时侧重于测量频率（M 法），从而实现全速度范围内的准确测量。这种方法特别适用于对速度测量精度要求较高的应用场景。

13.2　机器人姿态感知

机器人姿态感知是机器人技术领域中的一个重要分支，它涉及机器人如何通过各种传感器来感知其在空间中的位置和方向。准确的姿态感知是机器人实现自主导航、互动操作和环境适应性的基础，对提高机器人智能化水平和应用效率具有重要作用。常见的姿态测量传感器包括加速度计、陀螺仪、磁力计等，并且为了准确感知姿态，机器人通常需要融合不同的传感器，通过传感器数据和算法来估计其在空间中的姿态。

13.2.1　姿态表示方法

机器人的姿态可以通过多种方式表示，例如使用欧拉角（俯仰角、偏航角、翻滚角）或四元数来表示其在三维空间中的旋转状态。

1. 欧拉角

欧拉角是描述三维空间中物体方向的一组角度，通常用于航空、航天、机器人学等领域。它们是绕三个坐标轴的旋转，通常按照一定的顺序来定义，这个顺序被称为旋转顺序或欧拉角顺序。常用的欧拉角组是横滚角（ϕ）、俯仰角（θ）、偏航角（ψ），分别表示绕地理坐标系 n 中 X、Y、Z 轴的旋转，地理坐标系 n 满足右手坐标系，食指方向为 X 轴正方向，中指为 Y 轴正方向，大拇指为 Z 轴正方向，这三个旋转角对应的旋转矩阵如下：

$$\boldsymbol{R}(\phi)=\begin{bmatrix}1 & 0 & 0\\ 0 & \cos\phi & \sin\phi\\ 0 & -\sin\phi & \cos\phi\end{bmatrix} \tag{13-9}$$

$$\boldsymbol{R}(\theta)=\begin{bmatrix}\cos\theta & 0 & -\sin\theta\\ 0 & 1 & 0\\ \sin\theta & 0 & \cos\theta\end{bmatrix} \tag{13-10}$$

$$\boldsymbol{R}(\psi)=\begin{bmatrix}\cos\psi & \sin\psi & 0\\ -\sin\psi & \cos\psi & 0\\ 0 & 0 & 1\end{bmatrix} \tag{13-11}$$

由于旋转顺序不同，得到的姿态也不同，一般按照 Z—Y—X 的顺序进行旋转。假设将 n 系下的向量 $\boldsymbol{v}_n$ 按照欧拉角 θ、ϕ、ψ 旋转到载体坐标系 b 系，得到 $\boldsymbol{v}_b$，其旋转的步骤为

1）绕 n 系的 Z 轴旋转 ψ，得到 $\boldsymbol{v}^{b'}$：

$$\boldsymbol{v}^{b'}=\boldsymbol{R}(\psi)\boldsymbol{v}^{n} \tag{13-12}$$

2）绕 n 系的 Y 轴旋转 θ，得到 $\boldsymbol{v}^{b''}$：

$$\boldsymbol{v}^{b''}=\boldsymbol{R}(\theta)\boldsymbol{v}^{b'}=\boldsymbol{R}(\theta)\boldsymbol{R}(\psi)\boldsymbol{v}^{n} \tag{13-13}$$

3）绕 n 系的 X 轴旋转 ϕ，得到 $\boldsymbol{v}^{b}$：

$$\boldsymbol{v}^{b}=\boldsymbol{R}(\phi)\boldsymbol{v}^{b''}=\boldsymbol{R}(\phi)\boldsymbol{R}(\theta)\boldsymbol{R}(\psi)\boldsymbol{v}^{n} \tag{13-14}$$

所以从 n 系到 b 系的旋转矩阵为

$$\begin{aligned}\boldsymbol{R}&=\boldsymbol{R}(\phi)\boldsymbol{R}(\theta)\boldsymbol{R}(\psi)\\ &=\begin{bmatrix}\cos\theta\cos\varphi & -\cos\phi\sin\psi+\sin\phi\sin\theta\cos\psi & \sin\phi\sin\psi+\cos\phi\sin\theta\cos\psi\\ \cos\theta\sin\psi & \cos\phi\cos\psi+\sin\phi\sin\theta\sin\psi & -\sin\phi\cos\psi+\cos\phi\sin\theta\sin\psi\\ -\sin\theta & \sin\phi\cos\theta & \cos\phi\cos\theta\end{bmatrix}\end{aligned} \tag{13-15}$$

2. 四元数

四元数在机器人学中扮演着至关重要的角色。它不仅用于精确地描述和控制机器人的姿态，避免传统欧拉角所固有的万向节死锁问题，还在运动学建模、路径规划和动力学分

析中发挥着核心作用。比如图 13-20 中绳系机器人等特殊应用中，四元数被用来描述复合体的姿态，提升了机器人空间操作的灵活性和精确度。

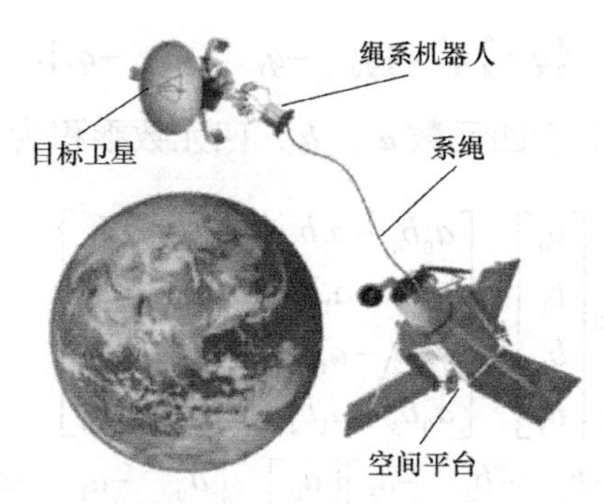

图 13-20　四元数可用于空间绳系机器人的姿态描述

四元数是一种能表示三维物体转动的四维超复数。一般的复数可表示为 $a+\mathrm{i}b$，而四元数包含一个实部，三个虚部，即 $q=q_0+q_1\mathrm{i}+q_2\mathrm{j}+q_3\mathrm{k}$，用向量表示为

$$\boldsymbol{q}=[q_0 \quad q_1 \quad q_2 \quad q_3]\begin{bmatrix}1\\ \mathrm{i}\\ \mathrm{j}\\ \mathrm{k}\end{bmatrix} \tag{13-16}$$

式中，$\boldsymbol{q}$ 为四元数；q_0、q_1、q_2、q_3 为实数；i、j、k 为虚数单位。

假设坐标系 A，绕该坐标系中的一个轴 $\hat{\boldsymbol{r}}=[r_x,r_y,r_z]$ 进行旋转，旋转角度为 θ，得到坐标系 B，如图 13-21 所示。则可以用四元数 ${}_A^B\boldsymbol{q}$ 表示从 A 系到 B 系的旋转，也即 A 系绕 $\hat{\boldsymbol{r}}$ 轴的正方向转动角度 θ 后与 B 系重合。

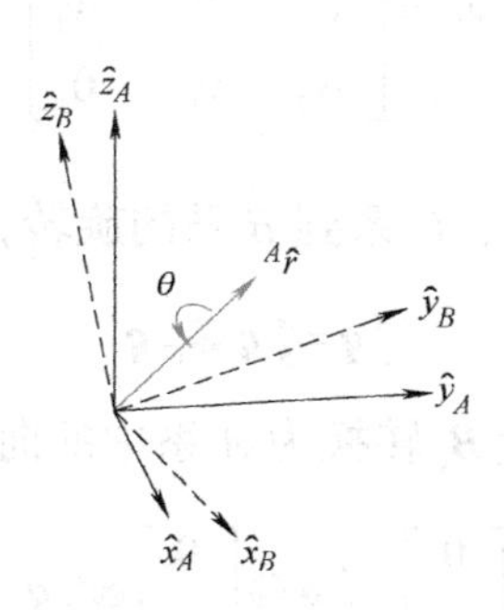

图 13-21　坐标系旋转示意图

$${}_A^B\boldsymbol{q}=[q_0 \quad q_1 \quad q_2 \quad q_3]=\left[\cos\frac{\theta}{2} \quad r_x\sin\frac{\theta}{2} \quad r_y\sin\frac{\theta}{2} \quad r_z\sin\frac{\theta}{2}\right] \tag{13-17}$$

相反的旋转可用 ${}_A^B\boldsymbol{q}$ 表示：

$${}_B^A\boldsymbol{q}={}_A^B\boldsymbol{q}^{-1}=\frac{{}_B^A\boldsymbol{q}^*}{\left\|{}_A^B\boldsymbol{q}\right\|} \tag{13-18}$$

式中，$\boldsymbol{q}^*$表示共轭；$\|\boldsymbol{q}\|$表示四元数的模，用于表示姿态的四元数模长固定为 1。相反的旋转可以用四元数的共轭表示，即

$$ {}_B^A\boldsymbol{q} = {}_A^B\boldsymbol{q}^* = [q_0 \quad -q_1 \quad -q_2 \quad -q_3] \tag{13-19}$$

使用$\otimes$来表示四元数乘法，对于四元数$\boldsymbol{a}$、$\boldsymbol{b}$，四元数乘积为

$$\begin{aligned}\boldsymbol{a}\otimes\boldsymbol{b} &= \begin{bmatrix} a_0 \\ a_1 \\ a_2 \\ a_3 \end{bmatrix} \otimes \begin{bmatrix} b_0 \\ b_1 \\ b_2 \\ b_3 \end{bmatrix} = \begin{bmatrix} a_0b_0 - a_1b_1 - a_2b_2 - a_3b_3 \\ a_0b_1 + a_1b_0 + a_2b_3 - a_3b_2 \\ a_0b_2 - a_1b_3 + a_2b_0 + a_3b_1 \\ a_0b_3 + a_1b_2 - a_2b_1 + a_3b_0 \end{bmatrix} \\ &= \begin{bmatrix} b_0 & -b_1 & -b_2 & -b_3 \\ b_1 & b_0 & b_3 & -b_2 \\ b_2 & -b_3 & b_0 & b_1 \\ b_3 & b_2 & -b_1 & b_0 \end{bmatrix} \begin{bmatrix} a_0 \\ a_1 \\ a_2 \\ a_3 \end{bmatrix} = \begin{bmatrix} a_0 & -a_1 & -a_2 & -a_3 \\ a_1 & a_0 & -a_3 & a_2 \\ a_2 & a_3 & a_0 & -a_1 \\ a_3 & -a_2 & a_1 & a_0 \end{bmatrix} \begin{bmatrix} b_0 \\ b_1 \\ b_2 \\ b_3 \end{bmatrix}\end{aligned} \tag{13-20}$$

令$\boldsymbol{a} = [a_s, a_v]^T$，$\boldsymbol{b} = [b_s, b_v]^T$，下标 s 表示实部，下标 v 表示虚部，则两者的乘积可表示为矩阵形式：

$$\boldsymbol{a}\otimes\boldsymbol{b} = \begin{bmatrix} b_s & -\boldsymbol{b}_v^T \\ b_v & b_s\boldsymbol{I} - (\boldsymbol{b}_v\times) \end{bmatrix} \begin{bmatrix} a_s \\ a_v \end{bmatrix} = \begin{bmatrix} a_s & -\boldsymbol{a}_v^T \\ a_v & a_s\boldsymbol{I} + (\boldsymbol{a}_v\times) \end{bmatrix} \begin{bmatrix} b_s \\ b_v \end{bmatrix} \tag{13-21}$$

式中，$\boldsymbol{v}\times$表示向量$\boldsymbol{v}$的反对称矩阵，表达式为

$$\boldsymbol{v}\times = \begin{bmatrix} 0 & -v_3 & v_2 \\ v_3 & 0 & -v_1 \\ -v_2 & v_1 & 0 \end{bmatrix} \tag{13-22}$$

假设${}_B^A\boldsymbol{q}$和${}_C^B\boldsymbol{q}$分别表示B系到A系、C系到B系的旋转，则C系到A系的旋转可表示为

$${}_C^A\boldsymbol{q} = {}_B^A\boldsymbol{q} \otimes {}_C^B\boldsymbol{q} \tag{13-23}$$

通过如下算子即可将B系中的向量$\boldsymbol{B}_v$转换为A系中的向量$\boldsymbol{A}_v$：

$$\begin{bmatrix} 0 \\ \boldsymbol{A}_v \end{bmatrix} = {}_B^A\boldsymbol{q} \otimes \begin{bmatrix} 0 \\ \boldsymbol{B}_v \end{bmatrix} \otimes {}_B^A\boldsymbol{q}^* \tag{13-24}$$

令

$${}_B^A\boldsymbol{q} = \begin{bmatrix} q_0 \\ q_1 \\ q_2 \\ q_3 \end{bmatrix} = \begin{bmatrix} q_s \\ q_v \end{bmatrix}, \quad {}_B^A\boldsymbol{q}^* = \begin{bmatrix} q_0 \\ -q_1 \\ -q_2 \\ -q_3 \end{bmatrix} = \begin{bmatrix} q_s \\ -q_v \end{bmatrix} \tag{13-25}$$

代入四元数乘法的矩阵表示形式，得到

$$
\boldsymbol{A}_{\mathrm{v}} = {}_B^A\boldsymbol{q} \otimes \begin{bmatrix} 0 \\ \boldsymbol{A}_{\mathrm{v}} \end{bmatrix} \otimes {}_B^A\boldsymbol{q}^* = \begin{bmatrix} q_{\mathrm{s}} & \boldsymbol{q}_{\mathrm{v}}^{\mathrm{T}} \\ -q_{\mathrm{v}} & q_{\mathrm{s}}\boldsymbol{I} + (\boldsymbol{q}_{\mathrm{v}}\times) \end{bmatrix} \begin{bmatrix} q_{\mathrm{s}} & -q_{\mathrm{v}}^{\mathrm{T}} \\ q_{\mathrm{v}} & q_{\mathrm{s}}\boldsymbol{I} + (\boldsymbol{q}_{\mathrm{v}}\times) \end{bmatrix} \begin{bmatrix} 0 \\ \boldsymbol{A}_{\mathrm{v}} \end{bmatrix}
$$
$$
= \begin{bmatrix} 1 & 0^{\mathrm{T}} \\ 0 & q_{\mathrm{v}}\boldsymbol{q}_{\mathrm{v}}^{\mathrm{T}} + q_{\mathrm{s}}^2\boldsymbol{I} + 2q_{\mathrm{s}}(\boldsymbol{q}_{\mathrm{v}}\times) + (\boldsymbol{q}_{\mathrm{v}}\times)^2 \end{bmatrix} \begin{bmatrix} 0 \\ \boldsymbol{A}_{\mathrm{v}} \end{bmatrix} \tag{13-26}
$$

式中，矩阵 $\boldsymbol{R}_{3\times3} = \boldsymbol{q}_{\mathrm{v}}\boldsymbol{q}_{\mathrm{v}}^{\mathrm{T}} + \boldsymbol{q}_{\mathrm{s}}^2 + 2\boldsymbol{q}_{\mathrm{s}}(\boldsymbol{q}_{\mathrm{v}}\times) + (\boldsymbol{q}_{\mathrm{p}}\times)^2$ 就是旋转矩阵的四元数表示形式，展开如下：

$$
\boldsymbol{R} = \begin{bmatrix} 2(q_0^2 + q_1^2) - 1 & 2(q_1q_2 - q_0q_3) & 2(q_1q_1 + q_0q_2) \\ 2(q_1q_2 + q_0q_3) & 2(q_0^2 + q_2^2) - 1 & 2(q_2q_3 - q_0q_1) \\ 2(q_1q_3 - q_0q_2) & 2(q_2q_3 + q_0q_1) & 2(q_0^2 + q_3^2) - 1 \end{bmatrix} \tag{13-27}
$$

向量 $\boldsymbol{A}_{\mathrm{v}}$ 通过左乘 $\boldsymbol{R}$，也能够转换为 $\boldsymbol{B}_{\mathrm{v}}$，即

$$
\boldsymbol{B}_{\mathrm{v}} = \boldsymbol{R}\boldsymbol{A}_{\mathrm{v}} \tag{13-28}
$$

通过如下公式可将四元数转换为欧拉角：

$$
\begin{cases} \phi = \arctan\dfrac{2(q_0q_1 + q_2q_3)}{1 - 2(q_1^2 + q_2^2)} \\ \theta = \arcsin(2q_0q_2 - 2q_1q_3) \\ \psi = \arctan\dfrac{2(q_0q_3 + q_1q_2)}{1 - 2(q_2^2 + q_3^2)} \end{cases} \tag{13-29}
$$

需要注意的是，arctan () 和 arcsin () 的结果范围为 $\left[-\dfrac{\pi}{2}, \dfrac{\pi}{2}\right]$，并不能覆盖所有朝向，因此对于上述的角度取值需要进一步判断角度范围。

13.2.2　陀螺仪姿态测量

陀螺仪在机器人中扮演着重要的角色，比如它可以用于机器人姿态控制、导航辅助、机器人运动状态监测、交互体验等。总体来说，陀螺仪是现代机器人技术中不可或缺的传感器之一，它通过提供精确的角速度测量，极大地增强了机器人的自主性和智能化水平。比如，图 13-22 为荷兰研究人员开发出的果蝇飞行机器人，搭载陀螺仪时可以检测机器人的旋转速率和方向，帮助机器人在飞行中维持平衡，从而操作各种动作，比如 360° 翻滚。

图 13-22　果蝇飞行机器人

三轴陀螺仪可以测量载体在三个轴上的角速度分量，对该角速度进行积分得到旋转角度，应用到载体上就可以得到载体的姿态。假设地理坐标系为东北天，载体坐标系为右前上。初始载体坐标系和地理坐标系重合，对应的四元数为 $\boldsymbol{q}$ =[1，0，0，0]，使用此四元数表示载体在地理坐标系下的旋转。三轴陀螺仪测量的三个角速度分量可以合成一个角速度向量，可以理解为载体绕着这个角速度向量进行旋转，旋转的角度为角速度向量模的积分。设

$$\overline{\boldsymbol{gyro}}=\begin{bmatrix}\omega_{xb}\\ \omega_{yb}\\ \omega_{zb}\end{bmatrix} \tag{13-30}$$

式中，$\overline{\boldsymbol{gyro}}$ 为陀螺仪测得载体旋转的角速度向量。假设时间间隔为 dt，则旋转向量 $\overrightarrow{\omega_b}$ 为

$$\overrightarrow{\omega_b}=\begin{bmatrix}\omega_{xb}\\ \omega_{yb}\\ \omega_{zb}\end{bmatrix}\mathrm{d}t \tag{13-31}$$

将其转换到地理坐标系，得

$$\overrightarrow{\omega_n}=\boldsymbol{q}\otimes\overrightarrow{\omega_b}\otimes\boldsymbol{q}^* \tag{13-32}$$

式中，$\overrightarrow{\omega_n}$ 为旋转轴；$\left|\overrightarrow{\omega_n}\right|$ 为旋转的角度 θ。将 θ 转换成四元数为

$$\boldsymbol{q}'=\left[\sin\left(\frac{\theta}{2}\right)\quad \overrightarrow{\omega}\sin\left(\frac{\theta}{2}\right)\right] \tag{13-33}$$

其中，$\overrightarrow{\omega_n}$ 需要归一化，将其应用到初始四元数即可得到当前姿态的四元数：

$$\boldsymbol{q}=\boldsymbol{q}'\otimes\boldsymbol{q} \tag{13-34}$$

陀螺仪能够直接测量角速度，因此可以通过一次积分得到角度值，从而获取机器人的三个角度姿态。然而，在积分的过程中会导致误差累积，时间越久角度偏差越大。因此，通常需要融合加速度传感器与磁力计的数据进行解算。

13.2.3 加速度传感器姿态测量

加速度传感器主要对被测对象的加速度进行检测。假设加速度计固定在机器人载体上，并且加速度 X、Y、Z 轴与机体 X、Y、Z 轴重合，在机体不剧烈运动的情况下，可认为加速度计测出的加速度表示重力加速度。由于重力加速度大小和方向已知，因此可以根据三轴加速度输出的大小解算得出姿态。

在初始未旋转的状态，即载体坐标系与地理坐标系重合时，将加速度计测得的数据 $\boldsymbol{a}$ 归一化后得到

$$\boldsymbol{a}=\boldsymbol{g}=[\,0\;0\;1\,]^{\mathrm{T}} \tag{13-35}$$

式中，$\boldsymbol{g}$ 为重力加速度。假设经过旋转后得到加速度计归一化后的数据为

$$\boldsymbol{a}=[a_x \quad a_y \quad a_z]^{\mathrm{T}} \tag{13-36}$$

则 $\boldsymbol{a}=\boldsymbol{R}_n\boldsymbol{g}$ 。其中，旋转矩阵 $\boldsymbol{R}$ 为

$$\boldsymbol{R}=\begin{bmatrix} \cos\theta\cos\psi & \cos\theta\sin\psi & -\sin\theta \\ \cos\psi\sin\theta\sin\phi-\sin\psi\cos\phi & \sin\psi\sin\theta\sin\phi+\cos\psi\cos\phi & \sin\phi\cos\theta \\ \cos\psi\sin\theta\cos\phi+\sin\psi\sin\phi & \sin\psi\sin\theta\cos\phi-\cos\psi\sin\phi & \cos\phi\cos\theta \end{bmatrix} \tag{13-37}$$

$$\boldsymbol{R}_n=\boldsymbol{R}[-\theta,-\psi,-\phi] \tag{13-38}$$

由此，得到 $a_x=\sin\theta$， $a_y=-\sin\phi\cos\theta$， $a_z=\cos\phi\cos\theta$。

因此可以计算出俯仰角 θ、横滚角 ϕ 为

$$\begin{cases} \theta=\arcsin(ax) \\ \phi=\arctan(-ay/az) \end{cases} \tag{13-39}$$

由于偏航角的旋转轴与重力方向平行，所以使用加速度计没办法获得，还需要其他传感器。并且，在实际应用中由于载体是会运动的，此时加速度计的输出总量并不恒等于重力加速度，解算的姿态通常会存在一定误差。因此，加速度计通常融合其他传感器进行姿态解算。

13.2.4　磁力计姿态测量

磁场如同重力场一样，是地球的固有属性。地球磁场是一个矢量场，其方向是从磁南极指向磁北极。地球表面任何一点的地磁强度都可以用地磁矢量 F 来表示，它的大小和方向通过地磁七要素来描述，如图 13-23 所示。

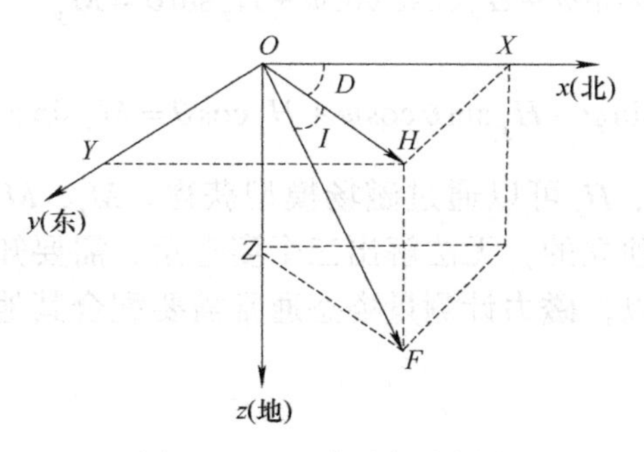

图 13-23　地磁要素示意图

图 13-23 中，O 点为地球上某一观测点，x 轴与地理纬度线平行，向东为正；y 轴与地理经度线平行，向北为正；z 轴与地平面垂直，向下为正。F 为地磁矢量，F 在 Oxy 平面的投影 H，称为地磁水平分量；X、Y、Z 为地磁矢量在北向、东向和地下的分量；H 与正北方向的夹角 D 称为磁偏角，规定北偏东为正；F 与 Oxy 平面的夹角 I，称为磁倾角，向下为正。上述这些量称为地磁七要素。它们之间的关系为

$$
\begin{cases}
X = H\cos(D) \\
Y = H\sin(D) \\
Z = H\tan(I) \\
X^2 + Y^2 = H^2 \\
X^2 + Y^2 + Z^2 = F^2 \\
F = H\sec(I) = Z\sec(I)
\end{cases}
\tag{13-40}
$$

在知道某个位置的经、纬、高情况下，利用 IGRF 国际地磁参考模型或者 WMM 世界地磁模型获取地磁七要素，并求解地理坐标系下的三轴磁分量 X、Y、Z。

假设三轴磁传感器对准载体坐标系进行安装，以地理坐标系作为参考坐标系。观测点的磁场矢量强度为 F，东北天三个轴向的地磁分量为 H_x、H_y、H_z。同时，利用磁传感器测得的载体系下的三轴磁分量为 M_x、M_y、M_z 存在以下关系：

$$
\begin{bmatrix} M_x \\ M_y \\ M_z \end{bmatrix} = \boldsymbol{C}_n^b \begin{bmatrix} H_x \\ H_y \\ H_z \end{bmatrix}
\tag{13-41}
$$

式中，$\boldsymbol{C}_n^b$ 为从参考系到载体系的变换矩阵，

$$
\boldsymbol{C}_n^b = \begin{bmatrix} \cos\gamma & 0 & -\sin\gamma \\ 0 & 1 & 0 \\ \sin\gamma & 0 & \cos\gamma \end{bmatrix} \begin{bmatrix} 1 & 0 & 0 \\ 0 & \cos\theta & \sin\theta \\ 0 & -\sin\theta & \cos\theta \end{bmatrix} \begin{bmatrix} \cos\psi & \sin\psi & 0 \\ -\sin\psi & \cos\psi & 0 \\ 0 & 0 & 1 \end{bmatrix}
\tag{13-42}
$$

将方程展开，有

$$
\begin{cases}
H_x\cos\psi + H_y\sin\psi = M_x\cos\gamma + M_z\sin\gamma \\
-H_x\cos\theta\sin\psi + H_y\cos\theta\cos\psi + H_z\sin\theta = M_y \\
H_x\sin\theta\sin\psi - H_y\sin\theta\cos\psi + H_z\cos\theta = M_x\sin\gamma + M_z\cos\gamma
\end{cases}
\tag{13-43}
$$

上述方程中，H_x、H_y、H_z 可以通过磁场模型获得，M_x、M_y、M_z 通过磁传感器获得。但上述三个方程不是互相独立的，无法解出三个姿态角，需要知道至少一个姿态角，才能计算另外两个姿态角。所以，磁力计测量姿态通常需要配合其他传感器一起使用。

13.2.5 多传感器融合智能化姿态测量

机器人姿态从理论上讲只用陀螺仪是可以完成的，对陀螺仪输出的三个角速度进行积分就能得到姿态数据。但由于陀螺仪在积分过程中会产生误差累计，加上白噪声、温度偏差等会造成导航姿态的解算随着时间而逐渐增加，所以就需要用加速度计在水平面对重力进行比对和补偿，用来修正陀螺仪的误差。但是对于竖直轴上的旋转，加速度计是无能为力的，此时用的是电子罗盘。也可以测量出水平面内的地磁方向用来修正陀螺仪的水平误差。通过这两个器件的修正补偿，使得陀螺仪更加稳定、可靠的工作。这样，将陀螺仪、

加速度计、磁力计结合，就构成了惯性测量单元（Inertial Measurement Unit，IMU）。IMU 在机器人技术中扮演着至关重要的角色，它为机器人提供了一个全面的自我智能感知能力，如图 13-24 所示。这种能力使得机器人能够实时监测自身的速度、方向和姿态变化，从而在没有外部参照物的情况下，实现精确的自主导航和定位。IMU 的应用不仅提高了机器人在复杂环境中的稳定性和灵活性，而且增强了它们执行复杂任务的能力，无论是在工业自动化、服务机器人，还是无人驾驶车辆等领域，IMU 都是确保机器人高效、安全运行的关键技术之一。

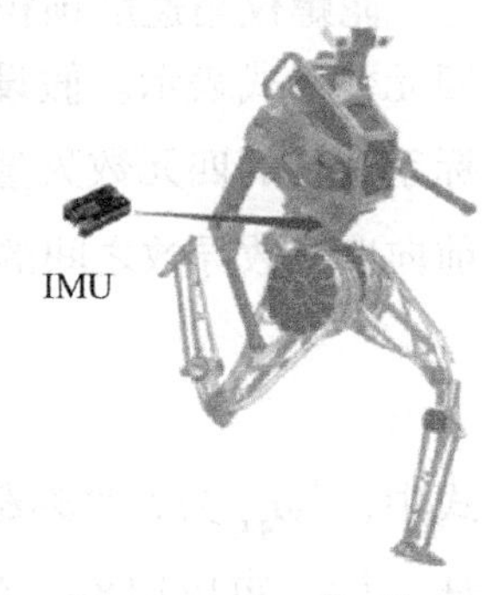

图 13-24　人型机器人中的 IMU

IMU 集成了加速度计、陀螺仪和磁力计等传感器，需要进行数据融合以解算姿态。本节主要介绍互补滤波的数据融合算法实现姿态的解算。互补滤波器结合了两个或多个传感器的输出，以获得比单独使用任何一个传感器更准确的估计。它利用了不同传感器的优点，同时补充了它们的不足。例如，加速度计测量倾角的动态响应较慢，在高频时信号不可用，所以可通过低通抑制高频；陀螺仪响应快，积分后可测倾角，但由于零漂等原因在低频段的测量精度较差，通过高通滤波可抑制低频噪声。互补滤波器通过结合这两种传感器的输出，可以在一定程度上抵消各自的误差，从而提供一个更稳定和准确的姿态估计。图 13-25 为包含三轴加速度计、三轴陀螺仪以及三轴磁力计数据的互补滤波器原理框图。其主要步骤包括陀螺仪角度预积分、加速度计线加速度修正以及磁力计修正。首先，将来自陀螺仪数据的姿态估计（以四元数形式）与加速度计数据（以增量四元数形式）融合在一起，该增量四元数仅作为对姿态的滚动和俯仰分量的校正，同时保持来自陀螺仪的偏航估计。然后，根据磁力计的数据派生出一个增量四元数，对估计的航向进行校正。

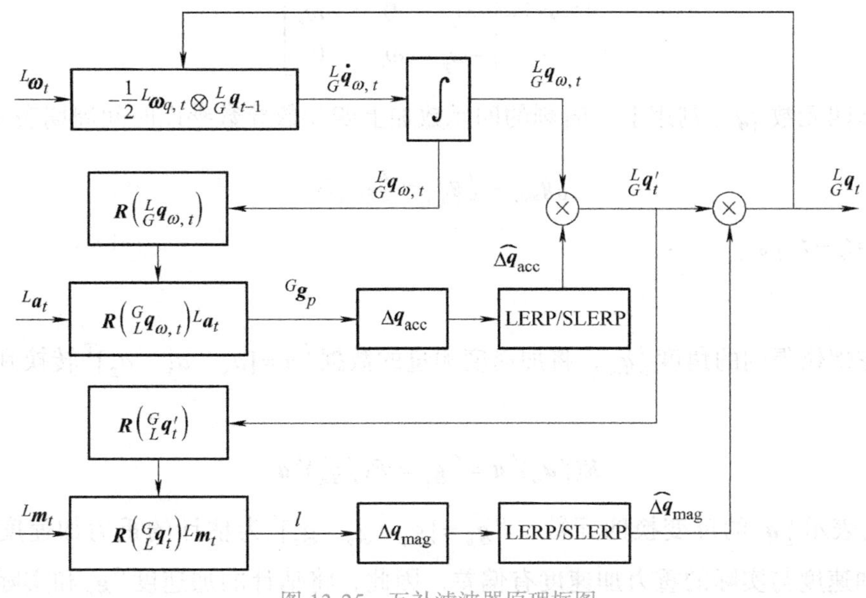

图 13-25　互补滤波器原理框图

1. 陀螺仪角速度预积分

陀螺仪角速度预积分过程的目的是使用三轴陀螺仪测量的角速度来初步估计姿态，以四元数形式表示。假设 L 代表载体坐标系，G 代表地理坐标系，${}_L^G\boldsymbol{q}$ 代表 L 坐标系到 G 坐标系旋转的四元数矢量，${}_L^G\dot{\boldsymbol{q}}_{\omega,t_k}$ 表示 k 时刻四元数矢量的导数。离散系统下，角速度 ${}^L\boldsymbol{\omega}$ 与前向四元数导数之间的关系为

$$ {}_L^G\dot{\boldsymbol{q}}_{\omega,t_k}=\frac{1}{2}{}_L^G\boldsymbol{q}_{t_{k-1}}\otimes{}^L\boldsymbol{\omega}_{q,t_k} \tag{13-44} $$

式中，${}^L\boldsymbol{\omega}_{q,t_k}$ 为 t_k 时刻载体坐标系下四元数形式的角速度矢量；${}_L^G\boldsymbol{q}_{t_{k-1}}$ 为上一时刻的姿态估计。${}_G^L\dot{\boldsymbol{q}}_{\omega,t_k}$ 可以用 ${}_L^G\dot{\boldsymbol{q}}_{\omega,t_k}$ 的共轭表示，即

$$ {}_G^L\dot{\boldsymbol{q}}_{\omega,t_k}={}_L^G\dot{\boldsymbol{q}}_{\omega,t_k}^*=\frac{1}{2}{}^L\boldsymbol{\omega}_{q,t_k}^*\otimes{}_L^G\boldsymbol{q}_{t_{k-1}}^*=-\frac{1}{2}{}^L\boldsymbol{\omega}_{q,t_k}\otimes{}_G^L\boldsymbol{q}_{t_{k-1}} \tag{13-45} $$

上述方程可以改写为矩阵形式，即

$$ {}_G^L\dot{\boldsymbol{q}}_{\omega,t_k}=\boldsymbol{\Omega}({}^L\boldsymbol{\omega}_{t_k}){}_G^L\boldsymbol{q}_{t_{k-1}} \tag{13-46} $$

式中，

$$ \boldsymbol{\Omega}({}^L\boldsymbol{\omega}_{t_k})=\begin{bmatrix}0 & {}^L\boldsymbol{\omega}_{t_k}^{\mathrm{T}}\\ -{}^L\boldsymbol{\omega}_{t_k} & -[{}^L\boldsymbol{\omega}_{t_k}\times]\end{bmatrix} \tag{13-47} $$

式（13-47）中，不考虑时间参数，$[{}^L\boldsymbol{\omega}\times]$ 为与 ${}^L\boldsymbol{\omega}$ 相关的叉乘矩阵，表示为

$$ [{}^L\boldsymbol{\omega}\times]=\begin{bmatrix}0 & -\omega_z & \omega_y\\ \omega_z & 0 & -\omega_x\\ -\omega_y & \omega_x & 0\end{bmatrix} \tag{13-48} $$

最后，姿态四元数 ${}_G^L\boldsymbol{q}_{\omega,t_k}$ 利用上一时刻的四元数加上四元数导数乘以时间周期表示，即

$$ {}_G^L\boldsymbol{q}_{\omega,t_k}={}_G^L\boldsymbol{q}_{t_{k-1}}+{}_G^L\dot{\boldsymbol{q}}_{\omega,t_k}\Delta t \tag{13-49} $$

式中，$\Delta t=t_k-t_{k-1}$。

2. 加速度计线加速度修正

利用陀螺仪得到的角度 ${}_G^L\boldsymbol{q}_\omega$，将加速度测量的数据 ${}^L\boldsymbol{a}=[a_x \quad a_y \quad a_z]^{\mathrm{T}}$ 转换到地理坐标系下：

$$ \boldsymbol{R}({}_L^G\boldsymbol{q}_\omega){}^L\boldsymbol{a}={}^G\boldsymbol{g}_p=\boldsymbol{R}({}_G^L\boldsymbol{q}_\omega^*){}^L\boldsymbol{a} \tag{13-50} $$

式中，${}_G^L\boldsymbol{q}_\omega^*$ 表示 ${}_L^G\boldsymbol{q}_\omega$ 的反变换四元数；${}^G\boldsymbol{g}_p=[g_x \quad g_y \quad g_z]^{\mathrm{T}}$ 为估计的重力加速度向量。估计的重力加速度与实际的重力加速度有偏差，因此，将估计的加速度 ${}^G\boldsymbol{g}_p$ 和实际的重力加速度 ${}^G\boldsymbol{g}=[0 \quad 0 \quad 1]^{\mathrm{T}}$ 做对比，计算出误差四元数 $\Delta\boldsymbol{q}_{\mathrm{acc}}$ 为

$$R(\Delta \boldsymbol{q}_{\text{acc}})^G\boldsymbol{g} = {}^G\boldsymbol{g}_p \tag{13-51}$$

用 $\boldsymbol{R}(\boldsymbol{q})$ 表示四元数 $\boldsymbol{q}$ 对应的旋转矩阵，具体公式如下：

$$\boldsymbol{R}(\boldsymbol{q}) = \begin{bmatrix} q_0^2+q_1^2-q_2^2-q_3^2 & 2(q_1q_2-q_0q_3) & 2(q_1q_3+q_0q_2) \\ 2(q_1q_2+q_0q_3) & q_0^2-q_1^2+q_2^2-q_3^2 & 2(q_2q_3-q_0q_1) \\ 2(q_1q_3-q_0q_2) & 2(q_2q_3+q_0q_1) & q_0^2-q_1^2-q_2^2+q_3^2 \end{bmatrix} \tag{13-52}$$

结合式（13-51）整理得

$$\begin{cases} 2\Delta q_{0_{\text{acc}}}\Delta q_{2_{\text{acc}}} = g_x \\ -2\Delta q_{0_{\text{acc}}}\Delta q_{1_{\text{acc}}} = g_y \\ \Delta q_{0_{\text{acc}}}^2 - \Delta q_{1_{\text{acc}}}^2 - \Delta q_{2_{\text{acc}}}^2 = g_z \end{cases} \tag{13-53}$$

解上述方程，得

$$\Delta \boldsymbol{q}_{\text{acc}} = \begin{bmatrix} \sqrt{\dfrac{g_z+1}{2}} & -\dfrac{g_y}{\sqrt{2(g_z+1)}} & \dfrac{g_x}{\sqrt{2(g_z+1)}} & 0 \end{bmatrix}^{\text{T}} \tag{13-54}$$

由于 g_z 接近 1，因此这个解可以使用。

由于加速度计含有高频噪声，尤其是在高动态情况下，加速度计会受其他外力的影响，因此，需要对该解算进行滤波。通过在 0 值四元数和 $\Delta \boldsymbol{q}_{\text{acc}}$ 之间线性插值并标准化，以得到最后的修正四元数。比如当旋转角度接近 0 时，使用线性插值法，修正的四元数为

$$\overline{\Delta \boldsymbol{q}}_{\text{acc}} = (1-\alpha)\boldsymbol{q}_{\text{I}} + \alpha\Delta \boldsymbol{q}_{\text{acc}} \tag{13-55}$$

$$\widehat{\Delta \boldsymbol{q}}_{\text{acc}} = \frac{\overline{\Delta \boldsymbol{q}}_{\text{acc}}}{\left\|\overline{\Delta \boldsymbol{q}}_{\text{acc}}\right\|} \tag{13-56}$$

否则，采用球面插值法，修正四元数为

$$\widehat{\Delta \boldsymbol{q}_{\text{acc}}} = \frac{\sin([1-\alpha]\varOmega)}{\sin\varOmega}\boldsymbol{q}_{\text{I}} + \frac{\sin(\alpha\varOmega)}{\sin\varOmega}\Delta \boldsymbol{q}_{\text{acc}} \tag{13-57}$$

式中，$\boldsymbol{q}_{\text{I}} = [1 \quad 0 \quad 0 \quad 0]^{\text{T}}$ 为旋转角为 0 的四元数；α 值需要根据物体的高动态情况来做调整。当物体运动处于运动高动态时，加速度计的输出就不够准确，但是陀螺仪的输出所受物体高动态的影响较小，因此高动态时，增大陀螺仪角度的权重，减少加速度计的影响，使 α 接近 0。当物体长时间静止时，陀螺仪的静差等会产生累积误差，但是加速度计对角度的计算在物体静止时，比较准确，因此，需要增大加速度计计算的角度影响，使 α 接近 1。由于利用三轴加速度数据，只能计算出滚转角及俯仰角，偏航角不会改变加速度计的读数，因此加速度修正只包含滚转角和俯仰角。修正后的姿态角四元数 ${}_G^L\boldsymbol{q}'$ 为

$${}_G^L\boldsymbol{q}' = {}_G^L\boldsymbol{q}_{\omega} \otimes \widehat{\Delta \boldsymbol{q}}_{\text{acc}} \tag{13-58}$$

3. 磁力计修正

由于加速度计只能修正滚转角和偏航角，采用磁力计修正偏航角。利用加速度修正后得到的姿态角四元数 ${}_G^L\boldsymbol{q}'$ 将磁力计数据 ${}^L\boldsymbol{m}=[m_x \quad m_y \quad m_z]$ 转换到中间坐标系，该中间坐标系与地理坐标系 z 轴一致，但是 x、y 轴不确定，有

$$\boldsymbol{R}({}_L^G\boldsymbol{q}')^L\boldsymbol{m}=l \tag{13-59}$$

再计算 $\Delta\boldsymbol{q}_{\text{mag}}$ 使 l 可以转到地理坐标系下，其中定义地理坐标系的 x 轴指向北极，得：

$$\boldsymbol{R}^{\mathrm{T}}(\Delta\boldsymbol{q}_{\text{mag}})\begin{bmatrix}l_x\\l_y\\l_z\end{bmatrix}=\begin{bmatrix}\sqrt{l_x^2+l_y^2}\\0\\l_z\end{bmatrix} \tag{13-60}$$

地理坐标系与中间坐标系之间转换只影响偏航角。因此，令

$$\Delta\boldsymbol{q}_{\text{mag}}=[\Delta q_{0_{\text{mag}}} \quad 0 \quad 0 \quad \Delta q_{3_{\text{mag}}}]^{\mathrm{T}} \tag{13-61}$$

整理得

$$\begin{cases}(\Delta q_{0_{\text{mag}}}^2-\Delta q_{3_{\text{mag}}}^2)\sqrt{l_x^2+l_y^2}=l_x\\2\Delta q_{0_{\text{mag}}}\Delta q_{3_{\text{mag}}}\sqrt{l_x^2+l_y^2}=l_y\\(\Delta q_{0_{\text{mag}}}^2+\Delta q_{3_{\text{mag}}}^2)l_z=l_z\end{cases} \tag{13-62}$$

解得

$$\Delta\boldsymbol{q}_{\text{mag}}=\left[\frac{\sqrt{\Gamma+l_x\sqrt{\Gamma}}}{\sqrt{2\Gamma}} \quad 0 \quad 0 \quad \frac{l_y}{\sqrt{2(\Gamma+l_x\sqrt{\Gamma})}}\right]^{\mathrm{T}} \tag{13-63}$$

式中，$\Gamma=l_x^2+l_y^2$。采用加速度计同样的线性插值方法，可以得到修正后误差四元数 $\widehat{\Delta\boldsymbol{q}}_{\text{mag}}$，基于该四元数，得到包含陀螺仪、加速度计、磁力计三种传感器互补滤波后的姿态估计四元数，为

$${}_G^L\boldsymbol{q}={}_G^L\boldsymbol{q}_\omega\otimes\widehat{\Delta\boldsymbol{q}}_{\text{acc}}\otimes\widehat{\Delta\boldsymbol{q}}_{\text{mag}} \tag{13-64}$$

13.3 机器人力 / 力矩感知

力与力矩传感器是机器人获取力 / 力矩信息的关键感知传感器。一般情况下，力与力矩传感器通过对机器人不同部位力的检测，获取力或力矩的实时信息，并将感知信息融入机器人的运动控制系统，通过控制自身参数变化来进行动态调节和优化，保证机器人系统的稳定运行。尤其是智能力 / 力矩传感器，可以实现多维力的高精度测量。比如图 13-26 中，机械臂采用六轴力传感器测量底座、末端的受力情况，采用指尖力传感器获取抓取

力，采用关节扭矩传感器测量关节的扭矩，这些力 / 力矩传感器是机械臂实现特定功能任务的基础。目前机器人的力 / 力矩测量方式主要有应变式、电容式、压电式等，本节主要介绍利用上述传感器实现力 / 力矩智能感知的方法。

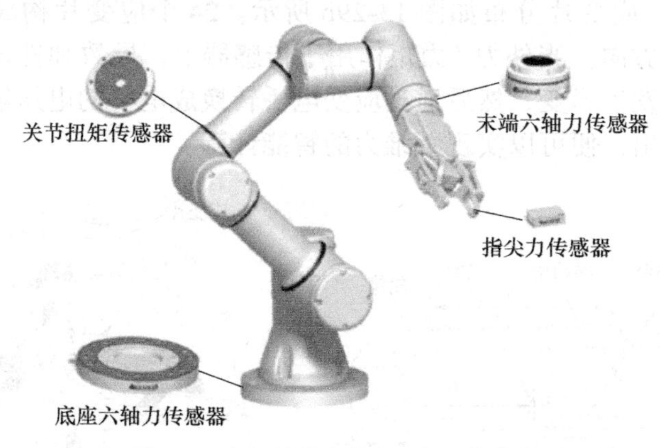

图 13-26　机械臂中的力 / 力矩传感器

13.3.1　应变式力 / 力矩测量

应变式力 / 力矩测量传感器通常由弹性敏感元件和贴在其上的应变片组成。工作时，应变式力传感器首先把被测力转变成弹性元件的应变，此应变作用于应变片上，导致其电阻的变化，电阻变化会在系统中产生输出电压，从而测出力的大小。图 13-27 所示为悬臂梁式的测量方式，在悬臂梁上下侧总共有四个应变计，当施加力 F 时，悬臂梁发生弯曲，导致两个应变计处于压缩状态，而另两个处于拉伸状态，将四个应变片构成全桥，便可以根据电桥的输出计算出力的大小。采用应变片做成的力 / 力矩传感器具有高灵敏度、高精确度、测量范围广泛、体积小巧、质量轻、成本低、环境适应性强等优势，在工业自动化、航空航天、机器人技术、医疗设备等多个领域都有着广泛应用。

根据需求不同，弹性元件可以设计成不同的形状，包括简单实心圆柱体、空心圆柱体、平行梁、剪切梁、S 形梁、双端剪切梁等。图 13-28 所示为平行梁式与 S 形梁式的结构示意图。不同结构的梁具有不同的特点，比如平行梁式对加载方式无特殊要求，作用力的位置影响不大，有较好的抗偏心弯矩和抗偏心扭矩的能力，精度比较高；S 形梁式结构简单紧凑、体积小、质量轻、抗偏心和侧向载荷能力强，既可以测量拉力也可以测量压力。

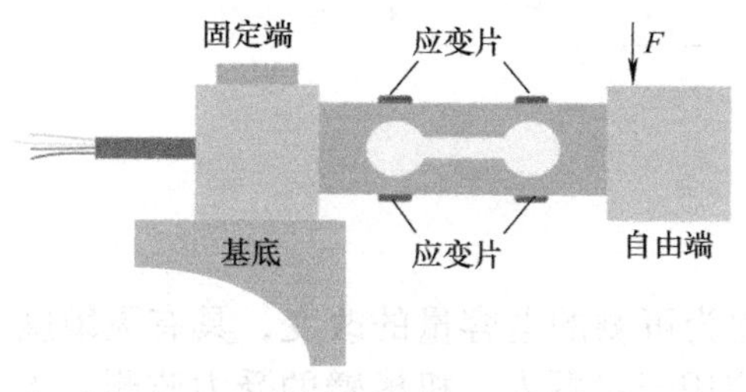

图 13-27　悬臂梁式应变片测力示意图

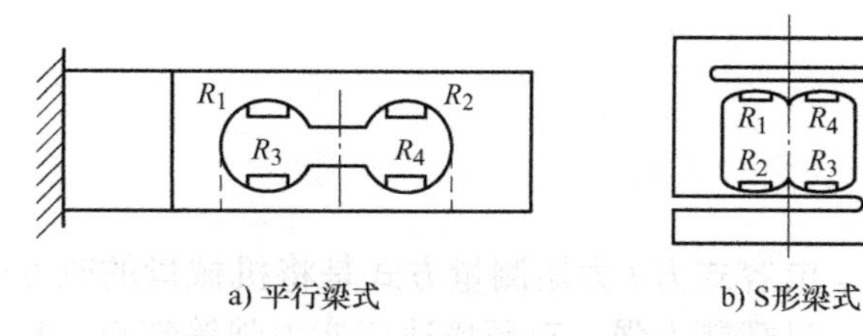

图 13-28　不同类型的梁及应变片粘贴方式（图中 R_1、R_2、R_3、R_4 代表应变片）

在实际应用中，通常需要测量多个方向的力，因此需要构建多维力 / 力矩智能传感器。图 13-29 为常用的十字梁弹性体结构的六维力 / 力矩传感器。弹性体包括了 4 个主梁、8 个浮动梁、中心台、轮缘等。在每个主梁的正反面及两个侧面各贴有一个或两个应变片，共 24 个应变片，应变片分布如图 13-29b 所示。24 个应变片构成 6 个全桥电路，分别对应传感器的 6 个方向。当外力 / 力矩作用于传感器上，导致弹性体变形，从而使粘贴在弹性体上的应变片发生形变，然后通过应变电桥转换成电桥的电压输出。利用处理器解算不同位置的电压输出，便可以实现六维力的智能计算。

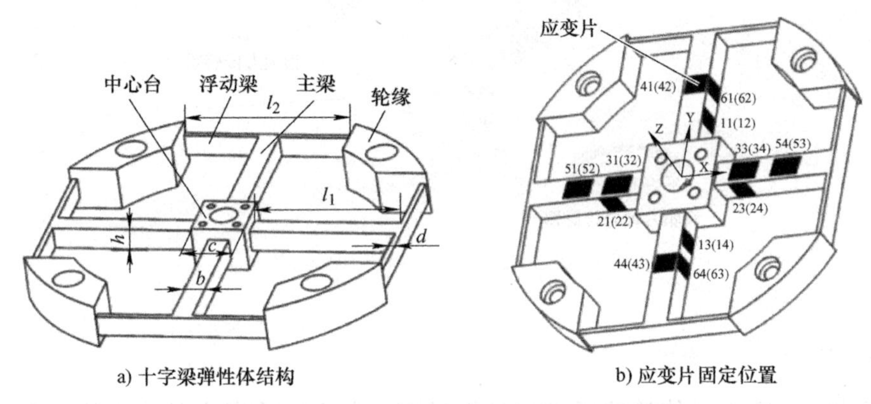

图 13-29　应变式六维力 / 力矩传感器内部结构图

应变式六维力 / 力矩智能测量在机械臂中应用非常广泛。如图 13-30 所示，将六维力传感器安装在机器人手腕关节处，机械手在执行抓取或装配工作时，会受到各方向的力，支撑机器人精准执行任务。六维力传感器的集成，不仅提高了生产效率，降低了成本，还极大地扩展了机械臂的应用场景，从工业自动化到人机协作，再到人形机器人的高级控制，六维力传感器都是实现智能化和自适应操作不可或缺的关键技术。随着技术的发展和成本的降低，六维力传感器预计将在未来的机器人应用中扮演更加重要的角色。

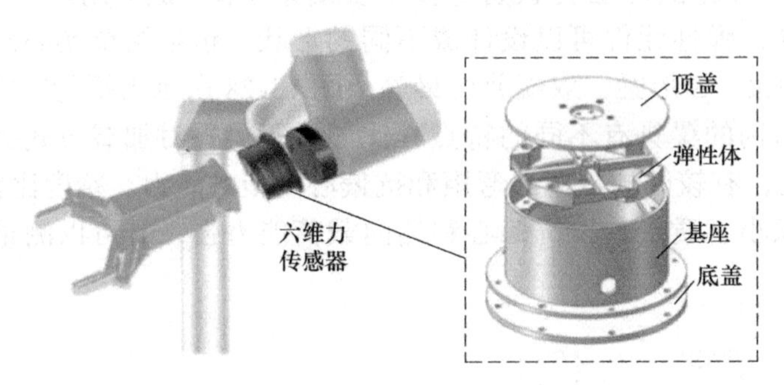

图 13-30　机械臂中的六维力传感器

13.3.2　电容式力 / 力矩测量

电容式力 / 力矩测量方式是将机械量的改变转化为可测的电容量的改变，具有灵敏度高、过载能力强、对环境适应能力强等特点，广泛应用于机器人、机械臂的受力监测、飞行器的控制系统中力和力矩测量、机器人与环境交互时的力觉反馈、手术机器人精确的力控制等应用场景中。

电容式一维力 / 力矩测量通常可以采用传统的电容传感器实现，比如变间隙、变面积、变介电常数的电容式传感器。而在机器人应用领域中，通常需要同时测量多个方向的力 / 力矩，因此需要电容式多维力 / 力矩传感器。图 13-31 为一种十字形电容式力 / 力矩传感器，主要分为三层：S 形弹性梁、测量层以及电路模块。下层 S 形弹性梁起到 X、Y 方向分力的解耦作用，并能提高传感器的灵敏度；中间层为测量层，当力变化时产生电容的变化；顶层的电路模块主要为信号调理与检测。当传感器工作时，外圈固定，内圈受力带动测量层产生位移，通过电路模块检测由此引起的电容量的变化即可实现多维力 / 力矩的测量。测量层的结构平面如图 13-31c 所示，采取双十字结构布置电容器极板。图中的虚线为电容器静电极，布置在电路模块的下底面上。其中 $C_1 \sim C_4$ 为垂直极板布置方式，即两个极板相互垂直，利用电容的边缘效应进行测量；$C_5 \sim C_8$ 为常规的平行极板布置方式，不考虑电容边缘效应。

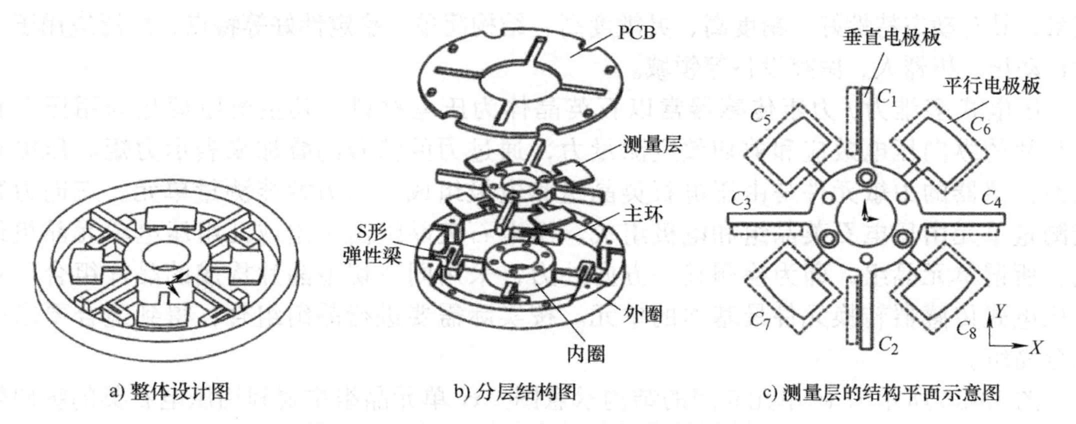

图 13-31　十字形电容式力 / 力矩传感器结构图

切向力 F_x 通过垂直电极板测量（F_y 同理），如图 13-32b 所示，受到 X 方向力后，垂直布置的电极板极距发生变化，从而引起电容量变化，通过检测电容量的变化达到测量目的。Z 方向的力矩 M_z 通过 C_1 和 C_2、C_3 和 C_4 之间的差动关系进行智能测量，如图 13-32c 所示。

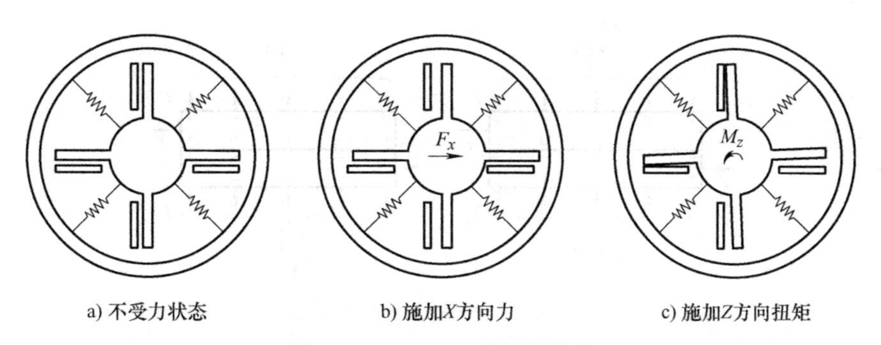

图 13-32　F_x、M_z 的测量原理

法向力 F_z 和力矩 M_x、M_y 移引起电容的变化如图 13-33 所示。法向力 F_z 作用时，所有平行极板电容器极矩变小电容增大（见图 13-33b）。当受到力矩 M_x 时（M_y 同理），如

图 13-33c 所示，两侧平行布置的极板，一侧间距增大，另一侧减小，通过这种差动式关系来进行力矩的测量。

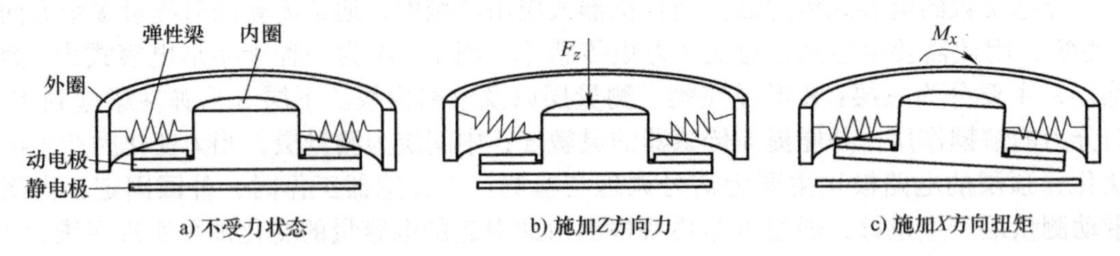

图 13-33 法向力和力矩测量原理

13.3.3 压电式力 / 力矩测量

压电式力 / 力矩测量传感器利用压电材料的特性，将机械力或力矩转换为电信号进行测量，具有动态特性好、精度高、灵敏度高、结构简单、稳定性好等特点，广泛应用于工业自动化、机器人、医疗设备等领域。

压电式多维力 / 力矩传感器常以石英晶体为压电材料，其主要原理是利用压电石英晶片的纵向压电效应和剪切效应测量力，通过力的信号的叠加来表示力矩。压电石英力传感器的力敏元件是由压电石英晶组和电极组成三向力智能测量单元。三向力智能测量单元由压电石英晶组和电极组成。压电石英晶组由一组或几组压电单元晶组组成。所谓单元晶组，即为检测某一方向外力，采用同一切型晶片构成的晶片组合。它是压电式传感器转换元件最基本的单元。按实际需要进行晶组组合，得到适合要求的组合晶组。

图 13-34 所示为 xy 单元晶组的结构示意图。xy 单元晶组主要利用压电石英的纵向效应，每个单元晶组采用完全相同的两片 xy 晶片对装，即在电路上为并联结构，把信号引出电极夹在两片中间。对装的主要原则：一是使引出的信号为负电荷；二是使两片的 y 轴相互错开一些角度。单元晶组采用两片并联可使传感器构造简单，若采用单片，正电荷面与传感器基体相连，负电荷面必须有十分可靠的高阻绝缘，才能保证信号电荷不被遗失，使传感器结构更为复杂；并且两片并联可使传感器电荷灵敏度提高一倍。

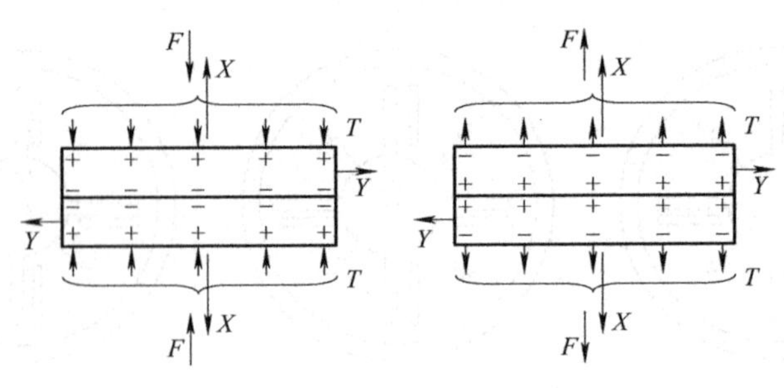

图 13-34 xy 单元晶组的结构

yx 单元晶组每个单元晶组由两片同旋向石英晶片并联而成，信号电极置于两片之间，如图 13-35 所示。在构成单元晶组时，重要的是使最大电荷灵敏度轴位于同一直线上且方向相反，达到并联的目的；使晶片所受到的最大剪切力方向与最大灵敏度轴 x 向一致，可使晶组转换效率最高，亦即使传感器的灵敏度最大。利用 *yx* 单元晶组的横向效应测量横向力时，其最大灵敏度方向应与设定的 *x* 或 *y* 方向保持严格的一致，如果两者有一定的夹角，会导致 *x* 或 *y* 方向测量的灵敏度不一致。

组合晶组的构成通常需要依据被测外载的类型（力或扭矩）、载荷的大小（常规力值或大、小力值）、载荷的方向（法向或切向）以及载荷的向数（单向、双向、三向或者多向）。比如图 13-36 采用四个组合压电石英晶组构成的三向力智能测量单元，是六维力测量的核心力敏元件。每个三向力测量单元包括三个单元晶组：一个 *xy* 单元晶组，两个 *yx* 单元晶组。法向力用 *xy* 晶组来测量，切向力用两个 *yx* 单元晶组来测量。其中，两个 *yx* 单元晶组的最大灵敏轴互成 90° 夹角，三组晶组输出的极性相同。

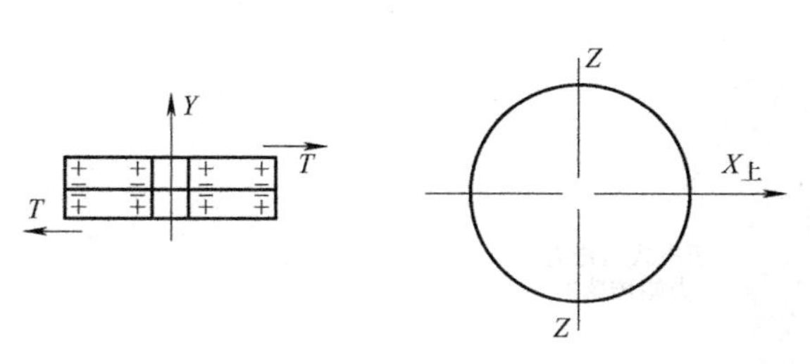

图 13-35　*yx* 单元晶组的结构

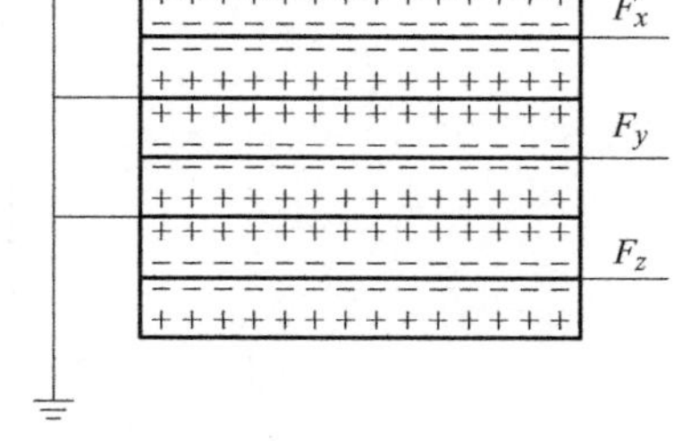

图 13-36　三向力智能测量单元的构成

利用多个三向力智能测量单元可以实现多维力 / 力矩的测量，布局主要采用多点支撑式结构，通常有三支点、四支点以及多支点等形式，其中四支点布局形式是应用最广泛的一种，每个支撑点处使用的测力单元通常为三向力测量单元。图 13-37 为四点支撑结构传感器的压电元件布局方式。四个测量位点均被布置在 $O_1X_1Y_1Z_1$ 笛卡儿直角坐标系的坐标轴上，每个测量点放置一个石英晶组，也就是三向力测量单元。石英晶组基于极化方向对切向载荷和法向载荷均有相应测量输出，分别为 F_{x1}、F_{x2}、F_{x3}、F_{x4} 和 F_{y1}、F_{y2}、F_{y3}、F_{y4}，以及 F_{z1}、F_{z2}、F_{z3}、F_{z4}。十字形四支点布局方案中应力测量公式可表达为

$$\begin{cases}F_x = F_{x1} + F_{x2} + F_{x3} + F_{x4} \\ F_y = F_{y1} + F_{y2} + F_{y3} + F_{y4} \\ F_z = F_{z1} + F_{z2} + F_{z3} + F_{z4}\end{cases} \tag{13-65}$$

相应的力矩计算公式为

$$\begin{cases}M_x = -F_{z1}r + F_{z3}r \\ M_y = -F_{z2}r + F_{z4}r \\ M_z = (F_{x1} - F_{x3} + F_{y2} - F_{y4})r\end{cases} \tag{13-66}$$

式中，*r* 为四个压电晶组构成的圆周半径。

压电式力 / 力矩传感器具有较好的动态特性，因此可以用于响应速度要求高的场合。比如用于切削机器人末端旋转机械臂的动态力监测，如图 13-38 所示，采用压电式六维力 / 力矩传感器可以精确测量三个正交方向上力和扭矩，从而进一步了解磨损机制、分析冷却剂与润滑剂状态、掌握材料加工特性、研究工件夹具特性等。

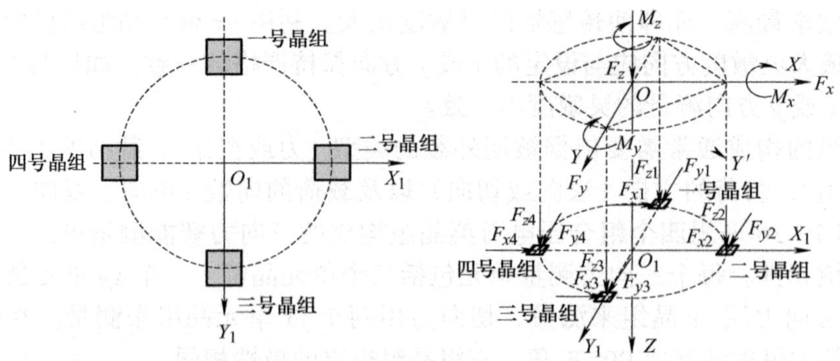

图 13-37　四点支撑结构传感器的压电元件布局方式

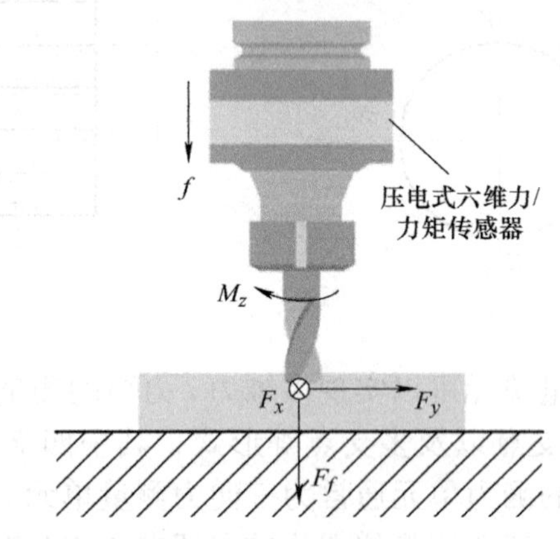

图 13-38　压电式六维力 / 力矩传感器用于机械臂的末端力监测

思考题与习题

13-1　简述光电开关位置检测的典型类型与原理。

13-2　简述编码器测速的方法及特点。

13-3　采用编码器对电机的转速进行测量，已知编码器单圈总脉冲数 C=100。当转速 n_0 为 1.5r/s 以及 100.5r/s 时，M 法测量及 T 法测量的转速结果是多少？分析两个结果的差异。已知 M 法测量的统计时间 T_0=0.01s，T 法测量的两个连续脉冲之间的时间间隔为 dT=0.00001s。

13-4　机器人力与力矩感知的类型有哪些？

13-5　简述惯性测量单元的组成及姿态测量原理。

第 14 章　机器人视觉感知

机器人视觉感知是指机器人通过CCD、红外、激光等传感器采集和解析图像或环境数据从而达到智能识别和理解的技术，它使机器人能够具有图像捕捉、物体识别、目标追踪、动作理解等功能。这些功能为机器人在制造业、医疗、服务业以及探索和救援任务中的应用提供了强大的支持。机器人视觉感知包括多种类型，比如从图像维度的角度可分为二维和三维视觉感知，从传感器类型角度可分为模拟式和数字式视觉感知，本章主要从光波类型角度出发，分别介绍基于可见光、红外以及激光的机器人视觉感知原理和方法。

14.1　机器人可见光视觉感知

可见光视觉感知作为机器人视觉中的一种基本形式，通过采集与人类视觉相似光波范围的图像并进行处理，让机器人能够“看到”并理解周围环境，为机器人执行任务提供关键的视觉数据。机器人可见光视觉感知是现代自动化和智能化系统的关键组成部分，广泛应用于工业、农业、服务业等领域中。比如在工业制造中，可见光视觉感知可用于机器人精确控制和自动化装配。如图 14-1 所示，机器人利用高精度摄像机捕捉组件的图像，再通过图像识别技术识别出制造缺陷，如划痕、不匹配的颜色或形状异常。此外，视觉系统也用于指导机器人进行精确的装配作业，例如，通过识别部件的位置和方向，确保部件正确对齐和装配。

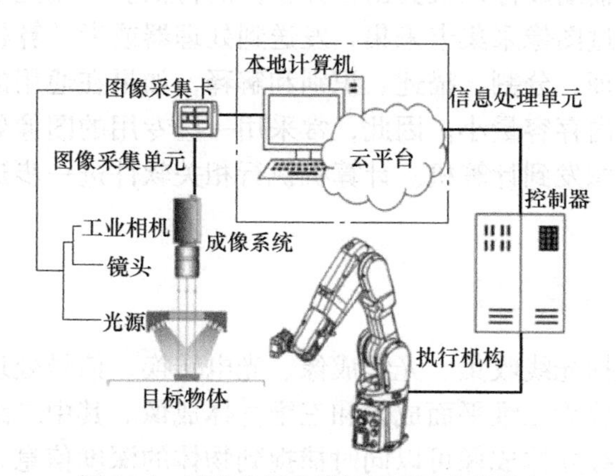

图 14-1　可见光视觉感知用于工业机器人

14.1.1 可见光视觉智能感知系统结构与组成

机器人可见光视觉智能感知系统通常包含硬件和软件两大部分，如图 14-2 所示，其中硬件部分包含相机或摄像机、图像采集与处理器、计算机、机器人控制机构等，软件部分包含视觉处理软件、计算机软件、机器人控制软件等。

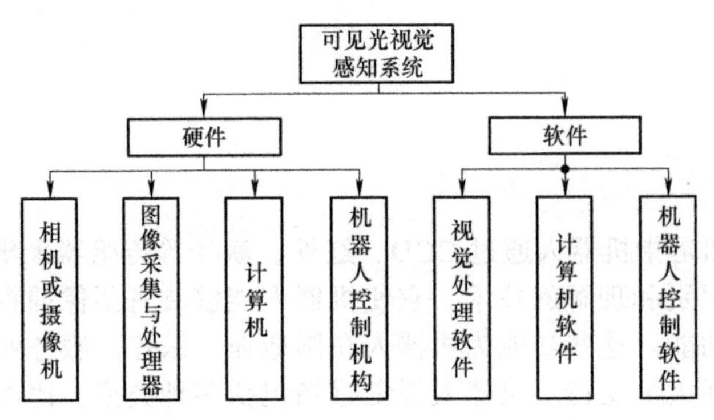

图 14-2 机器人可见光视觉感知系统组成图

如果将机器人可见光视觉智能感知系统与生物视觉系统相比较（见图 14-3），机器人模拟人类“看”的能力就需要为机器配备眼睛，摄像机就是机器人的眼睛。摄像机通过光学镜头、图像采集传感器的结合，模拟人眼的结构，实现了拍照的功能。当然，摄像机仅仅对图像进行了采集，无法实现理解的过程。对于生物，图像信号会通过视神经向大脑内部传递，在大脑初级视觉皮层区域，会对图像信息进行一些基础的处理，提取有用的特征信息；之后，大脑依托内部复杂的神经系统结构，利用图像信息完成对真实场景的解读。而对于机器人，则需要通过图像采集与处理器完成对采集图像特征的提取与表示，然后借助处理器或者计算机，采用多层卷积神经网络等深度学习方法进行图像的认理解，模拟生物脑的功能。

以工业机器人可见光视觉智能感知系统为例，示意图如图 14-4 所示。可见光视觉传感器通常包括一个或多个摄像机、光学组件等，其中摄像机主要将光信号转变为电信号，用于拍摄被检测的物体，主要包括 CCD 和 CMOS 图像传感器两种类型；光学组件包括镜头、辅助光源等，用于辅助成像以及突出目标物体的特征。可见光视觉传感器拍摄到目标后，转变为电信号，通过图像采集卡采集，发送到处理器或者计算机。视觉系统需要完成视觉处理的传感、预处理、分割、描述、识别和解释，如果在通用的计算机上处理视觉信号，运算速度较慢，且内存容量小。因此，常采用一些专用的图像处理器模块进行图像处理，之后将处理后的图像发到计算机。计算机执行相关软件进一步进行图像处理，并进行显示及机器人操控。

14.1.2 可见光视觉成像原理

可见光视觉成像包括光线收集、光学成像、光电转换、信号处理与显示等过程。按照视觉成像的维度，可以分为二维平面成像和三维立体成像。其中二维平面成像仅捕捉物体在平面上的投影，而三维立体成像可以同时捕捉到物体的深度信息，提供立体视觉。

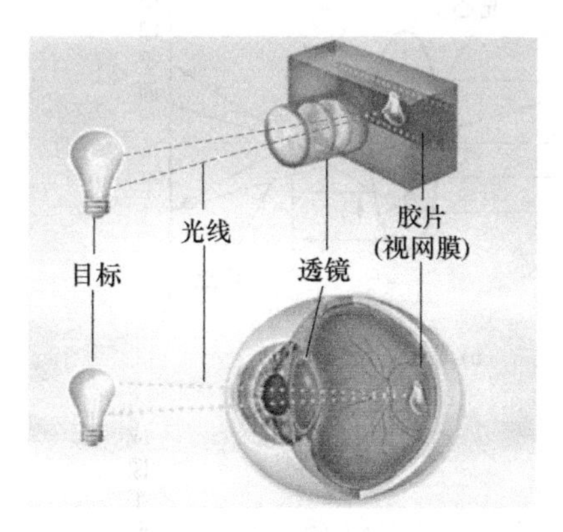

图 14-3　摄像机模拟成像系统

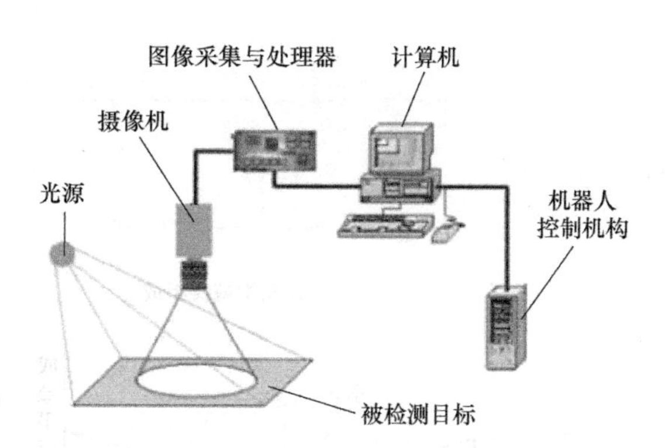

图 14-4　工业机器人可见光视觉智能感知系统示意图

1. 二维平面成像

二维平面成像涉及将三维世界中的物体通过光学系统投影到二维平面上形成图像的过程。成像过程是通过镜头将目标物体反射的光线聚焦在摄像机内部的感光元器件上来实现的。真实的光学镜头往往由多枚形态各异的透镜组合而成，如图 14-5a 所示，目的是消除成像过程中的各种像差，使光学性能达到最优，提高成像的清晰度。一般使用单个透镜来等效和模拟光线汇聚的过程，在镜头焦距和光圈固定的情况下，目标物体反射的光线会经过透镜汇聚在焦点 F 处，再投射至成像平面形成影像，焦点 F 与透镜光心间的距离为 f。真实场景内的物点到成像平面像点之间光路如图 14-5b 所示，其中，通过透镜光心的光线沿直线传播，最容易建立成像光路的数学模型，因此选择通过透镜光心的光线传播路径来代表成像光路，对工业摄像机的成像过程进行建模。摄像机成像模型的原理和小孔成像模型近似，因此在理想情况下，摄像机的成像过程一般被简化成小孔成像模型来表示，如图 14-5c 所示。由于小孔模型中光线沿直线传播的性质，此时模型参数不再表示实际镜头的焦距，而是代表集成摄像机感光元器件的阵列平面与透镜光心之间的距离。此外，为了便于理解和描述成像过程，会在镜头前建立虚拟的成像平面来降低了模型在数学表达上的复杂性，如图 14-5d 所示。

在摄像机中，最终获得的是一个个像素，这需要在成像平面上对像进行采样和量化。在摄像机系统中，进行采样和量化涉及多个坐标系统，如图 14-6 所示，O_w、O_u、O_c、O 分别为世界坐标系、图像坐标系、摄像机坐标系和图像物理坐标系的坐标原点。其中图像坐标系的坐标原点 O_u 定义在左上角，单位是像素，坐标轴 u、v 与图像边缘平行；图像物理坐标系的坐标原点 O 定义在图像中心位置，坐标轴 x、y 与图像边缘平行；摄像机坐标系坐标原点 O_c 与摄像机光心重合，x_c、y_c 轴与图像坐标系两轴平行，z_c 轴与摄像机光轴重合；世界坐标系坐标原点 O_w 可定义为空间某固定点，如两摄像机中心位置等。

如果用 ${}^{w}\tilde{M}$ 表示空间某一点相对世界坐标系坐标，${}^{u}\tilde{M}$、${}^{o}\tilde{M}$ 表示该点在图像坐标系和图像物理坐标系中的坐标。那么，忽略畸变的理想情况下，空间中某一点从世界坐标系到图像坐标的映射，经历了世界坐标系—摄像机坐标系—图像物理坐标系—图像坐标系的转换。

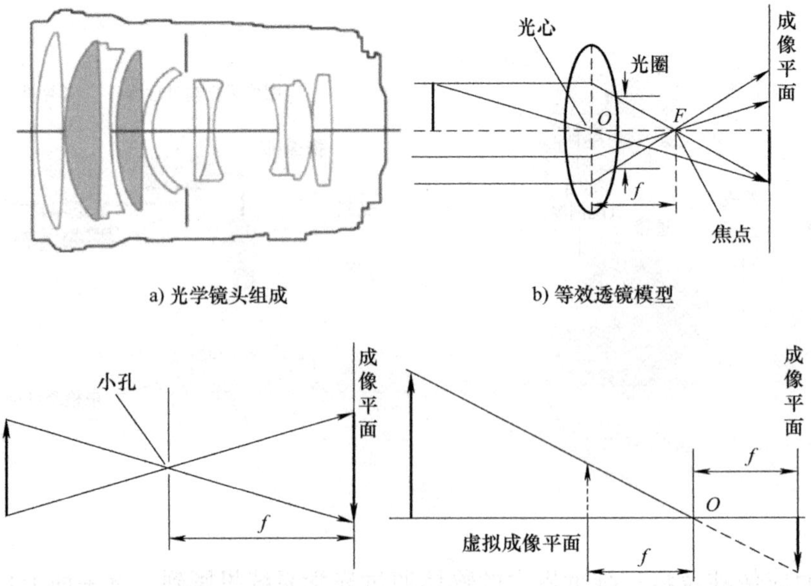

a) 光学镜头组成　　b) 等效透镜模型

c) 小孔成像模型　　d) 虚拟成像平面模型

图 14-5　小孔成像与等效透镜成像模型

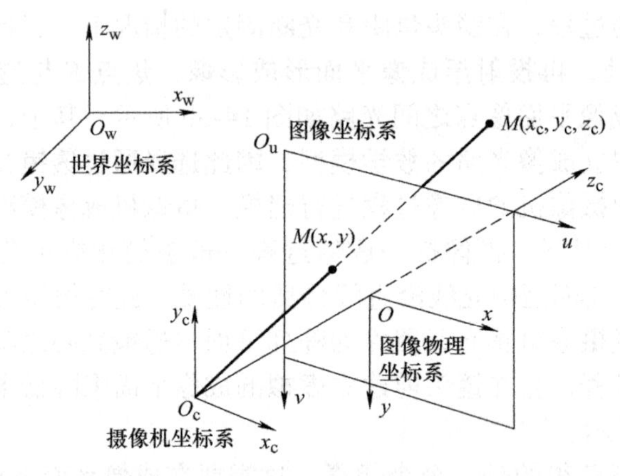

图 14-6　成像系统坐标系位置示意图

1）世界坐标系—摄像机坐标系。如果空间中某一点在世界坐标系下坐标为(x_w, y_w, z_w)，那么该点在摄像机坐标系下的坐标可以通过世界坐标系旋转与平移后得到，即

$$\begin{bmatrix} x_c \\ y_c \\ z_c \\ 1 \end{bmatrix} = \begin{bmatrix} \boldsymbol{R} & \boldsymbol{T} \\ \boldsymbol{O}^T & 1 \end{bmatrix} \begin{bmatrix} x_w \\ y_w \\ z_w \\ 1 \end{bmatrix} = \boldsymbol{M}_2 \begin{bmatrix} x_w \\ y_w \\ z_w \\ 1 \end{bmatrix} \tag{14-1}$$

式中，$\boldsymbol{R}$ 为三阶旋转矩阵，$\boldsymbol{T}$ 为平移向量，$\boldsymbol{O}^{\mathrm{T}}$ 为 [0 0 0]；$\boldsymbol{M}_2$ 为简化模型引入的 4×4 矩阵。

2）摄像机坐标系—图像物理坐标系。如果已知空间中某点在摄像机坐标系下的坐标为 $(x_{\mathrm{c}},y_{\mathrm{c}},z_{\mathrm{c}})$，那么该点在图像物理坐标系下的坐标 (x,y) 可以写成如下形式：

$$\begin{bmatrix} x \\ y \\ 1 \end{bmatrix}=\frac{1}{z_{\mathrm{c}}}\begin{bmatrix} f & 0 & 0 & 0 \\ 0 & f & 0 & 0 \\ 0 & 0 & 1 & 0 \end{bmatrix}\begin{bmatrix} x_{\mathrm{c}} \\ y_{\mathrm{c}} \\ z_{\mathrm{c}} \\ 1 \end{bmatrix} \tag{14-2}$$

3）图像物理坐标系—图像坐标系。图像坐标系的坐标原点 O_{u} 在成像平面的左上角，而图像物理坐标系的坐标原点在图像坐标系中的位置若定义为 $(u_{\mathrm{o}},v_{\mathrm{o}})$，那么可用以下数学模型来描述图像坐标（$u$，$v$）与图像物理坐标（$x$，$y$）的转换关系：

$$\begin{cases} u=u_{\mathrm{o}}+\dfrac{x}{\mathrm{d}x} \\ v=v_{\mathrm{o}}+\dfrac{y}{\mathrm{d}y} \end{cases} \tag{14-3}$$

用齐次坐标与矩阵的形式来表示为

$$\begin{bmatrix} u \\ v \\ 1 \end{bmatrix}=\begin{bmatrix} \dfrac{1}{d_x} & 0 & u_{\mathrm{o}} \\ 0 & \dfrac{1}{d_y} & v_{\mathrm{o}} \\ 0 & 0 & 1 \end{bmatrix}\begin{bmatrix} x \\ y \\ 1 \end{bmatrix} \tag{14-4}$$

式中，d_x、d_y 分别为单个像素在 x、y 轴上的实际物理尺寸。联立式（14-1）、式（14-2）、式（14-4）得

$$z_{\mathrm{c}}\begin{bmatrix} u \\ v \\ 1 \end{bmatrix}=\begin{bmatrix} \dfrac{1}{d_x} & 0 & u_{\mathrm{o}} \\ 0 & \dfrac{1}{d_y} & v_{\mathrm{o}} \\ 0 & 0 & 1 \end{bmatrix}\begin{bmatrix} f & 0 & 0 & 0 \\ 0 & f & 0 & 0 \\ 0 & 0 & 1 & 0 \end{bmatrix}\begin{bmatrix} \boldsymbol{R} & \boldsymbol{T} \\ \boldsymbol{O}^{\mathrm{T}} & 1 \end{bmatrix}\begin{bmatrix} x_{\mathrm{w}} \\ y_{\mathrm{w}} \\ z_{\mathrm{w}} \\ 1 \end{bmatrix}=\boldsymbol{M}_1\boldsymbol{M}_2\begin{bmatrix} x_{\mathrm{w}} \\ y_{\mathrm{w}} \\ z_{\mathrm{w}} \\ 1 \end{bmatrix} \tag{14-5}$$

式中，$\boldsymbol{M}_1$ 为摄像机内部参数矩阵，其涉及的参数如 f、d_x、d_y、u_{o}、v_{o} 等是摄像机固有的参数，对同一摄像机来说这些参数不变；$\boldsymbol{M}_2$ 为与摄像机在世界坐标系内的位姿有关的外参矩阵，由摄像机旋转矩阵 $\boldsymbol{R}$ 和平移矩阵 $\boldsymbol{T}$ 组成。

2. 立体视觉成像

当机器人根据视觉图像完成类似人手的高精度操作时，比如图 14-7 中采用机械臂

进行物体抓取，机器人视觉系统需要掌握目标物体的三维信息。二维平面成像视觉系统丢失了深度信息，难以满足高精度定位的需求，因此需要采用立体视觉成像技术。立体视觉成像技术是通过模拟人类的双眼视觉原理，使用两个或多个摄像机从不同的角度捕捉同一场景的图像。这些图像随后通过复杂的图像处理算法进行分析，以确定图像中各个物体的相对位置和深度信息。这种技术能够提供比单一摄像机更为丰富的空间信息，使得机器能够感知物体的三维形状和场景的立体结构。立体视觉成像通常包括双目立体视觉成像、多目立体视觉成像、光场 3D 成像等，本节主要介绍典型的双目立体视觉成像的原理。

双目立体视觉三维测量主要是基于视差原理。图 14-8 所示为常见的双目立体成像系统的原理图，O_{c1}、O_{c2} 分别为两摄像机的投影中心（摄像机坐标系 $O_{c1}X_{c1}Y_{c1}Z_{c1}$、$O_{c2}X_{c2}Y_{c2}Z_{c2}$ 的原点），M 为空间中的被观察点，其在左侧摄像机坐标系中 $O_{c1}X_{c1}Y_{c1}Z_{c1}$ 的坐标为 $M(x_{c1},y_{c1},z_{c1})$，E_1、E_2 为摄像机的虚拟像平面（真实像平面在摄像机坐标系后侧，为了得到正立的图像从而投影到虚拟像平面），p_1、p_2 为 M 点与 O_{c1}、O_{c2} 的连线在摄像机虚拟像平面的交点，p_1、p_2 在虚拟像平面的坐标定义为 p_1（x_{p1}，y_{p1}）、p_2（x_{p2}，y_{p2}）。

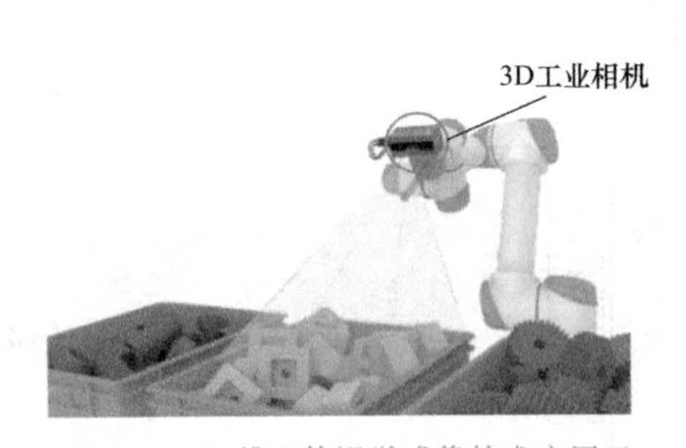

图 14-7　三维立体视觉成像技术应用于机械臂抓取任务

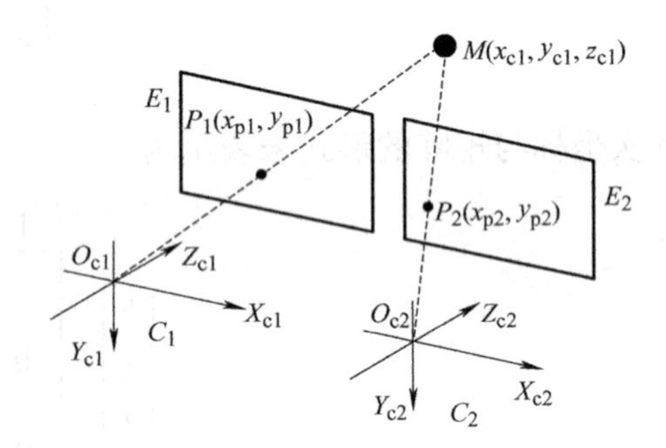

图 14-8　双目立体成像系统原理图

假定两摄像机的图像在同一个平面上，则 p_1、p_2 的 y 坐标相同，即 $y_{p1}=y_{p2}$。由三角几何关系得到：

$$\begin{cases} x_{p1}=f\dfrac{x_{c1}}{z_{c1}} \\ x_{p2}=f\dfrac{(x_{c1}-B)}{z_{c1}} \\ y_{p1}=y_{p2}=f\dfrac{y_{c1}}{z_{c1}} \end{cases} \tag{14-6}$$

式中，f 为两个摄像机的焦距。视差定义为该点在两个虚拟像平面中相应点的位置差，即

$$d=x_{p1}-x_{p2} \tag{14-7}$$

因此，M 点在左侧摄像机坐标系 $O_{c1}X_{c1}Y_{c1}Z_{c1}$ 中的坐标为

$$\begin{cases} x_{c1} = \dfrac{Bx_{p1}}{d} \\ y_{c1} = \dfrac{By_{p1}}{d} \\ z_{c1} = \dfrac{Bf}{d} \end{cases} \tag{14-8}$$

因此，当左右摄像机光轴平行放置时，只要能够找到空间中某点在两个像面上的相应点，结合摄像机标定获得摄像机的内外参数，就可以确定这个点的三维坐标。立体视觉成像能提供深度信息和精确的空间定位，在自动驾驶汽车、机器人导航与交互、工业检测等领域中有着广泛的应用。比如立体视觉在我国火星探测中就发挥了重要作用。2021 年 5 月 11 日，天问一号火星着陆器成功在火星乌托邦平原南部软着陆，并于次日释放“祝融号”火星车，迈出了我国火星探测的第一步，是我国航天事业发展的又一个重要里程碑。火星上常见的地形包括沙丘、火山、陨击坑、岩石、断层、斜坡等，构成了天问一号着陆器着陆火星的“潜在威胁”。因此，着陆器想要实现自主安全着陆，就必须具备实时、快速、准确的障碍识别与规避的能力。在火星车上安装了双目视觉感知系统，通过图像识别和双目立体地形感知完成天问一号降落过程中安全着陆点自动选取。此外，火星车行进过程中需要进行态势感知，通过双目视觉感知系统及在车体前后配置的避障相机，由近及远全面感知周围地形地貌，可以为路线规划与自主决策提供依据。图 14-9 所示为天问一号火星车“祝融号”及其拍摄的图像。

a) 采用双目立体视觉的天问一号火星车“祝融号”

b)“祝融号”获取的图像

图 14-9　天问一号火星车“祝融号”及其拍摄的图像

14.1.3　图像处理方法

在机器人通过图像传感器采集到图像数据后，利用图像处理算法进行分析和理解，能够帮助机器人实现在复杂环境中的智能自主导航和精确操作。机器人图像处理一般包括四个步骤：图像预处理、图像分割、特征提取和图像理解。

1. 图像预处理

机器人视觉图像处理系统对现场的数字图像信号按照具体的应用要求进行运算和分析，根据获得的处理结果来控制现场设备的动作。比如使用时域或频域滤波的方法来去除图像中的噪声，采用几何变换的办法来校正图像的几何失真，采用直方图均衡、同态滤波等方法来减轻图像的彩色偏离。总之，通过一系列的图像预处理技术，对采集图像进行“加工”，为视觉应用提供更好、更有用的图像。一般的预处理流程为图像灰度化、几何变换和图像增强。

（1）图像的灰度化　图像的灰度化是图像处理中的一项基本技术，涉及将彩色或多通道图像转换为单通道灰度图像的过程。这一转换通过特定的算法将每个像素的红、绿、蓝（RGB）颜色值合并为单一灰度值。图像的灰度化简化了图像数据，减少了处理时间和计算资源的需求，同时保留了图像的重要信息，为后续的图像分析，如边缘检测、特征提取等提供了便利。此外，灰度化处理也是许多图像增强和图像识别算法的前置步骤，有助于提高算法的执行效率和准确性。

灰度图像上每个像素的颜色值又称为灰度，指黑白图像中点的颜色深度，范围一般从0到255，白色为255，黑色为0。灰度直方图是指一幅数字图像中，对应每一个灰度值统计出具有该灰度值的像素数。灰度就是没有色彩，RGB色彩分量全部相等。如果是一个二值灰度图像，它的像素值只能为0或1，灰度级为2。一个256级灰度的图像，如果RGB三个量相同时，如：RGB（100，100，100）代表灰度为100，RGB（50，50，50）代表灰度为50。现在大部分的彩色图像都是采用RGB颜色模式，处理图像的时候，要分别对RGB三种分量进行处理，实际上RGB并不能反映图像的形态特征，只是从光学的原理上进行颜色的调配。在图像处理中，常用的灰度化方法有分量法、最大值法、平均值法和加权平均值法。

1）分量法：将彩色图像中的三分量的亮度作为三个灰度图像的灰度值，可根据应用需要选取一种灰度图像，分量法1、2、3分别代表选择R、G、B作为灰度值。

2）最大值法：将彩色图像中的三分量亮度的最大值作为灰度图的灰度值。

3）平均值法：将彩色图像中的三分量的亮度求平均得到一个灰度值。

4）加权平均值法：根据重要性和其他的指标，将三个分量用不同的权值进行加权平均。对于人类来说，人眼对于绿色的敏感程度最高，对于蓝色的敏感程度最低，因此，按照以下公式对RGB三个分量进行加权平均得到比较合理的灰度图像，即

$$G_{gray}=0.299R+0.578G+0.114B \tag{14-9}$$

式中，G_{gray}为灰度化后的值；R、G、B分别为图像RGB三分量的值。

图14-10所示是利用以上方法对Lena的图片进行灰度化处理的结果。分量法实现简单，计算量小，但可能会丢失其他颜色分量的信息；最大值法能够突出最亮的颜色分量，适合于某些特定场景；平均值法简单直观，但忽略了人眼对不同颜色的敏感度；加权平均值法考虑了人眼对不同颜色的敏感度，能够较好地保留图像的视觉效果，但是计算量相对较大。在实际应用中可根据需要选择合适的方法进行图像的灰度化处理。

（2）图像的几何变换　包含相同内容的两幅图像可能由于成像角度、透视关系乃至镜头自身原因所造成的几何失真而呈现出截然不同的外观，这就给观测者或是图像识别程序带来了困扰。通过适当的几何变换可以最大限度地消除几何失真产生的负面影响，有利于后续的处理和识别工作中将注意力集中于子图像内容本身。因此，几何变换常常作为其他图像处理应用的预处理步骤之一。

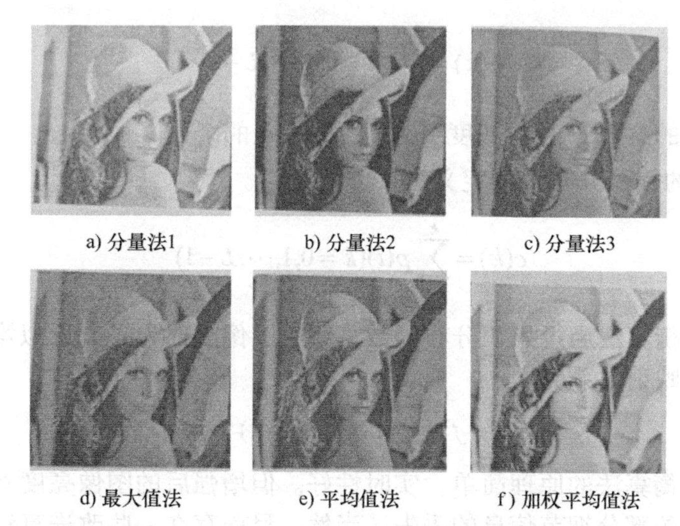

图 14-10 四种处理方法的灰度化处理结果

图像的几何变换通常包括平移、旋转、缩放、剪切、仿射、透视变换等。其中，图像仿射变换是一种二维坐标到二维坐标的线性变换，保持了图像中直线的直线性，但允许直线的平行性、角度和比例发生变化。透视变换模拟了三维空间中的透视效果，使得图像中的平行线在投影平面上收敛于一点或一组消失点。在图像处理领域中，通过缩放可以调整图像以适应不同的显示需求，旋转和仿射变换可以纠正图像的视角偏差，而透视变换则能够在 3D 建模和增强现实中模拟真实的视角变化。图像的几何变换在医学成像、卫星图像校正以及计算机视觉领域中也有着广泛应用，它们帮助专业人士对图像数据进行精确分析和处理。

（3）图像增强 图像增强的目的是改善图像的视觉效果或使图像更适合于人或机器的分析处理。图像增强的思路通常是根据某一指定的图像及其实际场景需求，借助特定的增强算法或者算法集合来强化图像的有效信息或者感兴趣信息，抑制不需要的信息或者噪声。需要强调的是图像增强不会增加图像数据中的信息量，而是增加所选择特征的动态范围，从而使这些特征检测或识别更加容易。随着数字图像处理技术的发展，出现了众多的图像增强算法，应用比较广泛的图像增强算法有直方图均衡算法和基于色彩恒常性理论的 Retinex 算法等。

1）直方图均衡算法。直方图均衡算法是最基本的图像增强算法，它的原理简单、易于实现、实时性好。直方图均衡化处理的中心思想是把原始图像的灰度直方图从比较集中的某个灰度区间变成在全部灰度范围内的均匀分布。直方图均衡化就是对图像进行非线性拉伸，重新分配图像像素值，使一定灰度范围内的像素数量大致相同。直方图均衡化最终把给定图像的直方图分布改变成“均匀”的直方图分布。简单来说，直方图均衡化是使用图像直方图对对比度进行调整的图像处理方法。其目的在于提高图像的全局对比度，使亮的地方更亮，暗的地方更暗。它适用于背景和前景都太亮或者太暗的图像，在这里首先讨论标准直方图均衡算法。

假设 $I \in I(i,j)$ 代表灰度级为 L 的图像，$I(i,j)$ 代表坐标位置 (i,j) 处的灰度值，$I(i,j) \in [0, L-1]$ 图像灰度级的概率密度函数定义为

$$p(k)=\frac{n_k}{N}(k=0,1,\cdots,L-1) \tag{14-10}$$

式中，N为像素点的总数；n_k为灰度级为k的像素点的个数。

图像I灰度级的累积分布函数定义为

$$c(k)=\sum_{i-0}^{k}p(i)(k=0,1,\cdots,L-1) \tag{14-11}$$

标准直方图均衡算法通过累积分布函数将原始图像映射为具有近似均匀灰度级分布的增强图像，相应的映射关系为

$$f(k)=c(k)\times(L-1) \tag{14-12}$$

标准直方图均衡算法的原理简单，实时性好。但增强后的图像亮度不均，且会出现因灰度级合并而导致的部分细节信息的丢失。当然，目前存在一些改进算法，比如针对标准直方图均衡算法会使增强后的图像亮度不均匀这一缺点，可采用基于亮度均值保持的BBHE算法；针对标准直方图均衡算法易造成图像信息丢失的问题，采用DSIHE算法使增强图像具有较大的信息熵；最大亮度双直方图均衡（MMBEBHE）算法同样属于双直方图均衡算法的一种，选取的阈值使得增强图像的亮度均值和原始图像的亮度均值误差最小。

2）基于色彩恒常性理论的Retinex算法。Retinex是视网膜（Retina）和大脑皮层（Cortex）两个单词合成的缩写。Retinex理论是由E. H. Land等人提出的，基本内容为：物体的颜色是由物体对长波（红）、中波（绿）和短波（蓝）光线的反射能力决定的，而不是由反射光强度的绝对值决定的；物体的色彩不受光照非均性的影响，具有一致性，即Retinex理论是以色感一致性（颜色恒常性）为基础的。如图14-11所示，观察者所看到的物体的图像S是由物体表面对入射光L反射得到的，反射率R由物体本身决定，不受入射光L变化影响。

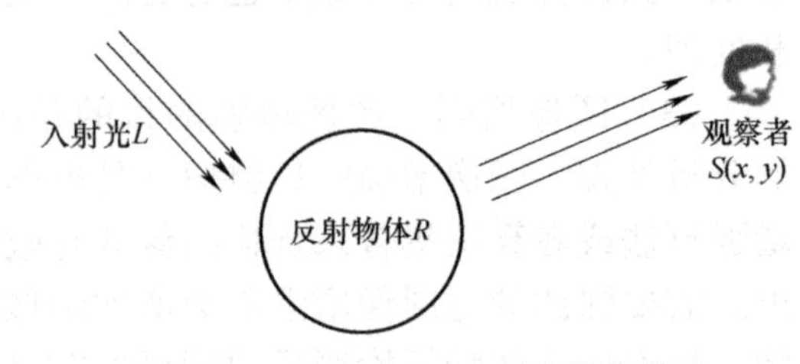

图14-11 基于Retinex理论图像增强

Retinex理论的基本假设是原始图像S是光照图像L和反射率图像R的乘积，表示为

$$S(x,y)=R(x,y)\times L(x,y) \tag{14-13}$$

基于Retinex的图像增强的目的就是从原始图像S中估计出光照L，从而分解出R，消除光照不均的影响，以改善图像的视觉效果，正如人类视觉系统那样。

2. 图像分割

图像分割是将图像中的像素划分为多个具有相似属性或特征区域的过程。通过图像分割，可以提取图像中的关键特征，便于后续的图像分析和理解。现有的图像分割方法通常包括：基于阈值的分割方法、基于区域的分割方法以及基于边缘的分割方法等。

基于阈值的分割是一种基于像素强度的图像处理技术，其基本原理是通过设定不同的特征阈值，将图像像素点分为若干类。常用的特征包括直接来自原始图像的灰度或彩色特

征，以及由原始灰度或彩色值变换得到的特征。这种方法计算简单、运算效率较高、速度快，尤其适用于前景与背景对比度较高的场景，不过，在光照不均匀、噪声干扰或复杂背景时分割效果欠佳。基于区域的分割是将数字图像细分为多个互不重叠、具有各自特征的区域的过程。这些区域内的特征具有一定相似性，而不同区域的特征则呈现较为明显的差异。基于边缘的分割是一种通过检测图像中的边缘信息来实现图像分割的方法。这种方法的核心在于识别图像中不同区域之间的边界或目标的轮廓，从而将图像分割成不同的对象或区域，在提取物体边界和形状信息方面表现突出。

当前，图像分割领域正朝着深度学习和人工智能技术深度融合的方向发展。随着端到端全卷积网络、多任务学习框架以及自监督学习等技术不断成熟，图像分割的准确性和效率都得到了极大提升。同时，交互式分割、开放词汇分割以及基于原型的高效模型等新兴研究，也进一步拓宽了图像分割的应用场景，使其能够更好地适应多样化和复杂化的实际需求。

3. 特征提取

图像特征提取主要是从原始图像数据中识别和提取有助于后续分析和理解的关键信息。这些特征通常包括边缘、角点、纹理、颜色分布等，它们能够代表图像中的重要视觉模式和结构。通过特征提取，可以显著减少数据量，同时保留图像中最有价值的信息，为图像识别、分类、分割和重建等任务提供基础。例如，边缘检测可以帮助我们确定物体的轮廓，而角点特征如 Harris 角点或 FAST 角点则常用于图像配准和目标跟踪。纹理分析能够揭示图像的表面属性，而基于颜色的特征则可以用于场景识别和图像检索。随着机器学习和深度学习技术的发展，特征提取方法也在不断进化，现在可以通过训练数据学习更加复杂和抽象的特征表示，进一步提升了计算机视觉系统的性能和智能。下面主要介绍几种常用的图像特征提取方法，包括边缘检测、角点检测、纹理特征提取和颜色特征提取。

（1）边缘检测　图像的边缘可以视为像素灰度值发生突然变化的区域。通过计算图像灰度函数的导数，可以找到这些变化剧烈的区域。边缘检测是图像处理中的基本操作，常用的方法包括 Sobel 算子、Prewitt 算子和 Canny 边缘检测算法。Sobel 算子和 Prewitt 算子是基于梯度的边缘检测方法，它们通过对图像进行卷积操作，找出图像中的垂直和水平边缘。而 Canny 边缘检测算法则是一种多阶段的边缘检测方法，包括高斯滤波、计算梯度、非最大抑制和边缘连接四个步骤。这些方法可以有效地提取图像中的边缘特征，为后续的图像识别和分析提供重要的信息。

（2）角点检测　角点是图像中突出的、明显的特征点，因为它们通常在图像中具有独特的几何属性，对于图像配准、目标识别、3D 重建等任务至关重要，对于目标识别和跟踪非常重要。角点检测的目的是找出图像中的角点像素，常用的方法包括 Harris 角点检测和 Shi-Tomasi 角点检测。Harris 角点检测是一种基于局部灰度变化的角点检测方法，通过计算图像中各个像素点的角点响应函数，找出图像中的角点。Shi-Tomasi 角点检测是对 Harris 角点检测的改进，它使用了更稳定的角点响应函数，对角点的检测结果更加准确。这些方法可以帮助计算机找出图像中的关键特征点，为目标识别和跟踪提供重要的依据。

（3）纹理特征提取　图像纹理特征提取是一种用于描述和分析图像中重复出现的局

部模式的技术。这些模式可以是规则的、不规则的或者随机的，它们在图像中形成了一种表面结构或材质的感觉。纹理特征提取在图像分析中非常重要，它能帮助识别和分类图像中的不同区域，如区分草地、建筑物表面等。纹理特征提取的方法多种多样，包括统计、几何和模型基础方法。统计方法，如灰度共生矩阵和局部二值模式，通过分析像素之间的空间关系来捕捉纹理信息。几何方法，如结构化森林或游走法，通过识别纹理的基本几何形状来描述纹理特征。模型基础方法，如马尔可夫随机场或小波变换，使用数学模型来模拟纹理的生成过程。

在实际应用中，纹理特征提取被广泛应用于图像分割、目标识别、医学成像分析和遥感图像处理等领域。例如，在医学成像中，纹理分析可以帮助识别病变组织；在遥感领域，它可以用于土地覆盖分类和植被监测。此外，随着机器学习和深度学习技术的发展，基于这些技术的纹理分析方法也日益流行，它们能够自动学习和提取更为复杂和抽象的纹理特征，从而提高纹理识别的准确性和鲁棒性。

（4）颜色特征提取　颜色是图像中最直观的特征之一，对于图像检索和识别具有重要意义。常用的颜色特征提取方法包括颜色直方图、颜色矩和颜色空间转换。颜色直方图是一种统计图像中各个颜色分量出现频率的方法，通过统计图像中各个颜色分量的分布情况，来描述图像的颜色特征。颜色矩是一种对颜色分布进行紧凑表示的方法，通过对颜色分布进行矩计算，来描述图像的颜色特征。颜色空间转换是一种将图像从 RGB 颜色空间转换到其他颜色空间的方法，如 HSV 颜色空间和 Lab 颜色空间，进而提取图像颜色特征。颜色特征提取在视频监控、作品分析等领域有广泛应用。例如，在视频监控中，颜色特征可以帮助识别和追踪特定颜色物体。在艺术作品分析中，颜色特征分布和变化可以揭示作品的用色风格和情感表达。

4. 图像理解

图像理解不仅涉及从图像中提取数据，更重要的是对这些数据进行分析和解释，以模拟人类对视觉世界的认知。图像理解的目标是使计算机能够像人类一样解释图像中的内容，包括识别场景中的物体、理解这些物体的三维结构、它们之间的空间关系以及它们的行为和交互。下面，将简述图像理解中的图像识别、图像语义分析。

（1）图像识别　图像识别是一项使计算机能够分析和理解图像内容的技术。通过使用深度学习、卷积神经网络（CNN）和其他机器学习算法，计算机能够自动提取图像特征，如形状、纹理、颜色和模式，进而识别和分类图像中的物体、场景和活动。这项技术在安全监控、医疗诊断、自动驾驶、内容识别和检索等多个领域都有广泛应用。

神经网络图像识别技术是一种在传统的图像识别方法基础上融合神经网络算法的一种图像识别方法。在神经网络图像识别中，遗传算法与 BP 网络相融合的神经网络图像识别模型在很多领域都有应用。一般会先提取图像的特征，再利用图像所具有的特征映射到神经网络进行图像识别分类。以汽车拍照自动识别技术为例，当汽车通过的时候，检测设备会有所感应，此时检测设备就会启用图像采集装置来获取汽车正反面的图像。获取了图像后必须将图像上传到计算机进行保存以便识别。最后车牌定位模块就会提取车牌信息，对车牌上的字符进行识别并显示最终的结果，如图 14-12 所示。在对车牌上的字符进行识别的过程中就用到基于模板匹配算法和基于人工神经网络算法。

图 14-12　车牌图像识别

（2）图像语义分析　图像语义分析是对图像和图像语义之间的关系进行分析的过程，一般依据已知图像和相应的图像语义的数据库。图像语义分析是模拟人类的认知过程，分析图像中能被人类认知到的含义。图像语义分析的内容主要包括语义体系的构建、图像语义标注、场景分析与理解、图像语义推理等。图像语义分析的研究方法主要分为两种，生成法以及判别法。生成法建立在图像语义特征及上下文表示的基础上，通过一定的模型生成描述图像的语义信息。判别法侧重于区分不同类别的图像，通过学习图像特征与类别之间的差异来实现分类。

生成法是一种具有普遍性的语义分类方法，可同时处理目标图像中多个词汇分类。这种方法尝试从像素级细节中提取特征，并结合上下文信息来理解和重建图像的高层语义特征。生成法是数据驱动的，依赖大量标注数据来训练模型，捕捉图像中对象和场景的语义属性。其目标是创建能够准确反映图像语义的描述，比如通过标签、关键词等。

判别法通常使用贝叶斯分类器、支持向量机分类器及神经网络。近年来，深度学习也逐渐用到图像分析中，模仿人脑的机制来解释图像数据。它通过将低层的特征组合形成更高层的表示，从而发现数据的分布式特征。与人工规则构造特征方法相比，利用大数据来学习特征，刻画数据的丰富内在信息的能力更强。而且，深度学习可通过学习一种深层非线性网络结构，实现复杂函数逼近，展现出了强大的从少数样本集中学习数据集本质特征的能力。

14.2　机器人红外视觉感知

在自然界中的所有的物体都存在红外辐射，同时也吸收外界的红外辐射。由于大气的吸收和散射作用，只有一部分红外辐射能透过大气。光谱区域光线辐射能力如图 14-13 所示。从物理理论可知，可见光图像感受和反映的是目标与背景反射来自太阳或物体自身光线强弱的差别，而红外图像感受及反映的是目标及背景自身红外辐射能量的差异。这两种（可见光和红外光）都与物体颜色、表面光亮度以及构成目标和背景的材料有关。由于可见光成像和红外成像存在着上述本质上的差别，这就决定了可见光图像和红外图像具有不同的特点：

1）红外图像的空间分辨力比可见光低。

2）红外辐射透过雾的能力比可见光强。

3）红外成像可以全天候工作（白天及夜间），而可见光成像只能在白天工作。

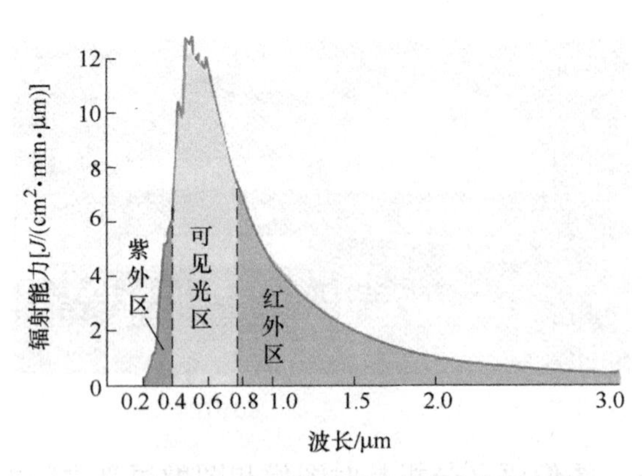

图 14-13 光谱区域光线辐射能力表视图

机器人红外视觉感知就是一种通过红外传感器来检测和分析环境中的热辐射或红外光的技术。这种技术不依赖可见光，可在完全黑暗的环境中工作，广泛应用于机器人夜间导航、物体识别、环境监测等。机器人红外视觉感知主要包括两大类：主动式红外视觉感知和被动式红外视觉感知。主动式红外视觉感知依靠主动红外光源照射并利用目标的反射来实现夜视成像。被动式红外视觉感知是通过物体自身发射的红外辐射来实现红外成像，这类成像技术根据目标和背景或物体观察各部分之间的温差或热辐射差来实现成像。

14.2.1 主动式红外视觉

主动式红外视觉采用可控的红外光源来激发物体，然后通过捕捉反射回来的红外光进行检测和分析。由于它具有背景反差好，成像比较清晰及受外界照明条件的影响少等优点，因此广泛用于机器人产品质量检测、物体识别等领域。

主动式红外视觉系统的组成与基本原理框图如图 14-14 表示。作为红外辐射源，红外发射器发射特定波长的红外光束，通过真空、大气等介质传播并在目标处反射，红外接收器接收到反射的红外辐射，并将其转变为电信号；利用信号采集设备采集后，在信号处理器中进行进一步的放大、滤波、特征提取、识别等智能化处理。最后，机器人根据红外图像的处理结果调整控制自身组件，实现特定的功能。

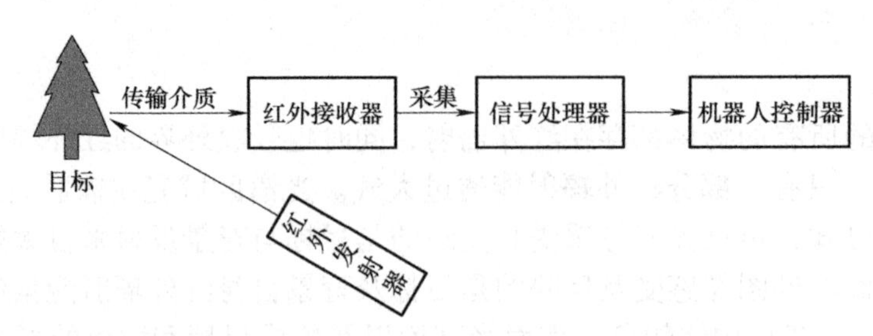

图 14-14 主动式红外视觉系统的组成与基本原理框图

红外接收器是主动式红外视觉系统的核心部分。在多数系统中，红外接收器是一个 CCD 电荷耦合器件，将接收到的红外辐射转换成电信号。红外接收器把光信号转换成电信号通过两种方法输出，一种是把信号转换成图像，直接或者经过简单处理后在显示器显示，供观察者观察，通常用于红外夜视仪；另一种是把得到的信号经过信号处理器，对图像进行识别、理解等，通常用于移动机器人的道路识别、工业机器人物体检测等应用中。红外接收器通常包含特定的光学组件，比如不同功能的透镜。红外光进入红外接收器会受到物镜光学因素的影响。由于镜头材料对不同波长光线的折射及吸收的不同，使得成像过程产生各种不同的光学效应，如空间效应、辐射效应、几何效应、吸收效应及折射效应等。

对于主动式红外视觉系统，从目标辐射出的红外信号 S 可用采用以下公式建模：

$$S = S_{\mathrm{L}} + S_{\mathrm{R}} = S_{\mathrm{L}} + S_{\mathrm{R1}} + S_{\mathrm{R2}} \tag{14-14}$$

式中，S_{L} 为每一个目标的红外辐射分量，它是由目标表面温度决定的，可预测出红外峰值辐射；S_{R} 为反射分量；S_{R1} 为亮度分量，路灯和天空等的反射分量，是一个退化的因素；S_{R2} 为场景中目标的反射分量，对于主动照明红外成像系统，该反射分量就是主要成分，因此可认为辐射 S_{L} 是很小的，即 $S_{\mathrm{R2}} \gg S_{\mathrm{L}}$。

在红外信号经过光学物镜再到红外接收器的这一成像过程中，由于大气的影响，信号会发生退化。红外信号退化的程度依靠红外光辐射波段以及大气条件。在通常天气条件下以及在几百米工作范围内，可以忽略大气的退化。信号模型从目标反射源到主动红外成像系统的红外接收器可以表示为

$$S = S_{\mathrm{L}}\,\mathrm{e}^{-\omega\lambda_{\mathrm{L}}D} + N \tag{14-15}$$

式中，N 为噪声成分；D 为目标反射源到红外接收器的距离；ω 为大气退化系数成分；λ_{L} 为红外光辐射波长。落在每一传感器单元上的信号可以表示为

$$F(x,y) = S(x,y) + S_{\mathrm{S}}(x,y) \tag{14-16}$$

式中，$S_{\mathrm{S}}(x,y)$ 为红外接收器引起的散射分量。图像像素灰度值 $G(x,y)$ 为

$$G(x,y) = g \times F(x,y) + \beta + N'(x,y) \tag{14-17}$$

式中，g 为系统增益系数；β 为信号偏移量；$N'(x,y)$ 是由成像系统引入的噪声分量。对于一幅红外图像 g 和 β 是常数。结合式（14-15）～式（14-17），则有

$$G(x,y) = g\{\mathrm{e}^{-\omega\lambda_i D}[S_i(x,y) + S_{\mathrm{R1}}(x,y) + S_{\mathrm{R2}}(x,y)] + S(x,y) + N(x,y)\} + \beta + N(x,y) \tag{14-18}$$

式（14-18）就是红外视觉系统的成像过程模型。可以把成像后的信号式（14-18）简化为式（14-17），将红外成像后的信号分成两部分：原始图像信号的线性变换部分和成像噪声部分。成像噪声信号包括成像随机噪声和原始信号的非线性偏移量。针对上述主动红外成像过程模型的分析，可知图像处理工作就是要在原始红外图像信号受非线性偏移信号影响以及噪声影响的条件下，对成像后的红外图像信号做相应处理，使其更适合于人眼对红外图像进行观察。

14.2.2　被动式红外视觉

被动式红外视觉是一种利用红外热辐射进行物体检测的技术，具有非接触性、非侵入性和非破坏性的特点，无须照明光源，可在雨雪、大雾等不良天气条件下昼夜持续工作，

被广泛用在军事国防、工农业检测、医疗健康检查、交通安全检查等领域。

被动式红外成像的典型装置是红外热像仪，如图 14-15a 为典型的红外热像仪产品。近年来，红外热成像结合机器人视觉的各类应用得到拓展，包括消防监控、工业安全监测、工业机器人温度监测、电力巡检、液位检测生物科学研究、医疗健康诊断、汽车夜视等领域，如图 14-15b 所示。2020 年 COVID–19 新冠肺炎疫情防控期间，各大交通站点、商场及医院出入口等人流量集中的地方都装配了红外热像仪用于监测过往人员体温。图 14-16 所示为疫情防控期间某车站使用的红外热成像体温监测系统，旅客身体的热辐射通过红外热像仪在显示屏呈现，一旦测量到旅客的体温超过 37.5℃，系统会自动发出报警并留下影像资料，值守的医务人员便会对该旅客做进一步的检测。这不仅方便了执勤人员快速锁定身体出现发热的旅客，而且有效地缩短了旅客测温的时间，提高了旅客进站的速度，还可以有效降低执勤人员与旅客交叉感染的风险，极大地助力了新型冠状病毒感染的肺炎疫情防控。

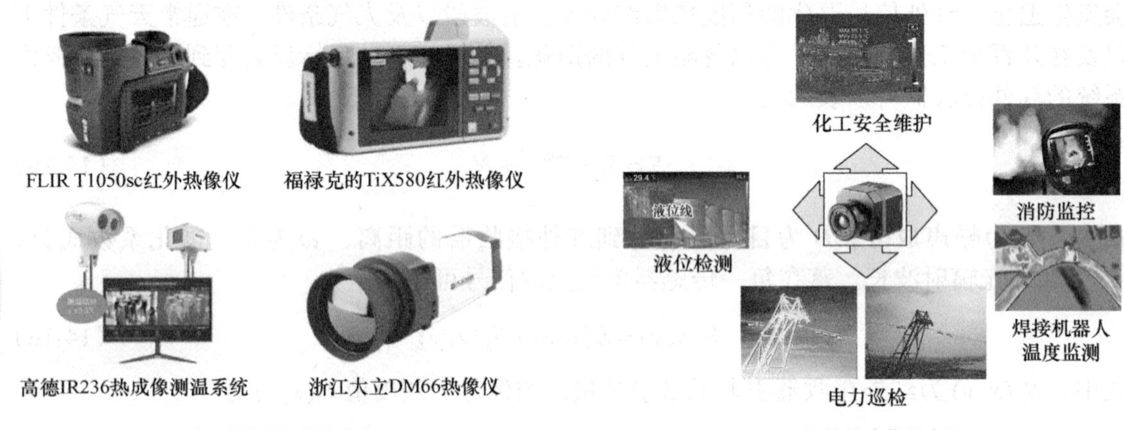

a) 不同品牌的红外热像仪　　b) 红外热成像的应用

图 14-15　被动式红外热像仪及其应用

图 14-16　红外热成像机器视觉系统用于新冠肺炎疫情防控

红外热成像机器视觉系统的基本原理涉及计算机软硬件、图像处理、自动控制、模式识别、光学成像、模拟 / 数字视频技术等多学科理论与技术。红外热成像机器视觉系统通过自动获取、处理和解释真实物体的红外辐射信息，以获取所需信息或控制机器的运动或过程。典型的红外热成像机器视觉系统包括红外热成像镜头、红外热成像机芯、图像采集模块、图像处理识别模块、决策和控制模块和机械执行模块。

如图 14-17 所示，探测目标的红外辐射分布通过红外热成像镜头被红外热成像机芯拍摄，拍摄到二维红外辐射分布经过图像采集模块转换成探测目标的红外图像，之后该图像被传输到图像处理识别模块，根据红外像的像素分布、灰度分布、亮度、纹理等信息，运用各种机器视觉算法计算得到探测目标的形状、尺寸等信息，从而提取探测目标的特征，并传送到决策和控制模块，最后根据判断决策的结果输出相应的控制指令以控制现场的机器。

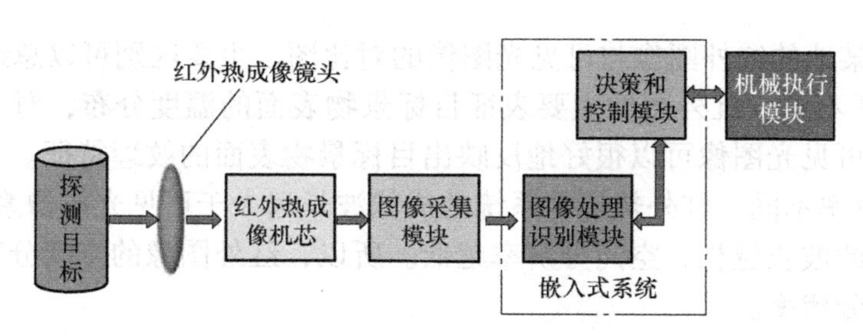

图 14-17　典型的红外热成像机器视觉系统工作原理示意图

红外热成像系统的分类如图 14-18 所示。按工作波段，通常将红外热成像系统分为长波型、中波型和短波型红外热成像系统。按照图像生成方式，将红外热成像系统分为扫描型和凝视型。早期的红外热成像系统限于红外探测器像素数少，一般设计成扫描型的结构。随着红外探测器从单一像素发展到了几百万像素，可以在不需要光机扫描的前提下对目标物体成完整像，这就是凝视型红外热成像系统。按照工作条件，主要是系统工作需不需要制冷，红外热成像系统可以分为制冷型和非制冷型。一般来说，制冷型红外热成像系统性能较高，多用于军事、科研等特殊场合，其制作成本高；非制冷型无须复杂、昂贵的低温制冷系统，成本较低、可靠性较高，在工业、医疗及民用领域被广泛应用。按照应用方式，红外热成像系统分为观察型和测温型。观察型系统的成像质量要求较高而不关注温度测量的能力，测温型系统的图像质量不如观察型而是更关注测温性能。此外，按照技术发展，红外热成像系统可以分为第一代、第二代和第三代系统。第一代系统需要将分立像素单元或多元探测器与光机扫描结合，主要特征是探测器像素单元少于 200 个，热灵敏度为 100mK 左右，空间分辨率为 0.2mrad 量级；第二代系统包括一维扫描型或者小规模凝视型红外热成像系统，主要特征是探测器像素数大于 2 万个，像素大小为 30μm 左右，热灵敏度为 50mK 左右，空间分辨率为 0.1mrad；第三代系统指像素数在 640×480 像素以上的凝视型红外热成像系统，主要特征是探测器像素数大于 30 万个，热灵敏度通常低于 30mK，空间分辨率小于 0.1mrad 量级。

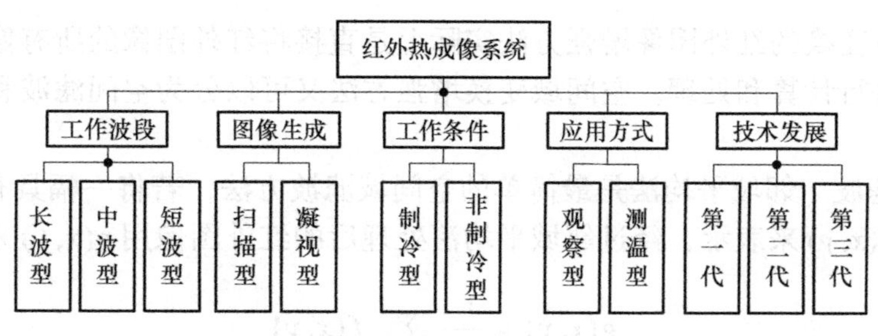

图 14-18　红外热成像系统的分类

14.2.3 红外视觉图像处理方法

红外图像的处理、分析等过程中，经常会用到可见光图像处理的方法和思路。不过红外图像与可见光图像之间也存在一些差异，因此，对红外图像和可见光图像做一下对比分析，有助于针对性地进行数据处理。

1. 红外图像与可见光图像的区别

图 14-19 为某地的红外图像与可见光图像的对比图，主要区别可以总结为以下几点：

1）纹理特征不同。红外图像主要表征目标景物表面的温度分布，对其纹理特征不能很好地反映，而可见光图像可以很好地反映出目标景物表面的纹理特征。

2）空间分辨率不同。红外热成像系统的成像波长远大于可见光成像系统的成像波长，而光学系统成像的波长越长，空间分辨率越低。所以，红外图像的空间分辨率明显低于可见光图像的空间分辨率。

3）灰度差异较大。

4）可见光图像的灰度层次比较分明，而红外图像的灰度层次比较模糊。

5）像素间的相关性不同。对同一目标景物，红外图像像素间的相关性高于可见光图像像素间的相关性。

6）边缘特征不同。相比红外图像，可见光图像的边缘结构更加复杂、锐利。

a) 红外图像

b) 可见光图像

图 14-19 某地的红外图像与可见光图像的对比

类似于可见光图像处理方法，红外图像的处理也需要进行预处理、特征提取以及图像理解。不过由于红外图像通常具有较低的对比度和清晰度，图像增强技术在红外图像处理中尤为重要。本节主要介绍基于空间域变换的红外图像增强方法。

2. 基于空间域变换的红外图像增强方法

基于空间域变换的红外图像增强方法实际上是直接将红外图像的所有像素灰度值在其二维像素空间进行计算和处理。空间域变换增强方法又可以分为空间滤波和灰度变换两种方法。

（1）空间滤波 邻域平均法是最简单的空间域滤波方法，若将一幅具有 $N\times N$ 个像素的红外图像用 $f(x,y)$ 来表示，经过邻域平均法处理后的红外图像用 $g(x,y)$ 来表示，则

$$g(x,y)=\frac{1}{M}\sum_{(m,n)\in S}f(x,y) \tag{14-19}$$

式中，x、y 为 0 ～ M–1，M 是邻域内的像素总数；S 是（x，y）像素点邻域像素坐标的集合。可以看出，平均邻域法将红外图像的所有像素都进行了均值替代，没有保护红外图像中的目标边缘特征，所以处理后的图像边缘会变得模糊，模糊程度随选择的邻域变大而更加严重。

中值滤波是以某一个像素点为中心点确定一个邻域，然后将邻域内的所有像素点进行排序，取中间值为中心像素点的新像素值，最后将邻域在整个图像中进行移动来完成红外图像的平滑处理。若将一幅具有 $N \times N$ 个像素的红外图像用 f（x，y）来表示，经过中值滤波处理后的红外图像用 $g(x,y)$ 来表示，则

$$g(x,y)=\mathrm{Med}\{f(x-k,y-l),(k,l \in W)\} \tag{14-20}$$

式中，x、y 为 0 ～ N–1；W 表示邻域内的像素数；k 为 0 ～ W，Med 表示取中间值。

由于红外图像的像素在二维方向上有较强的相关性，因此邻域的尺寸，也就是一个滑动窗口的大小一般选取为一个二维窗口，可以根据实际需求制作成如图 14-20 所示的各种形状的二维窗口。

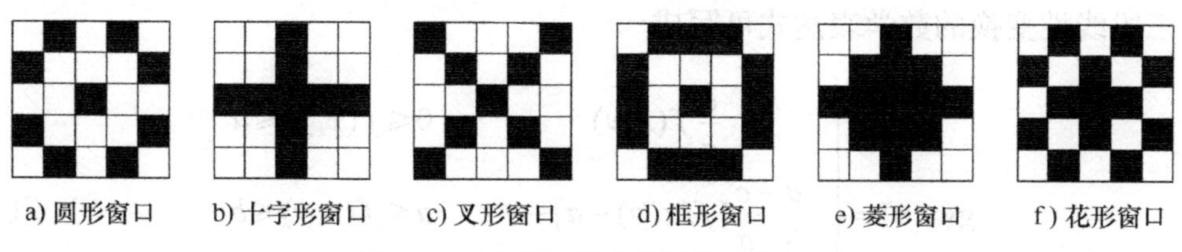

图 14-20　中值滤波中常用的二维窗口

基于空间滤波的红外图像增强方法除了上述的几种之外，还有诸如均值滤波、高斯滤波等。这类方法的基本原理都是基于图像的像素空间进行数学运算操作，对输入图像的像素点与其邻域像素进行简单计算，以计算结果作为原始像素点的新像素值，从而达到去除红外图像中的随机噪声的目的。图 14-21 所示为经过空间滤波前后的红外图像，可以明显看出经过滤波后信噪比得到明显提升。

a) 空间滤波前

b) 空间滤波后

图 14-21　空间滤波前后的红外图像

（2）灰度变换　灰度变换是通过利用点运算的方法来改变图像的像素灰度，输出像素的灰度值是由输入像素的灰度值经过点运算直接得到的。灰度变换之后的红外图像特征更加明显，灰度动态范围更大，图像的对比度和清晰度都可以被提高。

红外图像的灰度变化可以采用线性和非线性变换的方式。简单的线性变换法可以表示为

$$g(x,y)=\frac{d-c}{b-a}[f(x,y)-a]+c \tag{14-21}$$

式中，c、d 分别表示输出图像灰度的最小值和最大值；a、b 分别表示输入图像灰度的最小值和最大值。通过式（14-21）可知，经过线性变换的图像像素灰度的线性范围从 $[a，b]$ 变换成 $[c，d]$。如果某一图像中的大多数像素的灰度级集中分布在某区间，为了增强图像的效果，假设 M 为未经变换的图像灰度的最大值，且令

$$g(x,y)=\begin{cases} c & 0\leqslant f(x,y)\leqslant a \\ \dfrac{d-c}{b-a}[f(x,y)-a]+c & a\leqslant f(x,y)\leqslant b \\ d & b\leqslant f(x,y)\leqslant M_{\mathrm{m}} \end{cases} \tag{14-22}$$

采用上述的线性变换方法将图像的像素灰度进行一定程度的线性拉伸，将很大程度地增强图像的观察效果。

更进一步地，还可以将图像整体的灰度区间进行多个分段，然后分别进行线性变换，例如，三段线性变换的数学表达式可写成

$$g(x,y)=\begin{cases} \dfrac{c}{a}f(x,y) & 0\leqslant f(x,y)\leqslant a \\ \dfrac{d-c}{b-a}[f(x,y)-a]+c & a\leqslant f(x,y)\leqslant b \\ \dfrac{M_{\mathrm{m}}-d}{M_{\mathrm{m}}-b}[f(x,y)-b]+d & b\leqslant f(x,y)\leqslant M_{\mathrm{m}} \end{cases} \tag{14-23}$$

通过调整式（14-23）中各式的斜率，可以对红外图像中的特殊指定的灰度区间进行有针对性的拉伸或压缩，以达到增强图像的效果。

非线性变换并不像线性变换一样需要将红外图像的整个灰度区间都进行线性拉伸，而是使用特定的非线性函数的性质对图像的某一灰度区间进行拉伸，同时压缩其他的灰度区间，反过来也可以，比如对数函数和指数函数。利用对数变换来增强红外图像的数学模型可以表示为

$$g(x,y)=a+\frac{\ln[f(x,y)+1]}{b\ln c} \tag{14-24}$$

式中，a、b、c 都是可以设置的参数；$f(x,y)$ +1 则是为了避免对 0 求对数，由对数函数的性质可知，对数变换后红外图像的低灰度区得到扩展，而高灰度区将被压缩，红外图像的灰度区间将更加平衡，低灰度区的图像会变得更加清晰。同理，利用对数变换来增强红外图像的数学模型可以表示为

$$g(x,y)=b^{c[f(x,y)-a]}-1 \tag{14-25}$$

与对数变换相反，指数变换可以在一定程度上扩展红外图像的高灰度区，同时将其低灰度区进行一定程度的压缩。

常用的基于灰度变换的红外图像增强方法还有直方图均衡化或规定化等方法基本原

理，都是对图像的灰度进行数学变换以达到重新分配图像灰度级，将红外图像本身比较窄的灰度动态范围进行展宽，从而增强红外图像的目的。图 14-22 所示为经过灰度变换前后的红外图像，与空间滤波后的效果相比，灰度变换后的红外像灰度分布更加均衡。

a) 灰度变换前

b) 灰度变换后

图 14-22　灰度变换前后的红外图像

14.3　机器人激光雷达视觉感知

机器人激光雷达视觉感知通常指的是利用激光雷达技术为机器人提供环境感知的能力。激光雷达系统通过发射激光脉冲并接收反射回来的光束，来测量物体与传感器之间的距离，从而实现对周围环境的三维感知。通常用于提供精确的距离测量，帮助机器人理解其与周围物体的相对位置；创建环境的三维地图，使机器人能够在复杂环境中进行路径规划和导航；与视觉系统融合，结合摄像头获取的图像信息，提供更全面的环境理解。

激光雷达视觉感知系统通常包括激光发射模块、激光接收模块、信号与信息处理模块等，如图 14-23 所示。其中激光发射模块，主要由驱动电路、激光器、扫描单元和光学组件组成，激光接收模块主要由光电传感器和信号调理电路构成；信号与信息处理模块包括控制器以及处理器。主要工作原理为：在控制器的控制下，由驱动电路驱动激光器产生一定频率的激光脉冲，在经过扫描单元及一系列光学变换后射出，接触到目标后产生回波信号，传输到接收模块中的光电传感器，经过初步的信号调理后，将信号发送到处理器，通过计算信号来回时间差可以得到目标与激光器之间的距离。同时，处理器接收惯性导航系统等信息，获取激光发射时刻扫描仪的姿态，结合激光测量的距离信息、扫描信息等进行成像，为机器人提供精确的距离测量和环境感知能力。

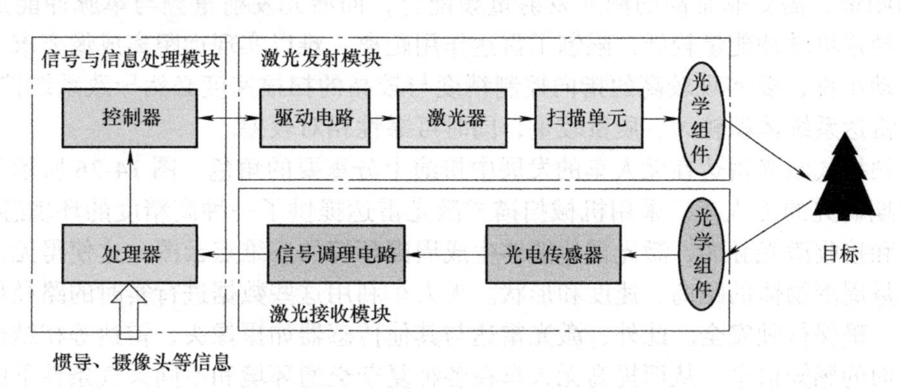

图 14-23　激光雷达视觉感知系统的基本组成

激光雷达视觉感知系统利用其扫描功能可以实现三维图像构建。按照扫描方式，激光雷达系统可以分为三种，即机械扫描式、半固态式及全固态式。

14.3.1 机械扫描式激光雷达

机械扫描式三维成像的基本工作原理是通过激光发射系统产生单波束或者少量波束发射，每个波束对应独立探测器单元，每次成像对目标单点或多点的三维坐标获取，与此同时，通过扫描机构的一维扫描，再结合系统随着搭载平台的运动实现对观测区域的扫描覆盖，最终实现对探测区域三维成像测量。这种技术是目前发展最成熟的激光三维成像手段，已经广泛应用到静态三维激光建模、车载激光雷达系统和机载激光雷达系统中，并已实现商业化。其中最具代表性的为奥地利 RIEGL 公司，其三维成像激光雷达产品已经在测绘、林业调查等领域得到广泛应用。该公司研制的超轻型无人机专用激光扫描仪系统 VUX–SYS，可以适应小型直升机和各种无人机平台，实现超高精度的扫描测量，如图 14-24 所示。

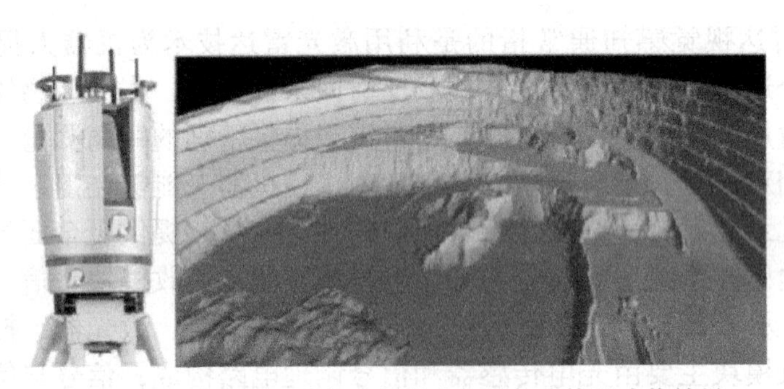

图 14-24 超轻型无人机专用激光扫描仪系统及成像结果

图 14-25 所示为机械扫描式激光雷达的结构示意图，通过旋转电机驱动扫描镜运动，利用光束随镜面运动的偏转实现光束扫描，具有较大的扫描范围与较高的扫描效率。但使其存在以下几点应用限制：①机械式扫描的扫描速度限制的成像帧频，要实现较大幅宽的三维成像，一帧图像的成像时间在秒级左右，难以满足高帧频应用场景；②为了实现高水平分辨的测量，需要非常高的激光发射重频配合，而激光发射重频与单脉冲能量相互制约，从而导致单脉冲能量较低，限制了雷达作用距离，难以实现远距离成像要求；③扫描系统为活动组件，要实现较高的指向控制精度与较高的扫描速度必然导致系统控制复杂，使得激光雷达系统体积较大、质量较重，同时可靠性相对较差。

机械扫描式激光雷达在无人车的发展中扮演十分重要的角色。图 14-26 所示为国防科技大学前期研究的无人车，采用机械扫描式激光雷达提供了一种高精度的环境感知能力。通过发射和接收激光脉冲，激光雷达能够生成周围环境的三维点云图，这使得无人车能够精确地测量周围物体的距离、速度和形状。无人车利用这些数据进行实时的路径规划、避障和导航，确保行驶安全。此外，激光雷达与其他传感器如摄像头、雷达等相结合，可以提供更全面的感知信息，从而提高无人车在各种复杂交通环境和不同天气条件下的自主驾驶能力。

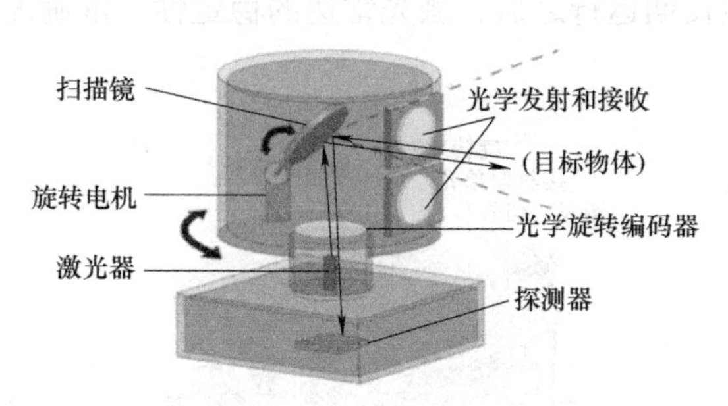

图 14-25　机械扫描式激光雷达结构示意图

图 14-26　机械扫描式激光雷达用于自动驾驶汽车

14.3.2　半固态式激光雷达

半固态式激光雷达的发射器和接收器固定不动，只通过少量运动部件实现激光束的扫描。半固态式激光雷达由于既有固定部件又有运动部件，因此也被称为混合固态式激光雷达。根据运动部件类型不同，半固态式激光雷达又可以细分为转镜类半固态式激光雷达、MEMS 半固态式激光雷达和棱镜类半固态式激光雷达。

图 14-27 所示为 MEMS 半固态式激光雷达激光扫描示意图，其核心结构是尺寸很小的悬臂梁，通过控制微小的镜面平动和扭转往复运动，将激光管反射到不同的角度完成扫描，而激光发生器本身固定不动。MEMS 激光雷达因为摆脱了笨重的旋转电机和扫描镜等机械运动装置，去除了金属机械结构部件，同时配备的是毫米级的微振镜，这大大减少了 MEMS 激光雷达的尺寸。其次，得益于激光收发单元的数量减少，整体成本有望进一步降低。但是，MEMS 激光雷达的微振梁属于振动敏感性器件，同时硅基 MEMS 的悬臂梁结构非常脆弱，外界的振动或冲击极易直接致其断裂，车载环境很容易对其使用寿命和工作稳定性产生影响。其次，MEMS 的振动角度有限导致视场角比较小（小于 120°），同时受限于 MEMS 微振镜的镜面尺寸，传统 MEMS 技术的有效探测距离只有 50m，多用于近距离补盲或者前向探测全固态式激光雷达内部完全没有运动部件。

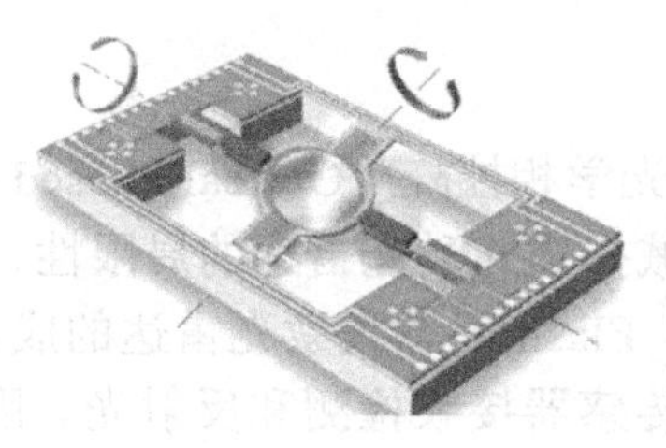

a) MEMS偏振镜

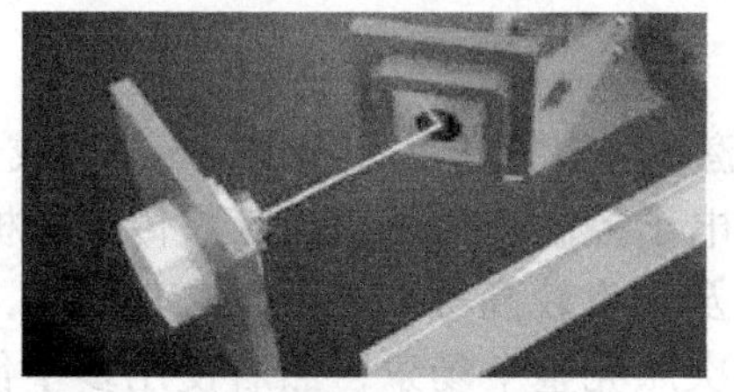

b) MEMS半固态式激光雷达成像示意图

图 14-27　MEMS 半固态式激光雷达激光扫描示意图

与 MEMS 激光雷达的扫描镜围绕着圆心旋转不同，转镜式激光雷达的扫描镜围绕某条直径上下振动。如图 14-28 所示，在转镜式激光雷达中，镀膜反射镜在电动机的带动下旋转，从而改变发射光的反射方向，从而实现激光的扫描。转镜式激光雷达的激光发射和接收装置是固定的，即使有旋转机构，也可以把产品体积做小，进而降低成本。并且旋转机构只有反射镜，整体质量轻，电动机轴承的负荷小，系统运行起来更稳定，寿命更长。

但是，由于旋转机构的存在，仍不可避免地在长期运行之后，激光雷达的稳定性、准确度会受到影响。

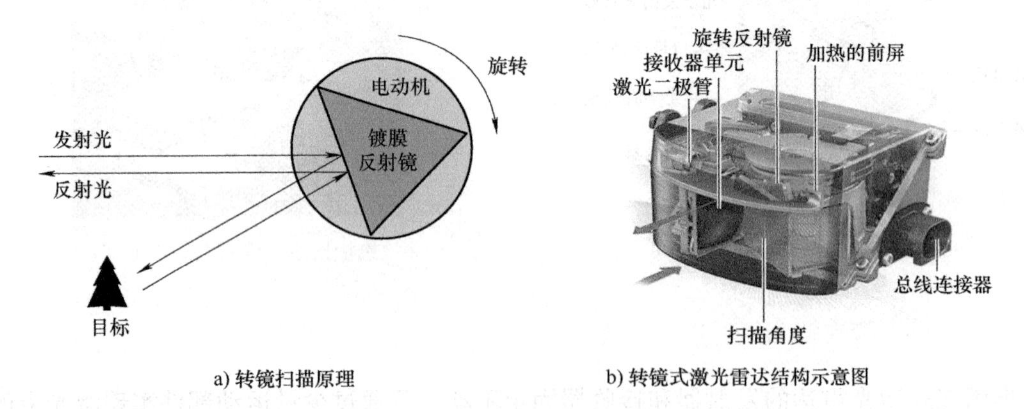

a) 转镜扫描原理　　b) 转镜式激光雷达结构示意图

图 14-28　转镜式激光雷达原理

半固态式激光雷达主要应用机器人产业、智慧交通、自动及半自动辅助驾驶、智慧物流等方面。图 14-29 所示为半固态式激光雷达在服务机器人及汽车辅助驾驶上的应用，可以实现室内外的复杂路况中实现自主定位、导航、避障等功能。

a) 服务机器人　　b) 汽车辅助驾驶

图 14-29　半固态式激光雷达的应用

14.3.3　全固态式激光雷达

全固态式激光雷达通常采用如 Flash 技术或光学相控阵（Optical Phased Array，OPA）来实现光束的电子控制扫描，从而克服传统机械扫描式激光雷达的局限性，如体积庞大、耐久性问题以及成本较高等。如图 14-30 所示，Flash 固态式激光雷达的成像原理是发射大面积激光一次照亮整个场景，然后使用多个传感器接收检测和反射光。因此，Flash 固态式激光雷达属于非机械扫描式雷达，发射面阵光，以二维或三维图像为重点输出。某种意义上，其原理类似于摄像头，不过其光源由自己主动发出。

Flash 固态式激光雷达最大的优势在于可以一次性实现全局成像来完成探测，同时具有体积小、设计简洁、实时性好、易安装等优势。不过 Flash 激光单点面积比扫描式激光单点大，因此其功率密度较低，进而影响到探测精度和探测距离（低于 50m）。要改善其性能，需要使用功率更大的激光器，或更先进的激光发射阵列，让发光单元按一定模式导通点亮，以取得扫描器的效果。在体积受限的条件下，Flash 固态式激光雷达的功率密度不能很高，无法兼容视场角、检测距离和分辨率的性能，即如果检测距离较远，则需要牺牲视场角或分辨率，如果需要高分辨率，则需要牺牲视场角或检测距离。

OPA 激光雷达主要是利用波与波之间产生干涉的现象，通过控制相控阵雷达平面阵列各个阵元的电流相位，利用相位差让不同的位置的波源产生干涉，从而指向特定的方向，往复控制便得以实现扫描效果。如图 14-31 所示，激光源产生单一相位的激光束，这个激光束被分成多个子光束，每个子光束进入独立的相控阵元件，通过调整相控阵中的相位，形成特定波前的光束。相控阵可以精确地控制光束的相位分布，使得不同方向的光波干涉相长或相消，从而改变光束的方向。通过在相控阵上施加线性相位梯度，可以使光束在特定角度偏转。改变相位梯度的方向和大小，控制光束的扫描角度和范围。光束经目标反射后，由激光接收模块进行转换处理，构建三维图像。

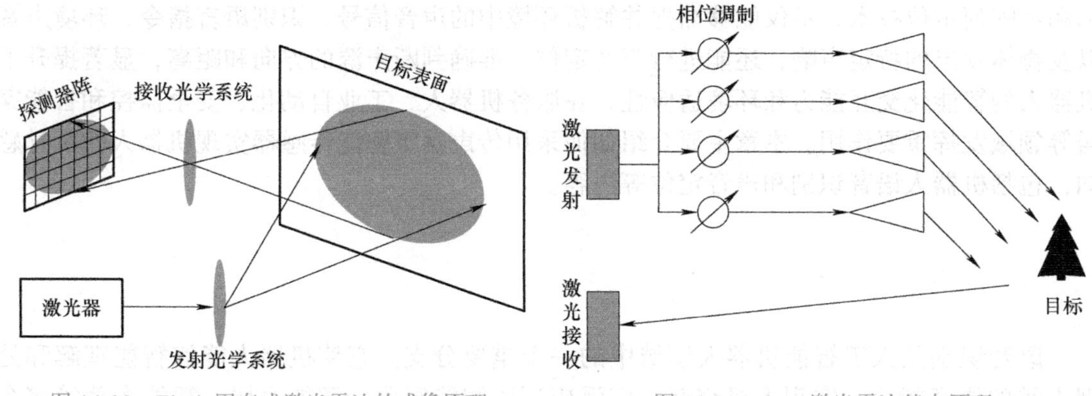

图 14-30　Flash 固态式激光雷达的成像原理　　图 14-31　OPA 激光雷达基本原理

与 Flash 固态式激光雷达一样，OPA 激光雷达发射机采用纯固态器件，没有任何需要活动的机械结构，因此在耐久度上表现更出众。但是，OPA 激光雷达对激光调试、信号处理的运算力要求很高，同时，还要求阵列单元尺寸必须不大于半个波长，因此每个器件尺寸仅 500nm 左右，对材料和工艺的要求都极为苛刻。

思考题与习题

14-1　二维平面视觉成像与双目立体视觉成像的基本原理是什么？

14-2　可见光图像处理的步骤通常有哪些？

14-3　简述红外图像与可见光图像的特点与区别。

14-4　简述激光雷达视觉感知系统的基本组成。

14-5　如何利用激光雷达实现三维视觉感知？

第 15 章　机器人听觉感知

机器人听觉感知赋予机器人听觉能力。机器人通过传声器采集声音信息，利用语音识别和声阵列定位技术，不仅能够捕捉并解析环境中的声音信号，识别语言指令、环境声音以及物体发出的特定声响，还能进行声音定位，准确判断声源的方向和距离，显著提升了机器人的智能化交互能力和环境适应性，在服务机器人、工业自动化、安全监控和智能家居等领域发挥重要作用。本章主要介绍如何采用传声器等智能传感器实现机器人的听觉感知，包括机器人语音识别和声音定位等内容。

15.1　机器人语音识别

语音识别是人工智能机器人领域中的一个重要分支。它使机器人能够智能理解和处理人类的语音指令，实现人机交互，广泛应用于智能客服、智能家居、智能车载等多个领域。在语音识别系统中，传声器作为采集语音信号的关键传感器，扮演着至关重要的角色。

15.1.1　语音识别及其发展

语音识别是利用机器对语音信号进行识别和理解并将其转换成相应文本和命令的技术，涉及声学、语音学、语言学、信息理论、模式识别理论以及神经生物学等多个学科内容。语音识别技术的发展历史是一个长期且充满挑战的过程，经历了几个重要的发展阶段。

1. 早期阶段

语音识别技术的研究始于 20 世纪 50 年代，当时贝尔实验室开始了早期的语音识别研究。1952 年，贝尔实验室的 Davis 等人开发的 Audrey 系统，利用了当时可用的声学原理和电子技术，通过模拟电路来提取语音信号的特征，实现了对数字和简单单词的识别。虽然 Audrey 系统在语音识别的准确性和应用范围上存在局限，但是它为后来的语音识别技术研究奠定了基础，展示了将人类语音转换为机器可理解的文本信息的可能性。20 世纪 60 年代，IBM 发明了“ShoeBox”系统，可以识别 16 个英文单词，美国卡耐基梅隆大学的 Reddy 等开展了连续语音识别的研究，但是这段时间语音识别技术的发展很缓慢。总体而言，从 20 世纪 50 年代到 60 年代，语音识别诞生并得到了初步发展，这一阶段主要实现了小词汇量、孤立词的语音识别。

2. 隐马尔可夫模型兴起阶段

20 世纪 70 年代，语音识别领域取得了突破性进展。线性预测编码技术被成功应用于语音识别，动态规划的思想被应用到语音识别中，并提出了动态时间规整算法。同时，矢量量化（VQ）和隐马尔可夫模型（HMM）理论也被提出。统计方法开始被用来解决语音识别的关键问题，为非特定人大词汇量连续语音识别技术的成熟奠定了基础。20 世纪 80 年代开始，以隐马尔可夫模型方法为代表的基于统计模型方法逐渐在语音识别研究中占据了主导地位，识别的准确率和稳定性都得到极大提升。该阶段的经典成果包括 1990 年李开复等研发的 SPHINX 系统，该系统以 GMM–HMM（Gaussian Mixture Model–Hidden Markov Model）为核心框架，是有史以来第一个高性能的非特定人、大词汇量、连续语音识别系统。GMM–HMM 结构在相当长时间内一直占据语音识别系统的主流地位，并且至今仍然是学习、理解语音识别技术的基石。

3. 深度神经网络应用阶段

21 世纪初，深度神经网络（DNN）开始应用于语音识别，彻底革新了语音识别领域。2009 年 Mohamed 等提出深度置信网络（Deep Belief Network，DBN）与 HMM 相结合的声学模型，在小词汇量连续语音识别中取得成功。2012 年，深度神经网络与 HMM 相结合的声学模型 DNN–HMM 在大词汇量连续语音识别中取得成功，掀起利用深度神经网络进行语音识别的浪潮。DNN 通过自动特征学习改善了声学模型，同时利用先进架构增强了对时间序列的处理。采用端到端建模技术，如 CTC 和注意力机制，进一步简化了系统设计，提高了识别效率。DNN 同样革新了语言模型，使之能够捕捉更复杂的语言依赖。此外，可以与图像、文本等多种数据源相结合，增强了系统的鲁棒性。如今，语音识别技术在智能助手、智能家居、医疗记录等多个领域发挥着重要作用，准确率的显著提升使得人机交互更加自然和高效。

15.1.2　语音识别基本原理

一个完整的语音识别系统通常包括语音信号采集、信号预处理和特征提取、声学模型、语言模型和解码搜索等模块，如图 15-1 所示。语音信号采集通常采用传声器将声音信号转换为电信号。根据工作原理的不同，传声器分为动圈式、电容式、电动式和压电式等类型。其中，动圈式传声器通过声波驱动线圈在磁场中移动来产生电信号，广泛应用于一般的录音和放大场合。电容式传声器则利用声波改变电容器间隙中的电容值来产生信号，灵敏度高，常用于高质量音频录制。此外，电动式和压电式传声器则分别利用声波影响特定材料的电荷分布和机械应力来转换声音信号。每种类型的传声器都有其特定的应用场景和优缺点，选择合适的传声器对于确保声音采集的质量乃至对声音信号进行语音识别至关重要。

在利用传声器采集语音信号后，首先对语音信号预处理并提取特定的声学特征，得到特征向量，然后利用声学模型智能识别这些特征对应的音素或单词，利用语言模型根据语言的语法规则预测词序列；最后采用解码搜索结合声学和语言模型的输出生成最终识别文本。假设语音信号经过特征提取得到特征向量序列为 $\boldsymbol{X}=[x_1,x_2,\cdots,x_N]$，其中 x_i

是一帧的特征向量，$i=1,2,\cdots,N$，N为特征向量的数目。该段语音对应的文本序列设为$\boldsymbol{W}=[w_1,w_2,\cdots,w_m]$，其中$w_i$为基本组成单元，如音素、单词、字符，$i=1,2,\cdots,m$，$m$为文本序列的维度。语音识别的目标就是从所有可能产生特征向量$\boldsymbol{X}$的文本序列中找到概率最大的文本序列$\boldsymbol{W}$，即

$$\begin{aligned}\boldsymbol{W}^*&=\arg\max_{\boldsymbol{W}} P(\boldsymbol{W}|\boldsymbol{X})=\arg\max_{\boldsymbol{W}}\frac{P(\boldsymbol{X}|\boldsymbol{W})P(\boldsymbol{W})}{P(\boldsymbol{X})}\\&\propto\arg\max_{\boldsymbol{W}} P(\boldsymbol{X}\,|\,\boldsymbol{W})P(\boldsymbol{W})\end{aligned}\tag{15-1}$$

式中，$P(\boldsymbol{X}|\boldsymbol{W})$为条件概率，由声学模型决定；$P(\boldsymbol{W})$为先验概率，由语言模型决定。

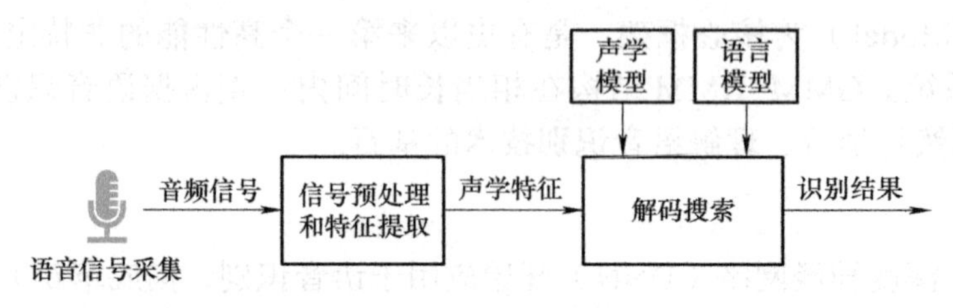

图 15-1 语音识别系统组成

由式（15-1）可知，要找到最可能的文本序列必须使两个概率$P(\boldsymbol{X}|\boldsymbol{W})$和$P(\boldsymbol{W})$的乘积最大，声学模型和语言模型对语音信号的表示越精准，得到的语音系统效果越准确。

1. 语音信号预处理和特征提取

（1）语音信号预处理 语音信号是一种非平稳的一维复杂时变信号，在进行语音识别的时候，不能直接将原始语音信号当作输入，而需要先对语音信号采取一系列预处理操作，比如滤波、预加重、分帧、加窗等。在采样过程中，通常只关心一定频率范围内的信号成分，同时为了干扰频率分类，需要采用低通、带通等滤波器进行滤波。语音信号预加重是一种在语音信号处理中用于增强高频成分的技术，主要目的是补偿在录音和传输过程中高频声音的自然衰减，减少噪声的影响，并改善语音特征的稳定性。语音信号功率谱随着频率的增加而减少，其大部分能量都集中在低频范围内，造成信号的低频信噪比很大，而高频信噪比明显不足，从而导致高频传输衰弱，使高频传输困难。因此，在传输之前把信号的高频部分进行加重，然后接收端再去重，提高信号传输质量。预加重通常是通过一个简单的高通滤波器实现的，该滤波器的传递函数通常为

$$H_z=1-az^{-1}\tag{15-2}$$

式中，a是一个小于1的系数，用于控制预加重的程度，通常取0.937。预加重处理后的信号可以表示为

$$x'(n)=x(n)-\alpha x(n-1)\tag{15-3}$$

式中，$x(n)$是原始信号；$x'(n)$是预加重后的信号。通过这种方式，每个样本都与其前一个样本相减，从而突出了信号的高频变化。

语音信号分帧的目的在于将连续的语音信号切割成短时间内的小段，即帧，以便对每

一帧进行独立的分析和处理。这种处理方式使得语音信号的特征提取成为可能，因为语音的许多特性在短时间内是相对稳定的，而在较长时间尺度上则可能发生显著变化。分帧还有助于实现短时傅里叶变换（STFT），进而提取诸如梅尔频率倒谱系数（MFCC）等关键的语音特征。此外，分帧技术与重叠帧的使用，可以保证在分帧过程中捕捉到语音信号的动态变化，如音素的过渡，从而为语音识别系统提供更加丰富和准确的信息。图 15-2 所示为语音信号分帧示意图。分帧一般采用交叠分段的方法，这是为了使帧与帧之前平滑过渡，保持其连续性。前一针和后一帧的交叠部分称为帧移。通常情况下，帧移取 10ms，帧长取 25ms，也可以根据实际情况调整。

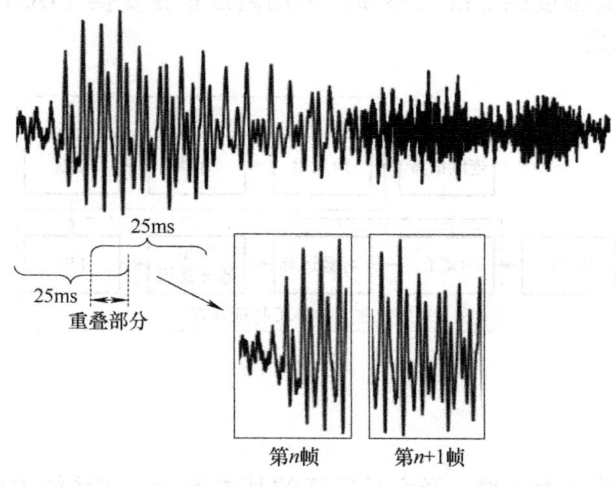

图 15-2　语音信号分帧示意图

在对语音信号进行分帧操作后，还会进行一个加窗的操作，主要目的在于减少帧边界处的不连续性和频谱泄漏效应，同时为信号的傅里叶变换提供一个平滑的起始和结束。在语音信号分帧后，每一帧的信号在时间上是离散的，如果不加处理，直接进行快速傅里叶变换分析，会在帧的开始和结束处产生不连续跳变，这会导致频谱分析结果的不准确。通过在每一帧上应用窗函数，如汉明窗或汉宁窗，可以平滑这些不连续点，降低信号的边缘效应，使得频谱更加平滑和连续。此外，加窗还能减少不同帧之间的重叠部分对频谱的影响，提高频谱分析的准确性，从而使得提取的语音特征更加稳定和可靠，这对于提高语音识别系统的性能至关重要。

（2）声学特征提取　声学特征提取是从预处理后的语音信号中提取代表语音特性的参数，这些参数能够捕捉到语音信号的重要信息，如音调、音色等，以便于后续的语音处理和识别任务。

基音周期、共振峰等参数都可以作为表征语音特性的特征参数。所谓基音周期，是指声带振动频率（基频）的振动周期，因其能够有效表征语音信号特征，因此从最初的语音识别研究开始，基音周期检测就是一个至关重要的研究点。所谓共振峰，是指语音信号中能量集中的区域，因其表征了声道的物理特征，并且是发音音质的主要决定条件，因此同样是十分重要的特征参数。特征提取的性能对后续语音识别系统的准确性极其关键，因此需要具有一定的鲁棒性和区分性。目前语音识别系统常用的声学特征有梅尔频率倒谱系数（Mel-Frequency Cepstrum Coefficient，MFCC）、感知线性预测系数（Perceptual Linear

Predictive，PLP）、线性预测倒谱系数（Linear Prediction Cepstral Coefficient，LPCC）、梅尔滤波器组系数等。

MFCC 是最为经典的语音特征。MFCC 的提取模仿了人耳听觉系统，计算简单，低频部分也有良好的频率分辨力，在噪声环境下有一定的鲁棒性。因此，现阶段语音识别系统大多仍采用 MFCC 作为特征参数。MFCC 特征提取过程如图 15-3 所示，在对语音进行预加重、分帧、加窗等预处理之后，进行快速傅里叶变换（FFT），将其从时域转换到频域；使用梅尔滤波器组对 FFT 后的频谱进行处理，其中梅尔滤波器组是模仿人耳听觉特性设计的，能够将频谱映射到梅尔频率刻度上；之后，对梅尔滤波器组的输出进行对数运算，以模拟人耳对声音强度的非线性感知；采用离散余弦变换（DCT），提取主要的频谱信息，生成 MFCC 系数。

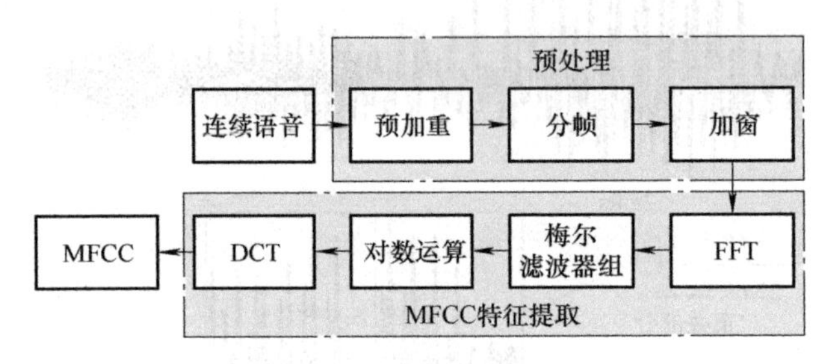

图 15-3　MFCC 特征提取过程

2. 声学模型

语音识别的建模单元为音素，音素是发音的基本单元。在系统中使用发音词典，来记录词到音素的映射，通常采用三音素模型来降低连续发音时协同音素的影响。假设将音素的集合记为 $\boldsymbol{W}=[w_1,w_2,\cdots,w_m]$，如图 15-4 所示，每一个模块代表一个声学模型，其数量与音素的个数一致。每一个模块会以特定的概率输出特定的序列数据，如音素 w_i 模块会以很高的概率输出听起来很像这个音的特征向量序列。

将这种模块看作自动机，则其结构可用图 15-5 表示。该自动机没有输入，根据在各个状态 S_i 上定义的分布 $b_i(x)$，以概率的形式输出 x。建模对象的音素不同，其对应的自动机的状态数也不一样。一般来说，具有平稳特征向量的元音对应的模型状态数较少，而反映特征向量变化的辅音所对应的模型状态数较多。另外，每个弧上都标记了由当前状态 S_i 沿该弧迁移到下一个状态 S_j 时的状态迁移概率 a_{ij}。所以，上述对语音进行建模的自动机从初始状态开始，经过几个带有自循环的状态，最后到达最终状态。这个自动机现在的状态只有前一个状态以概率形式来决定，这个性质称为马尔可夫性质，具有马尔可夫性质的过程称为马尔可夫过程，用自动机对马尔可夫过程进行建模后形成的模型称为马尔可夫模型。

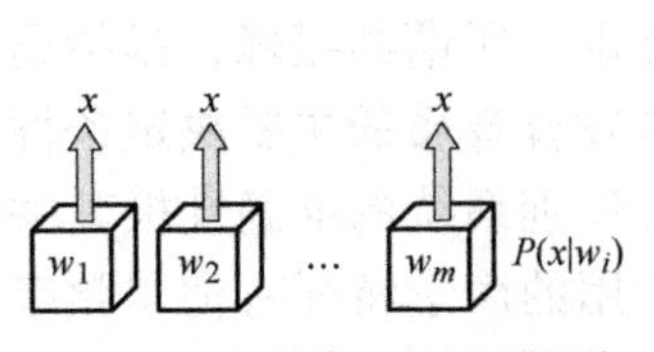

图 15-4　声学模型的问题设定

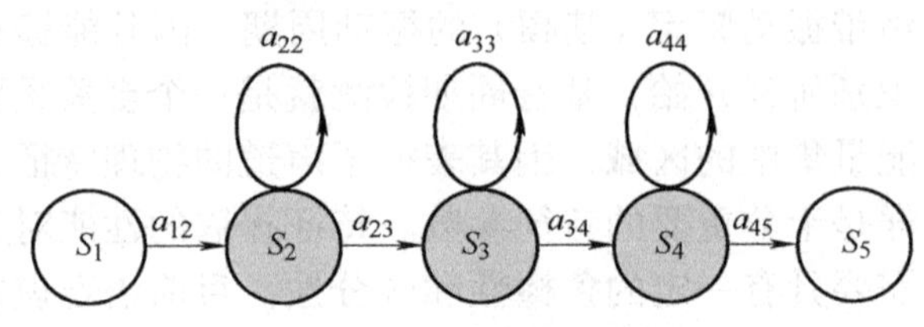

图 15-5　用于声学模型的自动机结构

这里考虑的马尔可夫模型中，每一个状态都可以输出任意特征向量，并且由于特征向量序列的长度与自动机的状态数不一致，所以无法知道特定时刻下输出的特征向量是从哪个状态输出。像这种即时得到了观测值但是不了解内部迁移过程的马尔可夫模型称为隐马尔可夫模型 HMM。

在语音识别中，HMM 的每个状态都可对应多帧观察值，这些观察值是特征序列，多样化且不限取值范围，因此其概率分布是连续的。HMM 的每个状态产生每一帧特征的观察值概率都可用高斯分布表示，如图 15-6 所示。其中，起始状态 S_1 和结尾状态 S_5 没有产生观察值，中间三个状态能够产生观察值。

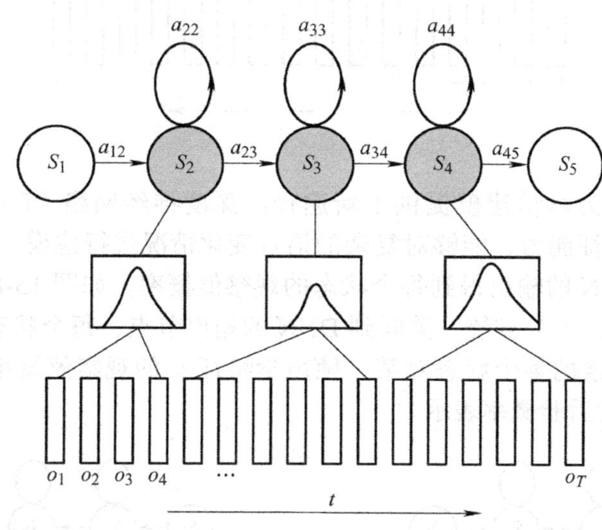

图 15-6　每个状态的观察值概率用高斯分布表示

比如图 15-6 中特征序列的前四帧 $o_1 \sim o_4$ 用一个高斯函数分布表示，对应的观察值概率就由这个高斯函数来计算。但是，由于不同的人发音会存在较大的差异，每个状态对应的观察值序列也会多样化，单纯用一个高斯函数来刻画其分布往往不够。高斯混合模型（Gaussian Mixture Model，GMM）是一种概率模型，它假设所有数据点都是来自具有特定参数的多个高斯分布的混合。因此，可以采用 GMM 对 HMM 模型的状态观察值概率密度进行描述。GMM 通过将语音信号的声学特征表示为一系列高斯分布的加权和，来捕捉语音信号的统计特性和变异性。每个高斯成分代表信号的一个特定模式，而 GMM 通过其成分的参数来描述语音信号的多样性。GMM 能够很好地近似任意形状的分布，这使得它在处理复杂的语音数据时表现出色。将 GMM 与 HMM 相结合，也就是 GMM-HMM 模型，如图 15-7 所示。其中，HMM 负责建立状态之间的转移概率分布，而 GMM 负责生成 HMM 的观察值概率。

GMM-HMM 声学模型在语音识别领域有很重要的地位，其结构简单且区分度训练成熟，训练速度也相对较快。然而该模型中的 GMM 忽略时序信息，每帧之间相对孤立，对上下文信息利用并不充分。且随着数据量的上升，GMM 需要优化的参数急剧增加，这给声学模型带来了很大的计算负担，浅层模型也难以学习非线性的特征变换。

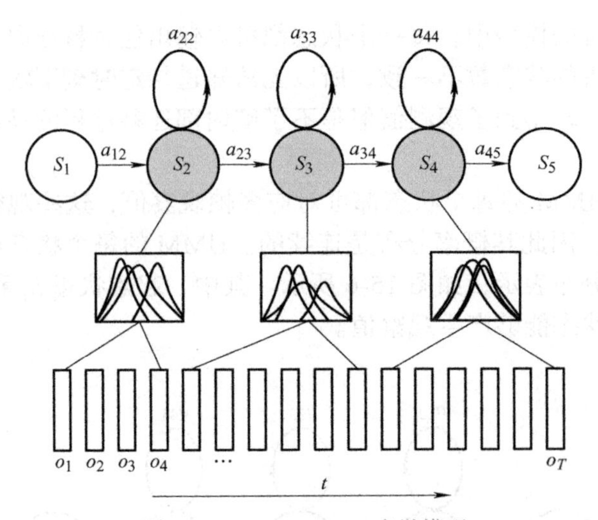

图 15-7 GMM–HMM 声学模型

深度学习的兴起为声学建模提供了新途径。深度神经网络（Deep Neural Network，DNN）拥有更强的表征能力，能够对复杂的语音变化情况进行建模。因此，可以用 DNN 代替 GMM。通过 DNN 的输出得到每个状态的观察值概率。如图 15-8 所示，不同音素的发射状态（S_1、S_2、S_3、S_4）被统一关联到 DNN 的输出节点，每个状态对应不同的输出节点。当要计算某个音素的某个状态对某一帧声学特征 o_i 的观察值概率时，可用该状态对应的 DNN 输出节点的后验概率表示。

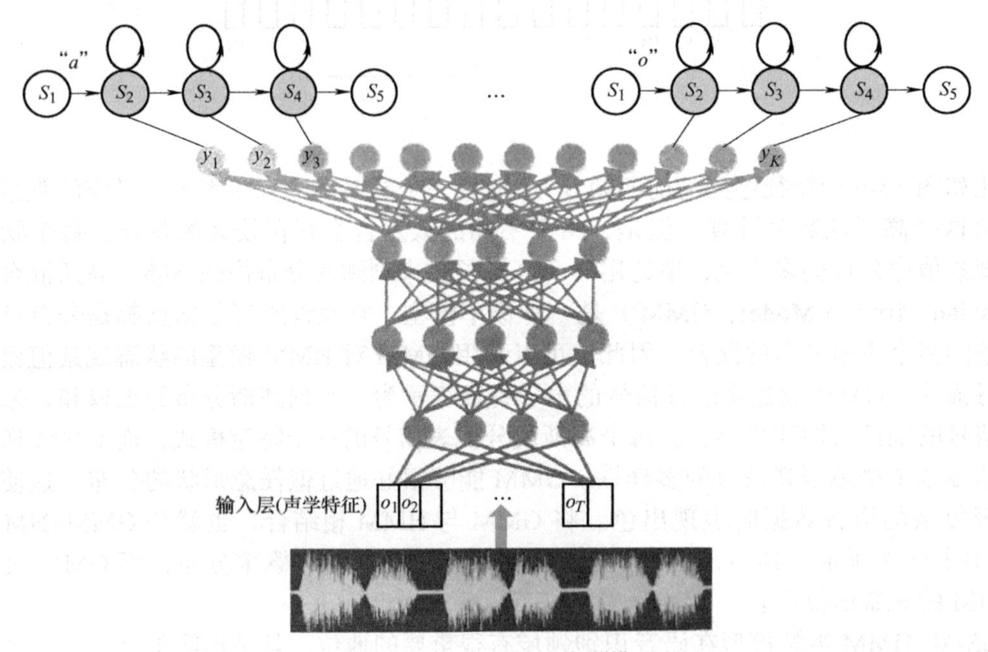

图 15-8 DNN–HMM 声学模型

3. 语音模型

语言模型的核心目的是评估一个给定的词序列在自然语言中出现的可能性，即预测句子中下一个词的概率，也就是解决如何计算式（15-1）中的 $P(\boldsymbol{W})$。在语音识别解码的过程中，在词内转移参考发声词典、词间转移参考语言模型，好的语言模型不仅能够提高解码效率，还能在一定程度上提高识别率。语言模型分为规则模型和统计模型两类，统计语言模型用概率统计的方法来刻画语言单位内在的统计规律，其设计简单实用而且取得了很好的效果，已经被广泛用于语音识别、机器翻译、情感识领域。传统的语言模型 N–gram 是一种具有强马尔科夫独立性假设的模型，它认为任意一个词出现的概率仅与前面有限的 n–1 个字出现的概率有关，即

$$P(\boldsymbol{W})=\prod_{i=1}^{m}P(w_i \mid w_1,w_2,\cdots,w_{i-1})\propto\prod_{i=1}^{m}P(w_i \mid w_{i-n+1},\cdots,w_{i-1}) \tag{15-4}$$

然而，由于训练语料数据不足或者词组使用频率过低等常见因素，测试集中可能会出现训练集中未出现过的词或某个子序列未在训练集中出现，这将导致 N–gram 语言模型计算出的概率为零，这种情况被称为未登录词问题。为缓解这个问题，通常采用一些平滑技术。N–gram 模型的优势在于其参数易训练，可解释性极强，且完全包含了前 n–1 个词的全部信息，能够节省解码时间；但难以避免维数灾难的问题，此外 N–gram 模型泛化能力弱，容易出现未登录词问题，缺乏长期依赖。

随着深度学习的发展，语言模型的研究也开始引入深度神经网络。从 N–gram 模型可以看出当前的词组出现依赖于前方的信息，因此很适合用神经网络进行建模，比如递归神经网络语言模型（RNNLM）。RNNLM 中隐含层的循环能够获得更多上下文信息，通过在整个训练集上优化交叉熵来训练模型，使得网络能够尽可能建模出自然语言序列与后续词之间的内在联系。其优势在于相同的网络结构和超参数可以处理任意长度的历史信息，能够利用神经网络的表征学习能力，极大程度避免了未登录问题；但无法任意修改神经网络中的参数，不利于新词的添加和修改，且实时性不高。

语言模型的性能通常采用困惑度（PPL）进行评价。PPL 定义为序列的概率几何平均数的倒数，即

$$P(w_i \mid w_{i-n+1},w_{i-n+2},\cdots,w_{i-1})=\frac{\operatorname{count}(w_{i-n+1},w_{i-n+2},\cdots,w_{i-1},w_i)}{\operatorname{count}(w_{i-n+1},w_{i-n+2},\cdots,w_{i-1})} \tag{15-5}$$

PPL 越小表示在给定历史上出现下一个预测词的概率越高，该模型的效果越好。

15.1.3　语音识别在机器人中的应用

语音识别技术在机器人领域的应用正日益普及和深化，它赋予了机器人以更自然的方式与人类进行交流的能力。通过语音识别，机器人能够准确地将人类的语音指令转换为可执行的命令或查询，实现对智能家居设备的控制、提供信息查询服务、辅助教育学习、执行安全监控任务、医疗辅助等。下面介绍语音识别在机器人领域中的一些应用。

1. 家庭助理机器人

家庭助理机器人在高级应用中可以通过声音识别用户的情绪和压力水平，并据此调整家居环境，例如调暗灯光或播放柔和的音乐以帮助用户放松。此外，这些机器人还可以通

过分析日常对话中的关键词和短语来学习用户的偏好，从而在未来的交互中提供更个性化的服务，如推荐用户可能喜欢的新音乐或电视节目。对于老年人居住的家庭，机器人不仅可以监控声音，还可以与其他家庭安全设备（如摄像头和运动传感器）集成，提供更全面的安全监测。如果机器人检测到异常的噪声或紧急呼救，同时摄像头捕捉到异常活动，系统将自动向指定的紧急联系人发送详细的警报和现场视频，确保迅速且有效的响应。

图 15-9a 所示为 LAYER 与德国电信的设计与客户体验部门推出的 Concept T 系列家庭助手，该系列包含三种创新形式：View、Buddy 和 Level，每种形式都融合了独特的技术功能，为用户带来前所未有的便捷体验。View 是一款全息集线器，它能在水晶球上投射通话和聊天界面，为用户带来沉浸式的沟通体验。Buddy 是一个情感和流动的个人机器人，不仅能感知用户的情感需求，还能在家中自由移动，提供贴心的陪伴和服务。而 Level 则是一款模块化路由器，允许用户监控家中的家具和技术设备，无须手动开关，实现智能管理。图 15-9b 所示的 EBO X 是一种家庭守护机器人。结合机器人听觉系统，该智能机器人具有儿童哭声检测、人脸识别、吃药提醒、上学提醒、呼救声预警、禁区闯入提醒、智能跟随等守护家人安全健康的丰富功能。

a) Concept T系列家庭助手

b) EBO X家庭守护机器人

图 15-9　家庭助理机器人

2. 交互式教学和娱乐

在教育应用中，机器人可以利用其听觉系统对学生的发音进行即时反馈，帮助语言学习者改进发音。通过与互动软件的集成，这些教育机器人还能引导学生通过游戏化的学习模块练习语言技能，使学习过程更加有趣和有效。在娱乐场所，机器人可以根据观众的反应声（如掌声和欢笑声）调整其表演的内容和节奏，以更好地吸引和娱乐观众。图 15-10 所示为智能双语学习机器人，此类机器人除了提供传统点读机、学习机的双语点读和绘本阅读等功能，还可以把纸质绘本转换成可以实现互动的 AI 口语课程，学生可进行模仿跟读，智能机器人能够实时纠正孩子发音，同时生成 AI 口语评测报告等。

3. 医疗辅助应用

在医疗环境中，机器人可以使用其听觉系统监测病房中的声音环境，识别如咳嗽、呼吸急促等声音模式，这些信息对于监测呼吸道疾病患者的状况非常有帮助。这些机器人可以通过语音交互与患者进行实时沟通，提供个性化的医疗指导和心理支持。机器人的语音识别能力使它们能够理解患者的需求和问题，并给出相应的回答或采取行动。例如，如果患者表达出疼痛或不适，机器人可以记录这些信息并通知医护人员。此外，机器人还可以根据患者的声音特征，如语调、音量和节奏，评估患者的情绪状态，从而提供更加细致的关怀。康复机器人（见图 15-11）是医疗机器人领域的一个重要分支，主要服务于残疾人士、中风病患者和因运动受伤的人士，帮助他们重新获得行动能力。康复机器人具备话音识别、语音合成等能力，使得机器人能够更好地与用户进行交互，提供更加人性化的治疗体验。

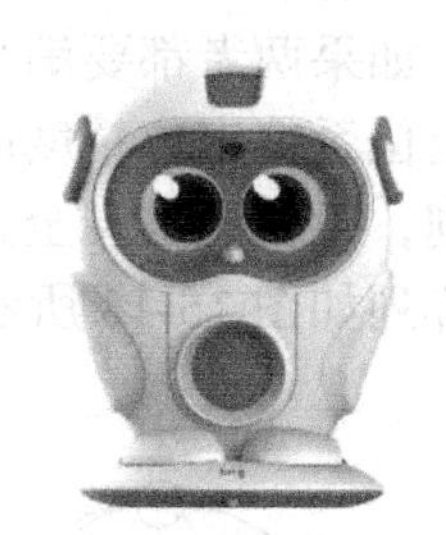

图 15-10 智能双语学习机器人

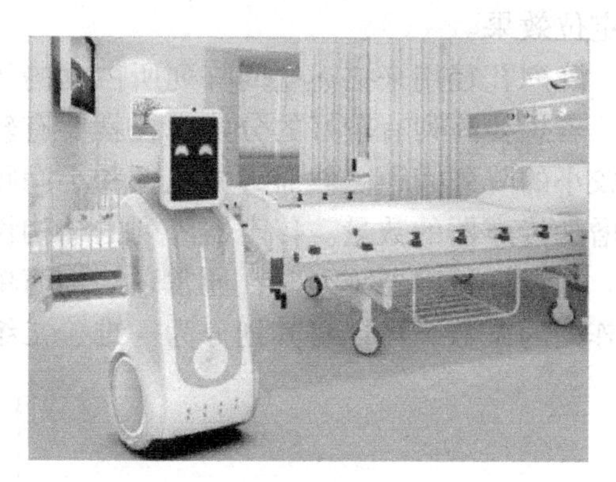

图 15-11 康复机器人

15.2 机器人声音定位

在日常生活中，我们的耳朵会听到各种声音并进行识别定位，即所谓的“听声辨位”。有人发出声音的时候，人耳可以轻易知道喊的人在什么方位；人耳也可轻易判断出一辆从身边驶过的汽车的来车方向，甚至能大致知道汽车有多远。机器人同样可以通过声音来实现“听声辨位”，采用的就是声音定位技术，也称为声源定位（Sound Source Localization，SSL）技术。机器人声音定位技术使机器人能够通过声音来确定声源的方位和位置，从而增强机器人与环境的交互能力。声音定位技术对于安防机器人、服务机器人等应用至关重要，它们可以利用这一技术更有效地响应环境中的声音信号，执行如监控、导航和人机交互等任务。图 15-12 所示为某送餐机器人结构示意图，该机器人设置传声器阵列，具有语音唤醒、声源定位等智能化功能，能够准确地识别和定位声源，从而响应顾客的指令或需求。声源定位技术通常涉及使用传声器阵列来捕捉声音信号，并通过分析信号间的时间差、波束形成或声强测量等方法来确定声源的确切位置。下面将介绍传声器阵列声音智能定位方法。

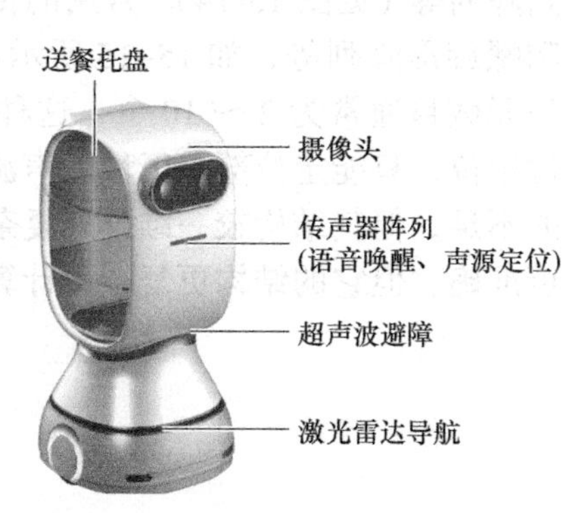

图 15-12 某送餐机器人结构示意图

15.2.1 传声器阵列拓扑结构

传声器阵列是由多个传声器按照一定的形状规则放置形成的，可以看作一种语音信号的采样装置。传声器阵列的参数通常包括阵元数目、阵列孔径大小、阵元间距和传声器的空间分布形式等。阵元数目和阵列孔径决定了阵列实现的复杂性。理论上应采用最小数量的传声器来获得最佳的定位效果，而实际上，参与定位的传声器数目越多，阵列接收的声源信息就会越多，定位就越准确。但随着传声器数目增多，不仅增加了阵列的复杂度，且接收的信息量越大，计算复杂度越高，这样就可能无法保证系统的实时性。反之，若阵元数目太少，则传声器能接收的信息量有限，又会降低系统的定位精度，使其无法达到预期的定位效果。

阵列孔径用来描述空间阵列所占据的体积大小，一般阵列孔径越大，通常实现起来越难。若想要阵列有较好的分辨率，就要有较大的孔径；阵列要有较高的截止频率，就需要有较小的阵列间距。然而，大孔径和小间距之间互相矛盾，如果两者都要满足，就只能通过增加传声器的数量。传声器阵列的结构设计是决定声源定位系统定位精度的一个关键因素。在设计传声器阵列时，通常以结构简单、体积小为原则，且要能实现全方位定位。按照阵列的维数，可以将其划分为一维、二维和三维传声器阵列如图 15-13 所示。

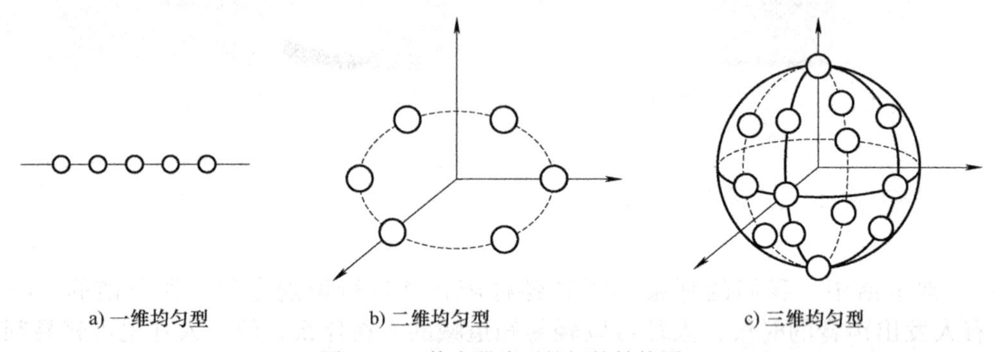

图 15-13　传声器阵列的拓扑结构图

根据传声器阵列的拓扑结构，可以将其划分为一维线性阵列、二维平面阵列和三维空间阵列等（见图 15-14）。常用的传声器阵列结构一般有线形阵列、十字形阵列、圆形阵列和螺旋形阵列等，如 15–15 所示。其中，一维线性阵列中的所有传声器呈线形排列，其阵元数目通常为 2 ～ 10 个，这种阵列结构几乎不受声源位置的影响，但它不能实现全方位定位，只能定位部分区域的声源；二维阵列是由一维阵列扩展而来的，弥补了一维阵列的不足，但其结构较一维阵列复杂，增加了系统的实现难度和计算复杂度；三维阵列定位更准确，但它的结构更复杂，计算复杂度更高，且可供选择的算法不多。

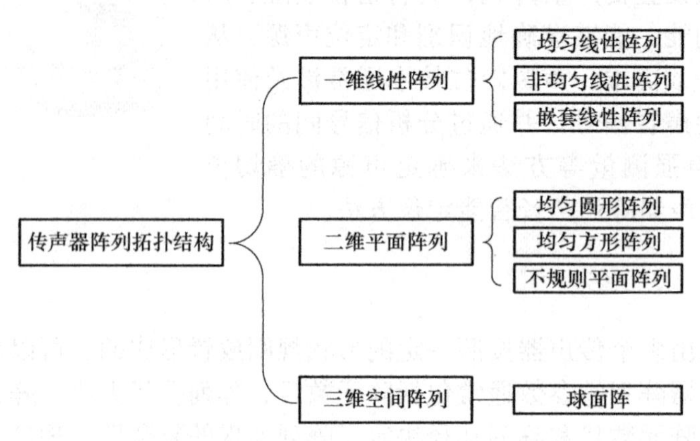

图 15-14　传感器阵列拓扑结构的分类

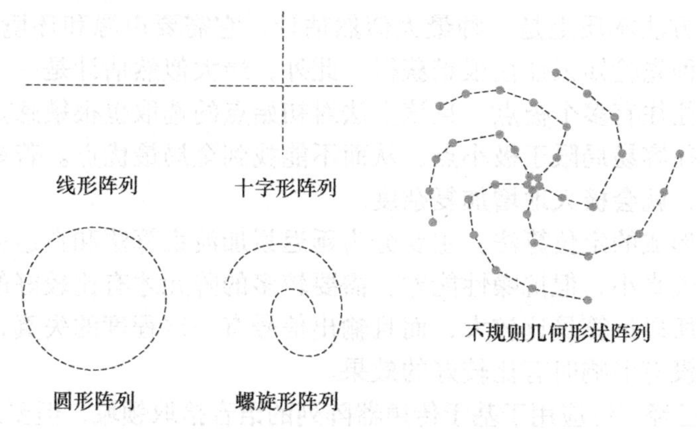

图 15-15　常用的传声器阵列结构

15.2.2　传声器阵列声音定位方法

基于传声器阵列的声源定位是指用传声器拾取声音信号，通过对传声器阵列的各路输出信号进行分析和处理，得到一个或者多个声源的位置信息。目前基于传声器阵列的声源定位方法主要有三种：基于最大输出功率的可控波束形成的定位方法、基于高分辨率谱估计的定位方法、基于到达时间差（Time Difference of Arrival，TDOA）估计的定位方法。

1. 最大输出功率可控波束形成方法

基于最大输出功率的可控波束形成方法主要用于提高声波或超声波束的定向性和集中性，以便在特定方向上实现最大的能量输出，如图 15-16 所示。其主要原理为：首先对传声器所接收的声源信号滤波并加权求和来形成波束，进而通过搜索声源可能的位置来引导波束，修改权值使传声器阵列的输出信号功率达到最大，波束输出功率最大的点就是声源的位置。传统的波束形成器的权值取决于各阵元上信号的相位延迟，而相位又与时延和声源到达延迟（DOA）有关，故又称为时延求和波束形成器。而现代的波束形成器则突破了上述局限，在进行时间校正的同时还对信号进行滤波，称为滤波求和波束形成器。

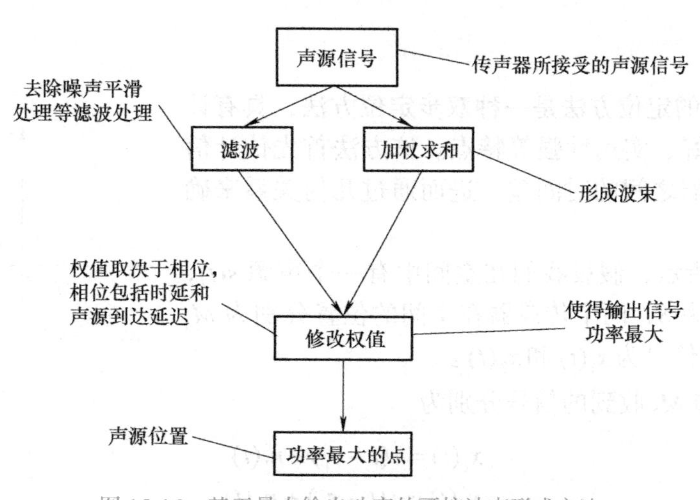

图 15-16　基于最大输出功率的可控波束形成方法

可控波束形成方法本质上是一种最大似然估计，它需要声源和环境噪声的先验知识。在实际使用中，这种先验知识往往很难获得。此外，最大似然估计是一个非线性最优化问题，这类目标函数往往有多个极点，且该方法对初始点的选取也很敏感。因此，使用传统的梯度下降算法往往容易局限于极小点，从而不能找到全局最优点。若要通过其他搜索方法找到全局最优点，就会极大地增加复杂度。

基于可控波束形成的定位算法，主要分为延迟累加波束算法和自适应波束算法。前者运算量较小，信号失真小，但抗噪性能差，需要较多的阵元才有比较好的效果，后者因为加了自适应滤波，所以运算量比较大，而且输出信号有一定程度的失真，但需要的传声器数目相对较少，在没有混响时有比较好的效果。

波束形成方法已经广泛应用于基于传声器阵列的语音拾取领域，但要达到稳健有效的声援定位还十分困难。这主要是由于该方法需要进行全局搜索，运算量极大，很难实时实现。虽然可以采用一些迭代方法来减少运算量，但常常没有有效的全局峰值，收敛于几个局部最大值，且对初始搜索值极度敏感。并且，可控波束形成方法依赖于声源信号的频率特性，其最优化准则绝大多数都基于背景噪声和声源信号的频域特性及频谱特性的先验知识。因此，该类方法在实际系统中性能差异很大，再加之计算复杂度高，限制了该类算法的应用范围。

2. 高分辨率谱估计定位方法

该方法来源于一些现代高分辨率谱估计方法，如自回归模型、最小方差谱估计、多重信号分类方法等，它们利用特征值分解将数据的协方差矩阵分解为信号子空间和噪声子空间，然后找出与噪声子空间正交的方向矢量来获得声源的方向估计。

基于高分辨率谱估计的定位方法是一种超分辨率的估计技术，其空间分辨率不会受到信号采样频率的限制，并且在一定条件下可以实现任意定位精度，这一特性使它在阵列信号处理中获得了成功应用。然而，针对实际问题，该类方法也存在一定的不足，包括在低信噪比和复杂噪声环境下的噪声敏感性问题、多径效应对声波传播路径的影响、动态环境和移动声源的快速适应性、传声器阵列配置的优化、非高斯噪声条件下的性能保持，以及实时处理和多声源分辨能力的需求。此外，环境因素如障碍物和声学特性变化也会对定位精度构成影响。

3. 到达时间差（TDOA）定位方法

基于 TDOA 的定位方法是一种双步定位方法，具有计算量小、实时性好、实用性强等特点。该方法首先估计信号到达不同传声器之间的时间差，进而通过几何关系来确定声源的位置。

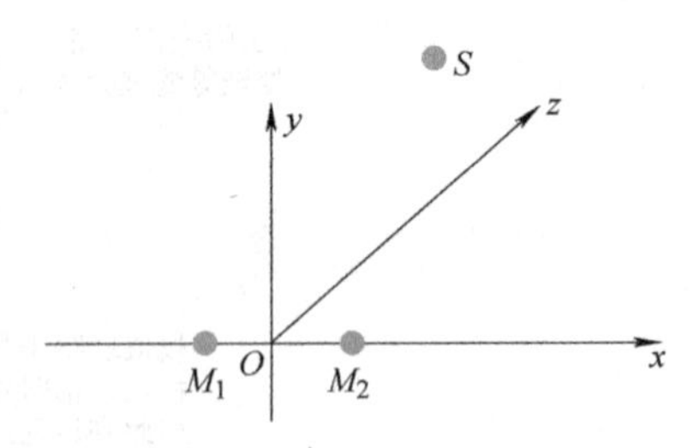

图 15-17　传声器与声源位置关系

如图 15-17 所示，假设我们在空间中有一个声源 $s(t)$，其在空间的位置为 S，两个传声器在空间的位置分别为 M_1 和 M_2，接收到的信号为 $x_1(t)$ 和 $x_2(t)$。

传声器 M_1 和 M_2 收到的信号分别为

$$\begin{aligned} x_1(t) &= s(t-\tau_1)+n_1(t) \\ x_2(t) &= s(t-\tau_2)+n_2(t) \end{aligned} \tag{15-6}$$

式中，τ_1 和 τ_2 分别是声源到达两个传声器的延迟时间；$n_1(t)$ 和 $n_2(t)$ 为加性噪声；τ_1 和 τ_2 可以通过下式计算：

$$\tau_i = \frac{\|\boldsymbol{S} - \boldsymbol{M}_i\|}{c} \tag{15-7}$$

式中，c 是声速。

声源信号到达两个传声器的时间差为

$$\tau = \tau_1 - \tau_2 = \frac{\|\boldsymbol{S} - \boldsymbol{M}_1\|}{c} - \frac{\|\boldsymbol{S} - \boldsymbol{M}_2\|}{c} \tag{15-8}$$

对于这一方法，稳健的时延估计是准确定位的基础。现有的时延估计方法根据所利用的物理参数不同可以分为两类：①利用互相关函数的时延估计方法，如广义互相关法，最大似然加权法，互功率谱相位法等；②通过求取路径的脉冲响应（或传参函数）来获取 TDOA 估计，这些方法包括自适应最小均方方法、特征值分解法以及基于传递参数比的方法等。

如果要确定出声源的位置，需要结合远近场模型计算。声波是由于物体的振动而引起的一种波，当声源发生振动时，其周围的介质也会随之振动，声波随着介质的振动向周围扩散，因此，声波是球面波。按照声源与传声器阵列中心的距离远近不同，可以把声场模型划分为近场模型和远场模型两类。通常情况下，当声源与传声器阵列中心的距离远大于信号波长时称为远场；反之，则为近场。设均匀线性阵列的相邻阵元间的距离（即阵列孔径）为 d，声源的最小波长为 $\lambda_{\min}$，声源到阵列中心的距离为 r，如图 15-18 所示，如果 $r \geqslant 2d^2/\lambda_{\min}$，则是远场模型，否则为近场模型。

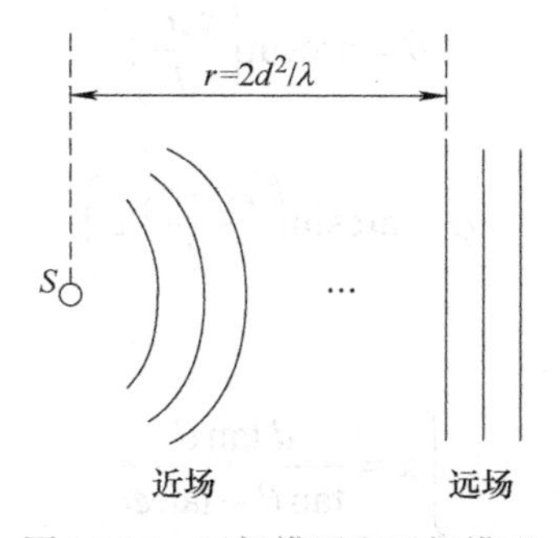

图 15-18　远场模型和近场模型

近场模型和远场模型的主要区别在于是否考虑各阵元接收信号的振幅衰减不同。近场模型把声波看作球面波，充分考虑到传声器阵元接收的信号之间的振幅差异，而远场模型则把声波看作平面波，不考虑振幅差异，它近似地认为各接收信号之间仅存在简单的时延关系。

当声源与阵列之间的距离满足近场条件时，不同传声器阵元的接收信号之间不仅存在相位差，振幅也不同。为了简化模型，设各阵元通道内的噪声均为零均值的加性高斯白噪声，不同传声器阵元的噪声之间相互独立且与信号不相关，噪声带宽与信号带宽相同。近场情况如图 15-19 所示，阵列处的信号波前为球面波。

以第一个传声器为参考传声器，其与声源的距离为

$$r_1 = \sqrt{x^2 + y^2} \tag{15-9}$$

第 i 个传声器与声源的距离为

$$r_i = \sqrt{[x-(i-1)d]^2 + y^2} = \sqrt{r_1^2 - 2(i-1)dr_1 \sin\theta + (i-1)^2 d^2} \tag{15-10}$$

式中，d 为阵元间距。则第 i 个传声器相对于参考传声器的接收信号时延为

$$\tau_i = \frac{r_1 - \sqrt{r_1^2 - 2(i-1)dr_1 \sin\theta + (i-1)^2 d^2}}{c} \tag{15-11}$$

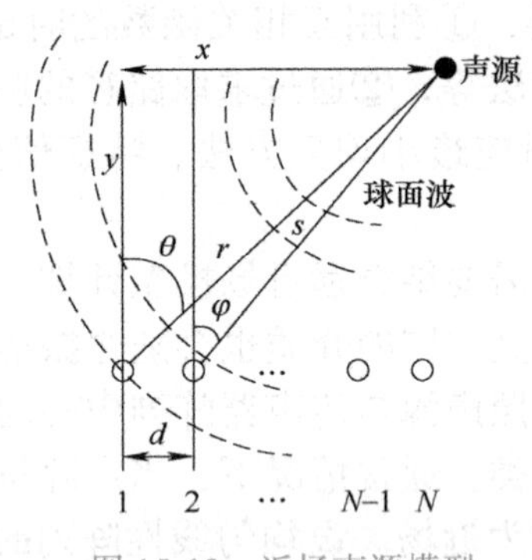

图 15-19　近场声源模型

根据三角函数关系可以得到，第一、二个传声器与 y 轴的夹角 θ、φ 分别为

$$\theta = \arcsin\left(\frac{\tau_2 c}{d}\right) \tag{15-12}$$

$$\varphi = \arcsin\left(\frac{\tau_3 - \tau_2}{d} c\right) \tag{15-13}$$

则声源的坐标为

$$\begin{cases} x = \dfrac{d \tan\theta}{\tan\theta - \tan\varphi} \\ y = \dfrac{d}{\tan\theta - \tan\varphi} \end{cases} \tag{15-14}$$

当声源与阵列之间的距离满足远场条件时，把声波看作平面波，不考虑振幅差异，各接收信号之间仅存在简单的时延关系，如图 15-20 所示。以第一个传声器（参考阵元）的接收信号为基准，则第 i 个传声器相对于参考传声器的时延为

$$\tau_i = (i-1)\frac{d \sin\theta}{c} \tag{15-15}$$

进而可以求出，声源相对传声器阵列的角度 θ 为

$$\theta = \arcsin\left(\frac{\tau_i c}{d(i-1)}\right) \tag{15-16}$$

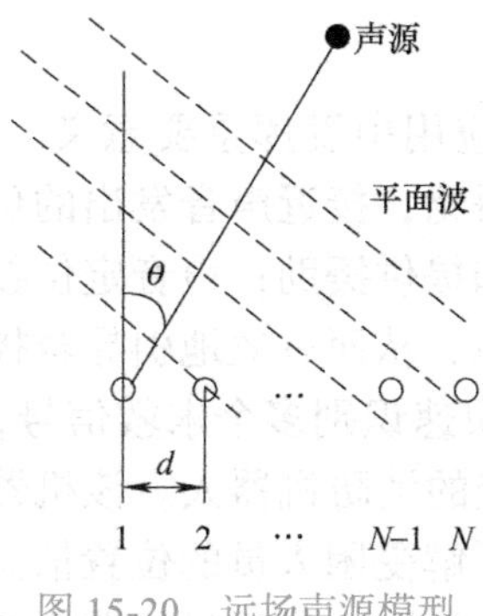

图 15-20　远场声源模型

15.2.3　声音定位在机器人中的应用

1. 家庭服务机器人

声源定位技术在家庭服务机器人中的应用极大提升了机器人的交互能力和环境感知能力。通过精确识别声音发出的位置，服务机器人能够响应家庭成员的语音指令，并在紧急情况下快速定位声源，提供必要的帮助或警报。此外，在家庭娱乐方面，机器人可以利用声源定位技术进行交互式游戏或教育活动，增加用户体验的互动性和趣味性。随着技术的进步，声源定位正在使家庭服务机器人变得更加智能、响应更加迅速，为现代家庭生活带来更多便利与安全保障。图 15-21 所示为科大讯飞 AI 扫地机器人，机身搭载了多个传声器形成阵列，从而收集不同方向的声波，实现精准声源定位，准确判别声音的来源方向，进而再根据用户的手势指令，到达指定位置清扫。

图 15-21　具有声源识别能力的扫地机器人

2. 工业检测与维护

工业机器人可以配备多种类型的传声器，如接触式传声器和非接触式传声器，以适应不同的工业环境和测量需求。这些机器人可以实时上传检测到的声音数据到云端服务器，利用强大的数据分析平台进行深入分析，识别出潜在的机械故障迹象，并通过移动应用或仪表板即时通知工厂管理者，图 15-22 所示。机器人安装声音定位装置可以实现异响问题排查。该声音定位装置由144个MEMS数字传声器组成，采用波束形成算法，对采集的声音信号实时成像，与摄像头拍摄的视频实时合成，将声音信号进行可视化处理，实现“所见即所听”。

3. 救援机器人

声音定位技术在救援机器人应用中发挥重要意义。比如，在复杂的废墟环境中，机器人可以利用声源定位来避开障碍物，接近声音发出的位置，并通过搭载的摄像头、传感器或生命探测仪进一步评估情况和提供援助；声音定位技术使得救援机器人能够迅速准确地识别受害者的呼救声或定位声源，从而有效地引导救援行动；此外，声源定位技术还能帮助机器人在广阔的搜索区域内快速识别多个求救信号，优化救援路径，提高救援效率。图15-23所示为搭载声音定位系统的消防机器人。该机器人可实时采集现场声音信息，并对有效声源进行精准定位，便于了解受困人员的位置信息。结合搭载的生命探测仪能更精准地定位并接近被困人员的位置，被困人员通过机器人搭载的双向语音通信系统联系指挥中心，通报自身情况和周围险情。

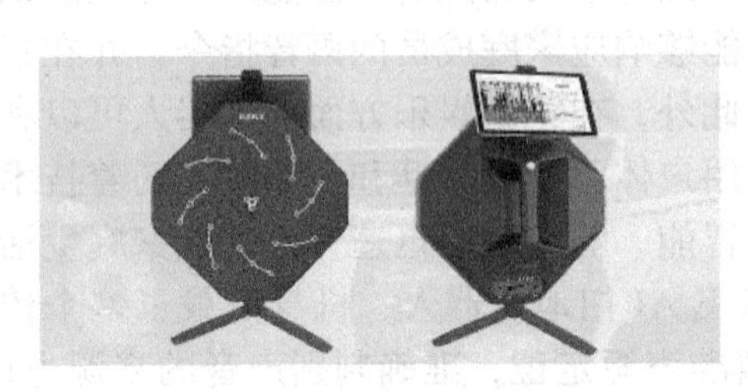

图15-22　声音定位装置

图15-23　搭载声音定位系统的消防机器人

思考题与习题

15-1　简述语音识别的主要发展阶段。

15-2　语音识别系统的组成和基本流程是什么？

15-3　请对比GMM-HMM模型和DNN-HMM模型的区别。

15-4　简述传声器阵列声音定位的各类方法与特点。

第 16 章　机器人触觉与接近觉感知

机器人触觉与接近觉感知是通过安装在机器人上的电容式、压电式等压力、力矩、位置传感器来实现对物理接触、压力变化、物体接近甚至是物体形状和质地智能感知的技术。它赋予了机器人触觉和空间感知能力，增强了机器人的自主性和适应性，为其在医疗手术、灾难救援、精密制造和人机交互等应用场景中提供更高的灵活性和安全性。本章主要介绍采用压电式、电容式、压阻式、光电式等不同类型的传感器实现机器人触觉与接近觉感知的基本原理和方法。

16.1　机器人触觉感知

在智能机器人的触觉感知系统研究中，电子皮肤是贴附在机器人复杂表面的传感器件，具有良好的柔软性和多种感知功能，而触觉传感技术作为电子皮肤发展中的重要一环，已经成为机器人研究领域的热点。触觉传感器的发展打破传统机器人获取环境信息的壁垒，通过与外界直接进行接触的新型交互方式，使机器人在信息获取、数据融合以及智能决策等方面获得快速发展。因此，在智能机器人感知系统研究中，实现触觉感知的功能显得尤为重要。比如图 16-1 所示的特斯拉发布的 Optimus Gen2 人形机器人，其融合了最先进的手部智能传感器，拥有 11 个自由度的灵巧手且具备了触觉感知功能，能够轻松地处理鸡蛋等物体，在拾起物体时能够呈现可视化的压力分布图像，从拾起物品的动作来看，几乎和人类没有差别。

图 16-1　触觉感知机器人拾取物品示意图

现有的触觉传感器按照其原理可分为压电式、电容式、压阻式、霍尔式、光电式等，不同原理的触觉传感器所能够适应的场所也有所区别，本节主要结合典型案例介绍不同类型的传感器实现机器人触觉智能感知的原理和方法。

16.1.1　压电式触觉感知

压电式触觉感知是利用压电效应检测和响应外部的物理接触和压力变化，使机器人具备类似于人类的触觉能力。当压电材料受力时，正负电荷分离产生极化现象，在材料的相对表面形成电势差，通过测试相对表面的电势差推断外力的大小。基于压电式的触觉感知主要实现静态压力检测与动态触觉感知两个方面的功能。静态压力检测主要分为法向力、三维力和六维力等固定压力检测，动态触觉感知主要分为接触模式识别、步态识别等。本节主要介绍静态压力检测的压电式触觉感知。

压电式触觉传感器是压电触觉感知的基本单元，通常包含压电层、电极层和保护层。压电层是传感器对外界触觉信号感知的关键部分，通常选用高压电系数和高柔性的材料，将外界微弱的压力信号准确转化为电信号。以新型有机压电材料 PVDF 为例，图 16-2a 为一种压电式触觉传感器结构示意图，其 3D 展开图如图 16-2b 所示。其中，压电层由 PVDF（聚偏二氟乙烯）极化薄膜和两层银电极组成，可以将压力转化为电学信号输出。电极层由双层铜电极构成，通过导电银胶将整个铜电极与 PVDF 压电薄膜进行粘连形成一个整体，即构成传感器的敏感单元。图 16-2a 中的铜电极位于 PVDF 薄膜中央，电极边缘与 PVDF 薄膜边缘留有垂直距离，以防止 PVDF 压电薄膜发生短路。使用 PDMS（聚二甲基硅氧烷）对敏感单元进行封装保护，能够有效将施加在传感器上的压力传递到敏感单元，保护传感器内部的敏感单元免受外部环境的损坏。

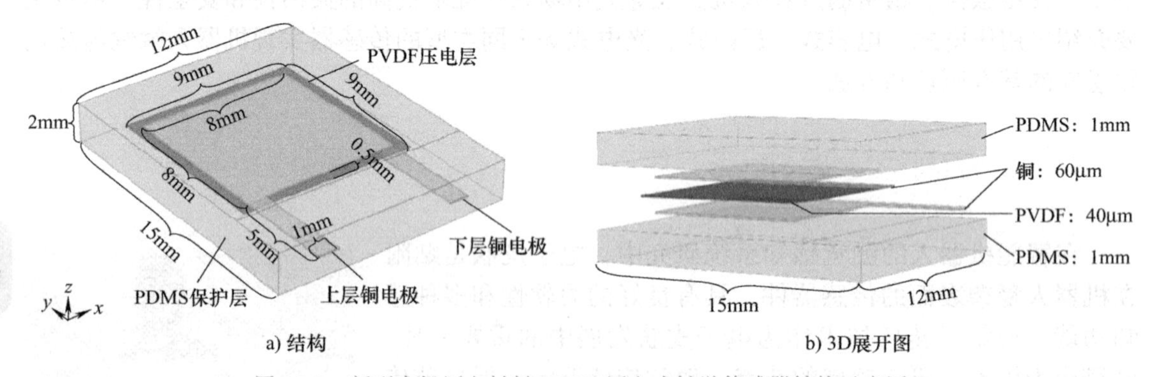

图 16-2 新型有机压电材料 PVDF 压电式触觉传感器结构示意图

为扩大柔性触觉传感器在动态三维力接触模式智能识别上的应用，可对传感器敏感单元及电极排列结构进行改进，组成智能传感器阵列。图 16-3 所示为一个 2×2 敏感单元阵列的柔性触觉传感器。

智能传感器阵列使用共阴极（下电极）的方式连接 4 个 PVDF 薄膜的底部，上电极分别连接每个 PVDF 薄膜上表面，实现对 4 个独立敏感单元的信号采集。上、下电极紧紧贴附在 PVDF 压电薄膜的中间区域，且 PVDF 边缘与电极边缘留有的间隙，防止三维力智能传感器因受到切向力作用而导致 PVDF 薄膜产生短路现象。保护层由 PDMS 材料制成，用于覆盖整个敏感单元阵列，以防敏感单元受外力作用产生磨损，提高传感器的柔性、提升人机交互时的接触感。利用 PDMS 材料制备半球形凸起将施加于传感器的三维力传递到 2×2 敏感单元阵列上，并将其附着于保护层之上（见图 16-3）。对智能传感器施加不同大小与方向的三维力时，4 个敏感单元的输出电压均会产生相应变化，传感器输出的四通道电压与所施加的三维力之间存在相应的映射关系；该 2×2 敏感单元智能阵列能对施加传感器表面的三维力信息进行感知，通过对敏感单元阵列输出的电压信号进行特征提取，反演三维力信息。

由于压电式触觉传感器在外界机械刺激下瞬间产生压电电位的特性，使其具有优异的高频响应，是振动测量的最佳选择，因此压电式触觉传感器常被广泛用于动态应力检测，如声学振动、滑移检测等。然而，由于其内阻大，温度敏感性不容忽视，因此无法测量静态变形。压电材料具有独特的能量收集特性，具有低功耗和自供电特性的压电式柔性触觉传感器的发展前景十分广阔。图 16-4 所示为一个指尖压电式触觉传感器机械手，传感器阵列密度类似于人类指尖的帕西尼氏小体。传感器阵列的触觉单元是多层的，其中包含 PDMS、PET、Al 和 PVDF 材料。为了传递三维力，设计有 PDMS 凸起，可以将三维力分解为一个法向力分量和两个相互垂直的剪切力分量。三维压电式触觉传感器阵列如图 16-4a 所示，可以轻松地用手弯曲，将传感器阵列集成到如图 16-4b 所示的机械手上实现触觉感知。

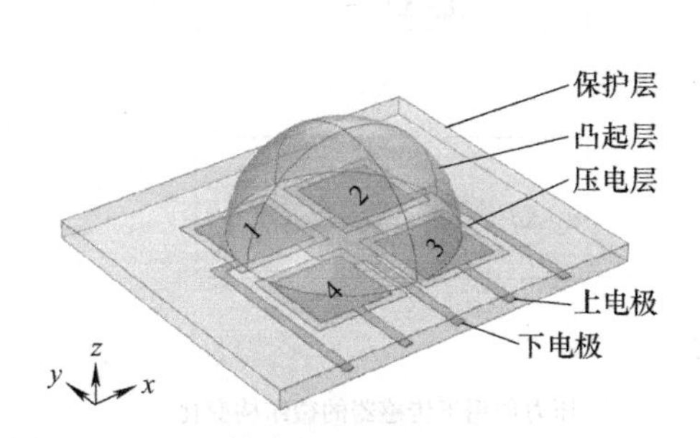

图 16-3　2×2 敏感单元阵列的柔性触觉传感器

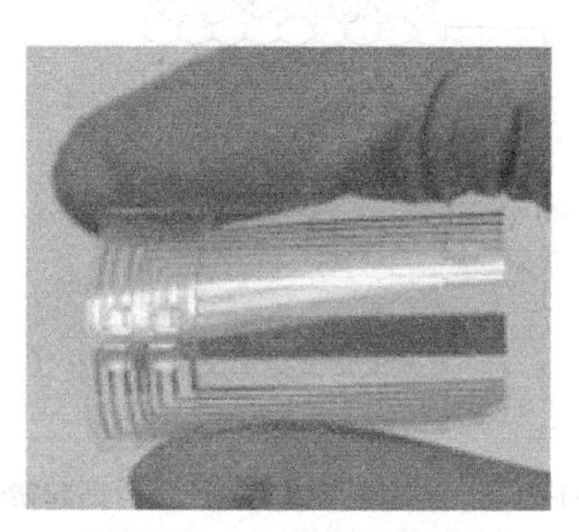

a) 三维压电式触觉传感器阵列

b) 机械手

图 16-4　指尖压电式触觉传感器机械手

16.1.2　电容式触觉感知

16-1　电子鱼皮水下感知

电容式触觉传感器主要由两个电极与二者中间的介电层组成，两电极之间的距离、正对面积和介电材料的介电常数变化均会导致电容值的变化，据此可以获得触觉智能感知信息。下面通过电容式触觉感知单元基本结构以及三维力触觉智能感知阵列两部分，介绍电容式触觉感知的原理和方法。

1. 电容式触觉感知单元基本结构

电容式触觉感知系统通常由多个电容式触觉感知单元构成，每个单元通过电容的变化来响应外部的力或形变，进而实现对物体形状、硬度等触觉属性的感知。电容式触觉感知单元的结构有多种类型，比如弹性薄膜电容、球曲面极板电容及双电层电容式触觉感知单元等。

（1）Ni–PU 薄膜电极 –PVDF 弹性薄膜电容式触觉感知单元　Ni–PU 薄膜电极是一种将镍（Ni）的高导电性和聚氨酯（PU）的柔韧性、耐腐蚀性结合起来的先进材料。Ni–PU 具有微孔网络结构，能够延长应力作用的行程，有利于增大传感器的测量量程。Ni–PU 表面具有凸起微结构，在相同外力下，变化程度高于平面无微结构电极，可以显著提高传感器的灵敏度。PVDF 是一种杨氏模量大小适中的弹性介电材料，易同时实现测量量程和灵敏度的提高。将 Ni–PU 电极置于 PVDF 介电薄膜两端，Ni–PU 电极表面微结构的存在，使 Ni–PU 没有完全接触 PVDF 介电薄膜，在电极和介电层之间存在一定量的空气间隙。Ni–PU 为柔性的多孔结构材料，压力作用下易实现压缩变形，使电极正对面积增大，电极间距减小。在小压力和大压力载荷作用下，柔性电容式触觉传感器的传感过程可分为图 16-5 中的两个阶段。

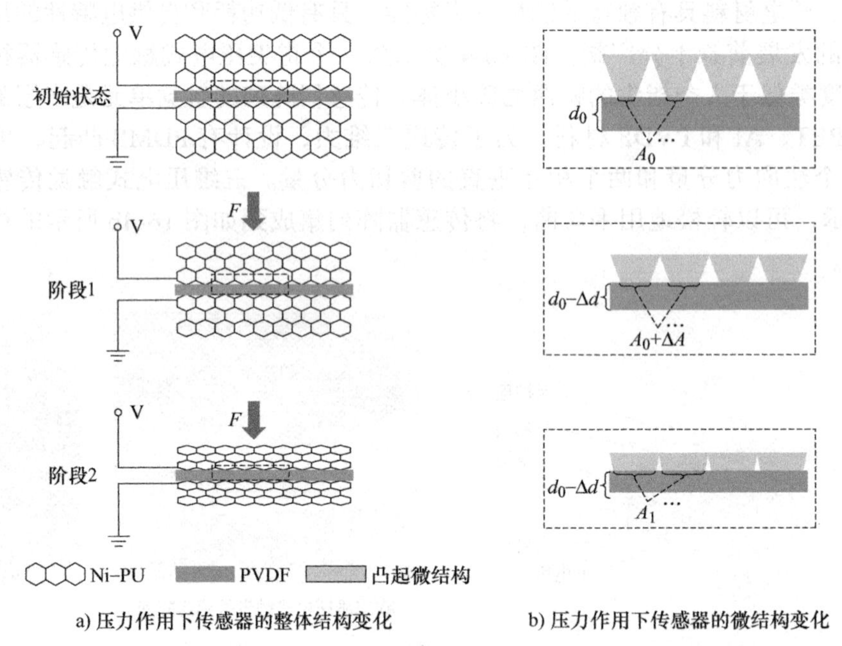

a) 压力作用下传感器的整体结构变化　　b) 压力作用下传感器的微结构变化

图 16-5　Ni–PU 薄膜电极 –PVDF 弹性薄膜电容式触觉感知单元的结构示意图及原理

无外界压力作用时 Ni–PU 表面微结构不变形，此时电容式柔性触觉传感器处于初始状态，输出电容值为初始电容 C_0。在小压力载荷作用下，Ni–PU 表面微结构没有完全接触 PVDF 薄膜时为第一个阶段，此时传感器电极正对面积和上下极板的间距均发生变化，电容变化为

$$\Delta C = C_1 - C_0 = \frac{\varepsilon_{\mathrm{PVDF}}(A_0 + \Delta A)}{d_0 - \Delta d} - \frac{\varepsilon_{\mathrm{PVDF}} A_0}{d_0} = \varepsilon_{\mathrm{PVDF}} \left(\frac{\Delta A + A_0 \dfrac{\Delta d}{d_0}}{d_0 - \Delta d} \right) \tag{16-1}$$

式中，$\varepsilon_{\mathrm{PVDF}}$ 为 PVDF 介电薄膜的介电常数。可以看出电容变化量是关于 ΔA 和 Δd 的单调递增函数，为变面积式和变电极间距式电容的结合，此阶段电容的变化率较快，灵敏度较高，适用于微小压力载荷的测量。在压力作用下，Ni–PU 与 PVDF 薄膜完全接触时为第二个阶段。当压力继续增大时，Ni–PU 与 PVDF 薄膜的接触面积变化不再明显，只有上下极板间距发生变化，此阶段接触面积可近似为 A_1。此阶段电容变化主要由 PVDF 薄膜的厚度变化引起，电容变化为

$$\Delta C = C_1 - C_0 = \frac{\varepsilon_{\mathrm{PVDF}} A_1}{d_0 - \Delta d} - \frac{\varepsilon_{\mathrm{PVDF}} A_0}{d_0} = C_0 \frac{\Delta d}{d_0 - \Delta d} \tag{16-2}$$

此阶段电容变化与变电极间距式电容变化相同，传感器灵敏度随 $\Delta d / d_0$ 增大而递增，因此 PVDF 介电薄膜在形变量一定的情况下，其初始厚度 d_0 直接关系到传感器灵敏度的大小。

（2）球曲面极板的电容式触觉感知单元　基于球曲面极板的电容式柔性触觉传感器结构主要由半球型柔性腔体、球曲面感应极板、柔性公共极板和柔性基体等构成。图 16-6 为单个球曲面极板电容器参数结构示意图。假定半球型触头内腔半径为 r，感应极板（厚度忽略不计）两端距离半球型触头内腔垂直中心边和水平边的弧长分别为 m 和 $n(0<m, n<\pi r/2)$（见图 16-6a）。球曲面极板上各点与水平底端夹角 θ 和底端投影长度 l 满足式（16-3），当夹角增加 $\mathrm{d}\theta$ 时，其投影宽度为 $r\mathrm{d}\theta$，在 $\mathrm{d}\theta$ 极小时，该微电容可视为类平行板电容器，微电容满足式（16-4），将球曲面极板电容器看作各微电容并联而成，则总电容 C 见式（16-5）。

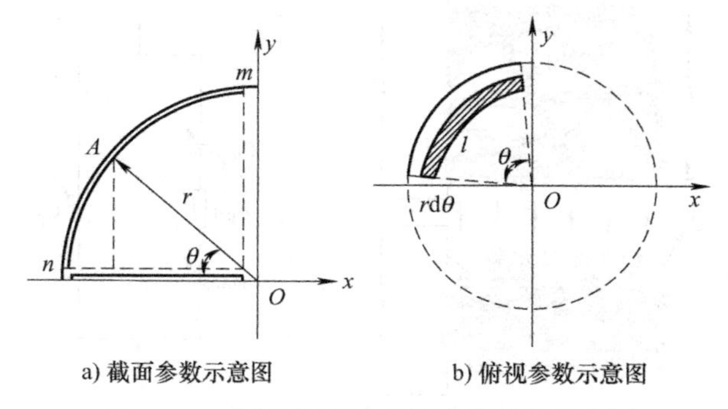

a) 截面参数示意图　　b) 俯视参数示意图

图 16-6　球曲面极板电容器参数结构示意图

$$l = r\cos\theta\left(\frac{\pi}{2}-\frac{m}{r}-\frac{n}{r}\right) \tag{16-3}$$

$$\mathrm{d}C = \frac{\varepsilon_0\varepsilon_r r\cos\theta\left(\frac{\pi}{2}-\frac{m}{r}-\frac{n}{r}\right)r\mathrm{d}\theta}{r\sin\theta} \tag{16-4}$$

$$C = \int_{\frac{n}{r}}^{\frac{\pi}{2}} \frac{\varepsilon_0\varepsilon_r r\cos\theta\left(\frac{\pi}{2}-\frac{m}{r}-\frac{n}{r}\right)r\mathrm{d}\theta}{r\sin\theta} = \varepsilon_0\varepsilon_r r\left(\frac{\pi}{2}-\frac{m}{r}-\frac{n}{r}\right)\ln\frac{\sin\left(\frac{\pi}{2}-\frac{m}{r}\right)}{\sin\frac{n}{r}} \tag{16-5}$$

式中，ε_0 为真空介电常数（$\varepsilon_0 = 8.85\times10^{-12}\,\mathrm{F/m}$）；$\varepsilon_r$ 为相对介电常数。

（3）双电层电容式触觉感知单元　传统电容式传感器设计分析设备和控制系统简单，具有应变敏感性好、测量简单、功耗低的优点，但若是增大电容和信噪比，设备的分辨率会大大减小。基于双电层的电容式触觉传感器具有结构简单、高灵敏度的特点。双电层电容作用原理是当电极材料与电解质的两端分别接触，并施加外部电源后，电极表面电荷会从电解质中吸附离子，这些离子会聚集在电极 / 电解质界面的电解质一侧，形成一个电荷数量与电极内表面荷电数目相等且符号与其相反的界面层，由于电极 / 电解质界面上存在着电位差，使得两层电荷都不能越界而彼此中和，因此形成了结构稳定的双电层，产生了双电层电容。双电层电容值通常比传统平行板电容高出至少 1000 倍，传统平行板电容通常为几十皮法，而双电层电容值可达到几十纳法甚至更大。

双电层电容式传感器的工作原理如图 16-7a 所示，施加外部电源后，在压力作用下，电极与离子纤维接触，在接触界面形成双电层电容，外界压力使电极之间的离子纤维压缩，电极与离子纤维的接触面积增大，从而引起电容的增加。传感器的等效电路如图 16-7b 所示，C_{top} 和 C_{btm} 是离子凝胶分别与上下电极层形成的电容；C_p 是电极重叠引起的耦合电容；R_{gel} 是离子纤维层的电阻；L 为上下电极之间的距离；d 为电极电子与其从离子纤维中吸附的离子之间的距离，其单位在纳米级别。压力传感器可以等效为上电容 C_{top} 和下电容 C_{btm} 串联后与耦合电容 C_p 并联，电容的改变可转化成相应的电信号传输给之后的处理电路，从而得到压力的施加情况。

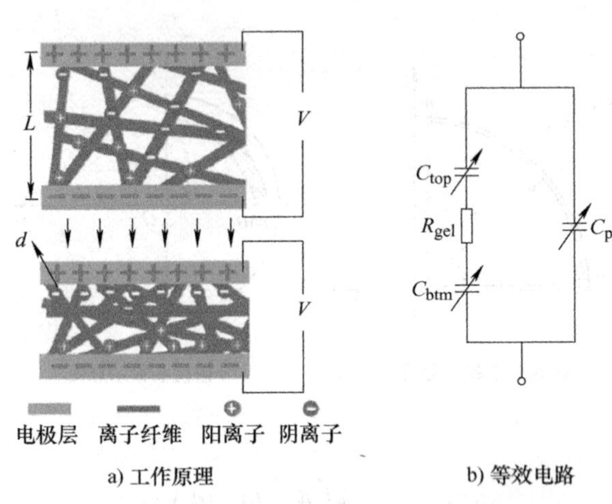

a) 工作原理　　b) 等效电路

图 16-7　双电层电容式传感器工作原理及等效电路

2. 电容式三维力触觉智能感知阵列

在机器人触觉感知工作中，单个电容式传感器虽然能够提供精确的触觉信息，但在复杂环境中需要更全面的感知能力。因此，电容式传感器通常以阵列形式使用，以提升感知精度和覆盖范围。图 16-8a 所示为一种可检测三维力的电容式触觉传感器阵列。传感器敏感单元的基体为柔性绝缘橡胶材料，在橡胶的上表面中央位置粘贴一个方形的导电铝片，下表面按 2 × 2 阵列排布四块铝片，按这样的结构设计，构造了四个电容器 C_1、C_2、C_3、C_4，如图 16-8b 所示。该传感器是通过检测四个电容器的电容值变化来获得三维力信息，电容值与三维力间的关系为

$$x=\frac{(C_1-C_3)(d-D)}{2(C_1+C_3)}=\frac{(C_2-C_4)(d-D)}{2(C_2+C_4)} \tag{16-6}$$

$$y=\frac{(C_1-C_2)(d-D)}{2(C_1+C_2)}=\frac{(C_3-C_4)(d-D)}{2(C_3+C_4)} \tag{16-7}$$

$$\begin{aligned} z&=\frac{\varepsilon_r C_1(d-D)^2}{(C_1+C_2)(C_1+C_3)}+t=\frac{\varepsilon_r C_2(d-D)^2}{(C_1+C_2)(C_2+C_4)}+t \\ &=\frac{\varepsilon_r C_3(d-D)^2}{(C_1+C_3)(C_3+C_4)}+t=\frac{\varepsilon_r C_4(d-D)^2}{(C_2+C_4)(C_3+C_4)}+t \end{aligned} \tag{16-8}$$

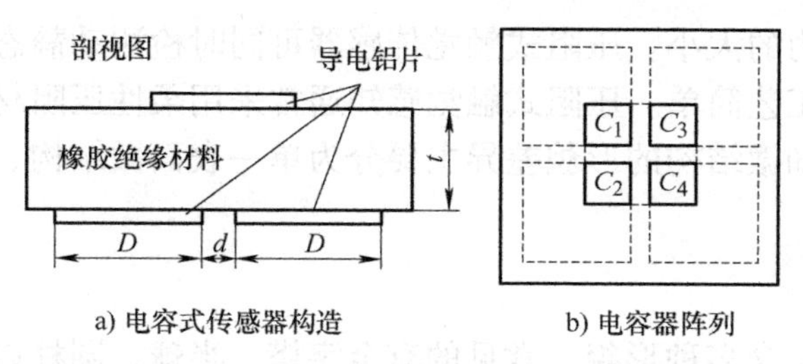

a) 电容式传感器构造　　b) 电容器阵列

图 16-8　可检测三维力的电容式触觉传感器阵列

电容式触觉传感器的高灵敏度和快速响应能力使其能够检测微小的力变化，并通过数据融合算法与其他传感器的数据结合，提供更加全面和准确的触觉感知信息。使用弹性模量小的介电层材料，如聚二甲基硅氧烷（PDMS）弹性体、发泡弹性体、织物电介质层、纯净的空气等，可以显著提高传感器的柔性和灵敏度，是目前电容式触觉传感器的研究热点。电容式传感器可以小型化，使其分布到机器人身体、手臂以及手指上。如图 16-9 所示，在 Willow Garage PR2 机器人平台上，通过使用 Pressure Profile Systems 公司生产的电容式触觉传感器来实现触觉传感。每一个机器人手爪的指尖上增加了一个压力传感器阵列装置，这个装置由 22 个传感元件组成，压力传感器阵列装置和 PR2 机器人手爪。这种传感器是通过测量作用在每个感知区域的垂直压缩力来实现的。传感器表面覆盖了一层硅橡胶，这样可以通过提高摩擦来成功地抓取目标物。PR2 机器人手爪增加这种传感器后，可更精准地拾取和放下目标物。除了基于压力电容式传感器，瑞士苏黎世大学 Miriam Fend 团队利用驻极电容传声器研制了电容式触须传感器，如图 16-10 所示。触碰物体的触须带动振膜振动，两极板间距离变化使电容发生变化，产生与触须振动信号相对应的交变输出。

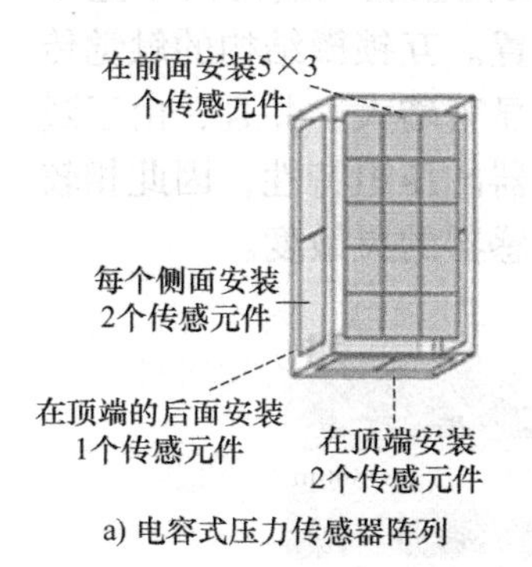

a) 电容式压力传感器阵列　　b) PR2机器人手爪

图 16-9　电容式触觉传感器机器人

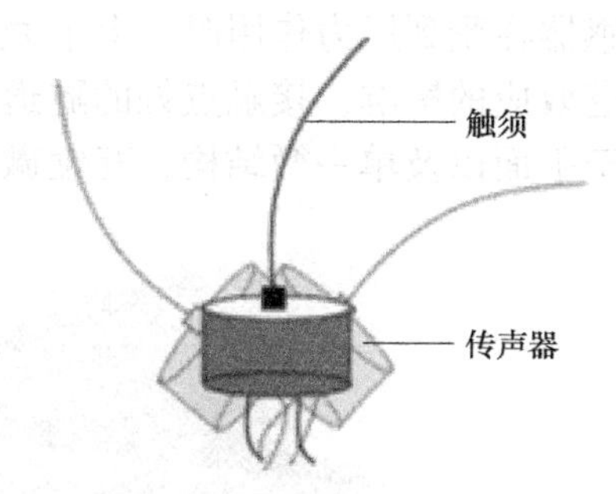

图 16-10　传声器电容式触须传感器

16.1.3　压阻式触觉感知

压阻式触觉传感器基于压敏材料的压阻效应制作而成。压阻效应即压敏材料在压力作用下发生变形，其材料内部的导电性能发生变化，从而使其整体电阻改变。

如图 16-11 所示，当电极之间的压敏材料受到外界压力时，压敏材料的结构和表面形貌将发生形变，从而其材料内部的电学网络以及压敏材料与电极之间的接触也将发生变化，最后导致整个压阻传感器的电阻改变，通过测量该传感器的输出电信号的变化可进一步推算出外界施加压力的大小。压阻式触觉传感器可同时检测动静态压力，并且其灵敏度高、检测限低、制备工艺简单。压阻式触觉感知通常采用柔性压阻材料作为传感材料。目前根据压阻式触觉感知微结构的形貌差异主要分为单一表面微结构、复合微结构、三维多孔结构等。

1. 单一表面微结构

单一表面微结构包含多种形貌，常见的有金字塔、半球、圆柱以及无规则结构。当触觉传感器受到外界压力时，具有微结构的压阻层与电极的接触面积将发生变化，接触面积变化程度越大，传感器表现出的灵敏度将越高。如图 16-12 所示的柔性基底结构为平面、半球、金字塔以及圆柱的柔性压阻式触觉传感器，活性材料为多壁碳纳米管与聚二甲基硅氧烷混合制成的复合薄膜。四种微结构的触觉传感器中，具有微结构的传感器灵敏度优于平面结构，并且接触面积变化程度越大的结构，其灵敏度越高。

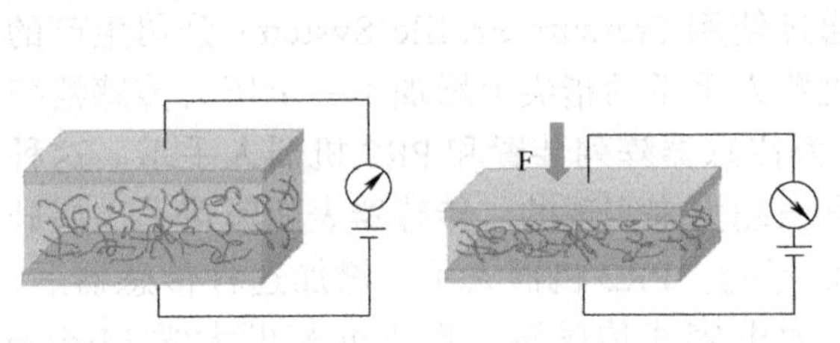

图 16-11　压阻式触觉的传感原理

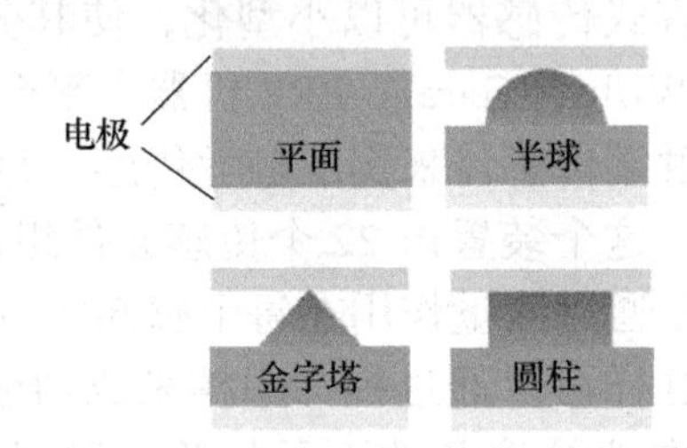

图 16-12　具有不同柔性基底结构的触觉传感器

2. 复合微结构

图 16-13 所示为互锁微结构压阻式触觉传感器。在 PDMS 柔性基底上制得两个金字塔状的微结构，并在上喷涂导电碳纳米管，最后将其相对互锁放置。互锁微结构的触觉传感器在受到压力作用时，上下微结构会互相接触变形，接触面积显著增大。并且，由于隧道效应的影响，接触点处的隧道电阻也将进一步影响该触觉传感器的压阻特性，因此相较于平面以及单一微结构，互锁微结构可以更加有效地提高触觉传感器的灵敏度。

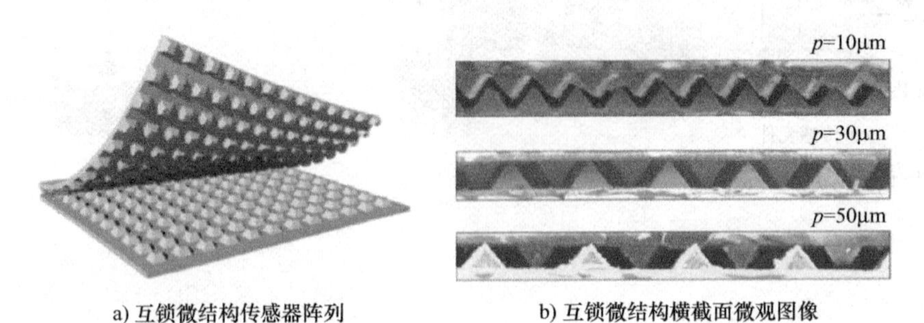

a) 互锁微结构传感器阵列　　b) 互锁微结构横截面微观图像

图 16-13　互锁微结构压阻式触觉传感器示意图

3. 三维多孔结构

柔性压阻式触觉传感器需要同时具有优良的柔弹性、可压缩性、稳定性以及良好的导电性。单一微结构、复合微结构和仿生微结构多存在于柔性基底的表面，当在柔性压阻式触觉传感器的表面施加压力时，微结构发生形变，从而其整体电阻改变，而根据传感器输出电信号的变化情况，可进行外界压力的检测。具有表面微结构的触觉传感器可以检测到外界小压力刺激，但整体形变量有限。因此当该触觉传感器受到较大压力时，其形变易达到饱和状态，从而将导致它对较大压力的感知能力下降。柔性微结构在受力时的形变量越大，传感器的电阻变化范围越大，从而可拥有更高的灵敏度。三维多孔型结构的导电海绵或气凝胶具有优秀的机械可压缩性，且其质量轻、柔弹性好、拥有独特的电学性能等。将导电炭黑 / 石墨烯纳米片涂覆于弹性聚合物海绵上。通过简单的逐层组装方法制备获得的多孔压阻传感器具有较高的灵敏度和稳定性，以及良好的柔弹性，可较为准确地用于检测各种外部刺激，如肌肉运动、咽喉振动。多孔结构的柔性基底内部纤维骨架纵横交错，可以使得导电活性材料均匀分散在多孔柔性基底内。除此之外，多孔材料的吸附性也有助于导电材料的沉积。

压阻式触觉传感器在机器人中的应用十分广泛。图 16-14 所示为一种新型的仿生智能机械手，使用导电热塑性聚氨酯（TPU）制成位置反馈模块，该模块在制造过程中与手指集成共印。由于导电 TPU 的压阻效应，在手指弯曲过程中其电阻会发生变化，通过测量电阻的变化可以实现位置反馈。将传感器集成在一种可变有效长度的软爪上，并在每个手指的顶部嵌入了一个曲率传感器。通过曲率传感器和触觉传感器的反馈，抓手可以在物体上滑动时感知曲率的变化，也可以通过滑动夹紧和旋转夹紧的方式智能感知物体的形状。

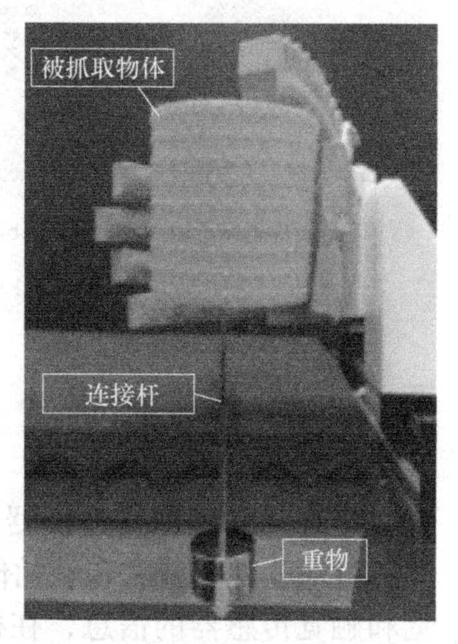

图 16-14　基于压阻式触觉传感器的仿生智能机械手

16.1.4　霍尔式触觉感知

霍尔式触觉感知通常指的是一种利用霍尔效应来检测物体接触和压力变化的技术，如图 16-15a 所示。霍尔式传感器触觉感知通常需要将霍尔式传感器、弹性基底或支撑材料与磁性材料集成。在外力作用下磁性材料位移或形变，从而使磁场发生改变，通过霍尔式传感器检测到的磁通量变化反映外力的大小与方向，如图 16-15b 所示。

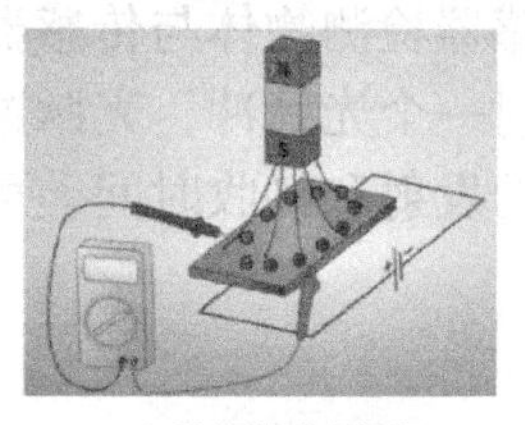

a) 霍尔效应原理

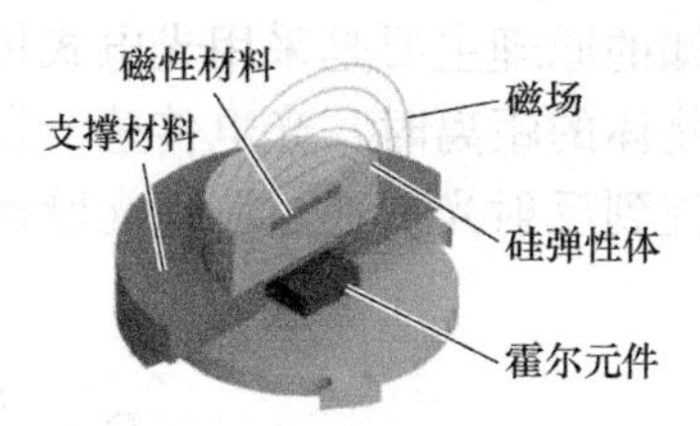

b) 基于霍尔效应的触觉传感器

图 16-15　基于霍尔效应的触觉传感器

图 16-16 所示为英国伦敦玛丽女王大学的研究团队利用这一原理开发了一种用于指尖的霍尔触觉感知智能传感器阵列，可以检测三个方向的力。设计的指尖传感器包括硅胶皮在内的指尖尺寸在 30mm × 35mm × 28mm 以内；每个指尖（可以测量 24 个力矢量）与 24 个三轴霍尔效应传感器（MLX90393），通过霍尔式传感器将磁场变化转换为力，

可以测量每个指骨 16 个接触点上的法向力和剪力，结构如图 16-16a 所示，使用 24 个 MLX90393 芯片安装在柔性 PCB（印制电路板）上，如图 16-16b 所示，每个 MLX90393 芯片可以提供三轴磁数据和一轴温度数据，最后使用柔性材料将 3D 指尖覆盖并安装到机械手上，最终成功实现校准并智能测量三轴力。

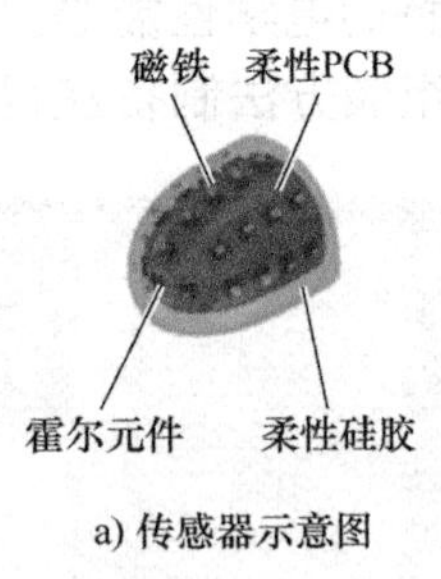

a) 传感器示意图

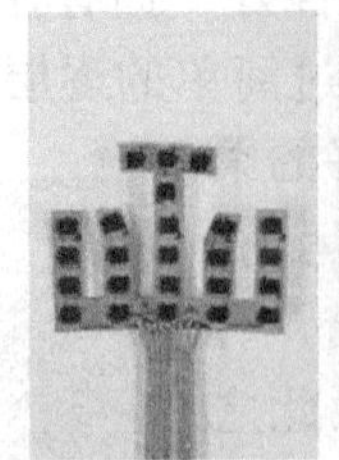

b) 柔性PCB连接到3D打印的指尖

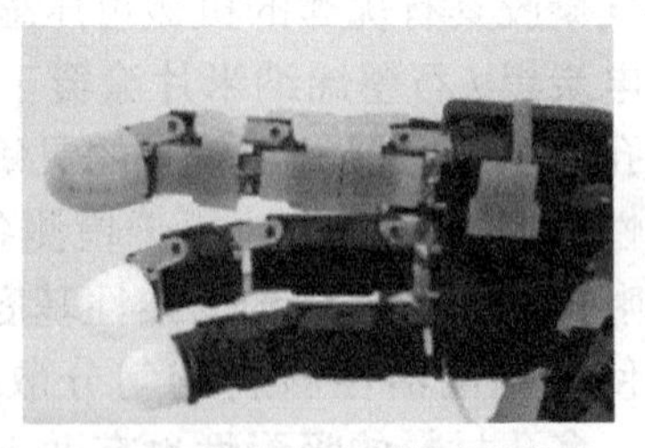
c) 霍尔触觉感知用于仿生机械手

图 16-16　霍尔触觉感知智能传感器及其在仿生手的应用

16.2　机器人接近觉感知

接近觉传感器作为机器人感知外部环境的非视觉和非接触感官，介于视觉和触觉之间，可部分代替视觉和触觉传感器在机器人获取周围环境信息时的作用，而且可以沟通视觉和触觉传感器的信息，在机器人基于传感器信号控制中有着特殊作用。其主要功能有：在运动过程中，检测机器人附近的障碍，避免发生碰撞；获取目标的表面信息，判断其形状、大小及方位，以便确定机器人接近或抓取目标的速度和方向；在与环境接触前获取环境信息，为机器人对环境的判断和决策提供依据：为机器人作业提供某些特殊服务，如寻找加工位置，测量孔深等。机器人接近觉感知方式较多，如果根据它们的工作方式进行分类，可分为光电式、超声波式、电容式等，本节主要结合典型案例介绍不同类型的智能传感器实现机器人接近觉感知的原理方法。

16.2.1　光电式接近感知

光电式接近感知的原理主要是采用光电式传感器检测物体与传感器之间的距离。当机器人需要检测前方物体的距离时，光电传感器发射一个光脉冲，光脉冲遇到物体表面反射回来，接收元件捕捉到反射光。通过测量光脉冲的发射和接收时间差可以计算出物体的距离，即

$$D = c\frac{t}{2} \tag{16-9}$$

式中，D 是物体的距离；c 是光速（约为 3×10^8m/s）；t 是光从发射到接收的时间。

为了实现全面的接近感知，机器人通常会配置多个光电传感器。这些传感器按不同角度布置，确保对周围环境的全方位覆盖。每个传感器获取的距离信息通过卡尔曼滤波、加权平均等数据融合技术进行处理，以提高检测的精度和可靠性。角度测量公式如下：

$$\theta = \arctan(y/x) \tag{16-10}$$

式中，x 和 y 是传感器与物体之间的水平和垂直距离。

光电式传感器接近感知按照传感测试的目标可以分为距离型接近觉感知和方位型接近觉感知。

1. 距离型接近觉感知

距离型接近觉感知的光电式传感器主要测距方式有三角法、相位法以及光强法。三角法测量原理如图 16-17 所示，测得目标距离 z 为

$$z = bh / x \tag{16-11}$$

式中，b 为光源与透镜中心的横向间距；h 为透镜中心到接收器的距离；x 为接收器接收信号的横向坐标。根据式（16-11），距离测量的灵敏度为

$$S = \frac{\Delta x}{\Delta z} = \frac{bh}{z^2} \tag{16-12}$$

由式（16-12）可见，基于三角测量原理的主要问题是距离灵敏度与距离 z 的二次方成反比，这将限制传感器的动态范围，否则传感器的尺寸会很大。

相位法测距的基本原理是调制光源发出频率很高的调制波，根据接收器接收到的反射光的相位变化来计算距离。光源多采用红外光，具有价格便宜、受目标反射特性的影响较小等特点，但电路复杂，精度不如三角法测距高，并且在较大距离时其精度相当低。

光强法测距的基本原理是把一束具有一定光强的光照射到被测物体表面，通过测量被测表面的反射光的强度来确定接近距离。比如一种基于光强调制原理的接近觉传感器，其光强调制公式为

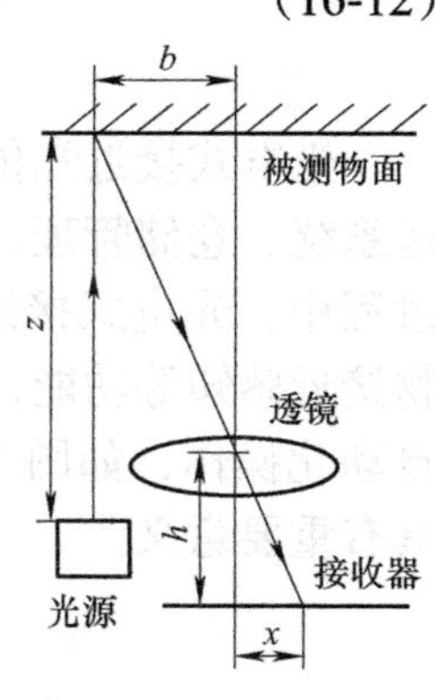

图 16-17　三角法测量原理

$$\psi = \frac{\pi \gamma_s}{3d^2}(1 - \cos^6 \beta_s) + b \tag{16-13}$$

式中，ψ 为发射光和接收光信号之间的调制函数；d 为传感器与被测表面的距离；γ_s 为取决于传感器和被测表面光度特性的参数；β_s 为传感器结构参数；b 为传感输出的补偿参量。在 γ_s、β_s、b 确定的情况下，调制函数为关于 d 的函数。实际上，如果被测表面的颜色、方位和光源信号强弱不同，γ_s、β_s、b 也相应地改变。基于光强调制原理的接近觉传感器，容易受表面反射特性变化及光源光功率变化的影响，通常在较大距离其测量精度相当低。

2. 方位型接近觉感知

方位型接近觉感知主要采用方位传感器测量物体表面相对于传感器的相对倾角，主要有激光光源、衍射镜、分光镜、扫描仪和图像探测器等组件。激光经过衍射镜形成两束垂直光束，经过分光镜，一束照到物体上，另一束照到操作手反射镜上，再经调整光路，当探测器获得最大光强时，即可测得操作手相对于物体的方位。对其加以改进还可测量三维位姿。

图 16-18 所示传感器采用“个”字形结构，光束沿发射光纤发出，由左右两根接收

光纤接收，其原理是接收极的输出电压与倾角 γ 近似呈线性关系。合理选择 θ 和 a 值，可以使传感器达到较大的灵敏度和最大的输出电压，并且能在 –20 ～ 200 范围内有效工作，而不受传感器与物体间距离（5 ～ 10mm）影响。

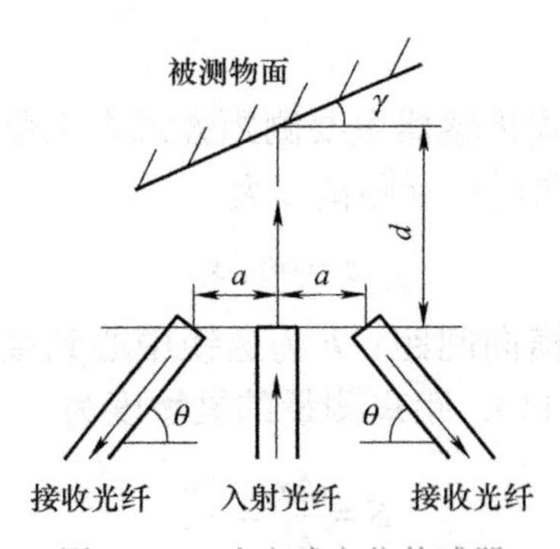

图 16-18　光电式方位传感器

光电式接近觉传感器在机器人中的应用十分广泛。比如在物流行业中，可用于货物输送系统、仓储管理、拆垛与堆垛、搬运与分拣等多个环节。在仓储管理、拆垛堆垛与搬运过程中，光电式接近觉传感器装在无人搬运车上，如图 16-19a 所示，实现自动避障、货物接近感知等功能；在货物分拣中，采用光电式接近觉传感器可以检测和辨识货物以实现自动化操作，如图 16-19b 所示。光电式接近觉传感器对提升物流的自动化与智能化水平具有重要意义。

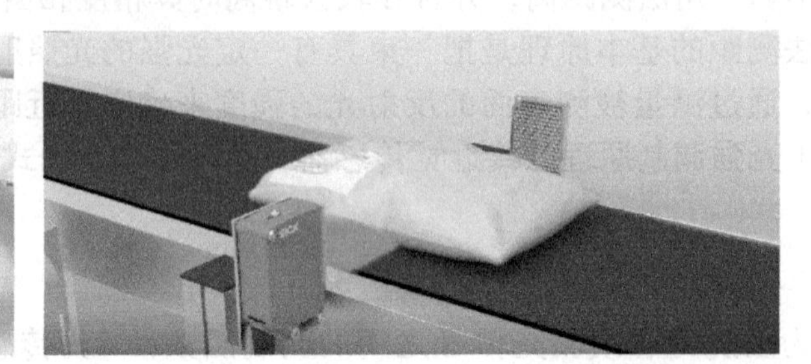

a) 用于无人搬运车　　b) 用于货物分拣

图 16-19　光电式接近觉传感器在物流行业中的应用

16.2.2　超声波式接近感知

超声波式接近感知，通常指的是利用超声波智能传感器进行物体的存在检测和距离测量的技术。根据 6.2 节可知，超声波智能传感器测距的基本工作原理是通过发射超声波脉冲并接收其反射波来测量物体与传感器之间的距离。超声波传感器内部的发射器会周期性地发射超声波脉冲并在等待反射波返回时进入接收模式，确保传感器能够连续监测前方的环境变化。图 16-20 所示为一种在柔性 PDMS 结构中由 PVDF 薄膜制成的柔性超声波式接近觉传感器。该传感器通过测得超声波在空气中经接近物反射后的飞行时间来计算与接近物之间的距离。该传感器最大测量距离达到了 35cm，且在 ±150° 感知角度范围内也能保证 30cm 的感知距离。

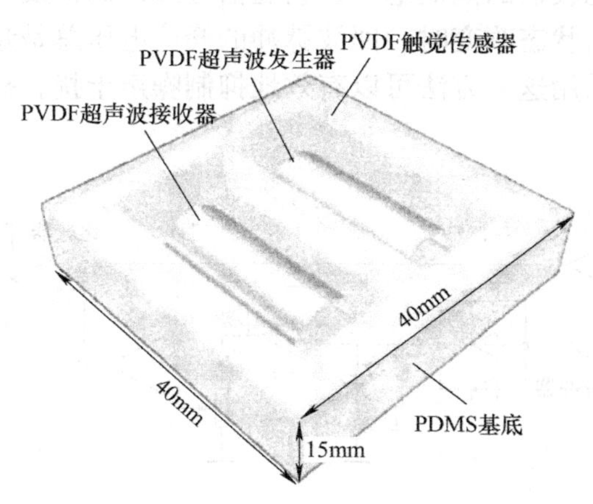

图 16-20　基于 PVDF 的超声波式接近觉传感器

超声波在空气中以恒定的速度传播，该速度取决于空气的温度和湿度。在标准条件下（20℃），超声波在空气中的传播速度约为 343m/s。当超声波遇到障碍物时，会被反射回传感器。接收器将接收到的超声波信号转换为电信号。在接收到反射信号后，传感器会对信号进行处理，以滤除噪声和干扰，提高测量的精度和稳定性。通过测量从发射到接收的时间间隔，并结合超声波在空气中的传播速度，计算传感器与障碍物之间的距离。距离计算公式为

$$d = v\frac{t}{2} \tag{16-14}$$

式中，d 是传感器与障碍物之间的距离；v 是超声波在空气中的传播速度；t 是发射和接收之间的时间差。为了应对环境温度的变化，超声波传感器通常内置温度传感器，实时测量环境温度并调整超声波传播速度的计算。

考虑到环境温度对超声波传播速度的影响，距离计算公式可修正为

$$v = 331.4 + 0.6T \tag{16-15}$$

$$d = (331.4 + 0.6T)\frac{t}{2} \tag{16-16}$$

式中，T 为摄氏环境温度。

利用超声波传感实现机器人接近感知的过程中，回波信号的检测是提高超声测量精度的重要环节。由于环境干扰的存在，回波信号的幅值可能产生较大的变化，若不采取措施，会造成误检测。回波过零检测技术采用以回波信号在正负交越点处的时刻作为计时起点，避免了普通回波计数法以一固定电平作为计数触发信号，造成回波幅值变化较大时引起的测量误差，但过零检测装置对于噪声特别敏感。因此，可以采用变值检测方法，使阈值大小随信号幅值变化，以获取精确的时间值，其电路原理如图 16-21 所示。输入信号分别经由缓冲器 A 与 B，缓冲器 A 将信号送至比较器的一个输入端，缓冲器 B 则将信号送至半波整流和峰值电压存储电容。整流器的输出被运算放大器隔离，运算放大器的输出经电位器送至比较器的另一输入端，电容所存储的电压为信号脉冲的峰值电压与二极管正

向压降之差，该电压是比较器的阈值电平，它随信号脉冲的幅度变化而变化，但总是高于噪声电平。当比较器输出状态改变时，回波脉冲的峰值电压总是超过阈值电平，而与低于这一电平的信号无关。采用这一方法可以有效地抑制噪声干扰，提高超声渡越时间的测量精度。

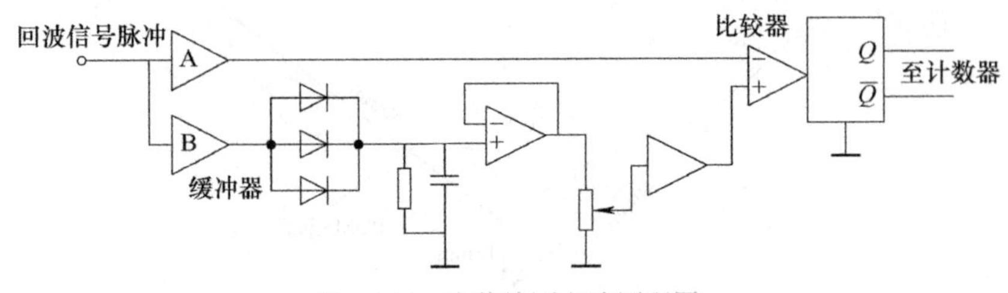

图 16-21 变值检测电路原理图

超声波传感器由于制造成本较低、结构简单、使用寿命长、易于大规模应用、不易受到外界因素干扰等优势，在机器人接近觉感知中的应用十分广泛。苏州大学研制了一款面向机器安全避障的 MEMS 压电超声接近觉传感器，如图 16-22 所示，以压电微机械超声换能器作为障碍物感知单元。该传感器具有体积小、感知范围广、易于贴附的优点，可以有效满足机器人安全避障所提出的应用要求。同时对收发分离式超声波传感器的感知方法做了进一步的优化，以实现该 MEMS 超声波智能传感器对障碍物的距离和角度信息的同时测量。相较于传统的“一发一收”型超声波传感器，所设计的传感器为“一发二收”型，即有两个接收换能器分别位于发射换能器的两侧。根据两个接收换能器不同的回波信号飞行时间，该传感器可以同时测量出障碍物的距离信息和角度信息。将超声波接近觉感知系统集成在协作机器人上，实现了 MEMS 压电超声接近觉传感器在机器人上的安全避障。

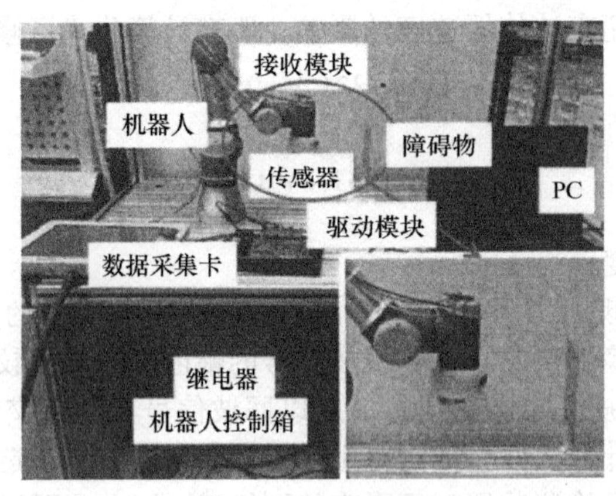

图 16-22 超声波传感器接近觉感知避障机器人

16.2.3 电容式接近感知

电容式接近感知是利用电容变化原理来检测物体的接近程度。当物体接近时，该物体相对于传感器电极的相对介电常数发生变化，或是等效地改变了电极间的有效距离，这种变化会导致电容值发生变化。

用于接近感知的电容传感器主要采用同面双 / 多电极电容传感器。传统的平行板式电容传感器受限于其上下电极结构的限制，比较难实现阵列化结构，即在应用于大面积场合较为困难。相反，同面双 / 多电极电容传感器其电极结构都处于同一平面上，使得电容式接近觉传感器易于阵列化，且电极可以任意排布。同时这一结构特点能将传感器本身所有引线都设计于同一柔性基底，解决了阵列结构设计时出现的引线烦琐、不易维护等难题。同面双电极电容传感器在检测时只需将被检测物体置于电容极板一面即可，取代了平行板电容器的三明治结构。同面双电极电容传感器的工作原理也相对比较简单，即电极上下两面的介电层的相对介电常数发生变化，则相应的电容传感器的输出值也会发生变化。不同于传统的电容传感器，同面双电极电容传感器的电场是一个非线性场，称为“软场”，其分布并非是均匀的，如图 16-23 所示。

图 16-24 为一种触觉与接近觉可切换的电容式传感器单元。每个单元包含四个电极，上表面两个，下表面两个。上下两个电极构成触觉感知单元，利用平行板电容的间隙变化原理用来感知外界力的大小；平面两个电极构成接近感知单元，利用同面双电极电容式传感器电容的变化用来感知外界目标接近距离的大小。充分利用两种不同的传感器结构，可在同一柔性电子皮肤上实现两种感知功能。

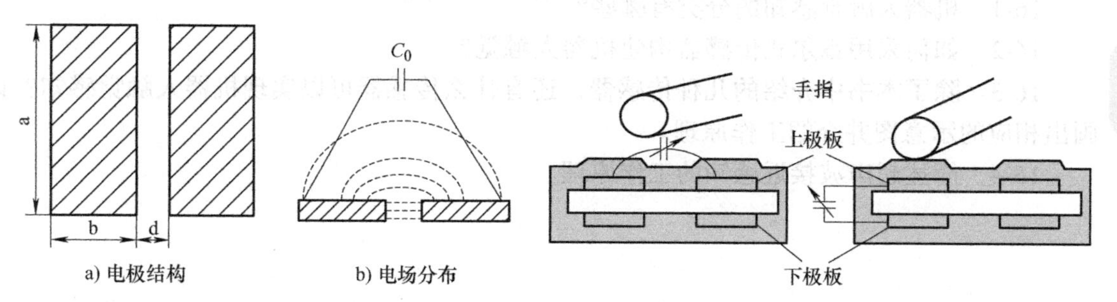

图 16-23　同面双电极电容传感器　　图 16-24　触觉与接近觉可切换的电容式传感器单元

对于触觉与接近觉两种感知模式的智能实现，将控制器与模拟开关阵列集成在数据采集与处理系统中，传感阵列的上下电极通过模拟开关阵列连接到触觉与接近觉控制电路，利用微处理器产生中断信号以及开关控制信号，从而完成两种模式的操作。在触觉感知模式下，上极板作为激励电极，下极板作为接收电极，依次完成传感阵列中触觉传感单元信号的采集；在接近感知模式下，将传感阵列中上极板分为激励电极与接收电极，激励电极添加激励信号，接收电极接地，完成接近传感单元信息的采集。

如图 16-25 所示，将触觉与接近觉传感器集成到机器人上，可以实现安全预警。在接近感知模式下可以采用设定阈值的方法来保证工作人员始终处于安全距离，当超过安全距离时，信号采集系统中的微处理器能够及时触发机器人控制器，使机器人迅速做出响应，采用停止工作或者变化路线的方式来达到保障操作人员安全的目的。当接近感知模式发生故障时，触觉感知可很好的作为接近感知模式的补充，当检测到触觉传感单元电容的变化时，意味着操作人员已经与机器人接触，应使机器人立即做出响应保护人员安全，同时还可以应用在机器人抓取目标时对抓取力大小的监测，保证抓取物体时不会对操作目标造成损坏，使其运动更加安全有效。

图 16-25　电容式触觉与接近觉感知机器人

思考题与习题

16-1　机器人触觉感知的分类有哪些？

16-2　如何采用霍尔式传感器构建机器人触觉？

16-3　除了本书中介绍的几种传感器，还有什么传感器可以实现机器人触觉感知？请画出相应的示意图并介绍工作原理。

16-4　简述超声波接近感知的工作原理。

第 17 章　机器人嗅觉和味觉感知

机器人嗅觉和味觉感知通过半导体、压电、光电、纳米等传感器来检测和分析气体或液体中化学成分，赋予了机器人嗅觉和味觉能力。机器人嗅觉和味觉感知系统通常被称为电子鼻和电子舌，在食品质量控制、医疗诊断、环境监测、安全检查等领域中发挥重要作用。机器人嗅觉感知和味觉感知的主要区别在于被测对象不同，嗅觉的被测对象为气体，而味觉的被测对象为液体。本章分别介绍机器人嗅觉感知和味觉感知实现的原理和方法。

17.1　机器人嗅觉感知

机器人嗅觉感知技术赋予机器人气味识别和分类的能力。由于嗅觉感知系统起源于人类嗅觉，因此，嗅觉感知系统也常常被称为电子鼻。图 17-1 所示为生物嗅觉系统与电子鼻技术的对比图，在生物嗅觉系统中，嗅觉细胞可以对环境中的化学物质进行检测，并将信号发送至嗅球，实现气味信息的智能处理，并进一步在大脑嗅觉皮层中进行识别。电子鼻由负责一种以上化学成分的多传感器阵列，结合数据分析和处理单元组成，其中传感器阵列与嗅鼻受体相对应，信号采集与预处理单元提取气味信号的特征，并通过模式识别和机器学习相关算法对输入气体进行识别与分类。如图 17-2 所示，空中机器人为了实现空气质量检测，装配了 NO_2、CO、O_3 及 NO 气体传感器，以及温度、湿度传感器，通过 8 通道外部 24 位 A/D 转换器实现数据采集，并通过无线通信远程发送到计算机，实现空气质量、温度、湿度值的智能检测及可视化。

图 17-1　生物嗅觉系统与电子鼻技术的对比图　　图 17-2　空中机器人基座上组装电子鼻实拍图

电子鼻通过检测待测介质中的化学物质来实现气体的识别，为了实现气体的高精度识别，常常需要使用多种类型的传感器。不同类型的传感器具有不同的机理及优势，基于此可发展不同的嗅觉感知技术，目前，常用于构建电子鼻的气体传感器阵列类型有：金属氧化物半导体气体传感器、导电聚合物气体传感器、声表面波气体传感器、电化学气体传感器及光学气体传感器等。

17.1.1 金属氧化物半导体气体传感器嗅觉感知

金属氧化物半导体 MOS 气体传感器为电子鼻系统中最常用的传感器，其基本工作原理是基于金属氧化物半导体的表面吸附和氧化还原反应。在遇到特定气体时，气体会与金属氧化物半导体表面发生化学反应，导致传感器的电导率发生变化，通过测量电导率的变化，可以对特定气体进行检测和量化。金属氧化物半导体气体传感器具有响应快速、可以在高温条件下工作、易于小型化与集成等优势，在食品质量、室内外环境监测等领域应用广泛。

MOS 根据其在纯净或经过掺杂处理后，所表现出的半导体特性的不同，可以分为 N 型（如 SnO_2、In_2O_3、ZnO 等）和 P 型（如 CuO、NiO、Cr_2O_3 等）两大类，基于不同的半导体材料可以实现不同气体的监测。如利用 SnO_2 可以实现对氢气、一氧化碳等还原性气体的检测，ZnO 对乙醇、氨气等气体具有较好的灵敏度。

由于 MOS 需要热能来激活材料表面的吸附氧负离子，并克服气敏反应的能量势垒，因此需要在较高的温度下工作，MOS 的典型工作温度通常在 200 ～ 500℃，需要设计额外的加热器。根据加热器与敏感材料的相对位置，MOS 可以分为直热式和旁热式两大类。其中，直热式气体传感器的加热器与半导体材料直接接触，具有结构简单的特点，但是其抗干扰能力和稳定性较差；旁热式气体传感器的加热器与半导体材料为隔离状态，可以较好地提升器件的稳定性。目前，一种有效降低 MOS 工作功率的方法是 MEMS 微热板技术。通过 MEMS 技术极大地缩小器件的尺寸，结合 MEMS 微热板的设计，可以显著降低功耗。

图 17-3 所示为一种 MEMS 基 MOS 的结构示意图，主要包括：硅基板、底部 SiO_2/SiN_x 支撑层、微加热层、SiO_2/SiN_x 隔离层、电极层及气体敏感材料层。其中，底部 SiO_2/SiN_x 支撑层的主要作用是将加热元件与基板隔离，防止微热板串扰；微加热层常采用 Pt、Ti、W 及多晶硅等构成，用于加热材料；SiO_2/SiN_x 隔离层用于加热器和传感材料或实现电极之间的绝缘和钝化；电极层用于实现与后续电路的电连接；气体敏感材料层一般通过将传感材料沉积在电极层上来获得对各类气体的特异性响应。MEMS 基 MOS 的热损耗主要由热传导、热对流以及热辐射组成，根据传导和对流的热损失机制，MEMS 基微热板衍生出了如图 17-3c 所示的几何结构，分别为：封闭式、悬浮式和悬桥式。

MOS 由于具有尺寸小、成本低廉、可以实现多种气体的检测等优势，广泛应用于机器人嗅觉领域。图 17-4 所示是将 MOS 应用于六轮地面机器人上，以实现土壤挥发物检测。该机器人装配了多个不同的气体传感器，并且所有传感器都安装在一个封闭的腔室内，通过电风扇来控制空气速度和气流方向，实现了硫化氢、可燃气体、液化石油气、天然气、空气污染物（乙醇、异丁烷、氢气）、NH_3、NO_x、CO_2 等气体的检测，并通过采用主成分分析法，完成了土壤挥发物的检测与分类任务。

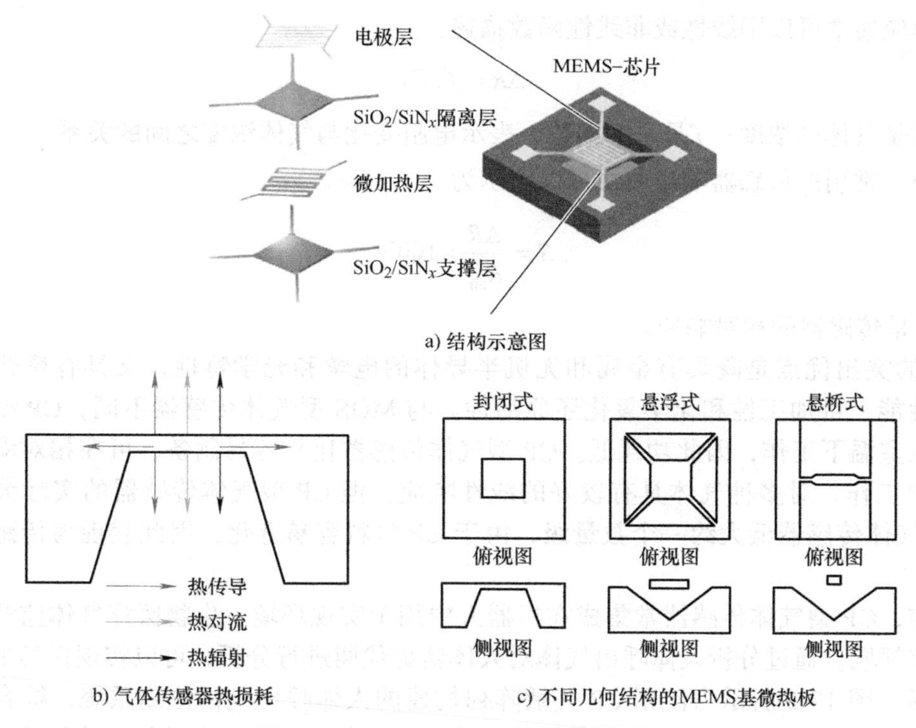

图 17-3　MEMS 基 MOS 的结构示意图

图 17-4　装配有半导体氧化物电子鼻和导航系统的六轮地面机器人

17.1.2　导电聚合物气体传感器嗅觉感知

基于导电聚合物（Conductive Polymer，CP）气体传感器具有高灵敏度、高选择性、易于合成及可在常温和低温下使用等优点，常用于机器人嗅觉感知。导电聚合物气体传感器的检测原理是：导电聚合物（如聚吡咯、聚苯胺等）的分子链中存在共轭双键的结构，这种结构使其在掺杂或去掺杂时能够显著改变其导电性。气体分子与导电聚合物相互作用时，会导致其掺杂状态的变化，从而引起其物理性能（如电导率等）的变化，据此可以分析检测气体分子存在的信息。其中最常见的检测方法为电阻式，也即通过分析传感器的电阻变化，识别气体的种类和浓度。

导电聚合物传感器的电阻变化可以通过以下公式表示：

$$\Delta R = R_{gas} - R_{air} \tag{17-1}$$

式中，R_{gas} 是传感器暴露在气体中的电阻；R_{air} 是传感器在空气中的电阻。传感器对气体浓度的响应通常可以用线性或非线性函数描述：

$$\Delta R = f(C) \tag{17-2}$$

式中，C是气体的浓度；f是一个函数，表示电阻变化与气体浓度之间的关系。

此外，常用的传感器响应曲线可以表示为

$$S = \frac{\Delta R}{R_{\text{air}}} \times 100\% \tag{17-3}$$

式中，S是传感器的相对响应。

CP 的突出优点是既具有金属和无机半导体的电学和光学特性，又具有聚合物柔韧的机械性能、可加工性和化学氧化还原活性。与 MOS 型气体传感器不同，CP 型气体传感器可在室温下工作，因此功耗低。CP 型气体传感器比较容易制备，可在相对湿度较高的环境中工作，对多种气体具有较好的线性响应。但 CP 型气体传感器的实际灵敏度比 MOS 型气体传感器低大约一个数量级，由于 CP 材料容易老化，因此表现为传感器性能的漂移。

目前，CP 型气体传感器常集成在机器人中用于实现环境、生物医疗气体监测等。在生物医疗领域，通过分析人体呼出气体对人体新陈代谢进行分析，可以实现疾病的早期筛查与诊断。图 17-5 所示为使用 CP 气敏阵列构建的人体呼出气体检测系统，综合采用多种传感器实现氨气、丙酮、硫化氢等气体的检测，此外，还设置了其他气体传感器分别排除湿度、乙醇、苯、甲醛、甲苯及三甲胺的干扰，降低传感器交叉敏感性对识别结果的影响。

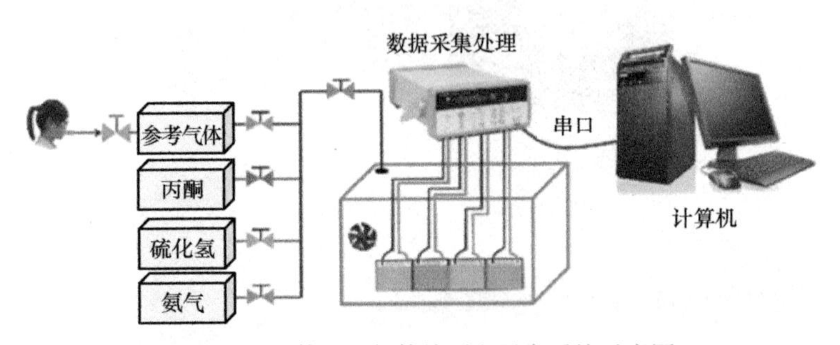

图 17-5　人体呼出气体检测电子鼻系统示意图

17.1.3　声表面波气体传感器嗅觉感知

声表面波气体传感器嗅觉感知是指利用声表面波气体传感器来检测和分析气体化学物质。根据 6.2 节可知，SAW 器件的谐振频率f由叉指电极的设计方案及压电衬底的声速v共同决定，在压电衬底上涂覆一层具有特殊选择性的吸附膜，当吸附膜吸附了环境中的某种特定气体，会引起敏感膜物理性质的变化，如质量、弹性参数、电导率、介电常数等，进而改变压电衬底的声速v，导致 SAW 振荡器振荡频率发生变化。

SAW 气体检测机理随吸附膜的材料种类不同而异。如图 17-6 所示，当敏感膜使用具有物理吸附性质的材料，如碳纳米管时，气体的吸附主要体现在 SAW 气体传感器传播路径上质量会发生变化，即是敏感膜吸附气体发生质量的改变，使 SAW 声表面波速度发生变化，进而引起 SAW 振荡器频率发生偏移，其偏移量可以体现出 SAW 传感器器件测试待测气体的浓度。SAW 化学气体传感器提供的信号响应用下式表示，即

$$\Delta f = f_0^2 h\rho(k_1 + k_2 + k_3)\frac{\mu_0}{v_R^2} f_0^2 h \times \left(4k_1 \frac{\lambda_0 + \mu_0}{\lambda_0 + 2\mu_0} + k_2\right) \tag{17-4}$$

式中，Δf 为传感器在通入目标气体前后的频率差值；f_0 为振荡电路工作频率（MHz）；ρ 为膜材料密度；k_1、k_2、k_3 为材料常数；h 为敏感膜的膜厚；λ 为 Lame 常数；μ_0 为膜材料剪切模量；v_R 为扰动时瑞利波波速。

大多数声表面波传感器是利用质量负载的变化，其次是化学变化诱发的电导变化，也可以利用其他参数的变化来增强灵敏度和选择性。对于 SAW 气体传感器，被测气体在化学界面薄膜上的吸附过程一般同时涉及质量负载和电导的变化，往往难于把这二种转换机制分离开来，如金属酞花菁薄膜暴露于 NO_2 气体时。SAW 化学传感器大都以研究表面质量的影响为主，并可以将物理参数如温度和压强的影响作为多余的电子噪声而消除掉。采用如图 17-7 所示的双通道结构，通过设置参比通道消除温度等其他因素的影响，可以实现气体浓度的高精度智能检测。在双通道 SAW 延迟线振荡器结构中，一个通道的 SAW 传播路径被气敏薄膜所覆盖而用于测量，另一通道未覆盖薄膜而用于参考。两个振荡器的频率经混频取差额输出，以实现干扰补偿。

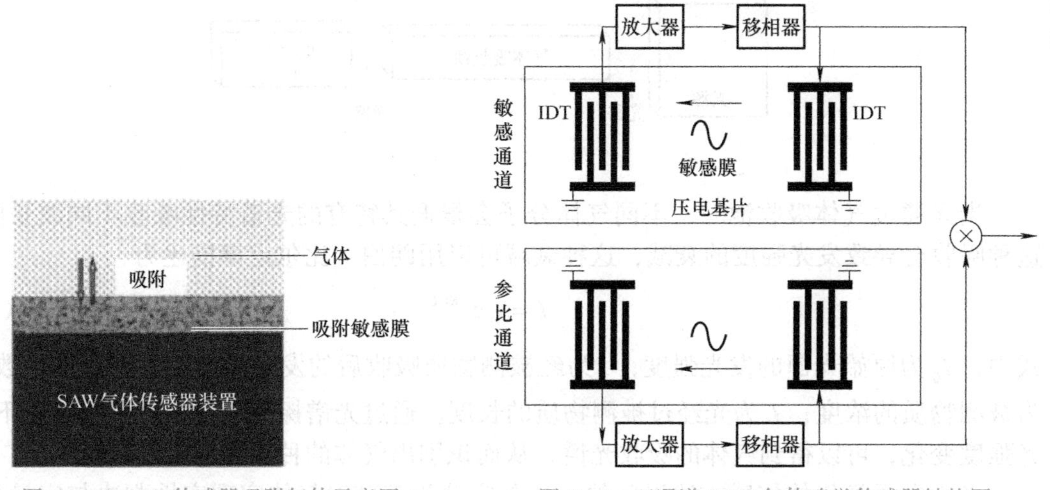

图 17-6 SAW 传感器吸附气体示意图

图 17-7 双通道 SAW 气体嗅觉传感器结构图

SAW 气体传感器在生物医疗、环境监测、工业检测及食品安全等领域发挥着重要的作用。在军事和民用防御行动中，化学战剂神经毒剂沙林（GB）具有高毒性和中等挥发性，可以在很低浓度下致人死亡。通过在机器人上安装 GB 模拟物甲基膦酸二甲酯（DMMP）气体传感器，对战场环境进行监测，可以极大减少战争人员伤亡。在生物医疗领域，可以利用 SAW 气体传感器对人体呼出气体的成分进行分析，并据此进行呼吸系统疾病检测。图 17-8 所示为 SAW 呼吸传感器使用示意图。

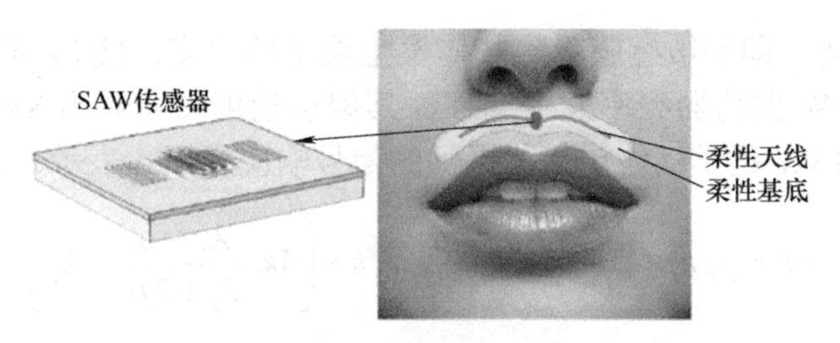

图 17-8　SAW 呼吸传感器使用示意图

17.1.4　光学气体传感器嗅觉感知

光学嗅觉感知技术是利用光学原理来检测和分析气味的技术，其基本原理是通过检测气体分析与传感器表面相互作用后引起的光学特性的变化来识别和量化特定的气体或气味。基于分子光谱学原理的光吸收气体传感技术是气体检测的一种关键手段，既可以实现气体的非接触检测，又具有响应速度快、可实时性监测和多组分同时监测等优势。

光吸收型气体传感器以朗伯 – 比尔（Beer–Lambert）定律为理论基础，根据物质对光的选择吸收特性实现气体的定性、定量分析。基于光吸收气体传感技术的检测平台主要包括光源、气体吸收池和光谱探测单元三部分，如图 17-9 所示。其中，光源提供传感媒介，气体吸收池为待测气体与光源辐射波长的选择性吸收提供场所，光谱探测单元则承担气体特征光谱的采集任务，因此它的性能直接决定传感数据的质量。

图 17-9　基于光吸收气体传感技术的检测平台示意图

当光通过气体吸收池时，不同气体分子会根据其特有的光谱特性吸收不同波长的光。这种吸收会导致发光强度的衰减，这种衰减可以用朗伯 – 比尔定律描述为

$$I = I_0 e^{-KCL} \tag{17-5}$$

式中，I_0 为原始光源的发光强度；I 为经被测物质吸收后的发光强度；K 为比例系数；C 为被测物质的浓度；L 为光经过被测物质的长度。通过光谱探测单元测量不同波长下的发光强度变化，可以得到气体的吸收光谱，从而识别出气体的种类并计算其浓度。

光学电子鼻气体传感方法以朗伯 – 比尔定律为基础对气体实现定性判决与定量分析。具体来讲：①对于定性判决，不同种类的气体由于具有不同的特征吸收波长，对光源会产生不同的吸收，具体表现为特征波长对应的光强减弱而非特征波长对应的光强保持不变，通过分析气体特征波长的分布即可实现气体种类的判决；②对于定量分析，同种气体特征波长的分布相同，即对光源的选择吸收基本一致，当气体浓度改变时，特征波长对光辐射能的吸收强度会发生变化，此时通过测定对应波长的光强变化即可实现气体浓度分析。根据上述原理，对朗伯 – 比尔定律进行等效转化得到光学电子鼻气体传感机制的数学模型如下：

$$A(\sigma)=\ln\left(\frac{I_0}{I}\right)=KCL \tag{17-6}$$

式中，A 为物质吸光度（反映了物质对光辐射能的吸收随波数的变化情况），采用质量浓度表示待测气体的浓度，单位为 g/L；K 为气体吸光系数 $\alpha(\sigma)$，单位为 L/（g・cm）。因此，式（17-6）可转换为

$$A(\sigma)=\ln\left(\frac{I_0}{I}\right)=\alpha(\sigma)CL \tag{17-7}$$

式中，气体吸光系数 $\alpha(\sigma)$ 与被测物质种类有关，在相同检测环境下，不同气体由于分子结构的差异具有不同的吸光系数，而同种气体的吸光系数则是一致的。分析式（17-7）可知，利用某系统（L 为常数）对同类气体进行检测时，吸光度 $A(\sigma)$ 仅与气体浓度 C 相关，高浓度下吸光度整体幅值高于低浓度下的整体幅值，因此吸光度的整体幅值可作为气体浓度的检测依据，图 17-10a 为同类气体不同浓度的吸光度曲线；同理，利用该系统对不同类气体进行检测时，不同类气体由于吸光系数 $\alpha(\sigma)$ 不同会造成吸光度 $A(\sigma)$ 随气体特征波长的变化产生特异性分布，因此吸光度随特征波长的特异性分布可作为气体种类的判决依据，图 17-10b 为不同类气体的吸光度曲线示意图。

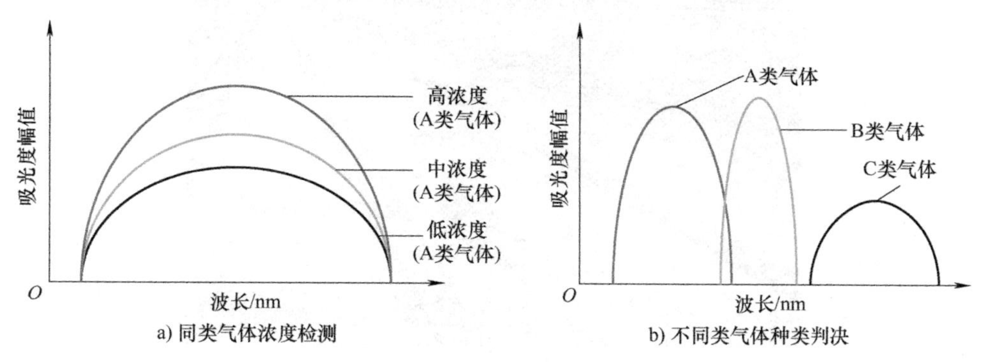

图 17-10　气体检测示意图

光学电子鼻气体传感模型如图 17-11 所示。该模型主要包括：复合光光源、气体吸收池、光谱探测单元、信号处理单元和进样控制单元。光源发出的光进入气体吸收池后，被气体吸收池中的待测气体选择性吸收产生特异性气体吸收光谱，光谱探测单元对吸收光谱进行采集，信号处理单元对采集到的谱线进行分析并最终实现气体检测。各组成部分的具体作用如下：①光源提供光辐射能，是光学电子鼻的气体传感媒介，每一个波长的光都可以看作一个气体传感器，整个光源的光波就提供了巨量的气体传感单元，这些气体传感单元共同构成了光学电子鼻的气体传感阵列。在光谱探测单元保持不变的条件下，光源的光谱范围越宽，光学电子鼻的检测范围越广，并为准确地气体判决提供了越高的可能性。②气体吸收池提供光与气体相互作用的空间，气体吸收池的有效光程直接影响气体浓度的检测精度。③进样控制单元控制待测气体的种类和浓度，影响光学电子鼻的应用效率。④光谱探测单元按某一光谱分辨率对一维气体吸收光谱进行采集，其光谱分辨率决定光谱采集的精细程度，直接影响传感数据的质量。⑤信号处理单元进行传感数据预处理和气

体种类、浓度分析，其直接影响气体的检测精度。预处理方法包括去噪、归一化、特征提取、PCA 降维等。

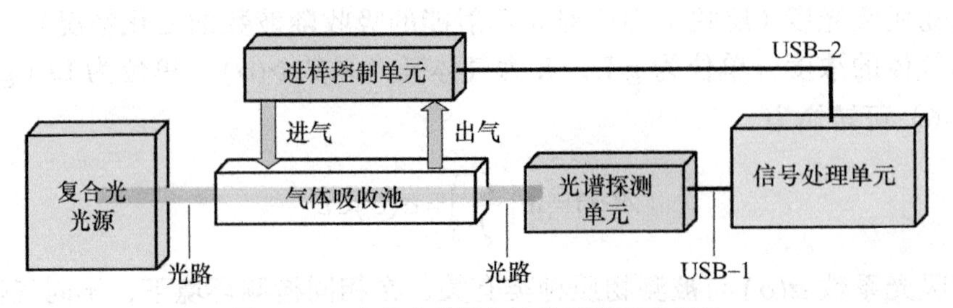

图 17-11　光学电子鼻气体传感模型示意图

光学电子鼻由于具有高灵敏度、高选择性、无须物理接触、快速响应及可实现远程检测等优势，在机器人领域应用广泛。如在机器人上搭载红外多元光学气体检测系统，可通过红外光谱检测六氟化硫气体，实现室内变电站、地下管道等密闭空间内六氟化硫气体泄漏的早期预警、精确定位及应急回收。图 17-12 所示为气体泄漏智能监测与环保处置机器人在综合管廊中的应用。

图 17-12　密闭空间六氟化硫气体泄漏智能监测与环保处置机器人在综合管廊中的应用

17.2　机器人味觉感知

机器人的味觉感知系统通常被称为电子舌，它通过模仿人类舌头的工作方式来检测和识别液体样本的化学成分。电子舌使用一组传感器来检测液体中的离子和分子，并将这些信息转换为电信号。然后，通过模式识别算法分析这些信号，以识别不同的味觉特征。比如通过仿照人类味觉感知系统的架构，使用石墨烯化学晶体管检测气体或化学分析，结合由二硫化钼记忆晶体管，研究人员开发了一种电子舌，如图 17-13 所示。它可以帮助机器人品尝食物，并通过引入智能的情感部分，实现食欲的模拟。

对于机器人味觉感知，需要将味觉传感器集成到感知系统中，使其能够采集和分析液体样本的信息。依据传感器的工作原理不同，可以将机器人味觉感知分为电化学类、光学类、生物学类等。

17.2.1　电位型味觉感知

电位型味觉感知系统是通过测量两个电极之间的电位差的变化来识别样本，它通过使用一组部分选择性或交叉敏感的化学传感器来检测液体样品的特性。这些传感器对样品中的多种化学成分产生响应，并通过多变量校准或模式识别数据处理工具来分析这些响应。

电位型味觉感知系统由多个化学传感器组成，如图 17-14 所示。其中，传感器阵列与转接器相连，当液体样品与这些传感器接触时，传感器会产生电位响应，这些响应与样品中的化学成分浓度有关。传感器的电位响应被高输入阻抗的多通道电压表测量，并与参考电极（如 Ag/AgCl）进行比较。收集到的电位响应数据需要通过滤波、放大等信号处理技术处理，最后经过 A/D 转换传输到计算机中进行分析，实现味觉智能感知。电位型味觉感知系统的典型有类脂 / 聚合物薄膜型和硫属玻璃薄膜型两种。

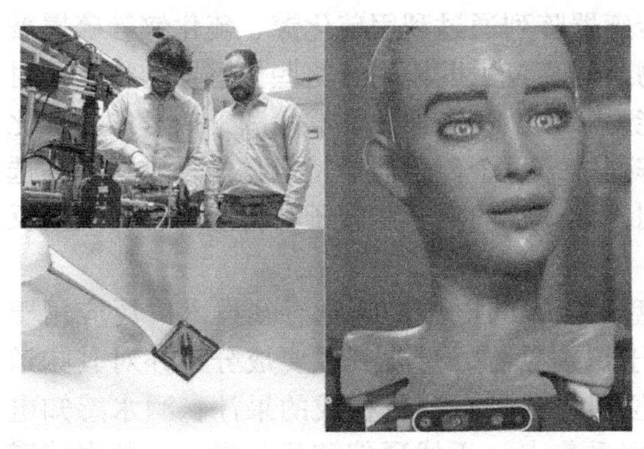

图 17-13　使 AI 机器人品尝和渴望食物的电子舌

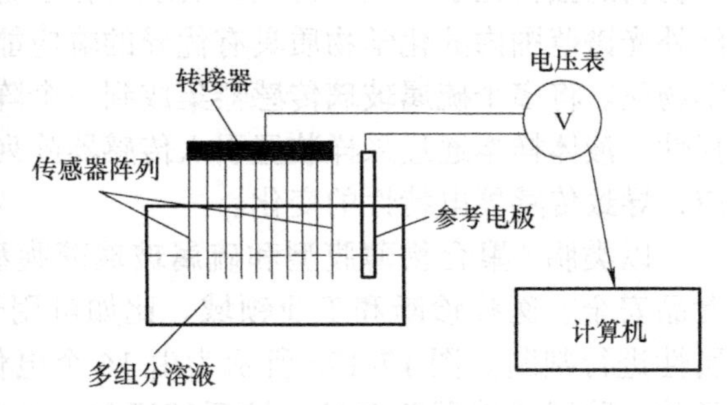

图 17-14　电位型味觉感知系统示意图

1. 类脂 / 聚合物薄膜型味觉感知系统

类脂膜味觉感知系统的核心是中性载体液膜电极，其敏感膜是将电活性物溶于有机溶剂，然后分布到作为支撑体的多孔材料（纤维素、醋酸纤维或聚氯乙烯等）中制成，这种膜具有良好的选择性；用这种膜将其中一个电极和溶液隔开，由于膜对不同分子或离子的透过性有差异，所以造成了膜两边的电位不一致。将几种不同的膜包裹电极，分别进行测量，就能对溶液的成分进行分析。

以聚氯乙烯（PolyVinylChloride，PVC）薄膜传感器为基础的味觉感知系统最早是由日本九州大学的 Toko K 研究小组开发研究的，基于此，他们制造了世界上第一台电子舌系统。图 17-15 所示为多通道 PVC 薄膜传感器阵列示意，PVC 薄膜传感器通过 Ag/AgCl 参比电极和开路电位，把修饰有各种活性物质的 PVC 薄膜与各种味觉物质之间的亲和作用强度转化成电位信号进行表征。此类味觉感知系统一般由 5 或 6 个电极组成，分别感受不同类群的味物质，其最大的优点在于数据量比较少，能够方便地把检测结果与检测物质味觉特性直接对应。图 17-16 为基于人工类脂膜的 TS-5000Z 电子舌系统，基于该系统，目前已经实现了多种不同味觉物质的检测，广泛应用于味觉物质识别、食品风味评价等领域。

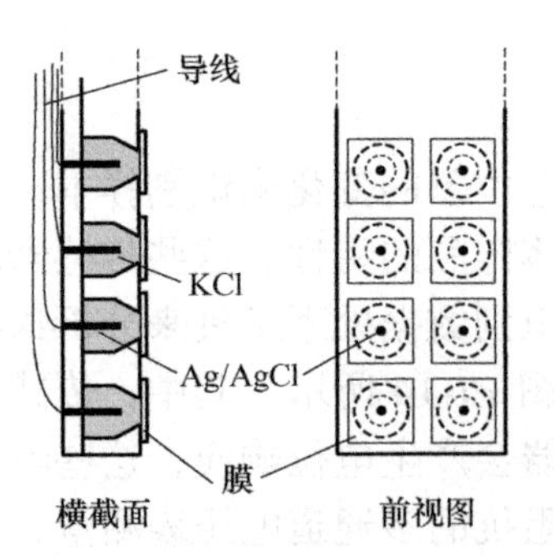

图 17-15 多通道 PVC 薄膜传感器阵列示意图

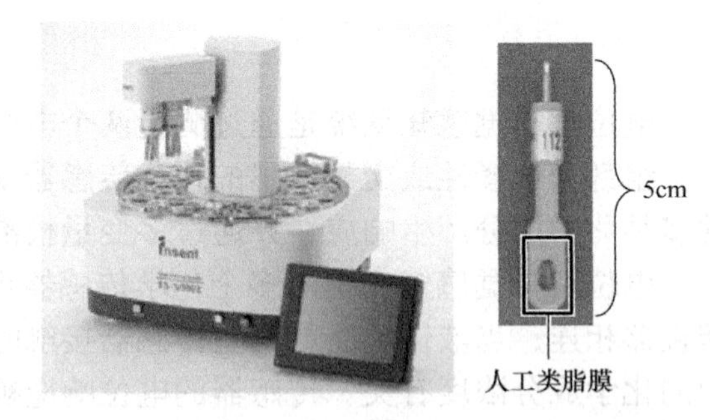

图 17-16 基于人工类脂膜的 TS-5000Z 电子舌系统

2. 硫属玻璃薄膜型味觉感知系统

硫属玻璃薄膜型味觉感知系统的核心是一种固态离子选择性电极，在重金属离子的检测方面已经有几十年的应用历史。硫属玻璃传感器阵列通过利用硫化镓、硫化锌等硫属玻璃材料的独特光学和电学性质，实现对化学物质的高灵敏度检测。这些传感器的特点是对红外光谱范围内的化学物质具有优异的响应能力和化学稳定性，能够检测到微量的目标化学物质。将多个硫属玻璃传感器集成到一个阵列中，每个传感器对特定化学物质具有高选择性。液体样本通过采样装置引入传感器阵列，样本中的离子和分子与传感器材料发生反应，导致传感器电特性的变化。

以类脂 / 聚合物薄膜型和硫属玻璃薄膜型为代表的电位型味觉感知技术广泛应用于食品安全、医疗诊断和工业领域。比如可用于识别食物，量化其主要成分，并对其味道属性进行判断。图 17-17a 所示为由 16 个电位型味觉传感器所构成的果汁、酒水感知电子舌，除了传感器阵列外，该系统还包括数据采集卡、无线通信芯片及串口。其中传感器聚合在一个共同的衬底上，用于测试乙酸、柠檬酸和乳酸，数据采集卡将传感数据转换为数字信号，无线通信芯片和串口负责进行数据的传输。通过在该电子舌上安装传感器自动采样器构建电子舌机器人，可以避免手动将电子舌浸入斜体的操作，实现全天候自动工作。

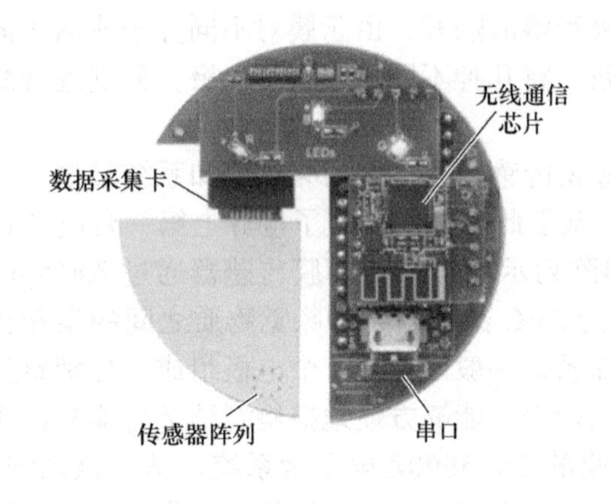

a) 电子舌系统示意图

b) 电子舌测试实拍图

图 17-17 由电位型传感器阵列构成的电子舌

17.2.2　伏安型味觉感知

伏安型味觉感知的基本原理是利用溶液中的分子或离子在电极上发生的氧化还原引起电流和电压的变化。伏安型味觉感知系统通常包括三种电极，即工作电极（贵金属裸电极）、辅助电极和参比电极。该系统在工作电极和参比电极之间搭建一个恒电位系统，使液体体系中电压值稳定，在此电压控制下产生激励电流，并将工作电极和辅助电极间的回路电流作为检测信息。

图 17-18 为一种伏安型味觉感知系统的结构示意图。它主要包括五个工作电极（金、铱、钯、铂和铑）、一个不锈钢参比电极和一个辅助电极。在不锈钢管里嵌入了五个工作电极和一个参比电极，参比电极与辅助电极的输出接电位计，工作电极的输出通过一个继电器盒连接到一个电位计和一台计算机。工作时，首先在工作电极上施加脉冲电压，带电粒子和取向偶极子会在工作电极表面排列，形成双电荷层，靠近电极表面的活性物质就会被氧化或还原，产生尖峰瞬时电流。当双层电容电荷被充满和活性物质被消耗完时，电流就会衰减，直到达到氧化还原电流的水平。瞬时电流的大小和形状反映了溶液中氧化还原反应、活性物质的数量和扩散系数。通过选用不同波形的电压可以提高伏安味觉感知系统输出电流的分辨率，如使用脉冲电压可以弥补它在外加电压下会产生电流使分辨力低下的缺点。另外，还可以通过选用不同金属材料制成的工作电极来得到所测样本的进一步信息。这种味觉感知系统具有操作简单、适应性强、敏感度高等特点。

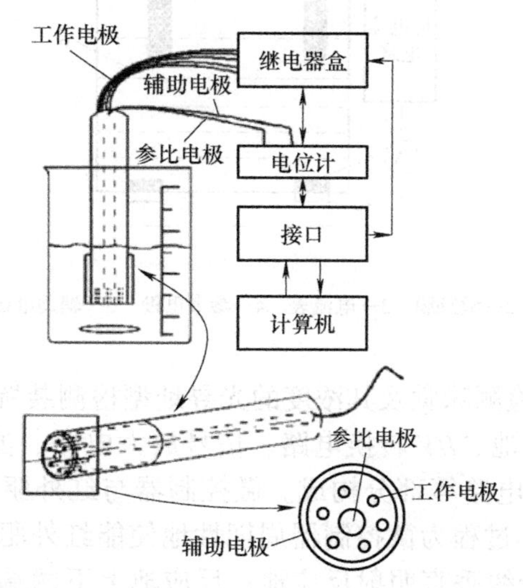

图 17-18　伏安型味觉感知系统的结构示意图

伏安型电子舌已经被大量应用。例如，在造纸和纸浆工业中，伏安型电子舌已经被用于评估纸浆样品的 pH 值、电导率、化学需氧量、阳离子需求、电势差等。在洗碗机和洗衣机等家用电器中，水质、污渍类型及冲洗水含洗涤剂的信息等对于优化洗涤效率非常重要，伏安型电子舌可以用于区分不同类型的污渍，追踪洗衣机中的漂洗过程等。除此之外，伏安型电子舌还可以用于饮用水的质量监测、追踪由于微生物生长导致的牛奶变质等。

17.2.3 光寻址型电位味觉感知

光寻址型电位传感器（Light Addressable Potentiometric Sensor，LAPS）引入了表面光伏技术，借助其光寻址能力，通过红外光选择性激活不同的敏感膜，通过检测绝缘体表面不同光照部位的电势变化而实现对溶液中特定离子的浓度的检测。LAPS 味觉感知的核心结构为电解质溶液—绝缘体—半导体，图 17-19 所示为 LAPS 味觉感知系统的示意图，敏感膜分布在待测溶液底部，恒电位电路为参考电极和辅助电极两端提供偏置电压，半导体内的空穴和电子对相对运动，在绝缘层和半导体的界面处会形成一定宽度的耗尽层。当用一定频率的调制光照射硅基底时，半导体内部产生大量的电子—空穴对，扩散到达耗尽层，在电场作用下发生分离，此时在外电路可以检测到交变的光生电流。该光电流的大小与偏置电压相关。由于敏感膜的存在，根据电化学 Nemst 定律，敏感膜的表面将形成与电解质离子浓度成反比的膜电位，从而导致绝缘体和半导体两端的电压产生一定的偏移，系统的 *I*/*V* 曲线也会产生相应的偏移。由于 *I*/*V* 曲线的偏移量与溶液中待测离子的浓度是相关的，因此通过测量曲线的偏移量可以检测出待测离子的浓度。

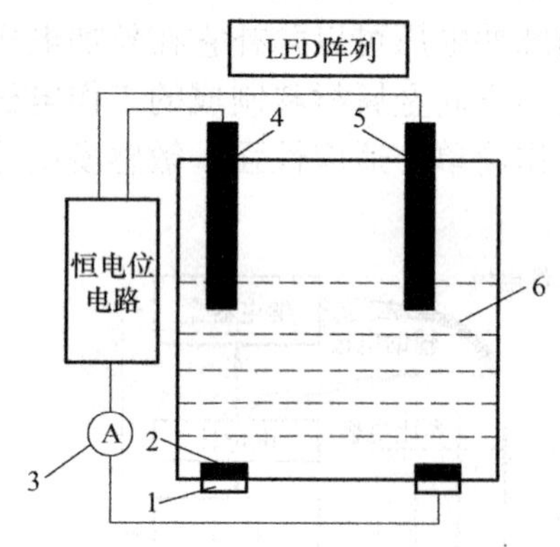

图 17-19 LAPS 味觉感知系统示意图

1—P 型硅存底 2—敏感膜 3—电流表 4—参考电极 5—辅助电极 6—待测溶液

图 17-20 为一种用于检测味觉及其浓度的光寻址型检测装置。它由微控制器、红外驱动电路、LED 阵列、反应池、*I*/*V* 转换电路、信号放大电路、滤波电路、锁相放大电路、A/D 采集电路、串口发送电路等部分构成。微控制器与红外驱动电路相连，红外驱动电路与 LED 阵列相连，工作过程为微控制器周期性地使能红外驱动电路进而周期性地点亮 LED 阵列；LED 阵列的光线垂直照射反应池；反应池上下两端加有一定的偏压；反应池与 *I*/*V* 转换电路相连，实现的功能是将反应池中的光电流信号转化为电压信号；*I*/*V* 转换电路与信号放大电路相连，以将经 *I*/*V* 转换后的信号放大到一定的大小便于进一步处理；信号放大电路与滤波电路相连，实现部分杂波的去除；滤波电路与锁相放大电路相连，实现有用信号的提取并将其进一步放大；锁相放大电路与 A/D 采集电路相连，A/D 采集电路与微控制器相连，完成数据的接收；微控制器与串口发送电路相连，实现数据向 PC 的传送。该装置能够准确地检测出酸、甜、苦、咸、鲜五种常见的味觉，并能较好地区分同种味道下不同溶液的浓度。

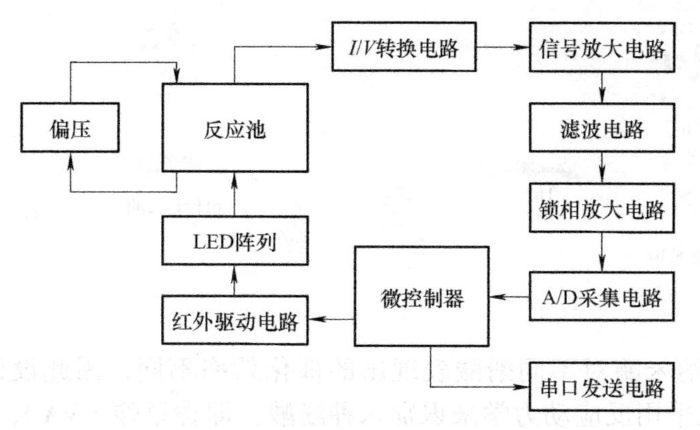

图 17-20　光寻址型检测装置结构框图

LAPS 具有响应速度快、选择性好等优点，广泛应用于环境监测、生物医学、化学分析等领域。图 17-21 所示为基于 LAPS 实现重金属检测的电子舌示意图，该 LAPS 芯片为 N 型硅，芯片正面硅上覆盖了 100nm 的 SiO_2 层，再覆盖 50nm 的 Si_3N_4 层，对 Fe、Cr 离子敏感的材料厚度均为 7mm，直径均为 10mm。通过阳极溶出伏安法和吸附阴极溶出伏安法实现了重金属的检测。

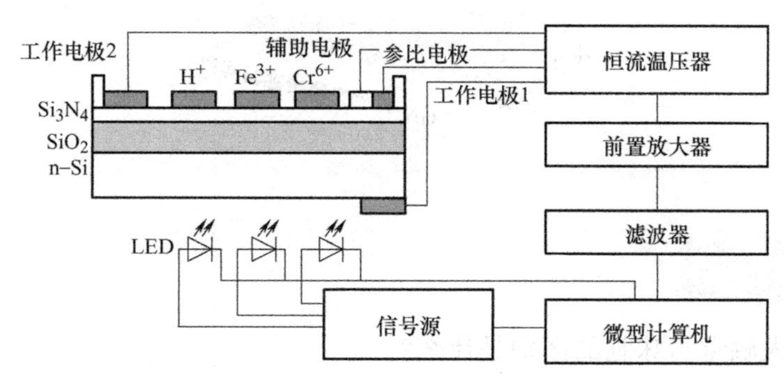

图 17-21　基于 LAPS 实现重金属检测的电子舌示意图

17.2.4　金属纳米酶生物味觉感知

根据 9.1 节可知，纳米酶传感器具有类似于天然酶的催化机制。基于此，可以利用纳米酶传感器模拟自然界的味觉识别过程，区分不同的物理、生物、化学标志物，从而使机器人具有味觉感知功能。

目前，纳米酶材料包括金属、金属氧化物、碳纳米材料和金属聚合物等，并在生物传感、食品检测、抗炎抗菌等领域得到了应用。比如研究者用 Cu^{2+} 作为金属离子，合成了一种没食子酸（Gallic Acid，GA）– 铜纳米酶，用于检测酚酸（其抗氧化和降脂特性在预防癌症和心脏病方面具有重要意义）。在磁性搅拌下，将非离子型高分子化合物 PVP K30 水溶液加入 $CuCl_2 \cdot 2H_2O$ 溶液中，混合 1h 后用 NaOH 溶液调整 pH 值为 13，再加入没食子酸溶液，搅拌、离心、洗涤、干燥后，得到没食子酸 – 铜 GA–Cu 纳米酶，如图 17-22 所示。利用 4– 氨基安替比林（4–AP）作为显色试剂，GA–Cu 纳米酶能够催化各种酚酸的氧化反应，生成带有羧基的着色醌亚胺。

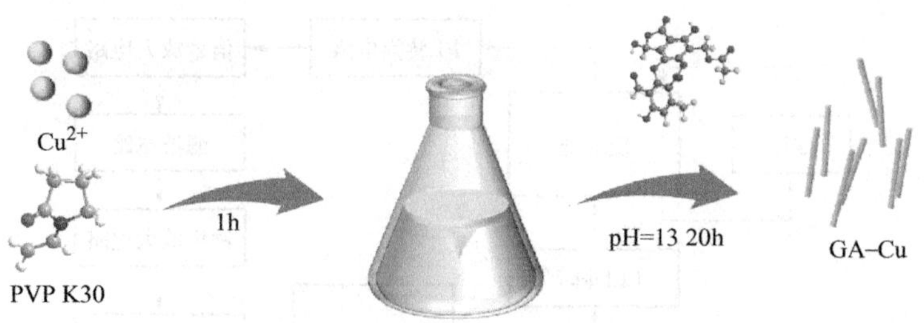

图 17-22　没食子酸 – 铜纳米酶制备示意图

由于 GA–Cu 纳米酶对不同酚酸表现出的催化效率不同，因此设计了一种显色传感器阵列。传感单元采用反应动力学来识别六种酚酸，即香草酸（VA）、樱草酸（SA）、对羟基苯甲酸（PHBA）、间羟基苯甲酸（MHBA）、2,5– 二羟基苯甲酸（2,5–DHBA）和 3,4– 二羟基苯甲酸（3,4–DHBA），如图 17-23 所示。这种方法避免了创建大量的传感单元，并成功实现了对果汁、啤酒和葡萄酒样品中六种酚酸的鉴别。

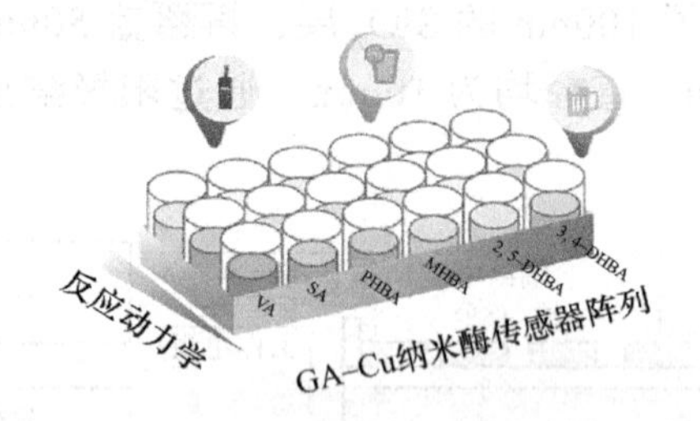

图 17-23　没食子酸 – 铜纳米酶传感器阵列示意图

思考题与习题

17-1　机器人触觉与味觉的区别是什么？

17-2　机器人嗅觉感知的方法有哪些？

17-3　简述声表面波嗅觉感知的工作原理。

17-4　简述电位型与伏安型味觉感知的原理与区别。

参考文献

[1] 叶湘滨 . 传感器与检测技术 [M]. 北京：机械工业出版社，2022.
[2] 樊尚春 . 传感器技术及应用 [M]. 4 版 . 北京：北京航空航天大学出版社，2022.
[3] 宋爱国 . 智能传感器技术 [M]. 南京：东南大学出版社，2023.
[4] 胡向东 . 传感器与检测技术 [M]. 4 版 . 北京：机械工业出版社，2021.
[5] 何道清，张禾，石明江 . 传感器与传感器技术 [M]. 4 版 . 北京：科学出版社，2019.
[6] 陈开洪，吴冬燕，张正球 . 传感器应用技术 [M]. 北京：机械工业出版社，2021.
[7] 姜香菊 . 传感器原理及应用 [M]. 2 版 . 北京：机械工业出版社，2020.
[8] 周真，苑惠娟 . 传感器原理与应用 [M]. 北京：清华大学出版社，2011.
[9] 林玉池 . 测量控制与仪器仪表前沿技术及发展趋势 [M]. 天津：天津大学出版社，2005.
[10] 孙辉，韩玉龙，姚星星 . 电阻应变式传感器原理及其应用举例 [J]. 物理通报，2017（5）：82–84.
[11] 刘伟 . 传感器原理及实用技术 [M]. 2 版 . 北京：电子工业出版社，2009.
[12] 蒙彦宇 . 压电智能传感：驱动器力学性能及其应用 [M]. 武汉：武汉大学出版社，2016.
[13] 王淑坤，蔡凡，何惜琴 . 传感器原理及应用 [M]. 厦门：厦门大学出版社，2021.
[14] 李远勋，季甲 . 功能材料的制备与性能表征 [M]. 成都：西南交通大学出版社，2018.
[15] DEND H J，FENG L，YUAN S L，et al. Ultrahigh strain in PZ–PT–BNT piezoelectric ceramic[J]. Ceramics International，2024，50（2）：3803–3811.
[16] PATRICK W，CAREY，KENNETH R，et al. Selection of adsorbates for chemical sensor arrays by pattern recognition[J]. Analytical Chemistry，1986，58（1）：149–153.
[17] LI Z T，ZHANG X，LI G H. In situ ZnO nanowire growth to promote the PVDF piezo phase and the ZnO–PVDF hybrid self–rectified nanogenerator as a touch sensor[J]. Physical chemistry chemical physics：PCCP，2014，16（12）：5475–5479.
[18] 杜辉，陈巧，刘婷，等 . 非线性晶体和光电材料硒化镓的研究进展 [J]. 材料导报，2022，36（5）：24–33.
[19] 陈勇，程佳吉，曹万强 . 低维光电纳米材料技术与应用 [M]. 北京：化学工业出版社，2022.
[20] 张建峰，闵凡路，姚占虎 . 新型功能复合材料 [M]. 南京：河海大学出版社，2021.
[21] GUO M，CAI H L，XIONG R G. Ferroelectric metal organic framework（MOF）[J]. Inorganic Chemistry Communications，2010，12.
[22] 南策文 . 多铁性材料研究进展及发展方向 [J]. 中国科学：技术科学，2015，45（4）：339–357.
[23] ZHAI J Y，XING Z P，DONG S X，et al. Magnetoelectric Laminate Composites：An Overview[J]. Journal of the American Ceramic Society，2008，91（2）：351–358.
[24] 江泬 . 量子霍尔效应 [M]. 3 版 . 北京：世界图书出版公司，2016.
[25] 陈真，孙红芳，赵宇亮 . 金属纳米材料生物效应与安全应用 [M]. 北京：科学出版社，2010.
[26] 陈家荣 . 硅纳米晶发光增强研究 [M]. 成都：西南交通大学出版社，2017.
[27] 孙铭泽，黄鹤来，牛志强 . 铂基氧还原催化剂：从单晶电极到拓展表面纳米材料 [J]. 化工学报，2024，75（4）：1256–1269.
[28] 任艳东，刘永皓，杨瑞，等 . 纳米材料表面效应的研究 [J]. 大庆师范学院学报，2016，36（6）：16–19.
[29] OZUN E，CEYLAN R，BORA MO，et al. Combined effect of surface pretreatment and nanomaterial reinforcement on the adhesion strength of aluminium joints[J]. International Journal of Adhesion and Adhesives，2022，119（1）：103274.

[30] MOHSEN N，MAHMOUD S. The effect of electroless bath pH on the surface properties of one-dimensional Ni-P nanomaterials[J]. Ceramics International，2020，46（2）：1916-1923.

[31] SUHAS G，WANG Y H，LU Y，et al. Surpassing millisecond coherence in on chip superconducting quantum memories by optimizing materials and circuit design[J]. Nature communications，2024，15（1）：3687.

[32] ZHAO G Q，RUI K，DOU S X，et al. Heterostructures for Electrochemical Hydrogen Evolution Reaction：A Review[J]. Advanced Functional Materials，2018，28（43）：1803291.

[33] 张光磊，杜彦良 . 智能材料与结构系统 [M]. 北京：北京大学出版社，2010.

[34] 刘海鹏，金磊，高世桥，等 . 智能材料概论 [M]. 北京：北京理工大学出版社，2020.

[35] 由伟 . 智能材料：科技改变未来 [M]. 北京：化学工业出版社，2020.

[36] MURAVEV V M，DZHIKIRBA K R，SOKOLOVA M S，et al. Superdispersive plasmonic metamaterial[J]. Physical Review Applied，2024，21（3）：034041.

[37] CHEN X Z，HUANG L L，HOLGER M，et al. Dual-polarity plasmonic metalens for visible light[J]. Nature Communications，2012，3：1198.

[38] GU J Q，SINGH R J，LIU X J，et al. Active control of electromagnetically induced transparency analogue in terahertz metamaterials[J]. Nature Communications，2012，9（11）：833.

[39] 彭华新，周济，崔铁军，等 . 超材料 [M]. 北京：中国铁道出版社，2020.

[40] 赵蓓 . 45nm 光刻板缺陷在硅片上的成像性研究 [D]. 上海：复旦大学，2011.

[41] 袁伟 . 利用相移光刻掩膜版监测光刻机台焦距 [D]. 上海：上海交通大学，2007.

[42] 朱乐平 . 水性聚氨酯 / 丙烯酸酯核壳乳液的制备及在光刻胶上的应用 [D]. 长沙：湖南大学，2022.

[43] 刘巧云，祁秀秀，杨怡，等 . 光刻胶材料的研究进展 [J]. 微纳电子技术，2023，60（3）：378-384.

[44] 蹇敦想 . 熔融石英蝶翼式微陀螺仪结构设计及加工工艺研究 [D]. 长沙：国防科技大学，2021.

[45] 张浩 . 压电式环形 MEMS 陀螺结构优化设计与加工工艺研究 [D]. 长沙：国防科技大学，2021.

[46] 耿怀渝 . 半导体集成电路制造手册 [M]. 2 版 . 北京：电子工业出版社，2022.

[47] CAMPBELL SA. 微电子制造科学原理与工程技术 [M]. 严利人，梁仁荣，译 . 4 版 . 北京：电子工业出版社，2022.

[48] 刘汉诚 . 半导体先进封装技术 [M]. 蔡坚，王谦，俞杰勋，等译 . 北京：机械工业出版社，2023.

[49] ASAF G，MICHAEL J H，SUBHAS C M. 高灵敏度磁力仪 [M]. 单志超，等译 . 北京：国防工业出版社，2024.

[50] 孙伟民，张军海，曾宪金，等 . 光学原子磁力仪原理及应用 [M]. 北京：科学出版社，2023.

[51] ZHAI Y Y，YUE Z Q，LI L，et al. Progress and applications of quantum precision measurement based on SERF effect[J]. Frontiers in physics，2022，10：3389.

[52] 王宇，赵惟玉，康翔宇，等 . SERF 原子磁强计最新进展及应用综述 [J]. 光学仪器，2021，43（6）：77-96.

[53] 邓敏，张燚，钱天予，等 . 基于原子体系的量子惯性传感器研究现状 [J]. 仪器仪表学报，2023，44（9）：14-38.

[54] 倪小静，杨超云 . 超导量子干涉器（SQUID）原理及应用 [J]. 物理与工程，2007，17（6）：28-37.

[55] CLARKE J，ALEX I. The SQUID Handbook：Fundamentals and Technology of SQUIDs and SQUID Systems 1st Edition[J]. Materials and Manufacturing Processes，2006，21（5）：583.

[56] KAMPER R A，SINNONDS M B，ADAIR R T，et al. New technique for rf measurements using superconductors[J]. Proceedings of the IEEE，1973，61（1）：121-122.

[57] TAKAYANAGI H，MSUMI T. A Broadband and Higher-Power Superconducting Quantum Magnetometer for the Small Signal AD Converter[J]. Japanese Journal of Applied Physics，1978，17

(6): 1117–1120.
[58] CLARKE J. Low-frequency applications of superconducting quantum interference devices[J]. Proceedings of the IEEE, 1972, 61 (1): 8–19.
[59] 赵超，杨号．红外制导的发展趋势及其关键技术 [J]. 电光与控制，2008（5）：48–53.
[60] 王强．基于 AlN 的 MEMS 压电水听器的设计与制备技术研究 [D]. 太原：中北大学，2021.
[61] 张国军．MEMS 矢量水听器及其应用 [M]. 北京：科学出版社，2017.
[62] 张玉洁，陈志华，张猛．半导体传感器的原理与应用现状分析 [J]. 电脑知识与技术，2023，19（28）：83–86.
[63] 吴建平，彭颖．传感器原理及应用 [M]. 4 版．北京：机械工业出版社，2021.
[64] 宋晓辉，任道远．半导体压力传感器研制现状与开发动向 [J]. 传感器世界，2007，13（7）：10–13.
[65] 李新，魏广芬，吕品．半导体传感器原理与应用 [M]. 北京：清华大学出版社，2018.
[66] 徐科军．传感器与检测技术 [M]. 5 版．北京：电子工业出版社，2021.
[67] 冯亭．光纤传感原理与技术 [M]. 北京：化学工业出版社，2021.
[68] 吴盘龙．智能传感器技术 [M]. 北京：中国电力出版社，2016.
[69] 高晓蓉，李金龙，彭朝勇，等．传感器技术 [M]. 3 版．成都：西南交通大学出版社，2021.
[70] 吴一戎．智能传感器导论 [M]. 北京：中国科学技术出版社，2022.
[71] 程开富．CMOS 图像传感器及应用 [J]. 半导体光电，2000（A1）：25–29.
[72] 刘宇，杨晓辉，郭俊启，等．一种基于 AIKF 的姿态测量算法 [J]. 压电与声光，2018，40（3）：454–459，469.
[73] 陆兆峰，秦旻，陈禾，等．压电式加速度传感器在振动测量系统的应用研究 [J]. 仪表技术与传感器，2007（7）：3–4，9.
[74] 李俊红，马军，魏建辉，等．MEMS 压电水听器和矢量水听器研究进展 [J]. 应用声学，2018，37（1）：101–105.
[75] 赵龙．基于 AlN 薄膜压电水听器的结构设计及工艺加工 [D]. 太原：中北大学，2020.
[76] 王利强，杨旭，张巍，等．无线传感器网络 [M]. 北京：清华大学出版社，2018.
[77] 崔逊学，左从菊．无线传感器网络简明教程 [M]. 3 版．北京：清华大学出版社，2022.
[78] 乔建华，田启川，谢维成．无线传感器网络 [M]. 北京：清华大学出版社，2023.
[79] 宋凯强．基于双磁芯开磁路结构的磁通门电流传感器设计 [D]. 杭州：杭州电子科技大学，2022.
[80] 蒋琪．基于 AMR 效应的磁传感器及其接口电路的设计 [D]. 无锡：江南大学，2022.
[81] 陈鹏威．基于隧道磁电阻（TMR）的非接触式直流电流传感器研究 [D]. 南京：南京理工大学，2021.
[82] 刘佳乐．基于隧道磁电阻效应的小电流传感器研究 [D]. 南京：南京理工大学，2021.
[83] 翁凯伦．基于 GMR 传感器的涡流无损检测系统 [D]. 杭州：杭州电子科技大学，2020.
[84] 龙振弘，周凯．基于磁阻传感器的电子罗盘设计 [J]. 电子设计工程，2023，31（5）：94–97.
[85] 刘晓为，陈伟平．MEMS 传感器接口 ASIC 集成技术 [M]. 北京：国防工业出版社，2013.
[86] 赵玉龙，蒋庄德．新型微纳传感器技术 [M]. 北京：化学工业出版社，2022.
[87] 刘家斐．低噪声电容式 MEMS 麦克风研究与设计 [D]. 西安：西安电子科技大学，2022.
[88] 丁大禹，李庆，董亚朋，等．基于 MEMS MIC 的心音检测装置的设计和实现 [J]. 中国医疗器械杂志，2019，43（5）：337–340.
[89] 丁良宏．BigDog 四足机器人关键技术分析 [J]. 机械工程学报，2015（7）：1–23.
[90] 王骏，尹衍涛．四足步行机器人在搜排爆工作中的应用 [J]. 中国公共安全，2023（3）：25–28.
[91] 蒋婷．三质量块 MEMS 三轴电容式加速度计的研究 [D]. 成都：电子科技大学，2022.
[92] 张萌．高性能 MEMS 加速度计的研究与制备 [D]. 北京：中国科学院大学，2020.

[93] 飞思卡尔．飞思卡尔推出可提高汽车安全性的高级安全气囊传感器 [J]. 电子与电脑，2011，12：83.

[94] 姜利英，姚裴裴，任景英，等．纳米材料在生物传感器中的应用 [J]. 传感器与微系统，2009，28（5）：4-7.

[95] 郝喜娟，赵沈飞，张春娟，等．基于纳米仿生酶构建电化学生物传感器用于活性氧检测 [J]. 材料导报，2021，35（3）：3183-3193，3218.

[96] 杨冬，雷蕾，王丽霞，等．棒状 β-FeOOH 纳米酶的制备及其类酶催化机理研究 [J]. 陕西科技大学学报，2021，39（2）：86-92，99.

[97] YUAN H，CHEN X Y，ZHANG Y，et al. Magnetoresponsive nanozyme：magnetic stimulation on the nanozyme activity of iron oxide nanoparticles[J]. Science China Life Sciences，2022，65（1）：184-192.

[98] 夏凡．Cu-$CuFe_2O_4$ 作为纳米酶检测 H_2O_2、谷胱甘肽、多巴胺 [D]. 扬州：扬州大学，2021.

[99] 王杨．铁基纳米酶的研究进展 [J]. 安徽化工，2020，46（2）：4-11.

[100] NAVEEN P S，WEERATHUNGE P，NURUL KM，et al. Non-invasive detection of glucose in human urine using a color-generating copper NanoZyme[J]. Analytical and Bioanalytical Chemistry，2021，413（5）：1279-1291.

[101] ABIR S，ALEXANDRE B，AHMED A，et al. Colorimetric sensing of dopamine in beef meat using copper sulfifide encapsulated within bovine serum albuminfunctionali-zed with copper phosphate（CuS-BSA-$Cu_3(PO_4)_2$）nanoparticles[J]. Journal of Colloid and Interface Science，2021，582：732-740.

[102] ADIJAT I，GLORIA K，MAGHMOOD P，et al. One step copper oxide（CuO）thin film deposition for non-enzymatic electrochemical glucose detection[J]. Thin Solid Films，2020，709：138244.

[103] HUI H，JIAO L，LU LL，et al. Fluorometric and colorimetric analysis of alkaline phosphatase activity based on a nucleotide coordinated copper ion mimicking polyphenol oxidase[J]. Journal of Materials Chemistry B，2019，7（42）：6508-6514.

[104] 沈国栋，梁新义．基于金基纳米粒子修饰的生物传感器研究进展 [J]. 材料导报，2012，（19）：10-12.

[105] 陈威风，陈薇，蔡颖，等．基于核酸适配体结合纳米金模拟酶用于单增李斯特菌的快速检测 [J]. 食品与发酵工业，2021，47（3）：176-180.

[106] KHOSHFETRAT S M，HASHEMI P，AFKHAMI A，et al. Cascade electrochemiluminescence-based integrated graphitic carbon nitride-encapsulated metal-organic framework nanozyme for prostate-specific antigen biosensing[J]. Sensors and Actuators B：Chemical，2021，348：130658.

[107] LIU L，JIANG H，WANG X M. Bivalent metal ions tethered fluorescent gold nanoparticles as a reusable peroxidase mimic nanozyme[J]. Journal of Analysis and Testing，2019，3（3）：269-276.

[108] YANG W，FAN L，GUO Z，et al. Reversible capturing and voltammetric determination of circulating tumor cells using two-dimensional nanozyme based on PdMo decorated with gold nanoparticles and aptamer[J]. Microchimica Acta，2021，188（10）：319.

[109] NI P J，CHEN C X，JIANG Y Y，et al. Gold nanoclusters-based dual-channel assay for colorimetric and turn-on fluorescent sensing of alkaline phosphatase[J]. Sensors and Actuators B：Chemical，2019，301：127080.

[110] AHMED S R，CORREDOR J C，NAGY É，et al. Amplified visual immunosensor inter-grated with nanozyme for ultrasensitive detection of avian influenza virus [J]. Nano-theranostics，2017，1（3）：

338–345.
[111] XIAN Z Q，ZHANG L，YU Y，et al. Nanozyme based on $CoFe_2O_4$ modified with MoS_2 for colorimetric determination of cysteine and glutathione[J]. Microchimica Acta，2021，188（3）：65.
[112] 谭娟，夏万强，付文升，等．基于 MoS_2 量子点类过氧化物酶活性调控比色检测地中海贫血症治疗药物去铁酮 [J]. 中国科学：化学，2021，51（11）：1530–1538.
[113] HUANG L J，ZHU W X，ZHANG W T，et al. Rong Layered vanadium（IV）disulfide nanosheets as a peroxidase–like nanozyme for colorimetric detection of glucose[J]. Microchimica Acta，2017，185（1）：7.
[114] ZHANG W X，LI X P，CUI T Y，et al. PtS_2 nanosheets as a peroxidase–mimicking nanozyme for colorimetric determination of hydrogen peroxide and glucose[J]. Micro & Macro Marketing，2021，188（5）：174.
[115] ZHU J L，LUO G，XI X X，et al. Cu^{2+}–modified hollow carbon nanospheres：an unusual nanozyme with enhanced peroxidase–like activity[J]. Microchimica Acta，2021，188（1）：8.
[116] LIU C，ZHAO Y M，XU D，et al. A green and facile approach to a graphene–based peroxidase–like nanozyme and its application in sensitive colorimetric detection of L–cysteine[J]. Analytical and Bioanalytical Chemistry，2021，413（15）：4013–4022.
[117] MAMTA D，PUNAMSHREE D，PURNA K B，et al. Duttaand Manash R. DasFluorescent graphitic carbon nitride and graphene quantum dots as efficient nanozymes：colorimetric detection of fluoride ion in water by graphitic carbon nitride quantum dots[J]. Journal of Environmental Chemical Engineering，2021，9（1）：104803.
[118] LIANG D Y，YANG Y Z，LI G J，et al. Endogenous H_2O_2–sensitiveand weak acidic pH–triggered nitrogen–doped graphene nanoparticles（N–GNMs）in the tumor microenvironment serve as peroxidase–mimickingnanozymes for tumor–specific treatment[J]. Materials，2021，14（8）：1933.
[119] 刘迎春，叶湘滨．传感器原理、设计与应用 [M]. 5 版．北京：国防工业出版社，2015.
[120] 王跃科，叶湘滨，黄芝平，等．现代动态测试技术 [M]. 北京：国防工业出版社，2003.
[121] 沈艳，陈亮，杨平，等．测试与传感技术 [M]. 3 版．北京：清华大学出版社，2020.
[122] 彭杰纲．传感器原理及应用 [M]. 2 版．北京：电子工业出版社，2017.
[123] 余愿，刘芳．传感器原理与检测技术 [M]. 武汉：华中科技大学出版社，2017.
[124] 刘少强，张靖．现代传感器技术：面向物联网应用 [M]. 2 版．北京：电子工业出版社，2016.
[125] 高成，杨松，佟维妍，等．传感器与检测技术 [M]. 2 版．北京：机械工业出版社，2015.
[126] 梁森，王侃夫，黄杭美．自动检测技术及应用 [M]. 4 版．北京：机械工业出版社，2019.
[127] 李明坤．基于压电型柔性触觉传感器的动态接触力感知研究 [D]. 合肥：安徽建筑大学，2023.
[128] 孙明．面向机器人智能皮肤的电容式柔性触觉传感器研究 [D]. 苏州：苏州大学，2019.
[129] 张永进．机器人接近 – 接触双模式感知柔性电子皮肤研究 [D]. 北京：北京理工大学，2018.
[130] 仝志昊．面向机器人安全避障的 MEMS 压电超声接近觉传感器的研究 [D]. 苏州：苏州大学，2021.
[131] 郇正泽．小尺寸大量程高精度压电式六维力传感器的研究 [D]. 济南：济南大学，2020.
[132] 韩彬彬．压电式六维力 / 力矩传感器非线性解耦算法的研究 [D]. 济南：济南大学，2017.
[133] 蒲明辉，姚起宏，王奉阳，等．一种新型电容式六维力 / 力矩传感器设计及解耦分析 [J]. 装备制造技术，2022（1）：11–14.
[134] JING W J，YANG Y J，SHI Q H，et al. Nanozymes sensor array for discrimination and intelligent sensing of phenolic acids in food[J]. Food chemistry，2024，450：139326.
[135] 叶硕，褚钰，王祎，等．语音识别中声学模型研究综述 [J]. 计算机技术与发展，2020（3）：

181–186.

[136] 马晗，唐柔冰，张义，等．语音识别研究综述 [J]. 计算机系统应用，2022（1）：1–10.

[137] TOKO K. Taste sensor with global selectivity[J]. Materials Science and Engineering. C，1996（2）：69–82.

[138] TOKO K. Research and development of taste sensors as a novel analytical tool[J]. Proceedings of the Japan Academy. Series B，Physical and biological sciences，2023，99（6）：173–189.

[139] KOBAYASHI Y，HABARA M，IKEZAZKI H，et al. Advanced Taste Sensors Based on Artificial Lipids with Global Selectivity to Basic Taste Qualities and High Correlation to Sensory Scores[J]. Sensors（Basel，Switzerland），2010，10（4）：3411–3443.

[140] PAN Y，YAN C，GAO X，et al. A passive wireless surface acoustic wave（SAW）sensor system for detecting warfare agents based on fluoroalcohol polysiloxane film[J]. Microsystems & Nanoengineering，2024（1）：67–78.

[141] 吴振岭，宗小淇．基于气敏传感阵列的人体呼出气体检测与疾病诊断研究 [J]. 传感技术学报，2020（6）：830–839.

[142] QU J，MAO B，LI Z，et al. Recent Progress in Advanced Tactile Sensing Technologies for Soft Grippers[J]. Advanced Functional Materials，2023（41）：2306249.

[143] YANG Y，LI Y，CHEN Y，et al. Design and Automatic Fabrication of Novel Bio-Inspired Soft Smart Robotic Hands[J]. IEEE Access，2020，8：155912–155925.

[144] TOMO T P，SCHMITZ A，WONG W K，et al. Covering a robot fingertip with uSkin：a soft electronic skin with distributed 3-axis force sensitive elements for robot hands[J]. IEEE Robotics and Automation Letters，2018（1）：124–131.

[145] 邓刘刘，邓勇，张磊．智能机器人用触觉传感器应用现状 [J]. 现代制造工程，2018（2）：18–23.

[146] VALENTI R G，DRYANOVSKI I，XIAO J Z. Keeping a Good Attitude：A Quaternion-Based Orientation Filter for IMUs and MARGs.[J]. Sensors（Basel，Switzerland），2015，15（8）：19302–19330.

[147] 徐方暖，王博，邓子辰，等．基于四元数方法的绳系机器人姿态控制 [J]. 应用数学和力学，2017（12）：1309–1318.

[148] 蒲明辉，姚起宏，王奉阳，等．一种新型电容式六维力 / 力矩传感器设计及解耦分析 [J]. 装备制造技术，2022（1）：11–14.

[149] 荒木雅弘．图解语音识别 [M]. 陈舒扬，杨文刚，译．北京：人民邮电出版社，2020.

[150] 洪青阳，李琳．语音识别原理与应用 [M]. 2 版．北京：电子工业出版社，2023.